电厂锅炉设备

组　编　华电电力科学研究院有限公司

　　　　哈尔滨电力职业技术学院

主　编　于鹏峰　崔积华

东北大学出版社

·沈　阳·

图书在版编目（CIP）数据

电厂锅炉设备 / 于鹏峰，崔积华主编. — 沈阳 ：东北大学出版社，2021.8（2023.2 重印）
ISBN 978-7-5517-2756-3

Ⅰ. ①电…　Ⅱ. ①于…　②崔…　Ⅲ. ①火电厂－锅炉－高等职业教育－教材　Ⅳ. ①TM621.2

中国版本图书馆 CIP 数据核字(2021)第 175028 号

内容提要

本书重点介绍了火力发电厂煤粉锅炉的设备和系统，采用模块的形式编写。按照知识的相关性和统一性原则优化课程内容，使学生理解理论、学会应用。本书内容主要包括认识锅炉、燃料及制备系统、组织良好燃烧、燃烧设备及风烟系统、汽水循环、汽水系统设备及其受热面、电厂锅炉运行 7 个项目。每个项目有学习目标、能力目标和思政目标。每个目标下设置若干学习任务。本书可作为电力高等职业技术学校的教材，也可供有关技术人员参考。

出 版 者：东北大学出版社
地址：沈阳市和平区文化路三号巷 11 号
邮编：110819
电话：024－83680267(社务部)　83687331(营销部)
传真：024－83683655(总编室)　83680180(营销部)
网址：http://www.neupress.com
E-mail: neuph@neupress.com
印 刷 者：沈阳市第二市政建设工程公司印刷厂
发 行 者：东北大学出版社
幅面尺寸：185 mm×260 mm
印　　张：23.75
字　　数：534 千字
出版时间：2021 年 8 月第 1 版
印刷时间：2023 年 2 月第 2 次印刷
责任编辑：杨　坤
责任校对：刘乃义
封面设计：潘正一
责任出版：唐敏志

ISBN 978-7-5517-2756-3　　定　价：60.00 元

《电厂锅炉设备》
编 委 会

主　编　于鹏峰　崔积华

副主编　马　岩　尹　航　白　晶　刘林波

参　编　苏　攀　韩　静　靖浩然　肖　申　孙　科

主　审　张才稳　黄海舟

前　言

本书根据职业院校特点，结合企业需求，以理论知识够用为原则，以理论和现场结合为目的，同时以立德树人为目标，使理论知识融于技能，对技能的掌握有理论支撑，以培养有技术、“三观”正确的技能人才。

本书是企校合作教材，部分章节为企业技术人员编写，在编写过程中注重新技术和先进经验，内容力求简单化、系统化。根据内容的相关性组成不同项目，项目下设若干学习任务。每个项目下给出学习目标、能力目标和思政目标，每个项目后有能力训练和综合练习，便于学生课前预习和课后复习。

本书共分七个项目，项目一、项目三、项目五由哈尔滨电力职业技术学院崔积华编写，项目二由哈尔滨电力职业技术学院尹航编写，项目四由华电电力科学研究院有限公司于鹏峰、刘林波、韩静、苏攀、靖浩然、肖申、孙科编写，项目六由哈尔滨电力职业技术学院马岩编写，项目七由哈尔滨电力职业技术学院白晶编写。本书由于鹏峰、崔积华主编，崔积华负责本书的统稿工作。

本书由华电电力科学研究院有限公司教授级高级工程师黄海舟和张才稳担任主审，并得到了二位的大力协助，在此表示感谢。本书在编写过程中，参考了相关兄弟院校和企业的诸多文献、资料，在此表示衷心感谢。

限于本书编者水平，本书中肯定存在不足之处，恳请读者批评指正。

编　者

2021 年 3 月

目 录

项目一　认识锅炉 …… 1

任务一　认识电厂锅炉的工作过程、构成及系统 …… 1
任务二　电厂锅炉主要特性参数 …… 6
任务三　锅炉的安全性指标和经济性指标 …… 12

项目二　燃料及制备系统 …… 17

任务一　燃料及其特性 …… 17
任务二　煤粉的特性 …… 34
任务三　磨煤机 …… 38
任务四　制粉系统及主要辅助设备 …… 52
任务五　制粉系统运行调节 …… 69

项目三　组织良好燃烧 …… 83

任务一　燃烧所需要的空气量 …… 83
任务二　烟气分析及应用 …… 86
任务三　锅炉的热平衡 …… 96
任务四　燃烧过程的基本理论 …… 105

项目四　燃烧设备及风烟系统 …… 117

任务一　煤粉燃烧器及新技术 …… 117
任务二　锅炉点火装置 …… 140
任务三　煤粉锅炉的炉膛 …… 152
任务四　锅炉风烟系统及设备 …… 165

项目五　汽水循环 …… 186
任务一　自然循环锅炉水系统及可靠性 …… 186
任务二　强制流动锅炉水系统及可靠性 …… 198
项目六　汽水系统设备及其受热面 …… 226
任务一　给水加热设备及系统 …… 226
任务二　蒸发设备 …… 234
任务三　蒸汽净化 …… 244
任务四　蒸汽系统及汽温调节 …… 265
任务五　尾部受热面的积灰、磨损（飞灰磨损）和低温腐蚀 …… 288
项目七　电厂锅炉运行 …… 301
任务一　汽包锅炉的启动 …… 301
任务二　汽包锅炉的停运 …… 313
任务三　汽包锅炉的运行调节 …… 320
任务四　直流锅炉的启停和运行 …… 336
任务五　锅炉常见事故 …… 348
参考文献 …… 367

项目一 认识锅炉

【学习目标】

（1）学习锅炉在火力发电过程中的作用；
（2）学习火电厂锅炉的构成和工作过程；
（3）学习锅炉的型号和分类。

【能力目标】

（1）能读懂煤粉炉及其辅助系统示意图；
（2）认识锅炉的铭牌；
（3）能掌握锅炉的两大系统。

【思政目标】

（1）培养正确的“三观”、社会责任感和团队精神；
（2）树立良好的职业道德，培养专业精神和工匠精神；
（3）培养自我学习和自我管理能力。

任务一 认识电厂锅炉的工作过程、构成及系统

【知识点描述】

（1）锅炉的作用；
（2）锅炉的工作过程；
（3）锅炉的构成及系统。

【能力目标】

（1）能根据煤粉炉的示意图说出锅炉的构成；
（2）能根据煤粉炉的示意图说出两大系统的工作过程。

一、电厂锅炉的作用

电能是实现工业、农业、交通运输和国防现代化的主要动力，是国民经济发展的基础，是社会文明进步的标志。发电厂是生产电能的工厂，根据生产电能的能源不同，主要有火力发电厂、水力发电厂和核能发电厂。此外，还有少量的风能、太阳能和潮汐能发电厂等。火力发电厂是目前世界大多数国家包括我国在内的电能生产的主力。

火力发电是利用煤、石油或天然气等燃料的化学能来生产电能的，其生产过程如图1-1所示。

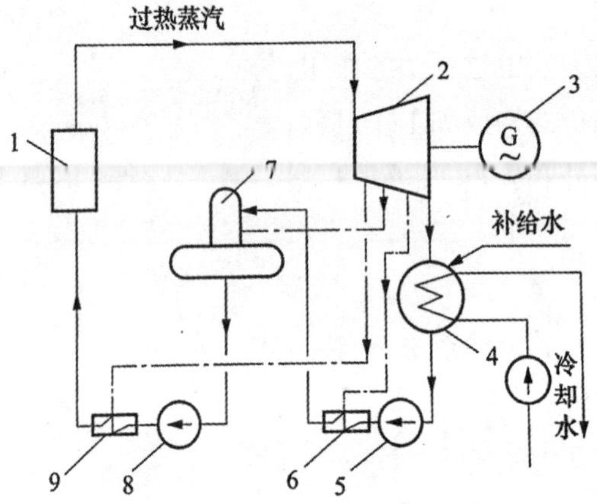

图 1-1　火力发电生产过程示意图

1—锅炉；2—汽轮机；3—发电机；4—凝汽器；5—凝结水泵；6—低压加热器；
7—除氧器；8—给水泵；9—高压加热器

燃料送入锅炉中燃烧，放出的热量将水加热蒸发成饱和蒸汽，饱和蒸汽进一步加热后成为具有一定温度和压力的过热蒸汽，过热蒸汽通过蒸汽管道进入汽轮机膨胀做功，高速汽流推动汽轮机转子并带动发电机的转子一起旋转发电。蒸汽在汽轮机中做完功以后排入凝汽器，并在凝汽器中被循环水泵提供的冷却水冷却成为凝结水；凝结水连同补给水经凝结水泵升压后打入低压加热器；利用汽轮机的抽汽将其加热后送入除氧器中加热并除氧；除氧水由给水泵升压，经高压加热器进一步加热提高温度后送回锅炉。

火力发电厂的生产过程就是不断重复上述循环的过程。汽水系统中的蒸汽和水总会有一些损失，所以需要不断向系统补充经过化学处理的软化水，补充水通常被送入凝汽器或除氧器中。

由此可以看出，在火力发电厂的生产过程中存在着三种形式的能量转换：在锅炉中燃料的化学能转变为热能；在汽轮机中热能转变为机械能；在发电机中机械能转变为电能。锅炉、汽轮机和发电机称为火力发电厂的三大主机。

锅炉是火力发电厂三大主机中最基本的能量转换设备，其作用是利用燃料在炉内燃烧释放的热能给水加热，产生规定参数（温度、压力）和品质的蒸汽，送往汽轮机做功。根据我国的燃料政策，锅炉的燃料主要是煤。将煤磨制成煤粉，然后送入锅炉炉膛中燃烧，这种锅炉便是煤粉炉。

二、电厂锅炉的构成及系统

1. 电厂锅炉的构成

图 1-2 所示为煤粉炉及其辅助系统，可以说明锅炉的主要构成和工作过程。

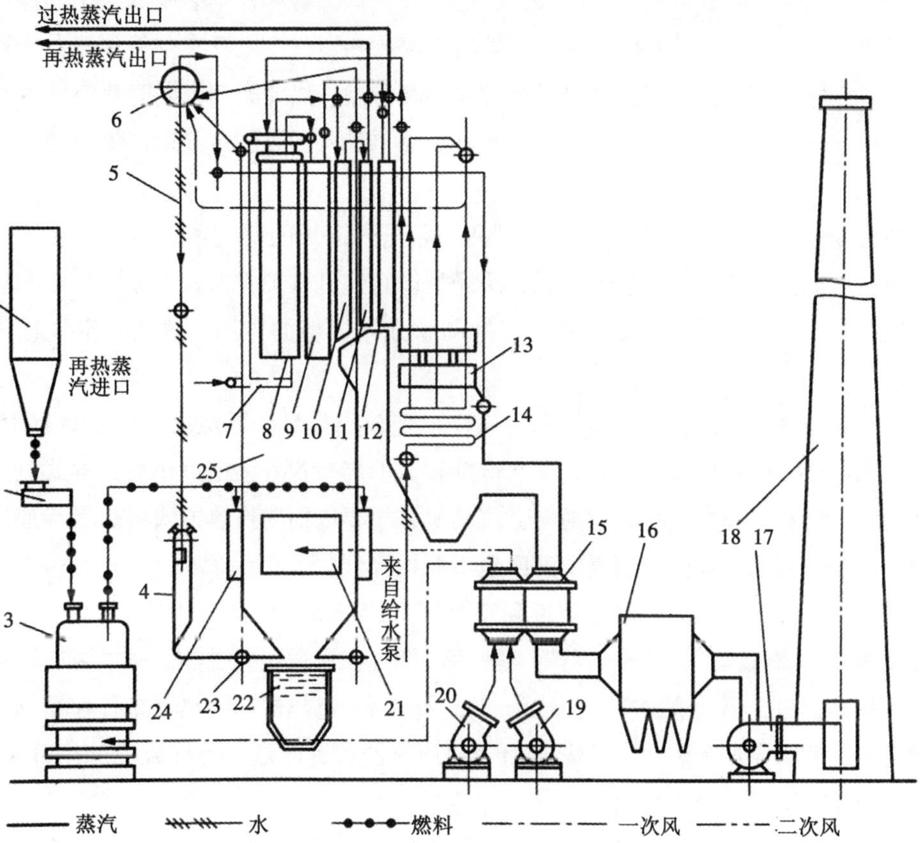

图 1-2　煤粉炉及其辅助系统示意图

1—原煤斗；2—给煤机；3—磨煤机；4—循环泵；5—下降管；6—汽包；7—墙式再热器；8—分隔屏；9—后屏；10—屏式再热器；11—高温再热器；12—高温过热器；13—低温过热器；14—省煤器；15—空气预热器；16—除尘器；17—引风机；18—烟囱；19—二次风机；20—一次风机；21—大风箱；22—除渣装置；23—下联箱；24—燃烧器；25—炉膛

电厂锅炉设备由锅炉本体、辅助系统和附属设备以及锅炉附件等构成。锅炉本体主要包括“锅”和“炉”。此外，锅炉本体还包括用来构成封闭的炉膛和烟道的炉墙以及用来支撑和悬吊汽包、受热面、炉墙等设备的构架。

锅炉机组的辅助系统和附属设备较多。辅助系统包括燃料供应系统、煤粉制备系统、给水系统、通风系统、除尘除灰系统、烟气脱硫脱硝系统、水处理系统、测量及控制系统等。各个辅助系统都配有相应的附属设备和仪器仪表。

为了保证锅炉生产过程的正常进行，还必须设置若干锅炉附件，锅炉附件包括安全阀、水位计、吹灰器、热工仪表等。

2. 电厂锅炉系统

（1）燃烧系统。运输到火力发电厂的原煤，经过初步破碎和除铁、除木屑后，送到原煤斗，从原煤斗靠自重落下的煤，经过给煤机送入磨煤机中磨制成合格的煤粉，同时外界冷空气经一次风机升压后送入锅炉的空气预热器，冷空气在空气预热器内被烟气加热后直接进入磨煤机，用于对原煤进行加热和干燥，以便磨制，同时热空气本身也是输送煤粉的介质，它将磨好的煤粉输送到燃烧器再进入炉膛，这股携带煤粉的热空气称为一次风。

外界冷空气经二次风机（送风机）升压后送入锅炉的空气预热器，冷空气在空气预热器内被烟气加热后，通过燃烧器二次风喷口直接进入炉膛，在炉膛内与已燃烧的煤粉气流混合，并参与燃烧反应，同时起扰动和强化燃烧的作用，这股热空气称为二次风。

煤粉和空气进入炉膛后，在炉膛内悬浮燃烧放出热量，燃烧火焰中心具有 1500 ℃或更高的温度。炉膛周围布置着大量水冷壁管，上部布置着顶棚过热器、屏式过热器等受热面。高温火焰和烟气在炉膛内向上流动时，主要以辐射换热方式将热量传递给水冷壁和过热器管内的水和汽，烟气的温度也不断地降低。

高温烟气离开炉膛进入水平烟道和垂直烟道，依次冲刷高温再热器、高温过热器、低温过热器、省煤器、空气预热器等受热面。烟气在流过这些受热面时主要以对流换热的方式放出热量，因此这些受热面称为对流受热面。过热器和再热器布置在烟气温度较高的区域，称为高温受热面。省煤器和空气预热器布置在烟气温度较低的尾部烟道内，称为低温受热面或尾部受热面。

烟气流经一系列对流受热面时，因不断放出热量而逐渐冷却下来，离开空气预热器的烟气称为锅炉排烟，温度已相当低，通常为 110～160 ℃。由于煤中灰分不参与燃烧过程，烟气在炉膛内向上流动时，其中较大的灰粒会因自重从气流中分离出来，沉降至炉膛底部的冷灰斗中，形成固态渣，最后由除渣装置排出，大量的细小灰粒则随烟气流动。为了防止环境污染，锅炉排烟首先要经过除尘器，将烟气中大部分灰粒捕捉下来，最后比较清洁的烟气由引风机通过烟囱排入大气。

以上与燃料燃烧有关的煤、风、烟气系统称为锅炉的燃烧系统。锅炉的“炉”泛指燃烧系统，其主要任务是使燃料在炉内良好燃烧并放出热量。燃烧系统由燃烧设备（炉膛、燃烧器和点火装置）、空气预热器、通风设备（风机）及烟、风管道等组成，锅炉燃烧系统流程如图 1-3 所示。

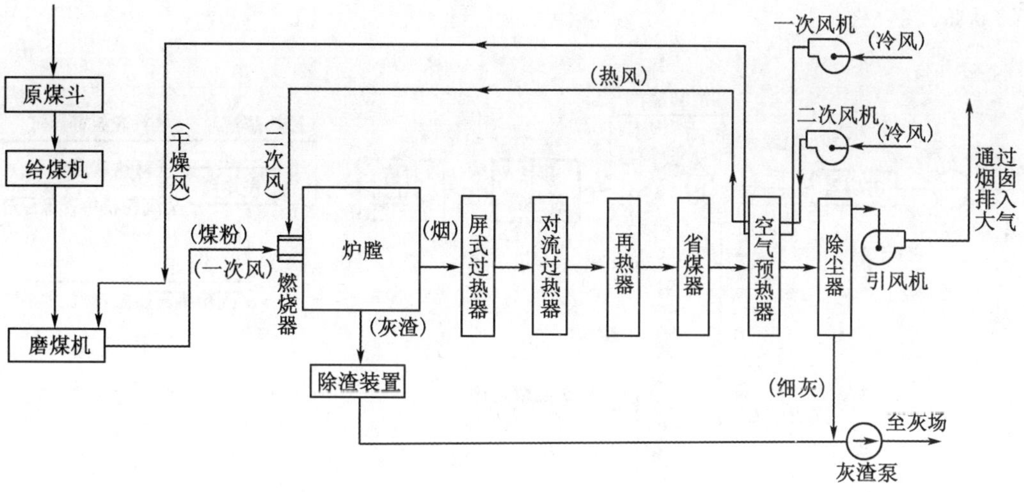

图 1-3　锅炉燃烧系统流程示意图

（2）汽水系统。锅炉给水首先进入省煤器，在省煤器中自下而上流动，被从上而下流动的烟气加热。受热后送至汽包，进入由汽包、下降管、联箱、水冷壁构成的自然循环蒸发回路中。汽包中的水沿下降管至下联箱，再进入水冷壁内，因吸收炉内火焰和烟气的辐射热，进一步加热升温成饱和水，并使部分水变成饱和蒸汽，此时水冷壁管中的工质是汽水混合物。汽水混合物向上又流入汽包，在汽包内通过汽水分离装置进行汽和水的分离，分离出来的水留在汽包下部，连同不断进入汽包的给水一起又下降，随后在水冷壁吸热而又上升，周而复始，形成自然循环，这种锅炉就是自然循环锅炉。汽包中分离出来的饱和蒸汽从汽包顶部引出，进入各级过热器加热，达到规定温度后经主蒸汽管道送往汽轮机高压缸做功。

为了提高机组的循环热效率和安全性，锅炉压力在 13.7 MPa 以上时大多数采用再热循环，这样锅炉汽水系统中还有再热器。过热蒸汽在汽轮机高压缸膨胀做功后，又被送回锅炉再热器中。再热器的任务是将在汽轮机高压缸膨胀做功、温度和压力都降低的排汽进一步加热升温，然后送往汽轮机中、低压缸继续膨胀做功。

以上与汽水系统有关的受热面和管道系统称为锅炉的汽水系统，其流程如图 1-4 所示。它的主要任务是有效吸收燃料燃烧放出的热量，将水加热成过热蒸汽。对自然循环锅炉，锅炉汽水系统主要由省煤器、汽包、下降管、水冷壁、过热器、再热器、联箱及连接管道等组成。

电厂锅炉对给水和蒸汽的品质都有较高的要求。当给水含有杂质时，在锅炉内炉水的杂质浓度会随炉水的不断汽化而升高。这些杂质会在锅炉的受热面上结成水垢，使传热恶化，严重时会使受热面管子过热而烧坏。这些杂质也会溶解在蒸汽中。携带杂质的蒸汽进入汽轮机做功时，杂质也会沉积在汽轮机的通流部分，影响汽轮机的出力、效率和运行的安全性。因此，进入锅炉的给水必须预先处理，运行时还要严格监视水和蒸汽的品质。

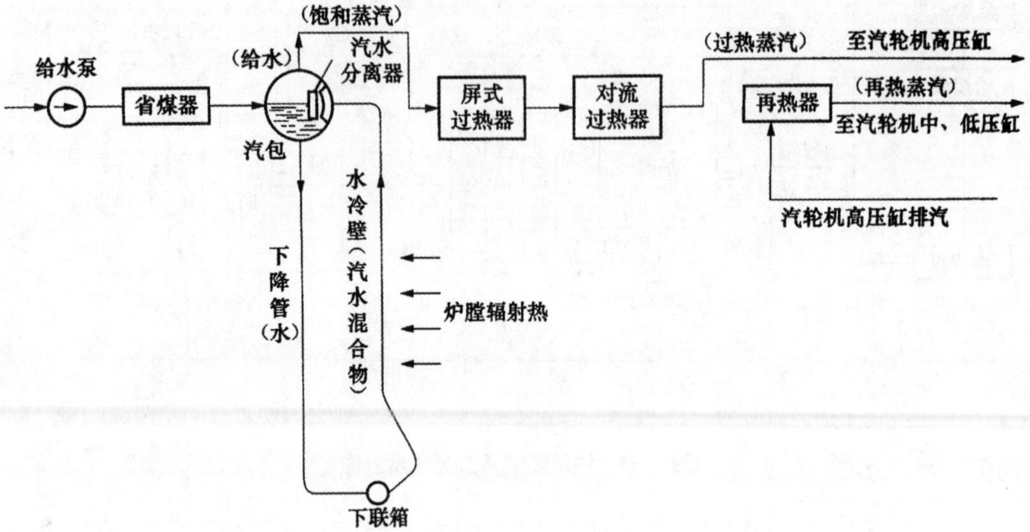

图 1-4　锅炉汽水系统流程示意图

任务二　电厂锅炉主要特性参数

【知识点描述】

（1）锅炉的容量和参数；

（2）锅炉的型号；

（3）锅炉的不同类型。

【能力目标】

（1）熟练读懂锅炉型号的含义；

（2）理解不同形式的锅炉。

一、锅炉容量与参数

锅炉容量即锅炉蒸发量，它是反映锅炉生产能力大小的基本特性数据，常用符号 D 表示，单位为 t/h。在大型锅炉中，锅炉容量又分为额定蒸发量（BECR）和最大连续蒸发量（BMCR）。习惯上，电厂锅炉容量也用与之配套的汽轮发电机组的电功率来表示，如 300，600，1000 MW 等。

蒸汽锅炉的 BECR 是指在额定蒸汽参数、额定给水温度、使用设计燃料并保证热效率时所规定的蒸汽量。蒸汽锅炉的 BMCR 是指在额定蒸汽参数、额定给水温度、使用设计燃料长期连续运行时所能达到的最大蒸汽量，一般来说，BMCR＝(1.03～1.20)BECR。

锅炉蒸汽参数是说明锅炉蒸汽规范的特性数据，一般指锅炉过热器出口处的蒸汽温度和蒸汽压力(表压力)，分别用符号 t、p 表示，单位分别为℃、MPa。设计锅炉时所规定的蒸汽压力和温度称为额定蒸汽压力和额定蒸汽温度。对于具有再热器的锅炉，蒸汽参数还应包括再热蒸汽压力、再热蒸汽温度和再热蒸汽流量。

额定蒸汽压力是指蒸汽锅炉在规定的给水压力和负荷范围内，长期连续运行时应予保证的蒸汽压力。额定蒸汽温度是指蒸汽锅炉在规定的负荷范围、额定蒸汽压力和额定给水温度下长期连续运行所必须保证的出口蒸汽温度。

20 世纪 80 年代以后，我国的火力发电机组以引进技术国产化为主，建设了一批亚临界与超临界参数大容量发电机组。各种技术类型的 300，500，600，800，1000 MW 级亚临界与超临界参数的锅炉机组相继投入运行。我国电站锅炉、亚临界压力自然循环及控制循环锅炉、超临界压力直流锅炉及低循环倍率锅炉蒸汽参数及容量见表 1-1 至表 1-3。

表 1-1 我国电站锅炉蒸汽参数及容量

蒸汽压力/MPa	过热/再热蒸汽温度/℃	给水温度/℃	BMCR/($t\cdot h^{-1}$)	汽轮发电机功率/MW
13.8	555/555	220～250	420，670	125，200
16.8～18.3	540/540	250～280	1025～2008	300，600
17.5	540/540	255	1025～1650	300，500
25.4	566/566	286	1900	600
25.0	545/545	267～277	1650～2650	500，800
26.25	600/600	290～298	2953	1000

表 1-2 亚临界压力自然循环及控制循环锅炉蒸汽参数及容量

机组功率/MW	300	300	300	600	600
循环方式	自然循环	控制循环	自然循环	自然循环	控制循环
过热蒸汽流量/($t\cdot h^{-1}$)	1025	1025	1025	2026.8	2008
再热蒸汽流量/($t\cdot h^{-1}$)	860	834.8	823.8	1704.2	1634
过热蒸汽压力/MPa	18.2	18.3	18.3	18.19	18.22

表1-2(续)

机组功率/MW	300	300	300	600	600
再热蒸汽压力/MPa	4.00/3.79	3.83/3.62	3.82/3.66	4.176/4.3	3.49/3.31
过热蒸汽温度/℃	540	541	540	540.6	540.6
再热蒸汽温度/℃	330/540	322/541	316/540	313.0/540.6	313.3/540.6
给水温度/℃	276	281	278	276	278.33
燃煤量/($t \cdot h^{-1}$)	136.61	139.89	122.6	264.4	269.9
燃烧方式	四角燃烧	四角燃烧	对冲燃烧	对冲燃烧	四角燃烧

表 1-3 超临界压力直流锅炉及低循环倍率锅炉蒸汽参数及容量

机组功率/MW	500	600	800	1000
过热蒸汽流量/($t \cdot h^{-1}$)	1650	1900	2650	2953
再热蒸汽流量/($t \cdot h^{-1}$)	1481	1613	2151.5	2446
过热蒸汽压力/MPa	25.0	25.4	25.0	21.56
再热蒸汽压力/MPa	4.15/3.9	4.77/4.57	3.86/3.62	6.14/5.94
过热蒸汽温度/℃	545	541	545	605
再热蒸汽温度/℃	295/545	338/566	283/545	377/603
给水温度/℃	270	286	277	298
燃煤量/($t \cdot h^{-1}$)	208	—	336.5	—
燃烧方式	对冲燃烧	四角燃烧	对冲燃烧	四角燃烧
水冷壁形式	垂直管屏	螺旋管圈	垂直管屏	垂直管屏

二、锅炉的分类和型号

1. 锅炉的分类

锅炉的分类方法很多，主要有以下几种。

（1）按锅炉容量分类，锅炉有大、中、小型之分，但它们之间没有固定、明确的分界。随着我国电力工业的发展，电厂锅炉容量不断增大，大、中、小型锅炉分界容量便不断演变，从当前情况来看，发电功率大于或等于300 MW机组配置的锅炉为大型锅炉。

（2）按锅炉的蒸汽压力分类，可将锅炉分为低压锅炉($p \leqslant 2.45$ MPa)、中压锅炉($p=2.94 \sim 4.92$ MPa)、高压锅炉($p=7.84 \sim 10.8$ MPa)、超高压锅炉($p=11.8 \sim 14.7$ MPa)、亚临界压力锅炉($p=15.7 \sim 19.6$ MPa)、超临界压力锅炉($p \geqslant 22.1$ MPa)。

发电功率不小于600 MW的锅炉一般采用亚临界压力或超临界压力锅炉。

(3) 按炉内燃烧方式分类，可分为火床炉、室燃炉、旋风炉、流化床炉。

固体燃料以一定厚度分布在炉排上进行燃烧的锅炉称为火床炉，它有链条炉、推动炉排炉、双层炉排炉等多种形式，其中，链条炉是结构较完善、热效率和机械化程度较高的火床炉，其结构如图1-5所示。链条炉只用于1~65 t/h的小容量、低参数工业锅炉中。

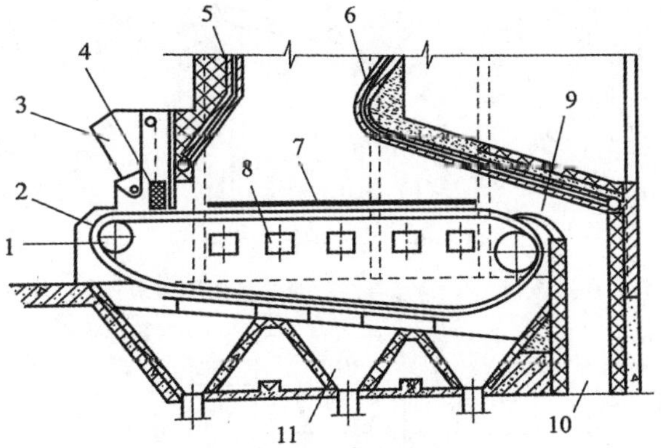

图1-5 链条炉结构图

1—主动链轮；2—链条炉排；3—煤斗；4—煤闸门；5—前拱；6—后拱；7—防焦门；8—分区送风仓；9—老鹰铁；10—落渣口；11—灰斗

室燃炉中燃料以粉状、雾状或气态随同空气喷入炉膛中进行燃烧，其气体动力学特点是：粉状、雾状或气态的燃料颗粒随同空气、烟气流做连续的运动，燃料颗粒悬浮在空气和烟气流中，连续流过炉膛空间，并在悬浮状态下着火、燃烧，直至燃尽。所以火室燃烧方式也称为悬浮燃烧方式。煤粉炉、燃油锅炉和燃气锅炉都属于室燃炉。特别是煤粉炉，它是现代大、中型电厂锅炉的主要形式，其结构见图1-2。

在旋风炉中，燃料和空气在高温的旋风筒内高速旋转，细小的燃料颗粒在旋风筒内悬浮燃烧，而较粗的燃料颗粒被甩向筒壁液态渣膜上进行燃烧，旋风炉结构如图1-6所示。由于旋风炉的负荷调节范围较小，而且不能快速启动和停炉，炉温也较高，NO_x的排放量较煤粉炉大，在我国电厂中很少使用。

循环流化床燃煤锅炉基于循环流态化组织煤的燃烧过程，以携带燃料的大量高温固体颗粒物料的循环燃烧为重要特征，固体颗粒充满整个炉膛，处于悬浮并强烈掺混的燃烧状态，如图1-7所示。经过预热的一次风(流化风)经过风室由底部穿过布风板送入炉膛，炉膛内固体处于快速流化状态，燃料在充满整个炉膛的惰性床料中燃烧。较细小的颗粒被气流夹带飞出炉膛，并由飞灰分离器收集，通过飞灰分离器下的回料管与飞灰回送器(返料器)返回炉膛循环燃烧；燃料在燃烧系统内完成燃烧和高温烟气向工质的部分热量传递过程。烟气和未被飞灰分离器捕集的细颗粒排入尾部烟道，继续与尾部受热面进行对流换热，最后排出锅炉。

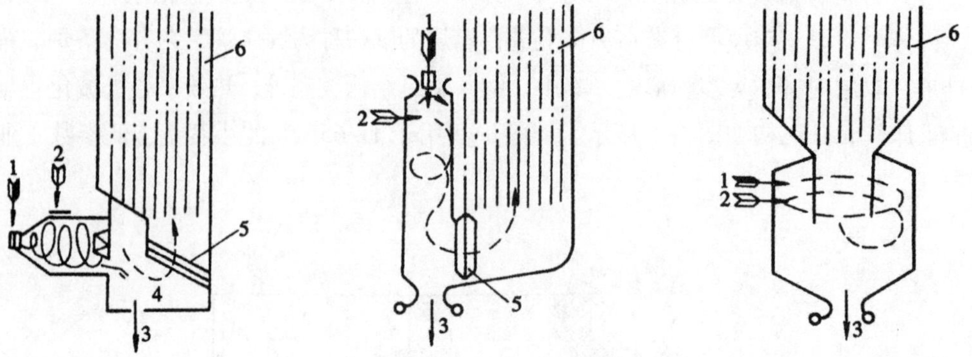

（a）卧式旋风锅炉　　（b）BTH 立式旋风锅炉　　（c）KSG 立式旋风炉

图 1-6　旋风炉结构示意图

1—燃料；2—二次风；3—液态渣；4—燃尽室；5—捕渣管束；6—冷却室

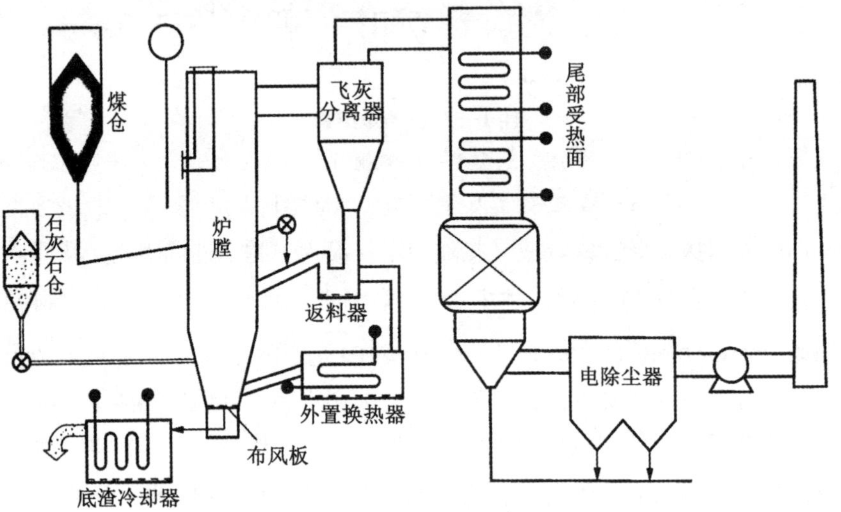

图 1-7　循环流化床锅炉结构示意图

（4）按锅炉蒸发受热面内工质的流动方式分类，可以将锅炉分成自然循环锅炉、控制循环锅炉、直流锅炉、复合循环锅炉，如图 1-8 所示。

蒸发受热面内的工质，依靠下降管中的水和上升管中的汽水混合物之间的密度差所产生的压力差进行循环的锅炉，称为自然循环锅炉，如图 1-8(a)所示，它是亚临界压力及以下锅炉的主要形式。

控制循环锅炉又称强制循环锅炉，其蒸发受热面内的工质除了依靠下降管中的水和上升管中的汽水混合物之间的密度差所产生的压力差以外，还要依靠炉水循环泵的压头进行循环，如图 1-8(b)所示，它是亚临界压力锅炉的主要形式。

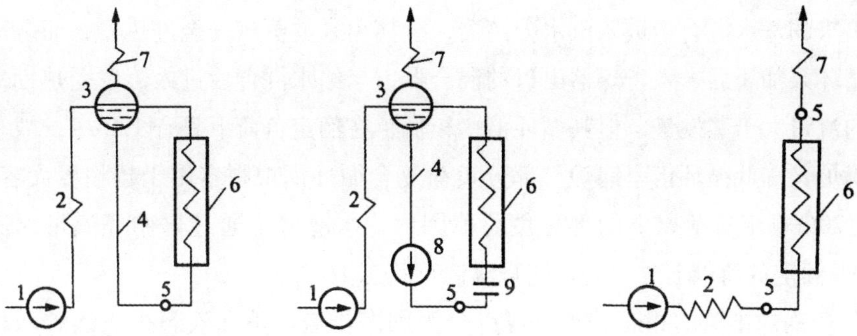

（a）自然循环锅炉　　（b）控制循环锅炉　　（c）直流锅炉

图 1-8　锅炉按蒸发受热面内工质流动方式的分类

1—给水泵；2—省煤器；3—汽包；4—下降管；5—下联箱；6—水冷壁；7—过热器；8—炉水循环泵；9—节流圈

在直流锅炉中，给水靠给水泵的压头，一次通过锅炉各受热面产生蒸汽，如图 1-8（c）所示。直流锅炉的特点是没有汽包，整台锅炉由许多管子并联，然后用联箱连接串联组成。在给水泵压头的作用下，工质依顺序通过加热、蒸发和过热受热面。直流锅炉既可用于临界压力以下，又可设计为超临界压力。

随着超临界压力锅炉的发展以及炉膛热强度的提高，由直流锅炉和控制循环锅炉联合发展起来的一种新的锅炉形式，称为复合循环直流锅炉，简称复合循环锅炉。它是依靠炉水循环泵的压头将蒸发受热面出口的部分或全部工质进行再循环的锅炉。

现用的复合循环锅炉有两种，一种是全负荷复合循环锅炉，另一种是部分负荷复合循环锅炉，如图 1-9 所示。

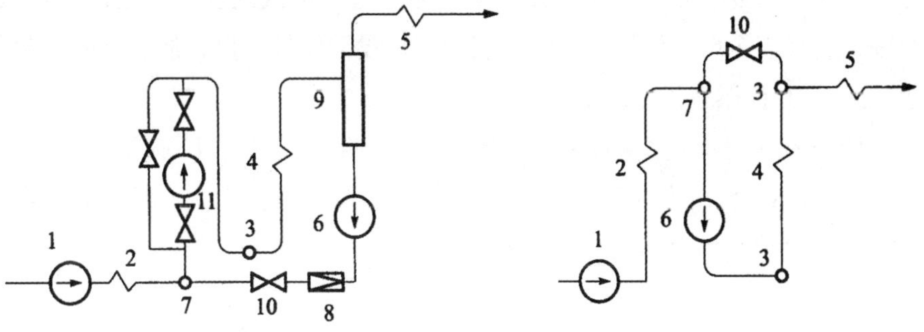

（a）全负荷复合循环锅炉　　（b）部分负荷复合循环锅炉

图 1-9　复合循环锅炉示意图

1—给水泵；2—省煤器；3—分配器；4—蒸发受热面；5—过热器；6—炉水循环泵；7—混合器；8—止回阀；9—汽水分离器；10—调节阀；11—循环泵

全负荷复合循环锅炉一般用于亚临界压力，其在整个负荷范围内水冷壁均有再循环流量通过。这种锅炉的特点是无汽包，水冷壁中的工质流动采用强制循环。从炉膛蒸发受热面出来的汽水混合物进入汽水分离器，分离出来的蒸汽送至过热器，而分离出来的水经再循环泵加压后送入省煤器出口的混合器，与给水混合后进入蒸发受热面。蒸发受热面中的流量大于蒸发量，但其循环倍率较低，在额定负荷下只有1.2~2，故全负荷复合循环锅炉又称低循环倍率锅炉。部分负荷复合循环锅炉则多用于超临界大容量锅炉。在60%~70%额定负荷以下的部分负荷范围内，水冷壁中通过再循环流量，负荷达到60%~70%额定负荷以上时，进入纯直流运行状态。

（5）按锅炉排渣的相态分类，可以分为固态排渣锅炉和液态排渣锅炉两种。固态排渣锅炉是指从锅炉炉膛排出的炉渣呈固态，而液态排渣锅炉是指从炉膛排出的炉渣呈液态。煤粉炉常采用固态排渣方式。

（6）按锅炉燃烧室内的压力分类，可以分为负压燃烧锅炉和压力燃烧锅炉两种。负压燃烧锅炉是指炉膛出口烟气静压小于大气压力的锅炉，而压力燃烧锅炉则指炉膛出口烟气静压大于大气压力的锅炉。如果炉膛压力很小，仅为1.96~4.90 kPa，称为微正压燃烧锅炉。

2. 锅炉型号

锅炉型号是指锅炉产品的容量、参数、性能和规格，常用一组规定的符号和数字来表示。我国电厂锅炉型号一般用四组字码表示，其表达形式如下：

$$\triangle - \times/\times - \times/\times - \triangle\times$$

第一组字母是制造厂家，HG表示哈尔滨锅炉厂有限责任公司（简称哈尔滨锅炉厂），SG表示上海锅炉厂有限公司（简称上海锅炉厂），DG表示东方电气集团东方锅炉股份有限公司（简称东方锅炉厂）；第二组数字分子是锅炉容量，分母为锅炉额定过热蒸汽压力；第三组数字分子、分母分别表示额定过热蒸汽温度和额定再热蒸汽温度；最后一组中，符号表示燃料代号，而数字表示锅炉设计序号。煤、油、气的燃料代号分别是M、Y、Q，其他燃料代号是T。

例如，HG-2080/17.5-541/541-YM9型表示哈尔滨锅炉厂制造，额定容量为2080 t/h，额定过热蒸汽压力为17.5 MPa，额定过热蒸汽温度为541 ℃，额定再热蒸汽温度为541 ℃，设计燃料为烟煤，设计序号为9。

任务三　锅炉的安全性指标和经济性指标

【知识点描述】

（1）锅炉的安全性指标和经济性指标；

（2）锅炉常用的金属材料。

【能力目标】

（1）熟练掌握锅炉的安全性指标和经济性指标；

（2）认识电力安全的重要性。

一、锅炉的安全性指标和经济性指标

火力发电厂的能量转换过程是连续进行的，因而锅炉运行中一旦发生故障，必将影响到电能生产过程的正常进行。在火力发电厂事故中，有60%～70%的事故是锅炉事故，所以必须重视锅炉运行的安全。电厂锅炉容量大，耗用一次能源多，其运行调节好坏对节约燃料、降低发电成本影响很大。

由于电能一般不能储存，发电厂的发电量要随外界负荷的改变而变化，因此发电厂锅炉所生产的蒸汽也必须根据外界负荷的需要进行调节，以保证及时输送相应数量和规定质量的蒸汽给汽轮发电机组，满足用户的用电需要，即要求锅炉有较好的调节性能。

（一）锅炉运行的经济性指标

1. 锅炉热效率

锅炉热效率是说明锅炉运行经济性的特性数据。它是指锅炉单位时间内的有效利用热量与输入热量的百分比，常用符号 η 表示，即

$$\eta = \frac{\text{有效利用热量}}{\text{输入热量}} \times 100\% \tag{1-1}$$

现在电厂大型锅炉热效率都在90%以上。

2. 锅炉净效率

锅炉热效率只反映了燃烧和传热过程的完善程度，但从火力发电厂锅炉的作用看，只有供出的蒸汽和热量才是锅炉的有效产品，自用蒸汽及排污水吸收热量并不向外供出，而是自身消耗或损失。而且要使锅炉正常运行，生产蒸汽除耗用燃料外，还要消耗一定量的电力，使其所有的辅助系统和附属设备正常运行。因此，锅炉运行的经济性指标，除锅炉热效率外，还有锅炉净效率。

锅炉净效率 η_j 是指扣除了锅炉运行时的自用能耗（热能和电能）后的锅炉效率，可用式（1-2）计算，即

$$\eta_j = \frac{Q_1 - Q_q - Q_p}{Q_r} \times 100\% \tag{1-2}$$

式中，Q_1——锅炉有效利用热量，kJ/kg；

Q_q——锅炉机组自身所耗的热量，kJ/kg；

Q_p——锅炉机组自身电耗对应的热量，kJ/kg；

Q_r——锅炉机组输入热量，kJ/kg。

3. 钢材使用率

锅炉的投资也可说明锅炉经济性，而锅炉本身的投资在很大程度上取决于制造锅炉时的钢材使用率。钢材使用率是指锅炉产生 1 t/h 蒸汽所用钢材的吨数。锅炉容量越小，则钢材的使用率越大。电厂各种锅炉用的钢材使用率在 2.5~5 $t/(t \cdot h^{-1})$。直流锅炉所用钢材为同容量、同参数自然循环锅炉的 70%左右。

（二）锅炉运行的安全性指标

锅炉运行的安全性指标，不能进行直接测量，而用下列间接指标来衡量。

1. 锅炉连续运行小时数

锅炉连续运行小时数是指锅炉两次被迫停炉进行检修之间的运行小时数。

2. 锅炉可用率

锅炉可用率是指在统计期间，锅炉总运行小时数及总备用小时数之和，与该统计期间总小时数的百分比，即

$$可用率 = \frac{总运行小时数 + 总备用小时数}{统计期间总小时数} \times 100\% \tag{1-3}$$

3. 锅炉事故率

锅炉事故率是指在统计期间，锅炉总事故停炉小时数与总运行小时数和总事故停炉小时数之和的百分比，即

$$事故率 = \frac{总事故停炉小时数}{总运行小时数 + 总事故停炉小时数} \times 100\% \tag{1-4}$$

锅炉可用率和事故率的统计期间，可用一个适当长的周期来计算。我国大型电厂锅炉在正常运行情况下，一般两年安排一次大修和若干次小修。因此，在统计时，可以一年或两年作为一个统计期间。目前，我国大、中型电厂锅炉的连续运行小时数在 5000 h 以上，事故率约为 10%，平均可用率约为 90%。我国大型火力发电机组的平均可用率仍较低，如发电功率为 300~600 MW 锅炉机组的可用率为 75%~80%。

二、锅炉常用金属材料

1. 蒸汽管道、联箱

蒸汽管道和联箱的金属材料应具有足够高的蠕变强度、持久强度、持久塑性和抗氧化性能。通常以 1×10^5 h 或 2×10^5 h 的高温持久强度作为强度设计的主要依据，再用蠕变极限进行校核。一般要求钢材在工作温度下的持久强度平均值不低于 50~70 MPa；对于低合金耐热钢，在整个运行期内累积的相对蠕变变形量不应超过 20%；持久强度和蠕变极限的分散范围不超过±20%；持久塑性的延伸率不小于 3%~5%。

2. 过热器管和再热器管

过热器和再热器的管材具有足够高的蠕变强度、持久强度和持久塑性，并在高温、长期运行过程中，具有相对稳定的组织和性能。在整个使用期内，合金钢管的外径蠕变

变形量不应大于2.5%，碳素钢管的外径蠕变变形量不应大于3.5%。材料应属1级完全抗氧化性材料，工作温度下的氧化速度应小于0.1毫米/年。此外，过热器和再热器的管材应具有良好的冷、热加工工艺性能和焊接性能。

3. 水冷壁管和省煤器管

水冷壁和省煤器的管材应具有一定的室温强度和高温强度，使管壁厚度不致过厚，从而传热效果良好，并有利于加工；为防止因脉动疲劳或热疲劳损伤而导致过早损坏，管材应具有良好的抗热疲劳性能；管材还应具有良好的抗腐蚀性能和耐磨损性能。此外，水冷壁和省煤器管材应有良好的工艺性能，尤其是应具有良好的焊接性能。

4. 汽包

汽包钢材的屈服强度、抗拉强度是决定钢材许用应力的依据。对于低、中压锅炉汽包，通常采用屈服强度等级为250～350 MPa的钢种；而对于高压、超高压及亚临界参数锅炉汽包，通常采用屈服强度为400 MPa或更高强度级别的钢种。对于启停频繁，特别是承担调峰任务的锅炉，为防止产生低循环疲劳损伤，应选用屈强比不是太高（$\sigma_s/\sigma_b \approx 0.7$）、缺口敏感性低、抗疲劳性能良好的钢种。

5. 锅炉受热面固定件及吹灰器

锅炉受热面固定件用金属材料应具有较高的抗氧化性，并具有一定的热强性能和较好的耐蚀性、工艺性能。吹灰器所用金属材料应具有高的抗氧化性能、良好的抗腐蚀性能和较高的高温强度。

电厂锅炉常用金属材料的型号、特性见表1-4。

表1-4 电厂锅炉常用金属材料的型号、特性

钢号	技术标准	适用范围		
		用途	工作压力/MPa	壁温/℃
20	GB3087—2008	受热面管子、联箱、蒸汽管道	≤5.88	过热器管≤450 蒸汽管道≤425
20	YB529—1970		不限	过热器管≤480 蒸汽管道≤430
15CrMo	YB529—1970			过热器管≤550 蒸汽管道≤520
12Cr1MoV	YB529—1970			过热器管≤580 蒸汽管道≤570
12Cr2MoWVTiB （钢102）	YB529—1970	受热面管子		≤600
12Cr3MoVSiTiB （JI11）	YB529—1970			≤600

【能力训练】

上网搜索火力发电厂生产过程视频，叙述锅炉的组成。

【综合练习】

（1）在火力发电厂的生产过程中，存在哪几种形式的能量转换？

（2）锅炉本体由哪些主要部件组成？锅炉的主要辅助设备有哪些？

（3）叙述锅炉机组的工作过程。

（4）什么是电厂锅炉容量和蒸汽参数？举例说明电厂锅炉型号的表示方法。

（5）按工质在蒸发受热面中流动方式分类，电厂锅炉有几种形式？各有何特点？

（6）按炉内燃烧方式分类，锅炉有几种形式？各适用什么情况？

（7）锅炉有哪些主要的安全性指标和经济性指标？它们的意义是什么？

（8）自然循环锅炉、控制循环锅炉和直流锅炉的主要区别是什么？举例说明这些形式的锅炉在我国火电厂中的应用。

项目二　燃料及制备系统

【学习目标】

（1）学习煤及煤粉的特性；

（2）学习磨煤机的结构、工作过程及特点；

（3）学习制粉系统的工作过程。

【能力目标】

（1）能分析煤及煤粉的参数变化对锅炉燃烧和运行的影响；

（2）学会磨煤机的选型；

（3）能读懂制粉系统的流程图并掌握制粉系统的运行调整。

【思政目标】

（1）培养正确的“三观”、社会责任感、团队精神；

（2）树立良好的职业道德，培养专业精神和工匠精神；

（3）培养自我学习、自我管理能力。

任务一　燃料及其特性

【知识点描述】

（1）煤的组成及其各成分的性质；

（2）煤的主要特性；

（3）动力用煤的分类。

【能力目标】

（1）能根据煤的各种成分分析各成分对煤的燃烧和锅炉运行的影响；

（2）能根据煤的各特性参数分析它们对锅炉及其辅助工作设备的影响。

能源工业是我国国民经济的基础。我国发展电力的基本特点是以燃煤为基础、以火电为主，煤电占总发电量的70%以上。从提高发电效率、节约能源和解决环保三方面来考虑，走可持续发展的道路。电力燃料，特别是电煤质量与上述三方面都有着十分密切的关系。随着电力生产的发展，锅炉机组容量日益增大，就需要提供数量更多、质量更好的电力燃料。了解和掌握动力燃料的基本知识及其物理化学特性，切实做好火电厂燃料的采制样及化验工作，对降低发电成本，确保锅炉机组的安全、经济运行，具有极其重要的意义。

一、煤的形成和组成

煤是由古代植物形成的。植物分低等植物和高等植物两大类。在地球上储量最多的煤由高等植物形成，统称为腐殖煤，即现代被广泛使用的褐煤、烟煤和无烟煤等。高等植物的有机化学组成主要为纤维素和本质素，此外还有少量蛋白质和脂类化合物等；无机化学组成主要为矿物质。古代植物随地壳运动而被埋入地下，经过长期的细菌生物化学作用，以及地热高温和岩层高压的成岩、变质作用，植物中的纤维素、木质素发生脱水、脱二氧化碳、脱甲烷等反应，而后逐渐成为含碳丰富的可燃性岩石，这就是煤。

煤在成煤过程的漫长地质年代中，其原始的组成和结构发生了变化，形成一种新物质。煤是由多种结构形式的有机物（或称煤素质）与少量种类不同的无机物（或称矿物质）组成的混合物。煤中有机物的基本结构单元，主要是带有侧链和官能团的缩合芳香核体系，随着变质程度的加深，基本结构单元中六碳环的数目不断增加，而侧链和官能团不断减少。煤中无机物的组成极为复杂，所含元素多达数十种，常以硫酸盐、碳酸盐（主要是钙、镁、铁等盐）、硅酸盐（铝、钙、镁、钠、钾）、黄铁矿（硫）等矿物质的形态存在。此外还有一些伴生的稀有元素，如锗（Ge）、硼（B）、铍（Be）、钴（Co）、钼（Mo）等。

煤仅作为能源使用时，没有必要对其化学结构作详尽的了解，只从热能利用（即燃料的燃烧）方面去分析和研究煤的组成，基本上就能够满足电力生产的要求。

在工业上常将煤的组成划分为元素分析组成和工业分析组成两种。了解这两种组成就可以为煤的燃烧提供基本数据。

（一）煤的元素分析组成及性质

煤由碳（C）、氢（H）、硫（S）、氧（O）、氮（N）五种元素和水分（M）、灰分（A）两种成分组成。其中，碳、氢和部分硫是可燃成分，其余都是不可燃成分。这些成分呈复杂的化合物形式存在于煤中。煤的各种成分的性质如下所述。

1. 碳（C）

碳是煤中的主要可燃元素，其含量一般为40%~70%。1 kg碳完全燃烧生成二氧化碳，能放出33727 kJ的热量；如果不完全燃烧生成一氧化碳，只能放出9270 kJ的热量。煤中的碳一部分与氢、氮、硫等结合生成挥发性有机化合物；另一部分碳则呈游离状态，称为固定碳。年代越深的煤，固定碳的含量越多。固定碳的燃烧特点是不易着火，燃烧缓慢，火苗短。所以，一般含固定碳越多的煤，其着火和燃烧就越困难。

2. 氢（H）

氢是煤中可燃元素之一，其含量为3%～5%，氢的含量虽少，但发热量比碳高得多。1 kg氢完全燃烧，扣除水的汽化潜热后能放出120×10^3 kJ的热量。氢的燃烧特点是极易着火，燃烧迅速，火苗也长。因此，含氢越多的煤越容易着火燃烧。

3. 硫（S）

煤中的硫由有机硫（与C，H，O等元素组成复杂的化合物）、黄铁矿中的硫（FeS_2）和硫酸盐中的硫（与Ca，Mg，Fe等元素组成各种盐类）三部分组成。前两种硫可以燃烧，统称为可燃硫（S），后一种硫不能燃烧而并入灰分中。我国煤中硫酸盐中的硫含量很少，常将全硫当作可燃硫对待。

1 kg硫完全燃烧生成二氧化硫（SO_2），能放出9050 kJ的热量，部分二氧化硫进一步氧化成三氧化硫（SO_3），二氧化硫和三氧化硫与烟气中的水蒸气结合在一起生成亚硫酸（H_2SO_3）或硫酸（H_2SO_4）蒸气。后者一旦凝结在锅炉受热面上，便有着强烈的腐蚀性，大大缩短锅炉受热面金属的使用寿命。此外，硫的氧化物随烟气排入大气，还会造成严重的环境污染。因此硫是煤中的有害元素。

煤中的含硫量为1%～8%，当煤中的含硫量在1.5%以上时，应设法预先脱硫或采取适当的措施，以防止锅炉受热面被腐蚀和大气被污染。煤中的硫化铁质地坚硬，不易研磨，在制粉时会使磨煤机部件严重磨损。为了减轻其磨损，应在煤进入磨煤机之前或在煤粉制备过程中利用其密度大的特点将其分离出去。

4. 氧（O）和氮（N）

氧和氮是煤中的不可燃元素。

煤中氧的含量随煤的年代深浅变化很大，年代深的煤，其含量仅有1%～2%；年代浅的煤，含量可达40%左右。煤中的氧由两部分组成：一部分为游离存在的氧，它能助燃；另一部为化合物（如CO_2，H_2O等）中存在的氧，不能助燃。此外，氧的存在还会使煤中的可燃元素含量相对减少，发热量降低。

煤中氮的含量较少，只有0.5%～2.0%，对锅炉工作没有影响。但在氧气供应充分、高温和含氮量高的燃烧过程中易生成氮氧化合物（NO_x），会污染大气，对人体和植物都十分有害。

5. 水分（M）

水分是煤中主要不可燃成分。通常所说的煤中水分是指全水分（M），由表面水分（M_f）和内在水分（M_{inh}）组成。

表面水分是在开采、储运过程中进入的，又称外在水分，通过自然风干即可除去。表面水分的含量，受自然条件影响较大，故其数值变化较大。不同煤种的全水分在不同条件下差别较大，少的只有百分之几，多的可达40%～50%。

内在水分也称固有水分，它是生成煤的植物中的水分及煤生成过程中进入的水分，不能用自然风干的方法除去，必须通过加热至105 ℃左右，并保持一定的时间才能除掉。它的含量对于一定煤种是稳定的。

水分的存在不仅使煤种的可燃成分相对减少，发热量下降，而且影响燃料的着火与燃烧。燃用高水分的煤，会使燃烧温度偏低，烟气容积增大，进而使锅炉效率下降，还会加剧锅炉尾部受热面的低温腐蚀和堵灰程度。煤中水分高，煤的运输、磨制也会产生困难。

6. 灰分（A）

煤中的各种矿物杂质，在煤燃烧后形成灰分。但燃烧后的灰分与燃烧前煤中的矿物质在性质上和数量上都不相同。灰分是煤中主要不可燃的有害杂质，含量在5%~40%。煤中灰分越高，可燃成分相对降低，发热量减小，且影响煤的着火与燃烧，使燃烧效率下降。燃烧后灰分可在锅炉受热面上形成结渣与积灰，影响传热，使锅炉热效率下降。随烟气流动的飞灰，磨损受热面，使锅炉受热面使用寿命降低。为了清除灰渣与飞灰，锅炉的除灰尘设备设计得会复杂化。随烟气排入大气的飞灰，会对环境造成污染。

总之，碳是煤中最主要的可燃元素，氢是煤中单位发热量最高的元素，硫是可燃又有害的元素，氧、氮、水分、灰分是煤中的杂质。

煤的元素分析结果对煤质研究、工业利用、锅炉设计、环境质量评价等都是极为有用的资料。但煤的元素分析相当繁杂，需要复杂的设备、较高的技术和较长的分析时间，所以，电厂从运行角度出发一般采用较简单的工业分析法。

（二）煤的工业分析组成及性质

工业分析组成是用工业分析法测出的煤的不可燃成分和可燃成分，不可燃成分为水分和灰分，可燃成分为挥发分和固定碳。

工业分析的任务是按规定条件把煤试样进行干燥、加热、燃烧来确定煤中水分、挥发分、固定碳、灰分的百分含量，从而了解煤在燃烧方面的某些特性。工业分析是在实验室进行的，以去掉表面水分的煤作试样。

1. 水分

把试样放在烘干箱内，保持102~105 ℃约2 h后，试样所失去的重量占原试样重量的百分数，即为该煤的水分值。

2. 挥发分

把上述失去水分的试样置于不通风的条件下，加热到（850±20）℃，挥发性气体不断析出，约7 min后，基本结束，煤失去的重量占原试样（未烘干加热前）重量的百分数，即为该煤的挥发分值。

挥发分是将煤加热到一定温度时，煤中的部分有机物和矿物质发生分解并逸出的气体（主要是H_2，C_mH_n，CO，CO_2等）产物。数量将随加热温度的高低和加热时间的长短而变化。通常所说的挥发分是指煤在特定条件下加热有机物及矿物质的气体产率，即经干燥的煤在隔绝空气下加热至（900±10）℃，恒温 7 min 所析出的气体占干燥无灰基成分的质量百分数，称为干燥无灰基挥发分。

挥发分是煤中氢、氧、氮、硫和一部分碳的气体产物，大部分是可燃气体。挥发分含量高，煤易于着火，燃烧稳定。因此，挥发分是表征燃烧特性的重要指标，从而也给锅炉工作带来多方面的影响，如：需要根据挥发分大小考虑炉膛容积及形状；挥发分含量影响燃烧器的型式及配风方式的选用，影响磨煤机型式及制粉系统型式的选择。同时，挥发分也是对煤进行分类的重要指标之一。

3. 固定碳和灰分

去掉水分和挥发分后，煤的剩余部分称为焦炭。焦炭是由固定碳和灰分组成的。将焦炭放在（800±20)℃下灼烧（不要出现火焰），到重量不再变化时，取出来冷却，这时焦炭所失去的重量就是固定碳的重量，剩余部分则是灰分的重量。这两个重量各占原试样重量的百分数，即是固定碳和灰分在煤中的含量。

(三) 煤的分析基准及其换算

1. 煤的分析基准

由于煤中水分和灰分的含量受到外界条件的影响，其他成分的百分含量亦将随之变化，所以不能简单地用成分的百分含量来表明煤的种类和某些特性，而必须同时指明百分数的基准是什么。“基”即表示化验结果是以什么状态下的煤样为基础而得出的。煤质分析中常用的“基”有收到基、空气干燥基、干燥基、干煤无灰基、干燥无矿物质基。下面只介绍前几种。

（1）收到基（as received basis）是以进入锅炉房原煤仓内（或进入贮煤场内）的煤作为基准，表示符号为 ar。其表达式为

$$C_{ar}+H_{ar}+O_{ar}+N_{ar}+S_{ar}+A_{ar}+M_{ar}=100\% \tag{2-1}$$

$$FC_{ar}+V_{ar}+A_{ar}+M_{ar}=100\% \tag{2-2}$$

收到基成分含量反映了煤作为收到状态下的各成分含量。锅炉热力计算均采用收到基成分。

（2）空气干燥基（air dry basis）是指把在实验室经过自然风干后的煤作为基准（以与空气湿度达到平衡状态的煤为基准，表示符号为 ad），其表达式为

$$C_{ad}+H_{ad}+O_{ad}+N_{ad}+S_{ad}+A_{ad}+M_{ad}=100\% \tag{2-3}$$

$$FC_{ad}+V_{ad}+A_{ad}+M_{ad}=100\% \tag{2-4}$$

空气干燥基成分含量一般在实验室内作煤样分析时采用。

（3）干燥基（dry basis）是指以完全干燥状态（去掉全水分）的煤作为基准，表示符号为 d。其表达式为

$$C_{d}+H_{d}+O_{d}+N_{d}+S_{d}+A_{d}=100\% \tag{2-5}$$

$$FC_d+V_d+A_d=100\% \tag{2-6}$$

由于干燥基成分不受水分含量的影响，所以用 A_d 来表示煤中的灰分含量更为准确。

（4）干燥无灰基（dry ash-free basis）是指以假想无水无灰状态下的煤作为基准，表示符号为 daf。其表达式为

$$C_{daf}+H_{daf}+O_{daf}+N_{daf}+S_{daf}=100\% \tag{2-7}$$

$$FC_{daf}+V_{daf}=100\% \tag{2-8}$$

由于干燥无灰基成分既不受水分含量的影响，又不受灰分含量的影响，比较稳定，因此常用来表示煤的挥发分含量。

上述煤的成分及各种分析基准之间的关系，可用图 2-1 所示。

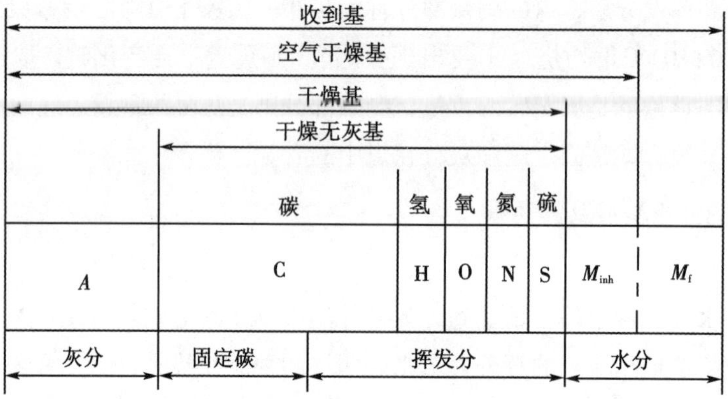

图 2-1　煤的成分及各基准之间的关系

必须指出：收到基是包括煤中全水分的成分组合。全水分中的外在水分变易性较大，由煤矿发出的煤到火电厂收到的煤或进锅炉燃烧的煤都是用收到基表示其成分组合的。但由于时间、空间等条件的差异，水分会有较大的变化，因此，同一种煤虽是按统一的收到基计算出来的成分百分含量，但也会有差异。此时应根据实际情况对分析结果给予合理的处理。

煤的成分和特性（即煤质分析项目）通常都是用一定符号表示的，对于某些成分，由于它在煤中有多种形态或分析化验时的条件、方法不同，使用单一的符号还不能完全表明其含义。例如：水分有内在水分和外在水分；硫有有机硫、硫酸盐硫和硫化铁硫等。为了区分诸如此类的差异，通常在符号的右下角处附加符号注明。国际标准《煤质分析试验方法一般规定》中对煤质分析项目的符号作了统一规定，即采用国际标准化组织规定的符号。总结如表 2-1 至表 2-3 所列。

表 2-1 煤质符号表

项目			英文	新符号	旧符号
工业分析成分	水分		Moisture	M	W
	灰分		Ash	A	A
	挥发分		Volatile Matter	V	V
	固定碳		Fixed Carbon	FC	C_{GD}
元素分析成分	碳		Carbon	C	C
	氢		Hydrogen	H	H
	氧		Oxygen	O	O
	氮		Nitrogen	N	N
	硫		Sulfur	S	S
各项性质	发热量		Calorific Value	Q	Q
	真（相对）密度		True Relative Density	TRD	d
	视（相对）密度		Apparent Relative Density	ARD	d_{sh}
	哈氏可磨性指数		Hardgrove Grindability Index	HGI	K_{HG}
	灰熔融性	变形温度	Deformation Temperature	DT	T_1
		软化温度	Softening Temperature	ST	T_2
		流动温度	Fluid Temperature	FT	T_3

表 2-2 煤质项目存在状态和条件符号

项目	外在水分	内在水分	全水分	有机硫	硫酸盐硫	硫化铁硫	全硫	弹筒硫	高位发热量	低位发热量	弹筒发热量	碳酸盐二氧化碳
英文	Free Moisture	Inherent Moisture	Total Moisture	Organic Sulfur	Sulfate Sulfur	Pyretic Sulfur	Total Sulfur		Gross Calorific Value	Net Calorific Value	Bomb Calorific Value	Carbon Dioxidein Carbonate
新符号	M_f	M_{inh}	M_t	S_O	S_S	S_P	S_t	S_b	Q_{gr}	Q_{net}	Q_b	CO_2
旧符号	W_{WZ}	W_{NZ}	W_Q	S_{YJ}	S_{LY}	S_{LT}	S_Q	S_{DT}	Q_{GW}	Q_{DW}	Q_{DT}	$(CO_2)_{TS}$

表 2-3 煤质基准符号

名称（旧名称）	收到基（应用基）	空气干燥基（分析基）	干燥基（干燥基）	干燥无灰基（可燃基）
英文	as received basis	air dry basis	dry basis	dry ash-free basis
符号（旧符号）	ar（y）	ad（f）	d（g）	daf（r）

2. 基准换算

各种基准的成分之间可以相互换算，表 2-4 列出了各种分析基准之间的换算系数 K。

欲求基准成分=已知基准成分×换算系数 K

上式可以用于同种煤不同分析基准之间除水分以外的各种成分（如 C、H、O、N、S、A）、挥发分和高位发热量的换算。对于水分质量的换算，可采用如下公式：

$$M_{ar} = M_f + M_{ad}\frac{100 - M_f}{100} \tag{2-9}$$

式中，M_f——外在水分，%。

表 2-4　煤的各基准之间的换算系数 K

已知煤的基准	欲求煤的基准			
	收到基	空气干燥基	干燥基	干燥无灰基
收到基	1	$\frac{100 - M_{ad}}{100 - M_{ar}}$	$\frac{100}{100 - M_{ar}}$	$\frac{100}{100 - M_{ar} - A_{ar}}$
空气干燥基	$\frac{100 - M_{ar}}{100 - M_{ad}}$	1	$\frac{100}{100 - M_{ad}}$	$\frac{100}{100 - M_{ad} - A_{ad}}$
干燥基	$\frac{100 - M_{ar}}{100}$	$\frac{100 - M_{ad}}{100}$	1	$\frac{100}{100 - A_d}$
干燥无灰基	$\frac{100 - M_{ar} - A_{ar}}{100}$	$\frac{100 - M_{ad} - A_{ad}}{100}$	$\frac{100 - A_d}{100}$	1

二、煤的主要特性指标

煤的性质指煤的物理性质、化学性质和工艺性质。这些性质都与成煤的原始物质、聚积环境、地质条件和煤化程度有关。作为动力用煤的主要性质包括发热量、煤灰的熔融性、煤的可磨性和磨损性、密度［包括真（相对）密度、视（相对）密度和堆积密度］、着火点等。

（一）发热量

1. 发热量

单位质量的煤在完全燃烧时所放出的热量称为煤的发热量（热值），用符号 Q 表示，单位为 kJ/kg（固体、液体）。

燃料的发热量有高位和低位之分，所谓高位发热量，是指 1 kg 燃料完全燃烧时放出的全部热量，用符号 Q_{gr} 表示，包括烟气中水蒸气凝结成水所放出的汽化潜热。但事实上，煤在锅炉中燃烧后，排烟温度一般在 110～160 ℃，烟气中的水蒸气不可能凝结成水而放出汽化潜热，因此，这部分汽化潜热也无法被锅炉利用。从高位发热量中扣除烟气中水蒸气凝结成水所放出的汽化潜热后就称为低位发热量，用符号 Q_{net} 表示。因为煤在锅炉中的燃烧过程通常是在定义下进行的，所以常用定压高位发热量 $Q_{gr,p}$ 和定压低位发热量 $Q_{net,p}$ 分别表示煤的高位发热量和低位发热量。我国和欧洲国家在锅炉计算中采用低位发热量，英国和美国采用高位发热量。

煤的发热量大小与煤中可燃成分的含量有关，但由于煤并不是各种成分的机械混合物，而是存在极其复杂的化合关系，因而煤的发热量不能简单地用各种可燃元素的发热量的算术和求取，主要借助氧弹测热计进行测定。氧弹测热计的结构如图 2-2 所示。其基本原理是：使煤样在充满压力氧的氧弹中燃烧，放出的热量被氧弹外的水所吸收，测出水的温升并通过必要的计算和修正便可计算出煤的发热量。在无测量数据时，可根据煤的元素分析结果用门捷列夫经验公式进行计算，即

$$Q_{ar,gr,p} = 339C_{ar} + 1256H_{ar} + 109(S_{ar} - O_{ar}) \tag{2-10}$$

$$Q_{ar,net,p} = 339C_{ar} + 1030H_{ar} + 109(S_{ar} - O_{ar}) - 25.1M_{ar} \tag{2-11}$$

对于同一种煤而言，用氧弹测热计测出的发热量和用经验公式计算出的发热量基本相同，两者的误差一般不超过 3%~4%。

煤的发热量是煤按热值计价的基础指标。煤作为动力燃料，主要是利用煤的发热量，发热量愈高，其经济价值愈大。同时，发热量也是计算热平衡、热效率和煤耗的依据，以及锅炉设计的参数。

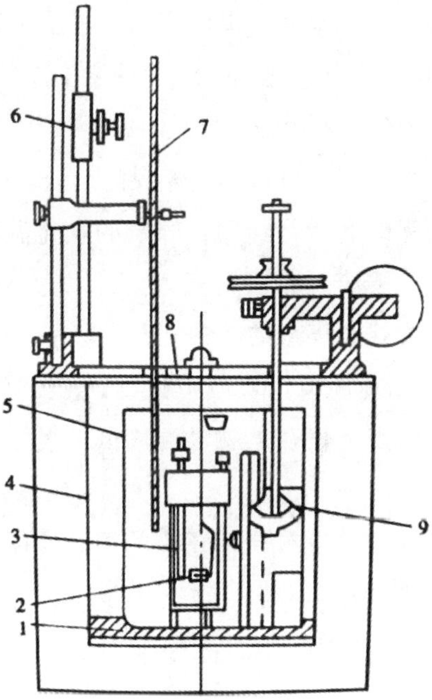

图 2-2　氧弹测热计结构图

1—绝缘底垫；2—坩埚；3—氧弹；4—双筒外壁；5—容器；6—温度计照明装置；7—温度计；8—顶盖；9—桨式搅拌器

2. 标准煤

不同种类的煤具有不同的发热量，且往往差别很大，同一燃烧设备在相同的工况下，燃烧发热量低的煤耗量就大；而燃烧发热量高的煤，煤耗量就小。因此，不能简单地用耗煤量的多少作为比较各发电厂之间或者锅炉运行经济性优劣的依据。为此引入了

标准煤的概念，规定标准煤的收到基低位发热量是 29270 kJ/kg。实际煤与标准煤消耗量的换算关系为

$$B_b = \frac{BQ_{ar,\ net,\ p}}{29270} \tag{2-12}$$

式中，B_b ——标准煤的消耗量，kg/h；

B ——实际煤的消耗量，kg/h；

$Q_{ar,\ net,\ p}$ ——燃料的收到基低位发热量，kJ/kg。

将电厂实际消耗的煤换算成标准煤后，可使各发电厂或锅炉之间的运行经济性具有可比性，也可以计算煤耗量以及编制用煤计划。

（二）煤灰的熔融性

煤灰的熔融性是指煤灰受热时由固态向液态逐渐转化的特性，是动力用煤高温特性的重要测定项目之一，也是动力用煤的重要指标。它反映煤中矿物质在锅炉中的变化动态。测定煤灰熔融性温度在工业上特别是火电厂中具有重要意义。第一，它可以为设计锅炉时选择炉膛出口烟温和锅炉安全运行提供依据。在设计锅炉时，炉膛出口烟温一般要求比煤灰的软化温度低 50~100 ℃，在运行中也要控制在此温度范围内，否则，会引起锅炉出口过热器管束间灰渣的“搭桥”，严重时甚至发生堵塞，从而导致锅炉出口左右侧过热蒸汽温度不正常。第二，它可以预测燃煤的结渣。因为煤灰熔融性温度与炉膛结渣有密切关系，根据煤粉锅炉的运行经验，煤灰的软化温度小于 1350 ℃就有可能造成炉膛结渣，妨碍锅炉的连续安全运行。第三，它可以为不同锅炉燃烧方式选择燃煤。不同锅炉的燃烧方式和排渣方式对煤灰的熔融性温度有不同的要求。煤粉固态排渣锅炉要求煤灰熔融性温度高些，以防炉膛结渣；相反，对液态排渣锅炉，则要求煤灰熔融性温度低些，以避免排渣困难。因为煤灰熔融性温度低的煤在相同温度下有较低的黏度，易于排渣。

由于煤灰不是一种纯净物，它没有严格意义的熔点，衡量其熔融过程的温度变化，通常用三个特征温度，即变形温度（*DT*）、软化温度（*ST*）、流动温度（*FT*）。这三个温度代表了煤灰在熔融过程中固相减少、液相渐多的三点，在工业上多用软化温度（*ST*）作为熔融性指标，称为灰熔点（各种煤的 *ST* 一般为 1100~1600 ℃）。目前我国测定灰的三个特性温度的方法是角锥法，即将磨细的灰制成底面边长为 7 mm、高为 20 mm 的等边三角形锥体，然后置于温度可调节并充有适量还原性气体的电炉中逐渐加热，根据灰锥的状态变化记录 *DT*、*ST*、*FT* 三个温度数值。在测定过程中，灰锥尖端开始变圆或弯曲时的温度为变形温度 *DT*，如有的灰锥在弯曲后又恢复原形，而温度继续上升，灰锥又一次弯曲变形，这时应以第二次变形的温度为真正的变形温度 *DT*。当灰锥弯曲至锥尖触及托板或锥体变成球形或高度不大于底长的半球形时的温度为软化温度 *ST*。当灰锥熔化成液体或展开成高度在 1.5 mm 以下的薄层或锥体逐渐缩小，最后接近消失

时的温度为流动温度 *FT*。如图 2-3 所示。

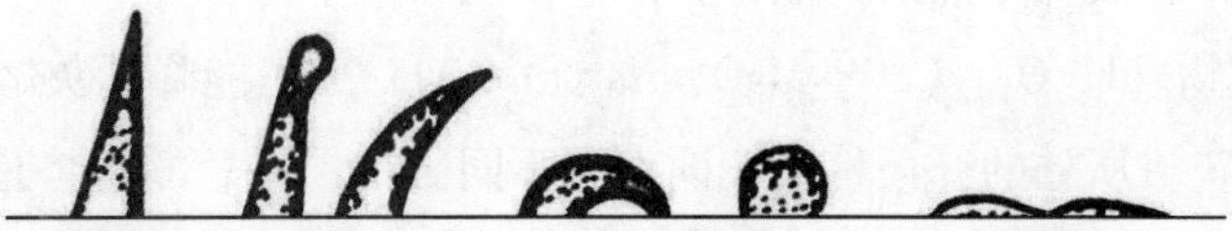

图 2-3　煤灰的熔融性示意图

当灰粒温度低于软化温度时，在受热面上只能形成疏松的弱黏聚形灰渣，容易脱落；当灰粒温度高于软化温度时，固态的颗粒将变成熔融状态，具有较强的黏性，与受热面接触时会黏附在受热面上形成结渣，导致传热恶化，严重时影响锅炉的正常运行。对于固态排渣煤粉炉，为了防止炉膛出口的受热面结渣，要求炉膛出口烟温应比灰的变形温度 *DT* 低 50~100 ℃；对于液态排渣炉，为了保持灰渣熔化成液态从炉底渣口排出，要求炉膛下部烟温应高于灰的液化温度 *FT*。

变形温度、软化温度、液化温度的温度间隔大小对实际工作很有意义。如果温度间隔很大，就意味着固相和液相共存的温度区间很宽，灰渣的黏度随温度变化就很慢，这样的灰渣称为长渣；反之，如果温度间隔很小，那么灰渣黏度随温度变化就很快，这样的灰渣称为短渣。一般认为，变形温度与液化温度之差为 200~400 ℃时为长渣，适用于液态排渣煤粉炉；变形温度与液化温度之差为 100~200 ℃时为短渣，适用于固态排渣煤粉炉。

影响灰熔点的因素有成分因素、介质因素、浓度因素，其中，灰中成分是决定灰熔点高低的基本因素。

1. *成分因素*

灰的化学组成比较复杂，通常以各种氧化物的百分含量来表示。其组成百分含量可按下列顺序排列：SiO_2，Al_2O_3，（$Fe_2O_3 \cdot FeO$），CaO，MgO，（$Na_2O \cdot K_2O$）。这些氧化物在纯净状态时熔点大都较高（Na_2O 和 K_2O 除外）。在高温下，各种氧化物相互作用，生成了有较低熔点的共熔体。熔化的共熔体还有溶解灰中其他高熔点矿物质的性能，从而改变共熔体的成分，使其熔化温度更低。上述氧化物分为三类，此三类氧化物对煤灰的熔融性的影响如下。

① Al_2O_3能提高灰熔点。煤灰中三氧化二铝含量自 15%开始，煤灰熔融性温度随其含量增加而有规律地增加，煤灰中 Al_2O_3含量大于 40%时，*ST* 一般都超过 1500 ℃；大于 30%时，*ST* 也多在 1300 ℃以上。当三氧化二铝含量高于 25%时，*DT* 与 *ST* 的温差随其含量增加而变小。

② SiO_2对灰熔点的影响较复杂，主要看它是否与 Al_2O_3结合成 $2SiO_2 \cdot Al_2O_3$，如煤灰中 SiO_2和 Al_2O_3的含量比为 1.18（即 $2SiO_2 \cdot Al_2O_3$）时，灰熔点一般较高。随着该比

值增加，灰熔点逐渐降低，这是由于灰中存在游离的氧化硅。游离的氧化硅在高温下可能与碱性氧化物结合成低熔点的共晶体，因而使灰熔点下降。

③ 碱性氧化物（Fe_2O_3，CaO，MgO，$Na_2O \cdot K_2O$）一般能降低灰熔点。其中，Fe_2O_3的影响较复杂，灰渣所处的介质性质不同而有不同影响，但总的趋势是降低煤灰熔融性温度。CaO 和 MgO 有减低灰熔点的助熔作用，且有利于形成短渣，但其含量超过一定值（25%~30%）时，却可以提高灰熔点。K_2O 和 Na_2O 能促进熔点很低的共熔体的形成，因而使 *DT* 减低。

2. 介质因素

在锅炉炉膛中介质的性质可分为两种：弱还原性介质和氧化性介质。介质性质不同时，灰渣中的铁具有不同的价态。在弱还原性气体介质中，铁呈氧化亚铁（熔点 1420 ℃）；在氧化性介质中，呈氧化铁（熔点 1565 ℃）。氧化亚铁最容易与灰渣中的氧化硅形成低熔点的共熔体（$FeSiO_4$），所以在弱还原性介质中，灰熔点最低；在氧化性介质中，灰熔点要高一些。

综上所述，大多数煤灰中 SiO_2 含量较高，多呈酸性。在酸性灰渣中，碱性氧化物的存在起了降低煤灰熔融性温度的作用。

3. 浓度因素

当灰的成分和其所处环境介质的性质相同而煤中灰分含量不同时，灰的熔点也会发生变化。燃烧含灰多的煤容易结渣，这是由于灰量多时灰中各成分相互接触频繁，在高温下产生化合、分解、助熔作用的机会增多，使灰熔点降低。

（三）煤的可磨性和磨损性

1. 可磨性

不同的煤由于机械强度和脆性的不同，煤被磨制成煤粉的难易程度就不同，所消耗的能量也不同，煤的这一性质称为可磨性，煤的可磨性用可磨性系数 K_{km} 来表示。可磨性系数的测定方法有两种，我国长期使用苏联热工研究所 BTИ 法，即指在风干状态下，将相同质量的标准煤与实验煤从相同的初始粒度破碎到相同的细度，所消耗的能量之比。

$$K_{km} = \frac{E_b}{E_s} \tag{2-13}$$

式中，E_b——磨制标准煤（一种难磨的无烟煤）的电耗；

E_s——磨制待测煤的电耗。

K_{km}越大，表示该煤越容易被磨制成粉，所消耗的能量越小；反之，K_{km}越小，表示该煤越难被磨制成粉，所消耗的能量也就越大。

另外一种可磨性系数的测定方法是欧美各国通用的哈得格罗夫（Hardgrove）测定的哈氏可磨性系数 *HGI*，即

$$HGI = 13 + 6.93G \tag{2-14}$$

式中，G——孔径为 74 μm 的筛子筛下的煤粉质量，g。

两种可磨性系数之间的换算关系为

$$K_{km} = 0.0034\,(HGI)^{1.25} + 0.61 \tag{2-15}$$

我国动力煤可磨性系数 K_{km} 值一般为 0.8～2.0（HGI 为 25～129）。一般认为 $K_{km}<1.2$（$HGI<64$）的煤属于难磨煤，$K_{km}>1.5$（$HGI>86$）的煤属于易磨煤。煤的可磨性系数是选择磨煤机型号、计算磨煤机出力与电耗的重要依据之一。

2. 磨损性

煤在被磨制成粉的过程中，对磨煤机金属碾磨部件磨损的强弱程度，称为煤的磨损性，磨损性的大小用煤的磨损性指数 K_e 来表示。研究结果表明，煤在破碎时对金属的磨损是由煤中所含硬质颗粒对金属表面形成显微切削造成的。煤的磨损指数 K_e 主要取决于煤中硬质颗粒的性质和含量，若煤中的石英（SiO_2）、黄铁矿（FeS_2）、菱铁矿（$FeCO_3$）等含量较高，磨损指数 K_e 就大。磨损指数 K_e 还与硬质矿物的形状、大小及存在形式有关。它直接关系到磨煤机金属的磨损率，已成为磨煤机选型的又一重要依据。

煤的磨损指数是通过不同的试验方法确定的。试验时将纯铁试片放在高速喷射的煤粒中接受冲击磨损，测定煤粒从初始状态被研磨至 $R_{90}=25\%$ 的时间 τ（min）及试片的磨损量 E（mg），计算煤的磨损指数 K_e，即

$$K_e = \frac{E}{A\tau} = \frac{E}{10\tau} \tag{2-16}$$

式中，E——标准煤在单位时间内对纯铁试片的磨损量，一般规定 $E=10$ mg/min。

很明显，煤的磨损指数 K_e 值越大，表明煤对金属碾磨部件的磨损就越强，即该煤的磨损性越强；反之，K_e 值越小，该煤的磨损性越弱。对我国煤种进行了大量测试后得出煤对金属件磨损性的定性关系，见表 2-5。试验结果与现场磨煤机磨损试验结果比较接近，可作为磨煤机选型时的参考。

表 2-5　煤的磨损性能分类

磨损指数 K_e	<2	2～3.5	3.5～5	>5
煤的磨损性	不强	较强	很强	极强

煤的磨损性与可磨性是两个不同的概念，两者之间无直接的因果关系。也就是说，容易磨制成粉的煤，并非是弱磨损性；而不易磨制成粉的煤，也不一定都具有强磨损性。

（四）真（相对）密度、视（相对）密度和堆积密度

煤的真（相对）密度定义为在 20 ℃时煤（不包括煤的孔隙）的质量与同温度、同体积水的质量之比，符号为 TRD，无量纲。

视（相对）密度定义为在 20 ℃时煤（包括煤的孔隙）的质量与同温度、同体积水

的质量之比，符号为 *ARD*，无量纲。

堆积密度是指单位体积（包括煤粒的体积和煤粒间的空隙）中所含煤的质量，单位为 g/cm^3。

真（相对）密度用于煤质研究、煤的分类、选煤或制样等工作，视（相对）密度用于煤层储量的估算，堆积密度在火电厂中主要用于计算进厂商品煤装车量以及煤场盘煤。

（五）着火点

煤的着火点（或称着火温度）是将煤加热到开始燃烧时的温度，也称煤的燃点、临界温度和发火温度，单位为℃。它的测定具有规范性，使用不同的测试方法，对同一煤样，着火点的值也会不同。一般是将氧化剂加入或通入煤中，对煤进行加热，使煤发生爆燃或有急剧的升温现象，然后求出煤爆燃或急剧升温的临界温度，作为煤的着火点。我国测定着火点时采用亚硝酸钠作氧化剂，在燃点测定仪中进行测定。着火点与煤的风化、自燃、燃烧、爆炸等有关，所以它是一项涉及安全的指标。

三、动力用煤的分类

为了合理地开发煤炭资源，便于工业利用途径有效地进行科学管理以及商品计价等，应将煤进行分类。煤的分类是综合考虑了煤的形成、变质、各种特性以及用途等确定的。根据煤的分类表就可以按照需要选用合适的煤种。煤的分类方法很多，不同国家或不同的利用途径，有各自的分类要求。理想的煤的分类方法是既有充分的科学依据，又有实际使用价值。

为适应火电厂动力用煤的特点，提高煤的使用效率，发电用煤的分类是根据对锅炉设计、煤种选配、燃烧运行等方面影响较大的煤质项目制定的。采用煤的煤化程度即干燥无灰基挥发分 V_{daf} 作为分类指标，将煤划分为三大类：褐煤、烟煤和无烟煤。凡 $V_{daf} \leqslant 10\%$ 的煤为无烟煤，$V_{daf} > 10\%$的煤为烟煤，$V_{daf} > 37\%$的煤为褐煤。还可以如下分类。

1. 无烟煤

无烟煤 $V_{daf} \leqslant 10\%$。无烟煤挥发分含量低，析出温度高，着火较困难，燃尽也不易。它固定碳含量高，一般 $Q_{ar,\ net,\ p} = 20000 \sim 32500$ kJ/kg。无烟煤表面呈明亮的黑色光泽，质地坚硬，相对密度也较大。

2. 贫煤

贫煤 V_{daf} 为 $10\% \sim 20\%$。它是介于烟煤与无烟煤之间的煤种。贫煤表面灰黑，无光泽，不易点燃，火苗也较短，发热量常比烟煤低。

3. 烟煤

烟煤 V_{daf} 为 $20\% \sim 40\%$。它是一个非常广泛的煤种，表面呈灰黑色，有光泽，质地较松软。烟煤含碳量较高，$Q_{ar,\ net,\ p} = 14000 \sim 29000$ kJ/kg，它易于着火，火焰较长，各种烟煤的焦结性差别很大。

4. 褐煤

褐煤 V_{daf} >40%。其碳化程度较浅，挥发分的析出温度低，易于点火，灰分、水分含量较高，发热量低，一般 $Q_{ar,net,p}$ = 8000 ~ 17000 kJ/kg。褐煤表面呈棕褐色，少数呈黑色，质脆易风化，不易储存，也不宜长途运输。煤挥发分越高越容易着火，褐煤的着火点只有 370 ℃。

我国主要动力用煤的有关数据列于表 2-6。

表 2-6 我国主要动力用煤的有关数据

煤种	元素分析							收到基低位发热量/($kJ \cdot kg^{-1}$)	M_{ad}	V_{daf}	可磨性		灰熔点/℃		
	M_{ar}	A_{ar}	C_{ar}	H_{ar}	O_{ar}	N_{ar}	S_{ar}				BTИ	*HGI*	*DT*	*ST*	*FT*
京西无烟煤	5.0%	22.8%	69.7%	1.7%	2.0%	0.4%	0.2%	23040	0.8%	6.0%	1.1	—	1260	1370	1430
阳泉无烟煤	5.0%	19.0%	68.9%	2.9%	2.4%	1.0%	0.8%	26400	1.0%	9.0%	1.0	—	1400	1500	>1500
焦作无烟煤	7.0%	21.3%	66.1%	2.2%	2.0%	1.0%	0.4%	22880	1.0%	7.0%	1.2	—	1310	1370	1420
萍乡无烟煤	7.0%	25.1%	60.4%	3.3%	2.5%	1.0%	0.7%	22625	1.0%	10.0%	—	—	>1500	—	—
金竹山无烟煤	7.0%	22.3%	65.4%	2.3%	1.8%	0.6%	0.6%	22210	2.0%	8.0%	1.7	—	>1500	—	—
西山贫煤	6.0%	19.7%	67.6%	2.7%	1.8%	0.9%	1.3%	24720	1.0%	15.0%	1.6	—	1190	1340	1450
淄博贫煤	4.3%	22.6%	64.8%	3.1%	1.6%	1.0%	2.6%	13280	0.8%	13.0%	1.5	—	1410	1430	1440
芙蓉贫煤	6.5%	22.8%	61.9%	2.4%	1.6%	1.0%	3.8%	13090	0.7%	13.3%	—	—	1220	1300	1390
抚顺烟煤	13.0%	14.8%	56.9%	4.4%	9.1%	1.2%	0.6%	22415	3.5%	46.0%	1.4	—	1190	>1500	
阜新烟煤	15.0%	23.0%	48.3%	3.3%	8.6%	0.8%	1.0%	18645	3.1%	41.0%	1.6	—	1230	1280	1340
开滦烟煤	1.2%	28.1%	58.2%	4.3%	6.3%	1.1%	0.8%	22826	—	24.0%	1.46	75.4	>1500	—	—
大同烟煤	3.0%	11.7%	70.8%	4.5%	7.1%	0.7%	2.2%	27800	—	24.7%	1.05	49.5	1350	1370	1400
新汶烟煤	6.0%	18.8%	61.0%	4.1%	6.8%	1.4%	1.9%	25140	2.0%	40.0%	1.4	—	1200	>1500	—
徐州烟煤	10.0%	13.5%	63.0%	4.1%	6.7%	1.5%	1.2%	24720	2.0%	37.0%	1.6	—	1100	1380	1450
淮南烟煤	6.0%	19.7%	60.8%	4.0%	7.7%	1.1%	0.7%	24300	2.3%	38.0%	1.3	—	1500	>1500	—
义马烟煤	17.0%	16.6%	49.6%	3.2%	11.6%	0.7%	1.3%	19690	10.0%	41.0%	1.4	—	1230	1250	1300
平顶山烟煤	7.0%	25.6%	58.2%	3.7%	4.1%	0.9%	0.5%	22625	1.4%	24.6%	1.5	—	>1500	—	—
开滦洗中煤	8.0%	35.0%	46.5%	3.1%	5.8%	0.7%	0.9%	17180	0.9%	35.0%	1.2	—	>1500	—	—
龙凤洗中煤	15.0%	29.8%	42.9%	3.4%	7.5%	0.9%	0.5%	16760	2.0%	47.0%	—	—	1380	1400	>1400
鹤岗洗中煤	11.0%	34.7%	44.5%	3.0%	5.9%	0.7%	0.2%	17390	1.6%	37.0%	13	—	1290	1430	1480
元宝山褐煤	24.0%	21.3%	39.3%	2.7%	11.2%	0.6%	0.9%	14580	10.0%	44.0%	1.3	—	1150	1300	1360
丰广褐煤	22.0%	25.7%	35.2%	3.2%	12.6%	1.1%	0.2%	13410	8.5%	55.0%	1.2	—	1130	1380	1420

四、电厂中其他常见燃料

(一) 燃油

火力发电厂主要燃用重油，有时用柴油。重油的元素分析成分和煤一样，也由 C、

H、O、N、S、水分、灰分等组成。特点是含碳、氢量较高，灰分和水分含量少，发热量较高。重油的含氢量高，很容易着火与燃烧。

燃油的物理特性有以下几个。

1. 黏度

黏度表示液体流动所产生阻力的大小，油的黏度是评价黏性油品的流动性指标，它对燃油的输送和燃烧（雾化条件）有直接影响。燃油的黏度与油的组成成分、温度、压力等因素有关。

黏性是液体受外力作用流动时，在液体分子间或流团间呈现的内摩擦力，黏性的大小常用动力黏度、运动黏度和恩氏黏度来表示。在工程上，油的黏度一般以恩氏黏度来表示，恩氏黏度是指在一定的油温下 200 mL 油流出的时间与 20 ℃的同体积的蒸馏水从恩氏黏度计流出的时间之比。

2. 凝固点

凝固点是表示油品流动性的重要指标。柴油在温度降低到一定数值时会失去流动性。将盛油的试管倾斜 45°，油面在 1 min 内仍保持不变时的温度即为此油的凝固点。凝固点的高低与油中的蜡含量有关，蜡含量少，凝固点低；蜡含量高，凝固点高。

3. 闪点

对燃油加热到一定温度时，表面有油气产生，当油气与空气混合到一定比例时，这种混合气体在试验条件下，遇到明火产生蓝色的短促闪火，此时的最低温度称为闪点。闪点仅仅是短暂的瞬间，这是因为油的蒸发速度较慢，油气不能及时补充，闪点往往是事故的先兆。

4. 燃点

当温度升高到某一温度时，燃油表面上油气分子趋于饱和，当与空气混合且有火焰接近时即可着火，并能保持继续燃烧，此时的温度称为燃点或着火点。油的燃点一般要比闪点高 20~30 ℃。

自燃点：燃油在规定加热条件下，不接近外界火源而自行着火燃烧的现象叫自燃，自燃的最低温度叫自燃点。

闪点和燃点越高，着火危险性越小。

5. 重度

在一定温度下，单位体积燃油的重量称为燃油的重度。燃油的重度能在一定程度上反映油的物理特性和化学成分。重度大的燃油，碳和杂质的含量较高，而氢的含量相对较低些，导致黏度较大、闪点较高、发热量较低。由于燃油重度与温度有关，因而在石油工业中，规定以油温 20 ℃时的重度作为油产品的标准重度。

6. 发热量

发热量高低也是反映油质好坏的一个指标。燃油发热量也可以用氧弹测热计测定，其收到基低位发热量一般为 37700~44000 kJ/kg。

（二）气体燃料

锅炉燃用的气体燃料是指各种煤气，按照来源分为天然煤气和人工煤气两类。

天然煤气有从地下气层引出的气田煤气和从油井引出石油时伴生的油田煤气两种。它们的主要成分是甲烷，此外还有少量烷属重碳氢化合物（如 C_2H_6，C_3H_8，…）。气田煤气的甲烷含量高达 90%~98%，油田煤气的甲烷含量为 75%~87%。天然煤气中二氧化碳含量较高，有些高达 10%。天然煤气的发热量很高，可达 36600~54400 kJ/m^3（标准状态下）。天然煤气是优质动力燃料，同时是宝贵的化工原料，除在产区外一般不应作为锅炉燃料使用。

人工煤气的种类较多，按获得的方法不同，可分为高炉煤气、焦炉煤气及发生炉煤气等。

高炉煤气是炼铁高炉的副产品，其主要可燃成分为一氧化碳和氢气，一氧化碳含量为 20%~30%，氢气含量为 5%~15%。由于高炉煤气含有大量不可燃气体，氮气占 45%~55%，二氧化碳占 5%~15%，并含有大量灰尘，所以发热量很低，一般在标准状态下只有 3400~4200 kJ/m^3。高炉煤气是一种含灰尘很多的低级燃料，故在使用前需进行净化处理。由于炼铁高炉经常需要检修，因此在冶金联合企业的发电厂中，常用它与煤粉或重油混烧。

焦炉煤气是炼焦炉的副产品，其主要可燃成分为氢和甲烷，氢气占 50%~60%，甲烷占 20%~30%，以及少量一氧化碳和其他杂质，所以其发热量较高，约为 17000 kJ/m^3（标准状态下）。焦炉煤气属于优质动力燃料，而且可以从中提炼氨、苯和焦油等多种化工产品，所以在燃用前应设法回收。

（三）生物质有机燃料

1. 纤维素

纤维素是自然界中最为丰富的碳水化合物，是植物细胞壁的主要成分。例如，木材中纤维素的含量为 40%~55%，禾本科植物如小麦、稻子、玉米等的茎秆中纤维素的含量为 40%~50%，而棉花中含量为 88%~90%。因此，可以说纤维素是自然界中最丰富的一种可再生资源。纤维素的密度为 1.50~1.55 kg/m^3，比热容为 1.34~1.38 J/(kg·K)。纤维素对热传导的作用轴向比横向大，其值大小与纤维素的空隙度有关，热值为 18000 kJ/kg。纤维素对水有强烈的吸着作用，这一性质是纤维素最重要的物理性质。纤维素的化学性质主要取决于分子中的苳基和醛基的化学性质，主要表现为纤维素的酯化和醚化反应、氧化反应、碱性降解和酸性水解。

2. 木质素

木质素是仅次于纤维素的一种最丰富且重要的大分子有机聚合物，存在于植物细胞壁中。木质素在木材中的含量一般为 20%~40%，在本科植物中的含量一般为 14%~25%。

3. 生物质燃料的工业分析

（1）生物质的水分。

① 外表水分是指以机械方式附着在生物质的表面及较大毛细孔中而存留的水分，是可以通过自然干燥而去掉的水分。

② 内在水分是指生物质以物理化学结合力吸附在生物质的内部毛细管中的水分。必须在105~110 ℃的温度下干燥才能除去（干燥温度借用了煤粉的试验数据，真实的生物质干燥温度有待试验）。

③ 化合结晶水是生物质中矿物质相结合的水分，它在超过200 ℃时才可以分解逸出。

（2）生物质的挥发分。

把样品与空气隔绝在一定的温度下，加热一定时间后，从生物质中有机物质分解出来的液体和气体产物的总和称为挥发分。挥发分高的燃料易于着火，燃烧稳定，但是火焰温度较低。

（3）灰分。

生物质中的灰分是指生物质中所有可燃物在一定温度[（815±10）℃]下完全燃烧后所剩余的残渣。灰分的熔点不低于1200 ℃（此值参照煤粉灰分，国家生物质燃烧科研部门未给出具体数值，根据国能成安和威县电厂的经验，水冷壁后拱结焦温度大于1300 ℃）。

（4）固定碳。

生物质试样燃烧后，其中的灰分转入焦渣中，焦渣质量减去灰分质量，就是固定碳质量。

4. 常见生物质燃料的收到基高位发热量

玉米秸为19065 J/kg，玉米芯为19029 J/kg，麦秸为19876 J/kg，稻壳为17370 J/kg，花生壳为22869 J/kg，棉花秸为19825 J/kg，杨木片为19239 J/kg，松木片为20353 J/kg。

任务二　煤粉的特性

【知识点描述】

（1）煤粉的一般特性；

（2）煤粉细度、经济细度和均匀性指数。

【能力目标】

（1）能根据煤粉的性质分析制粉系统的防爆措施；

（2）能根据煤粉细度及煤粉均匀性分析其对燃烧的影响。

原煤必须经碎煤机打碎，然后在磨煤机中磨制成一定细度和干度的煤粉，才能由空气经燃烧器输送进入炉膛燃烧。原煤磨制与干燥工作由制粉设备承担。煤粉的特性对于制粉系统的工作和锅炉燃烧的经济性都有很大的影响，为此必须加以研究。

一、煤粉的性质

1. 煤粉的流动性

煤粉的尺寸一般为0～50 μm，其中20～50 μm的颗粒占多数。干的煤粉能吸附大量的空气，它的流动性很好，就像流体一样能很轻易地在管道内输送。干的煤粉流动性很好，它可以流过很小的空隙。新制的煤粉干燥而疏松，堆积密度为0.45～0.5 t/m^3，当煤粉存放很久后，堆积密度可增加到0.8～0.9 t/m^3，并使流动性减小。因此，制粉系统的严密性要好，且煤粉仓中的煤粉亦不应存放太久。

2. 煤粉的自燃与爆炸

积存的煤粉与空气中的氧长期接触氧化时，会发热使温度升高，而温度的升高又会加剧煤粉的进一步氧化，若散热不良，会使氧化过程不断加剧，最后使温度达到煤的燃点而引起煤粉的自燃。在制粉系统中，煤粉是由输送煤粉的气体和煤粉混合成的云雾状的混合物，它一旦碰到火花就会使火源扩大而产生较大的压力（2～3倍大气压），从而造成煤粉的爆炸。

影响煤粉爆炸的因素很多，如挥发分含量，煤粉细度，气粉混合物的浓度、温度、湿度，输送煤粉的气体中氧的成分、比例等。

一般说来，挥发分含量$V_{daf}<10\%$（无烟煤）是没有爆炸危险的，而$V_{daf}>25\%$的煤粉（如烟煤等）很轻易自燃，爆炸的可能性也很大。

煤粉越细越轻越易自燃和爆炸，粗煤粉爆炸的可能性较小。例如烟煤粒度大于0.1 mm几乎不会爆炸。因此，挥发分大的煤不能磨得过细。

煤粉浓度是影响煤粉爆炸的重要因素。实践结果证明，最危险浓度为1.2～2.0 kg/m^3。大于或小于该浓度时爆炸的可能性都会减小。在实际运行中一般是很难避免危险浓度的。

制粉设备中沉积煤粉的自燃性往往是引爆的火源。气粉混合物温度越高，危险性就越大。煤粉爆炸的实质是一个强烈的燃烧过程，是在0.01～0.15 s的瞬间大量煤粉忽然燃烧产生大量高温烟气因急速膨胀而形成的压力波以及高速向外传播而产生的很大的冲击力和声音。

潮湿煤粉的爆炸性较小，对于褐煤和烟煤，当煤粉水分稍大于固有水分时，一般没有爆炸危险。

为了防止爆炸，制粉系统中应装有足够数量的防爆门；同时设法避免倾斜度小于45°的管段且不得有死角以避免或消除煤粉的沉积；加强原煤管理，防止易燃易爆物混入煤中。制粉系统在运行时，应限定或控制磨煤机出口煤粉气流的温度和煤粉气流的含氧浓度；控制煤粉气流的流速；对粉仓定期降粉以防长时间堆积；严禁在煤粉管道上进行焊接等。

3. 煤粉水分 M_{mf}

煤粉的最终水分 M_{mf}关系到供粉的连续性和均匀性，关系到煤粉的爆炸性、燃烧的经济性、磨煤出力以及制粉设备工作的安全性。煤粉水分过高，易黏结在管道及煤粉仓内壁上，并使煤粉结块，流动性减弱，严重时造成煤粉仓及管道堵塞，使煤粉的储存及输送发生困难。同时，水分过高的煤粉会在炉内飞扬不良，着火推迟，炉温降低，燃烧不完全。过高的煤粉水分无疑会使磨煤机内燃料的平均水分增大，煤的脆性减弱，增加了磨煤能量消耗，使磨煤产量降低，磨煤单位电耗增大。另外，煤粉过于干燥，虽具有良好的流动性，但是褐煤和烟煤将增加自燃和爆炸的可能，并影响制粉系统的干燥出力。实践证明，若煤粉水分 M_{mf} 接近原煤的固有水分（即空气干燥基水分 M_{ad}），既可保证连续、可靠地将煤粉输入炉膛，并迅速引燃，又不发生爆炸。当褐煤（$M_{mf}=M_{ad}+8$）和烟煤水分稍大于 M_{ad}时，是没有爆炸危险的。

二、煤粉的细度与均匀性

1. 煤粉细度

煤粉细度是指煤粉颗粒粗细程度，是衡量煤粉品质的主要指标。一般用试验时留在筛子上的煤粉占试验煤粉的比例来测定，即取一定数量的煤粉试样，在筛子上筛分，煤粉经过筛分后，剩余在筛子上的煤粉量占筛分前煤粉总量的百分比，称为煤粉细度，用 R_x 表示。

$$R_x = \frac{a}{a+b} \times 100\% \tag{2-17}$$

式中，a ——筛子上剩余的煤粉质量；

b ——通过筛子的煤粉质量；

x ——筛孔尺寸，μm。

筛子孔径不变的话，留在上面的越多，细度越大，煤粉越粗。例如：煤粉细度 $R_{90}=10\%\sim12\%$ 的意思是煤粉通过孔径为 90 μm 的筛子的概率为 88%~90%，不通过率为 10%~12%。煤粉的全面筛分要用 4~5 种规格的筛子。常用筛子规格和煤粉细度见表 2-7。在电厂的实际应用中，常用 R_{90} 和 R_{200} 来表示煤粉细度。

表 2-7 常用筛子规格及煤粉细度表示

筛孔（每厘米长的孔数）	6	8	12	30	40	60	70	80
孔径（筛孔的内边长）/μm	1000	750	500	200	150	100	90	75
煤粉细度表示	R_{1000}	R_{750}	R_{500}	R_{200}	R_{150}	R_{100}	R_{90}	R_{75}

通常说的提高煤粉细度是使煤粉变细，这样会使煤粉更容易着火、燃烧完全、飞灰

含碳量降低，减少二次燃烧的可能性；同时，炉膛火焰中心相对降低、炉效相对升高。但是提高煤粉细度，制粉系统的电耗将增加，磨煤机内磨煤部件磨损将增大（特别是钢球磨），增加维护量。因此，锅炉在运行中应综合考虑确定煤粉细度。把机械未完全燃烧热损失（q_4）、磨煤电耗及金属磨耗（q_p+q_m）都核算成统一的经济指标，它们之和（$q_4+q_p+q_m$）为最小时所对应的煤粉细度，称为经济细度或最佳细度 R_{90}^{jj} 。

煤粉的经济细度主要与燃煤的干燥无灰基挥发分 V_{daf} 、磨煤机和粗粉分离器型式等因素有关。V_{daf}较高的燃煤，容易着火和燃烧，允许煤粉磨得粗一些，即 R_{90} 可大一些；否则，R_{90} 应小一些。煤粉粗细比较均匀，即使煤粉粗一些，也能燃烧得比较完全，因而 R_{90} 可大一些；反之，R_{90} 应小一些。此外，燃烧设备的型号及锅炉运行工况对煤粉经济细度也有较大的影响。因此，在锅炉实际运行中，对于不同煤种和燃烧设备，煤粉的经济细度应通过燃烧调整试验来确定。即在不同煤粉细度下，测量锅炉的热效率、磨煤电耗及金属部件磨损量，寻求最经济工况时的煤粉细度。

2. 煤粉颗粒分布与均匀性

磨煤机磨制出来的煤粉不但粒径大小不一，而且不同种类的磨煤机磨制出来的煤粉粒径分布也是不相同的。表征煤粉颗粒均匀程度的指标，称为均匀性指数，也称为煤粉颗粒特性系数，用 n 表示。煤粉的均匀性好是指该组煤粉中，最粗和最细的煤粉所占的比例都最小，多数煤粉颗粒的尺寸居中，这样不但可以降低因粗粉过多而产生的不完全燃烧热损失，还可避免因细粉过多而导致的制粉电耗和制粉磨耗增加。

对于确定的煤粉，其细度 R_x 随筛孔边长 x 变化的曲线是一条对数曲线，可用破碎公式表示，即

$$R_x = 100\mathrm{e}^{-bx^n} \tag{2-18}$$

式中，b——反映煤粉细度程度的系数；

n——煤粉均匀性指数。

若用 R_{90} ，R_{200} 两个常用的细度标准代入式（2-18），经推导整理可得

$$n = 2.88\lg\frac{2 - \lg R_{200}}{2 - \lg R_{90}} \tag{2-19}$$

由式（2-19）可知，$R_{200} < R_{90}$ ，n 为正值。当 R_{90} 一定时，n 值越大，则 R_{200} 越小，说明煤粉中过粗的煤粉较少；当 R_{200} 一定时，n 值越大，则 R_{90} 越大，说明煤粉中过细的煤粉较少。n 值越大，煤粉中过粗和过细的煤粉均较少，即煤粉粒度分布较均匀。n 取决于磨煤机和粗粉分离器的型式，一般 n 为 0.8~1.5。各种制粉设备的煤粉均匀性指数 n 的值如表 2-8 所列。

表 2-8 各种制粉设备的煤粉均匀性指数 *n* 值

磨煤机型式	粗粉分离器型式	n 的值
钢球磨煤机	离心式	0.80~1.20
	回转式	0.95~1.10

表2-8(续)

磨煤机型式	粗粉分离器型式	n 的值
中速磨煤机	离心式	0.86
	回转式	1.20~1.40
风扇磨煤机	惯性式	0.70~0.80
	离心式	0.80~1.30
	回转式	0.80~1.00

任务三　磨煤机

【知识点描述】

（1）磨煤机的分类；

（2）不同种类磨煤机的结构及工作过程。

【能力目标】

（1）能根据磨煤机的特点调整磨煤机的出力及煤粉细度；

（2）能根据原煤的性质、锅炉容量、负荷性质进行磨煤机的选型。

磨煤机是将煤块破碎并磨成煤粉的机械，它是煤粉炉的重要辅助设备。磨煤过程是煤被破碎及其表面积不断增加的过程。要增加新的表面积，必须克服固体分子间的结合力，因而需消耗能量。煤在磨煤机中被磨制成煤粉，主要通过压碎、击碎和研碎三种方式进行。其中，压碎过程最省能量，研碎过程最费能量。各种磨煤机在制粉过程中都兼有上述的两种或三种方式，但以何种为主则视磨煤机的类型而定。

磨煤机的型式很多，按磨煤工作部件的转速可分为三种类型。

（1）低速磨煤机：转速为15~25 r/min，主要为滚筒式钢球磨煤机，一般简称钢球磨或球磨机。

（2）中速磨煤机：转速为50~300 r/min，种类较多，常见的有平盘磨、碗式磨、E型磨和辊式磨等。

（3）高速磨煤机：转速为500~1500 r/min，主要由高速转子和磨壳组成。常见的有风扇磨和锤击磨等。

我国燃煤电厂目前应用最广的是筒式钢球磨煤机，其次是中速磨煤机（主要用于大型火力发电厂）和风扇磨煤机。

一、筒式钢球磨煤机

（一）单进单出筒式钢球磨煤机

1. 结构及工作原理

单进单出筒式钢球磨煤机的结构如图 2-4 所示。它的磨煤部件是一个直径为 2~4 m、长 3~10 m 的圆筒，筒内装有许多直径为 30~60 mm 的钢球。圆筒自内到外共有五层：第一层是由锰钢制的波浪形钢瓦组成的护甲，其作用是增强抗磨性并把钢球带到一定高度；第二层是绝热石棉层，起绝热作用；第三层是筒体本身，它是由 18~25 mm 厚的钢板制作而成的；第四层是隔音毛毡，其作用是隔离并吸收钢球撞击钢瓦产生的声音；第五层是薄钢板制成的外壳，其作用是保护和固定毛毡。圆筒两端各有一个端盖，其内面衬有扇形锰钢钢瓦，端盖中部有空心轴颈，整个球磨机重量通过空心轴颈支撑在大轴承上。两个空心轴颈的端部各接一个倾斜 45°的短管，其中一个是原煤与干燥剂的进口，另一个是气粉混合物的出口。

筒式钢球磨煤机的工作原理是：筒身经电动机、减速装置传动以低速旋转，在离心力与摩擦力作用下，护甲将钢球与燃料提升至一定高度，然后借重力自由下落，煤主要被下落的钢球撞击破碎，同时受到钢球之间、钢球与护甲之间的挤压、研磨作用。原煤与热空气从一端进入磨煤机，磨好的煤粉被气流从另一端输送出去。热空气不仅是输送煤粉的介质，同时起干燥原煤的作用。因此进入磨煤机的热空气被称作干燥剂。

2. 磨煤机的出力

磨煤机的磨煤出力 B_m 是指单位时间内，在保证一定煤粉细度的条件下，磨煤机所能磨制的原煤量，单位为 t/h。运行中磨煤机的出力 B_m 大小一般不随锅炉负荷变动，可以通过调节给煤量和干燥剂量调整磨煤出力 B_m。

3. 影响球磨机工作的主要因素

球磨机是锅炉耗能较大的设备，制粉系统的经济性主要决定于磨煤机的工作情况。

（1）临界转速与工作转速。

钢球磨煤机圆筒的转速对磨制煤粉的工作有很大影响，如图 2-5 所示。如果转速太低，钢球不能提到应有的高度，磨煤作用很小，而且磨制好的煤粉也不能从钢球层中被吹走；如果转速太高，钢球的离心力过大，以至于钢球紧贴圆筒内壁和圆筒一起做圆周转动，那么起不到磨煤作用。适当的转速应是把钢球带到一定高度，然后落下，才能有最佳的磨煤效果。

筒体的转速达到使钢球的离心力等于其重力，筒内钢球不再脱离筒壁的最小转速称为临界转速 n_{lj}，单位为 r/min，这一转速可通过圆筒内壁最高点处钢球受到的离心力恰好与其重力相等求得，即

$$n_{lj}=\frac{42.3}{\sqrt{D}} \tag{2-20}$$

式中，D——滚筒直径，m。

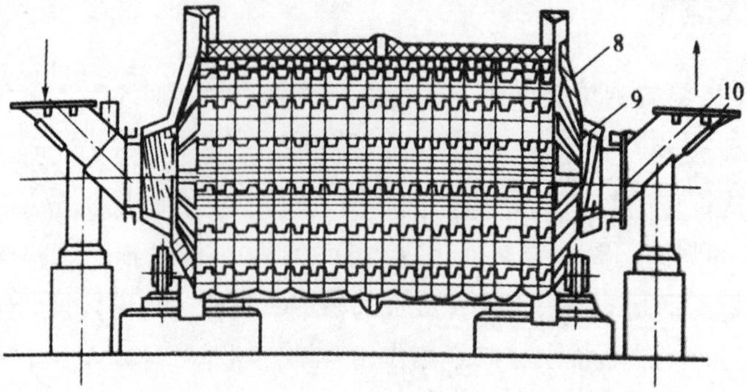

(a) 纵剖图

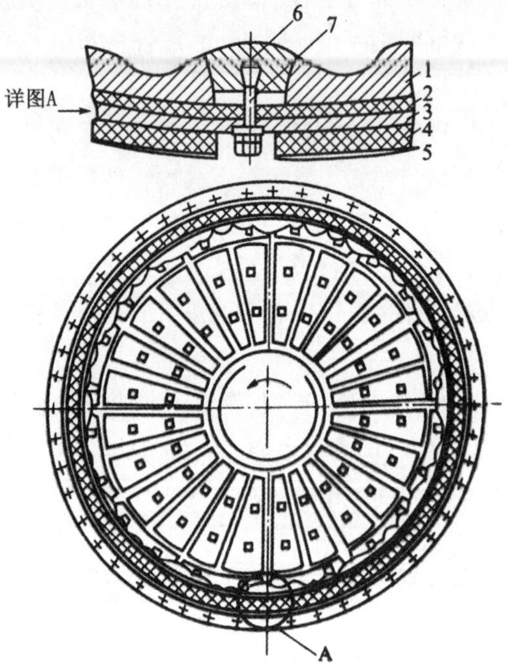

(b) 横剖面

图 2-4 单进单出筒式钢球磨煤机的结构图

1—波浪形护甲；2—石棉层；3—筒身；4—隔音毛毡；5—薄钢板外壳；

6—压紧用的楔形块；7—螺栓；8—端盖；9—空心轴颈；10—短管

显然，滚筒的转速应小于临界转速。滚筒的最佳工作转速 n_{zj} 是根据钢球的最大提升高度确定的，此时钢球撞击作用最强，磨煤效果最好。根据我国经验，国产球磨机的工作转速应接近最佳转速，并与临界转速 n_{lj} 有以下关系：

$$n_{zj} = (0.74 \sim 0.80) n_{lj} \tag{2-21}$$

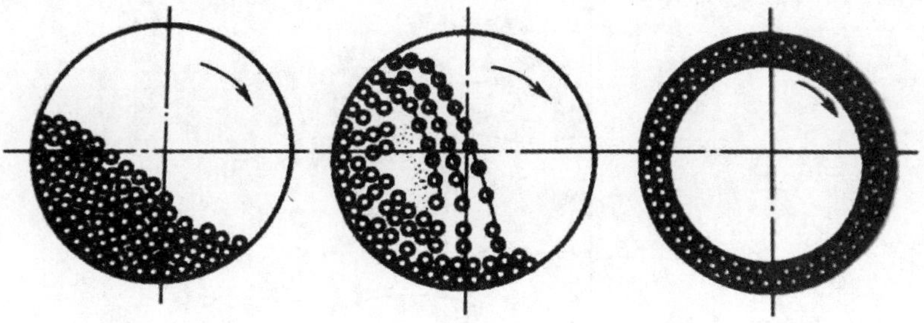

(a) 转速太低　　(b) 转速适当　　(c) 转速太高

图 2-5　圆筒转速对筒体内钢球运动的影响

(2) 钢球充满系数 ψ 和钢球直径 d。

钢球充满系数 ψ 简称充满系数，是指钢球容积占筒体容积的份额，即

$$\psi = \frac{m_q}{\rho_{gq} V_t} \tag{2-22}$$

式中，m_q——钢球装载量，t；

ρ_{gq}——钢球的堆积密度，取 $\rho_{gq}=4.9\ t/m^3$；

V_t——筒体容积，m^3。

当球磨机确定时，钢球充满系数 ψ 的大小直接表征了钢球装载量的多少，而钢球装载量直接影响磨煤机出力及电能消耗：当筒体通风量与煤粉细度不变时，随着钢球装载量的增加，单位时间内球的撞击次数增加，磨煤出力 B_m 及磨煤机功率 P_m 相应增加，磨煤单位电耗 E_m 也增加。由于通风量不变，排粉风机功率 P_{tf} 不变，随着磨煤机出力的增加，通风单位电耗减小，制粉单位电耗也减小。但是，当钢球装载量增加到一定程度后，由于钢球充满系数 ψ 过大，使钢球下落的有效高度减小，撞击作用减弱，磨煤出力增加的程度减缓，而磨煤功率却仍然按原来变化速度增加，磨煤单位电耗显著增大，这时制粉单位电耗也将增大。磨煤出力和单位电耗随钢球充满系数 ψ 的变化关系如图 2-6 所示，制粉单位电耗最小值所对应的钢球充满系数称为最佳钢球充满系数，它可通过试验确定。

钢球直径 d 应根据磨煤电耗和金属损耗的总费用为最小的原则来选择。当载球量一定时，钢球直径减小，撞击次数增多，作用面积增大，磨煤出力提高，但钢球的磨损加剧。随着球径减小，钢球的撞击力减弱，不宜磨制硬煤和大块煤。因此，一般采用的钢球直径为 30～40 mm，对磨制质硬粒度大的煤时，宜选用直径为 50～60 mm 的钢球。另外，球磨机运行中，由于钢球不断磨损，钢球直径变小，为维持一定充满系数和磨煤出力，应定期向磨煤机内补加钢球，钢球直径磨损到 20 mm 以下时，应过筛更换。

(3) 护甲的完善程度。

形状完善的护甲可增大钢球与护甲的摩擦系数，有助于提升钢球和燃料磨煤出力。

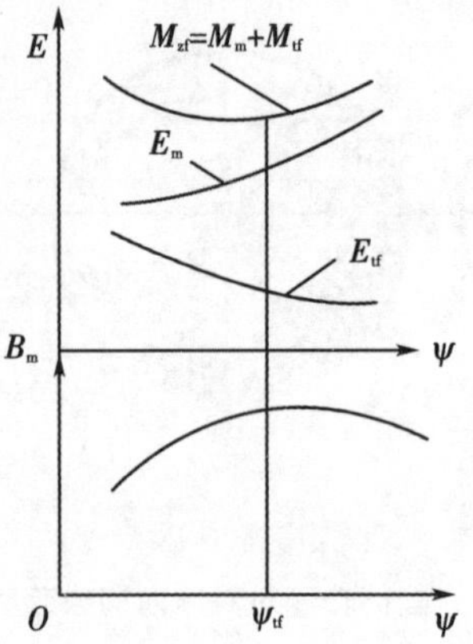

图 2-6　单位电耗 E 与钢球充满系数 ψ 的关系

磨损严重的护甲，钢球与护甲间有较大的相对滑动，将有较多能量消耗在钢球与护甲的摩擦上，未能用来提升钢球，磨煤出力明显下降。

（4）通风量。

磨煤机内磨好的煤粉需要一定的通风量将煤粉带出。由于燃料沿筒体长度分布不均，当通风量太小时，筒体通风速度较低，仅能带出少量细粉，部分合格煤粉仍然留在筒内被反复碾磨，使磨煤出力降低。适当增大通风量可改善燃料沿筒体长度的分布情况，提高磨煤出力，降低磨煤单位电耗。但是当通风量过大时，部分不合格的粗粉也被带出，经粗粉分离器分离后，又返回磨煤机再磨，造成无益的循环。这时，不仅通风量单位电耗增大，制粉单位电耗也是增大的。单位电耗 E 与磨煤通风量 V_{tf} 的关系如图 2-7 所示。当钢球装载量不变时，制粉单位电耗最小值所对应的磨煤通风量称为最佳磨煤通风量 V_{tf}^{zj}，最佳磨煤通风量可通过试验确定。对单进单出筒式钢球磨煤机，V_{tf}^{zj} 也可按经验公式［式（2-23）］计算：

$$V_{tf}^{zj} = \frac{38V_t}{n\sqrt{D}}(1000\sqrt[3]{K_{km}} + 36R''_{90}\sqrt{K_{km}}\sqrt[3]{\psi}) \tag{2-23}$$

式中，n——球磨机的工作转速，r/min；

R''_{90}——经粗粉分离器后的煤粉细度。

（5）载煤量。

钢球磨煤机滚筒内载煤量较少时，钢球下落的动能只有一部分用于磨煤，另一部分白白消耗于钢球的空撞磨损。随着载煤量的增加，磨煤出力相应地增加，但载煤量过大时，由于钢球下落高度减小，钢球间煤层加厚，部分能量消耗于煤层变形，磨煤出力反而降低，严重时将造成滚筒入口堵塞。因此，每台钢球磨煤机在钢球载装量一定时有一个最佳载煤量，按最佳载煤量运行磨煤出力最大。运行中载煤量可通过磨煤机电流和磨煤机进出口压差来反映。

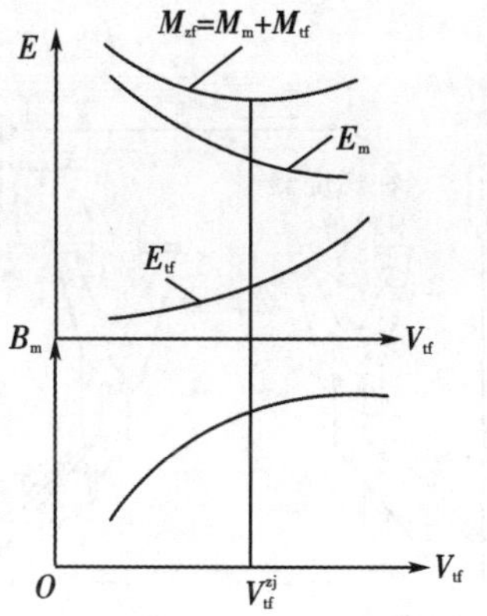

图 2-7　单位电耗 E 与磨煤通风量 V_{tf} 的关系

（6）燃煤性质。

燃煤性质对磨煤出力影响较大，煤的挥发分不同，对煤粉细度的要求不同。低挥发分煤要求煤粉磨得较细，则消耗的能量较多，磨煤出力因此降低。煤的可磨性系数越大，破碎到相同细度所消耗的能量越小，磨煤出力就越高；原煤水分越大，磨粉过程由脆性变形过渡到塑性变形，改变了煤的可磨性，额外增加了磨粉能量消耗，磨煤出力因而降低；进入磨煤机的原煤粒度越大，磨制成相同细度的煤粉所消耗的能量也越大，磨煤出力则越低。

钢球磨煤机的主要优点是适应煤种广，能磨任何煤，特别是硬度大、磨损性强的煤及无烟煤、高灰分劣质煤等。钢球磨煤机对煤中混入的铁件、木屑不敏感，又能在运行中补充钢球，延长了检修周期。因此，钢球磨煤机能长期维持一定出力和煤粉细度可靠地工作，且单机容量大，磨制的煤粉较细。钢球磨煤机的主要缺点是设备庞大笨重、金属消耗多、占地面积大，初投资及运行电耗、金属磨损都较高，特别是不适宜调节，低负荷运行不经济，而且运行噪声大，磨制的煤粉不够均匀。这些使钢球磨煤机的应用受到一定限制。

（二）双进双出筒式钢球磨煤机

双进双出筒式钢球磨煤机是从单进单出筒式钢球磨煤机基础上发展起来的一种新颖的制粉设备，具有烘干、磨粉、选粉、送粉等功能，具有连续作业率高、维修方便、磨粉出力和细度稳定、储存能力大、响应迅速、运行灵活性大、较低的风煤比、适用煤种广、不受异物影响、不需备用磨机等优点，适合研磨各种硬度和磨蚀性强的煤种，是火力发电厂锅炉制粉设备中除直吹式中速磨煤机、高速风扇式磨煤机之外又一种性能优越的直吹式低速磨煤机。

双进双出筒式磨煤机包括两个非常对称的研磨回路（如图 2-8 所示），每个回路表述如下。

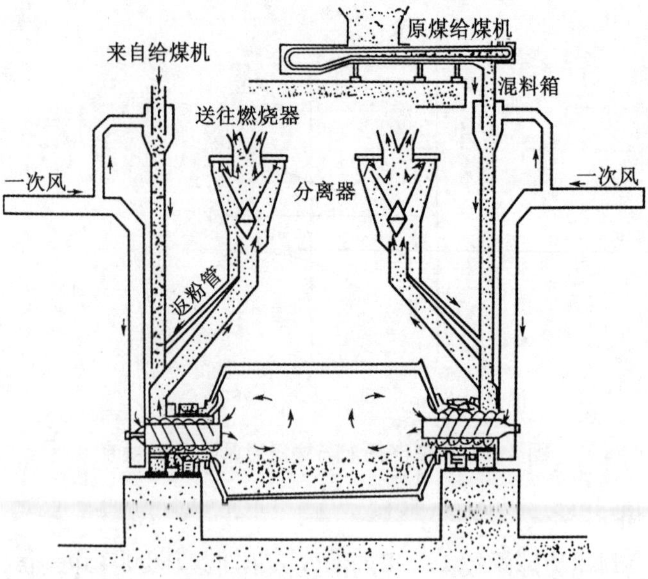

图 2-8　双进双出筒式钢球磨煤机原理性结构图

原煤通过速度自动控制的给煤机从料斗卸下进入混料箱内，经旁路风预干燥后，通过落煤管落到分离器底部，靠螺旋输送装置的旋转运动将煤送入正在旋转的筒体内。磨煤机由主电机经减速器及开式齿轮传动带动筒体旋转。在筒体内装有一定量的研磨介质——钢球。通过筒体的旋转运动将钢球提升到一定高度，钢球在自由降落和抛落过程中对煤进行撞击和摩擦，直至将煤研磨成煤粉。热的一次风在进入磨机前被分成两路。一路为旁路风，旁路风作用有两个方面：一方面在混料箱内与原煤混合对煤进行预干燥；另一方面保持在煤粉管道中拥有足够的输送煤粉的风速。另一路为入磨风，进入磨机筒体内，输送并干燥筒体内的煤粉。风粉混合物通过中心管与中空管之间的环形通道被带出磨机。煤粉、入磨风及旁路风在输送器混合在一起后进入分离器，分离器内装有可调整煤粉细度的叶片，可根据要求调整煤粉细度。粗粒的不合格煤粉靠重力作用返回到原煤管，与原煤混合在一起重新进行研磨。经分离器分离后合格煤粉通过煤粉出口及送粉管道输送至燃烧器，然后喷进锅炉内进行燃烧。

因为这两个回路是对称且彼此独立的回路，具体操作时可使用其中一个或同时使用两个回路。在低负荷运行状态下，可实现半磨运行。

和普通球磨机相比，双进双出球磨机的主要优点是：可靠性高，可用率高；维护方便，维护费用低；能长期保持恒定的容量和要求的煤粉细度；能磨制哈式可磨性系数小于 50 的煤种或高灰分（大于 40%）的煤种；储粉能力强，有较大的煤粉储备能力，相当于磨煤机运行 10~15 min 的出煤量；在较宽的负荷范围内有快速反应能力，其负荷变化率每分钟可以超过 20%；低负荷时，由于一次风量减小，相应的风速也减小，带走的只能是更细的煤粉，这有利于燃用低挥发分煤时的稳燃。总之，双进双出球磨机较之一般球磨机有许多无法比拟的特点，在某些情况下比中、高速磨煤机适应性更好，因此，它在大容量机组的煤粉制备系统中得到了越来越多的应用。

二、中速磨煤机

目前，电厂中采用的中速磨煤机的型式主要有四种：辊-盘式，又称平盘磨煤机；辊-碗式，又称碗式磨煤机或 RP 型磨煤机；辊-环式，又称 MPS 型磨煤机；球-环式，又称中速球磨煤机或 E 型磨煤机。上述四种中速磨煤机的结构分别如图 2-9 至图 2-12 所示。

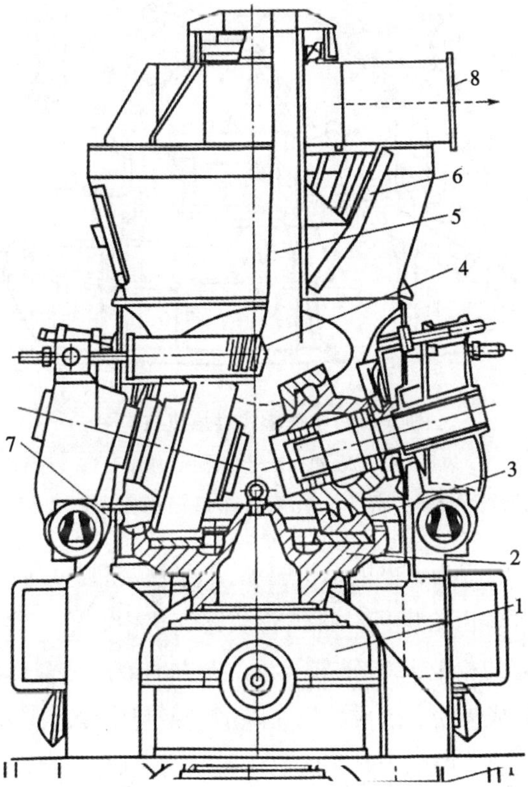

图 2-9　中速平盘磨煤机结构图

1—减速器；2—磨盘；3—磨辊；4—加压弹簧；5—下煤管；6—分离器；7—风环；8—气粉混合物出口管

1. 中速磨煤机的结构及工作原理

中速磨煤机的研磨部件各异，但都具有相同的工作原理及基本类似的结构。中速磨煤机沿高度方向自下而上可分为驱动装置、研磨部件、干燥分离空间和煤粉分离及分配装置四部分，以及密封风系统和石子煤排放系统，研磨区和粗粉分离器构成一个整体，共同安装在密封的壳体内。

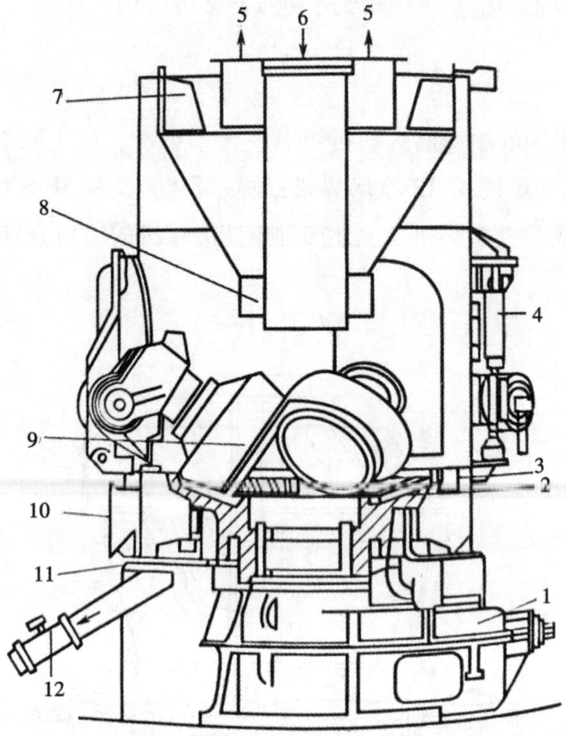

图 2-10　中速碗式磨煤机结构图

1—减速器；2—磨碗；3—风环；4—加压缸；5—气粉混合物出口管；6—原煤入口；7—分离器；8—粗粉回粉管；9—磨辊；10—热风出口；11—杂物刮板；12—杂物排放管

中速磨煤机的工作过程为：由电动机驱动，通过减速装置和垂直布置的主轴带动磨盘（或磨环）转动。原煤由给煤机经落煤管从磨煤机中心落入磨内旋转的磨盘（或磨环）上，受到三个独立的相距 120°分布于磨盘上方的液压加载（或弹簧加载）的磨辊的挤压与研磨，被粉碎成煤粉。磨成的煤粉随磨盘一起旋转，在离心力的作用下向外移动，最后沿磨盘周缘溢出。磨煤干燥用的热空气由磨盘周缘的风环进入磨煤机的磨煤空间，热空气携带煤粉上升，较重的粗粉颗粒脱离气流返回磨盘重磨。煤粉气流继续上升，在分离器顶部进入折向门装置，由于碰撞在分离器顶部壳体上和转弯处的离心力作用，又有一部分粗粉颗粒返回磨盘重磨。合格的煤粉经煤粉分配器离开磨煤机进入一次风粉管，通过燃烧器进入炉膛进行燃烧。

混杂在煤中的石子、煤矸石和铁块等杂物从磨盘边缘溢出后，由于较重而从风环处落下。在磨盘下部的热风室内装有可转动的石子煤刮板，把上述杂物刮入石子煤排出口，进入石子煤箱中。石子煤排出口装有阀门，在磨煤机正常运行时阀门保持开启，只有在清理石子煤箱时才关闭该阀门。平时切记不要关闭该阀门，否则杂物留在磨煤机内，被刮板研磨造成部件的额外磨损。

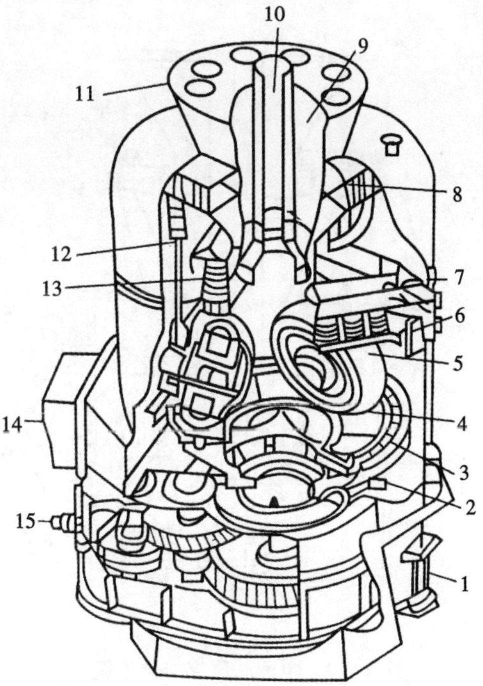

图 2-11　MPS 型磨煤机结构图

1—液压缸；2—杂物刮板；3—风环；4—磨环；5—磨辊；6—下压盘；7—上压盘；8—分离器导叶；9—气粉混合物出口；10—原煤入口；11—煤粉分配器；12—密封空气管路；13—加压弹簧；14—热空气入口；15—传动轴

如果有煤排入石子煤箱，那么表明给煤量过多，或磨辊压力过小，或一次风量太小，或磨煤机出口温度过低。磨煤机部件磨损过多或调整不当也会造成煤的排出。煤的过量排出表明磨煤机运行不正常，应立即采取措施，加以调整。

平盘磨煤机的旋转磨盘为圆形平盘，一般每台平盘磨煤机上装有 2~3 个磨辊。辊子与平盘之间有一定间隙，约为 1.25 mm，以避免空转时磨损。磨盘由电动机带动旋转，磨辊绕固定轴在磨盘上滚动。磨辊研压煤的压力一部分靠辊子本身的质量，但主要靠加压弹簧的压力，也有采用液力气动加载装置的。平盘磨煤机的磨辊是锥形的，其转动轴线与平盘成 15°夹角。为了防止原煤在旋转平盘上未经碾磨就被甩到风环室，在平盘外缘设有挡圈。挡圈还能使平盘上保持适当的煤层厚度，提高碾磨效果。

碗式磨煤机（RP 型磨煤机）的磨盘目前多采用浅沿形或斜盘形钢碗，磨辊一般也是锥形的，其转动轴线与水平面成一定角度，以使磨辊表面与磨盘碗面相吻合。一般来说，碗式磨煤机装有 3 个磨辊，相隔 120°安装于磨盘上方，磨辊与磨盘之间不直接接触，间隙可调。RP 型磨煤机具有以下优点。

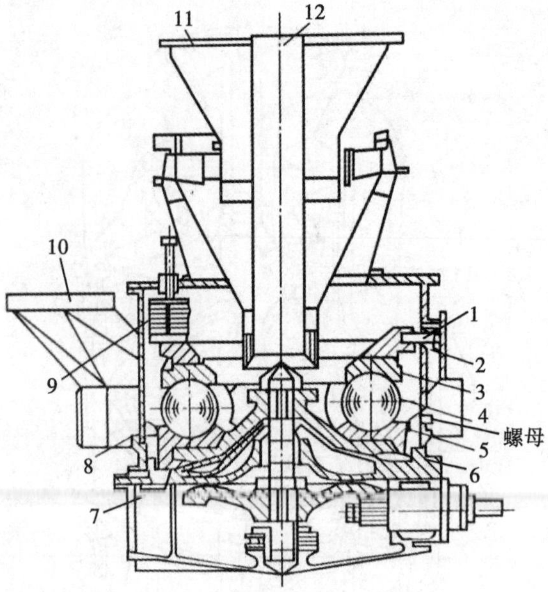

图 2-12　中速球磨煤机结构图

1—导块；2—压紧环；3—上磨环；4—钢球；5—下磨环；6—轭架；7—石子煤箱；8—活门；9—压紧弹簧；10—热风进口；11—煤粉出口；12—原煤进口

（1）出力调节范围大，煤粉细度可以作线形调节。

（2）两碾磨件无接触，能空载启动，启动力矩小，安全平稳。

（3）噪声小，密封性能好。

（4）更换磨损件方便，停机时间短。

（5）单位电耗小，磨煤电耗 7~8 kW·h/t，通风电耗约 7 kW·h/t。

（6）结构紧凑，占地面积小。

中速球磨煤机（E 型磨煤机）的碾磨部件为上下磨环和夹在中间的大钢球。在上下磨环之间放有 10 个左右的钢球，一般钢球直径为 200~500 mm，钢球和钢球之间几乎靠着，放入全部钢球后仅留有 15~20 mm 的间隙。上下磨环和钢球相互配合的剖面图形状和字母“E”相似，E 型磨煤机由此得名。钢球可以在磨环之间自由滚动，磨煤时不断改变旋转轴承位置，在整个工作寿命中钢球始终保持球的圆度，以保证磨煤性能不变，使磨煤出力不会因钢球磨损而减少。小型 E 型磨煤机用弹簧加载，大容量的采用液压气动加载装置，它通过上磨环对钢球施加压力。液压-气动加载装置能在碾磨部件使用寿命期限内自动维持磨环上的压力为定值，从而降低因碾磨件磨损对磨煤出力和煤粉细度的影响。E 型磨煤机与平盘磨煤机和碗式磨煤机相比有以下特点。

（1）没有需要润滑、密封的磨辊，易于实现正压运行且磨煤部件工作可靠。

（2）钢球磨损均匀，磨煤机运转性能变化不大，钢球的金属利用率高。

MPS 型磨煤机采用具有圆弧形凹槽滚道的磨盘，磨辊边缘也呈圆弧形。三个磨辊相对布置在相距 120°的位置上。磨辊尺寸大，在水平方向具有一定的自由度，可以摆动，能自动调整碾磨位置。在碾磨过程中，磨辊由磨盘摩擦力带动旋转。磨煤的碾磨力来自磨辊、弹簧架及压力架的自重和弹簧的预压缩力。弹簧的预压缩力依靠作用在弹簧压盘上的液压缸加压系统来实现。MPS 型磨煤机与其他类型的中速磨煤机相比，其主要有以下优点。

（1）辊子外形凸出近于球状，滚动阻力较小。

（2）辊子尺寸大，燃料进入辊下的条件也较好，利于增大磨煤出力和降低磨煤单位电耗。

（3）磨损均匀性得到改善。

（4）无上磨环，避免上磨环的磨损问题。

（5）占地面积缩小，利于大型锅炉的多台磨合理布置。

2. 影响中速磨煤机工作的主要因素

（1）转速。

中速磨煤机转速要在保证尽可能小的能量消耗得到最佳磨煤效果的同时，使磨煤机的碾磨件有合理的使用寿命。转速太高，离心力过大，煤来不及磨碎就通过碾磨部件，大量回粉使气力输送的电耗增加，并导致制粉电耗增加；而转速太低，煤磨得过细，又将使磨煤电耗和金属磨耗增加。为了减轻碾磨件的磨损，降低磨煤电耗，转速趋向降低，推荐采用的部分中速磨煤机的最佳转速 n_{zj} 为：

平盘磨煤机

$$n_{zj}=\frac{60}{\sqrt{D}} \tag{2-24}$$

碗式磨煤机

$$n_{zj}=\frac{110}{\sqrt{D}} \tag{2-25}$$

E 型磨煤机

$$n_{zj}=\frac{115}{\sqrt{D}} \tag{2-26}$$

式中，D——磨盘或磨环直径，m。

（2）通风量。

通风量的大小影响磨煤出力与煤粉细度，并影响石子煤的排放量，因此，中速磨煤机需维持一定的风煤比。如 E 型磨煤机推荐的风煤比为 1. 8～2. 2 kg/t，RP 型磨煤机一般约为 1. 5 kg/t。

（3）风环气流速度。

合格的风环气流速度应能保证一定煤粉细度下的磨煤出力，并减少石子煤的排放量。通风量确定后，风环气流速度通过风环间隙控制在一定的范围内，如 E 型磨煤机一般为 70~90 m/s。

（4）碾磨压力。

碾磨件上的平均载荷称为碾磨压力。碾磨压力过大，将加速碾磨件的磨损，过小将使磨煤出力降低、煤粉变粗，因此运行中要求碾磨压力保持一定。随着碾磨件的磨损，碾磨压力相应减小，运行中需随时进行调整。

（5）燃料性质。

中速磨煤机主要靠碾压方式磨煤，燃料在磨煤机内扰动不大，干燥过程不太强烈，对于活动部件穿过机壳的小型辊磨，由于密封条件不好，只适合负压运行，冷风漏入降低了磨煤机的干燥能力，因此一般适于磨制原煤水分 $M_{ar}<12\%$ 的煤。E 型磨煤机、RP 型磨煤机、MPS 型磨煤机具有良好的气密结构，适合于正压运行，干燥能力大为改善。当锅炉能提供足够高温的干燥剂时，可以磨制 $M_{ar}=20\%\sim25\%$ 的原煤。为了减轻磨损，延长碾磨件的寿命，并保证一定的煤粉细度，中速磨煤机一般适合磨制烟煤及贫煤。

3. 中速磨煤机的特点

中速磨煤机结构紧凑、体积小、重量轻、占地少、金属消耗量小、投资低；启动迅速、调节灵活；噪声小，密封性能好，适用于正压运行；磨煤电耗低，为 6~9 kW·h/t，比钢球磨煤机小 1.5~2.0 倍；整套磨煤装置紧凑，占地面积比钢球磨煤机小 4 倍；金属磨损量小，磨制每吨煤粉的磨损量为 4~20 g/t，而钢球磨煤机为 400~500 g/t。

中速磨煤机对原煤带入的“三块”（石块、木块和铁块）敏感，易引起振动和部件损坏；磨煤机结构较复杂，运行和检修的技术水平要求高；不能磨制磨损指数 K_e 高的煤种；对煤的水分要求高，因热风对磨盘上煤的干燥作用小，当原煤水分过高时，磨盘上的煤和煤粉将被压成饼状，影响磨煤出力。所以当煤种适宜时，优先采用中速磨煤机是合理的。

三、风扇磨煤机

风扇磨煤机简称风扇磨，是最常用的高速磨煤机，其结构如图 2-13 所示。它是由叶轮、外壳、轴及轴承箱组成的。叶轮的形状类似于风机的转子，上面装有 8~12 个冲击板。外壳形状就像风机外壳，其内表面装有一层护板，冲击板和护板均用耐磨材料（如锰钢）制成。风扇磨煤机的工作原理是：风扇磨的叶轮由轴带动在机壳内进行高速旋转，煤随着热风借磨煤机旋转造成的负压和自身重力沿轴向进入磨煤机，与飞转的叶轮相撞击而获得强大的动能，被甩在护甲上。煤在这个破碎空间内反复碰撞而成为细粉。风粉混合物借叶轮旋转造成的压力进入粗粉分离器，合格的煤粉沿着一次风管进入炉膛，较粗的煤粉返回磨煤机重新磨制。风扇磨煤机的出力随着叶轮直径和宽度的增加而增大。风扇磨冲击板的长度的增加一方面受设备本身和金属材质的限制，另一方面易发生给煤不均而引起冲击板磨损不均现象的出现。冲击板是风扇磨的主要承磨部分。一般情况下，冲击板的使用寿命直接决定着磨煤机的运行周期。冲击板一般选用耐磨性能较好的锰钢制作。

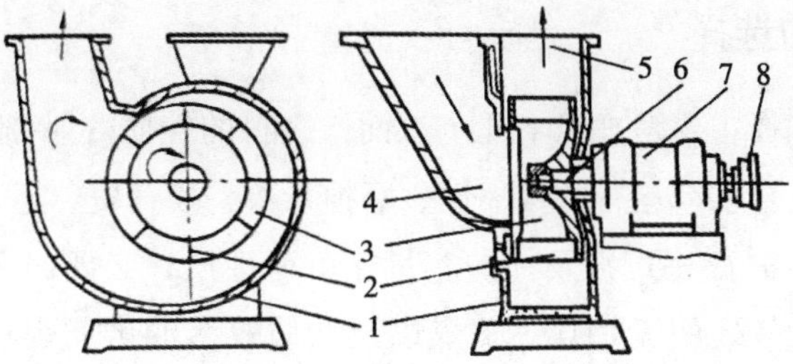

图 2-13　风扇磨煤机结构图

1—外壳；2—冲击板；3—叶轮；4—风煤进口；5—煤粉空气混合物出口；6—轴；7—轴承箱；8—联轴节

为了提高磨煤效果，减轻冲击板的磨损，通常在叶轮前加装几排锤子，其结构如图 2-14 所示。当煤块进入磨煤机时，由前置锤预先进行击碎，并使煤在进入磨煤机叶轮时分布比较均匀，锤子可用铸铁制造，很容易更换，从而使叶轮的检修周期大为延长，金属消耗量少，初投资低，适应负荷的变化也很迅速。

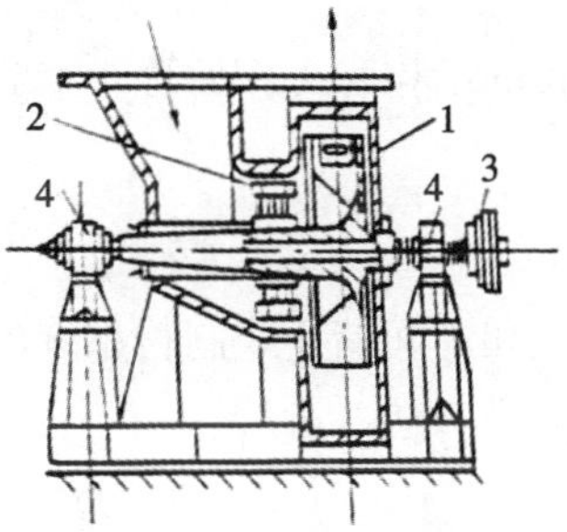

图 2-14　带前置锤的风扇磨煤机结构图

1—叶轮；2—前置锤；3—联轴节；4—轴承

煤粉在风扇磨煤机中大多处于悬浮状态，加上风扇磨煤机自身的抽吸力，不仅可用热风作干燥剂，还可抽吸炉烟作干燥剂，这样就使得干燥过程十分强烈，因而可以磨制高水分煤。但由于风扇磨煤机工作转速高，冲击板和护甲磨损较严重，磨出的煤粉也较粗，所以风扇磨煤机不宜磨制硬煤、强磨损性煤及低挥发分煤。一般适合磨制 $M_{ar}>35\%$、冲刷磨损指数 $K_e<3.5$ 的褐煤和烟煤。

风扇磨煤机本身就是排粉风机，在对原煤进行粉碎的同时能产生 1500~3500 Pa 的风压，用以克服系统阻力，完成干燥剂吸入、煤粉输送的任务。所以具有结构简单、尺寸小、金属耗量少的优点。风扇磨煤机的主要缺点是叶轮、叶片磨损快，机件磨损后磨煤出力明显下降，煤粉品质恶化，因此维修工作频繁。另外，磨出的煤粉较粗且不够均匀。

风扇磨煤机有S型和N型两个系列。S型系列适合磨制M_{ar}>35%的烟煤，N型系列适合磨制M_{ar}<35%的褐煤。

四、磨煤机类型的选择

磨煤机类型的选择主要考虑以下几个方面：燃料的性质（特别是煤的挥发分）、可磨性系数、碾磨细度要求、运行的可靠性、磨损系数、投资费、运行费（包括电耗、金属磨损、折旧费、维护费等）以及锅炉容量、负荷性质，必要时还得进行技术经济比较。原则上讲，煤种较硬的无烟煤、贫煤以及杂质较多的劣质煤可考虑选用钢球磨煤机。

任务四　制粉系统及主要辅助设备

【知识点描述】

（1）制粉系统的分类；

（2）制粉系统主要辅助设备的结构和工作原理。

【能力目标】

（1）能理解直吹式制粉系统和中间储仓式制粉系统的工作流程并绘制系统图；

（2）能针对不同的制粉系统进行特点分析。

一、制粉系统

通常所说的制粉系统是指原煤从锅炉房的原煤斗开始，直到被磨制成细度合格的煤粉后，又被输送到锅炉燃烧器的所有设施。制粉系统可以分为直吹式制粉系统和中间储仓式制粉系统两大类。

直吹式制粉系统就是原煤经磨煤机磨成煤粉后直接吹入炉膛进行燃烧，而中间储仓式制粉系统是将原煤磨成煤粉后储存在煤粉仓中，然后根据锅炉负荷的需要，由给粉机送入炉膛进行燃烧。

制粉系统的主要任务是对原煤进行磨制、干燥与输送。对储仓式制粉系统来说，还有煤粉的储存与调剂任务。

在制粉系统中，把输送煤粉经燃烧器进入炉膛并满足挥发分燃烧需要的空气，称为一次风；把从热风道直接引来经燃烧器二次风口进入炉膛起助燃和扰动作用的空气，称为二次风。

不同的制粉系统配置不同型式的磨煤机，直吹式制粉系统一般选用中速磨煤机或高速磨煤机，偶尔也有选用钢球磨煤机的，中间储仓式制粉系统大多选用低速筒式磨煤机。

（一）直吹式制粉系统

直吹式制粉系统中，磨煤机磨制的煤粉全部送入炉膛燃烧。因此，每台锅炉所有运行磨煤机制粉量的总和，在任何时候均等于锅炉燃料消耗量，即制粉量随锅炉负荷变化而变化。磨煤机干燥剂（磨煤通风量）既是输粉介质，又是进入炉膛的一次风，制粉系统与锅炉之间需随时保持燃料的供需平衡。因此，直吹式制粉系统一般配用中速磨煤机和高速磨煤机。由于单进单出钢球磨煤机低负荷或变负荷运行时是不经济的，因此一般不适用直吹式制粉系统，仅在锅炉带基本负荷时才考虑采用。

1. 中速磨煤机直吹式系统

直吹式制粉系统按磨室所处的通风压力状态，可分为负压直吹式和正压直吹式两种：负压直吹式即指磨煤机磨室在负压通风状态运行；正压直吹式即指磨煤机磨室带正压通风工作。正压系统又分为冷一次风系统和热一次风系统。

（1）负压直吹式制粉系统。

在图 2-15（a）所示的负压直吹式制粉系统中，热空气作为干燥剂与原煤一起进入磨煤机，在磨煤机内完成干燥和磨制后，随气流进入粗粉分离器，合格的煤粉由干燥剂携带送入炉膛燃烧，不合格的煤粉返回磨煤机重新磨制。通过排粉风机后已完成干燥任务的废干燥剂由于温度低并含有水分，被称作乏气。另外，由于中速磨煤机下部局部有正压，故需引入一股压力冷风起密封作用，这股冷风称为密封风。在这种制粉系统中，

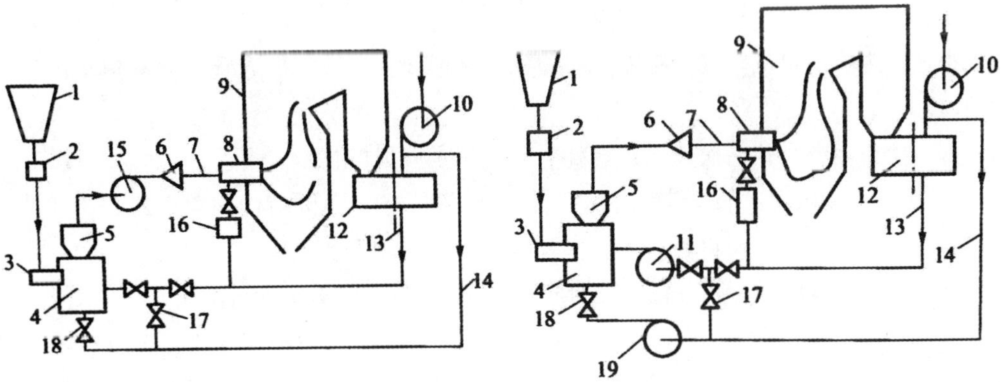

（a）负压直吹式制粉系统　　（b）正压热一次风系统

图 2-15　中速磨煤机直吹式制粉系统示意图

1—原煤仓；2—自动磅秤；3—给煤机；4—磨煤机；5—煤粉分离器；6—一次风风箱；7—煤粉管道；8—燃烧器；9—锅炉；10—送风机；11—热一次风；12—空气预热器；13—热风管道；14—冷风管道；15—排粉风机；16—二次风风箱；17—冷风门；18—密封风门；19—密封风机

燃烧所需的煤粉均通过排粉风机，因此排粉风机磨损严重，这不仅降低了风机效率，增加了运行电耗，而且需要经常更换叶轮，导致维护费用增加，系统可靠性降低。此外，负压直吹式制粉系统漏风较大，大量冷空气随一次风进入炉膛会降低锅炉效率。负压直吹式制粉系统的最大优点是不会向外漏粉，工作环境比较干净。

（2）正压直吹式制粉系统。

在图 2-15（b）所示的正压直吹式制粉系统中，一次风机布置在磨煤机之前，风机输送的是干净空气，不存在风机的磨损问题，冷空气也不会漏入系统，因此运行的可靠性和经济性都比负压系统要高。但这种系统的磨煤机中需采取适当的密封措施，系统中设有专门的密封风机，以高压空气对其进行密封和隔离，否则向外冒粉，既污染环境，又有引起自燃爆炸的危险。

中速磨煤机正压热一次风系统的排粉风机又称热一次风机，热一次风机布置在空气预热器与磨煤机之间，输送的是经空气预热器加热的热空气。由于空气温度高，比体积大，因此比输送同样质量的冷空气的风机体积大，电耗高，且风机运行效率低，还存在高温侵蚀。从回转式空气预热器来的热空气还会携带飞灰颗粒，对风机叶轮和机壳产生磨损，降低运行可靠性。

正压冷一次风机系统是目前我国大机组普遍采用的制粉系统（如图 2-16 所示）。该系统中，一次风机布置在空气预热器之前，通过风机的介质为冷空气，使风机的工作条件大为改善，且因冷空气比体积小，通风电耗也降低，但由于冷一次风机的风压比二次风机的风压高得多，故要求采用三分仓空气预热器（回转式），将一、二次风流通、加热区域分开，这又将导致空气预热器结构复杂化和造价提高。系统配置有自动控制系统，具有根据锅炉负荷变化信号自动调节给煤量和进入磨煤机的干燥介质流量的功能，以及根据磨煤机出口气粉混合物温度，自动调整冷热调温空气门，控制磨煤机进口风温的功能。

冷一次风系统与热一次风系统相比，具有以下明显的优点。

① 冷一次风机输送的是干净的空气，工作条件好，风机结构简单，体积小，造价低；冷空气比体积小，风机容量小，电耗低，并可采用高效风机。

② 冷一次风机压头高，可兼作磨煤机的密封风机，使系统设备减少。

③ 作为干燥剂的热风温度不受一次风机限制，可提高干燥剂的温度，适合磨制较高水分的煤。

④ 一次风是一个独立系统，锅炉负荷变化时对一次风温度影响很小。

中速磨煤机直吹式制粉系统存在以下问题。

① 因为直吹式系统中磨煤机磨制的煤粉全部送入炉膛燃烧，在磨煤机故障或运行不稳定时将直接影响锅炉运行，所以，直吹式系统要求磨煤机有较大的备用容量。

② 中速磨煤机分离器出口即煤粉分离器，距离短，各一次风管的煤粉流量均匀性较差，而且在运行中没有调节煤粉流量的手段。

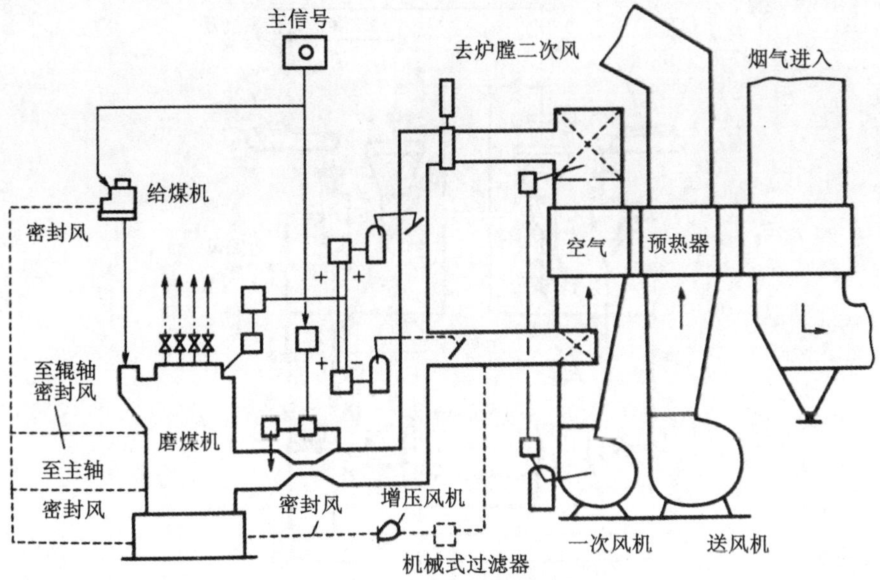

图 2-16 正压冷一次风系统示意图

③ 通过调节给煤机的给煤量来适应锅炉负荷的变化。从给煤量的改变到经过磨煤机，直到给粉量变化，有较长的滞后时间，所以相应锅炉负荷变化的性能较差。

④ 中速磨煤机对煤种的适应性较差，若电厂煤种变化较多，将影响磨煤出力和煤粉细度，影响燃烧。

⑤ 低负荷运行时风煤比增加，影响煤粉的着火与燃烧。因负荷低，煤粉量减少，为了输送煤粉，风环的风速需保持一定，从而使风煤比增大。同时，单位制粉电耗也随着增大。

正压直吹式制粉系统中，一次风机输送的是干净的空气，不存在风机叶片磨损问题，冷空气也不会漏入系统，因此锅炉和制粉系统运行的经济性都比负压直吹式制粉系统高。但磨煤机应采取密封措施，否则向外冒粉不仅污染环境，还可能引起煤粉自燃爆炸的危险。

2. 双进双出钢球磨煤机直吹式制粉系统

随着双进双出钢球磨煤机的引进，双进双出钢球磨煤机一般也采用正压直吹式制粉系统，分离器和磨煤机分开布置的称为双进双出磨煤机分体布置系统，如图 2-17 所示；分离器和磨煤机组成一体的系统称为双进双出磨煤机整体布置系统，如图 2-18 所示。

与中速磨煤机直吹式制粉系统比较，双进双出钢球磨煤机直吹式制粉系统具有以下优点。

（1）煤种适应性广。适于磨制高灰分、强磨损性的煤种以及挥发分低、要求煤粉细的无烟煤。

（2）备用容量小。钢球磨煤机结构简单，故障少，无须停机即可进行钢球的筛选

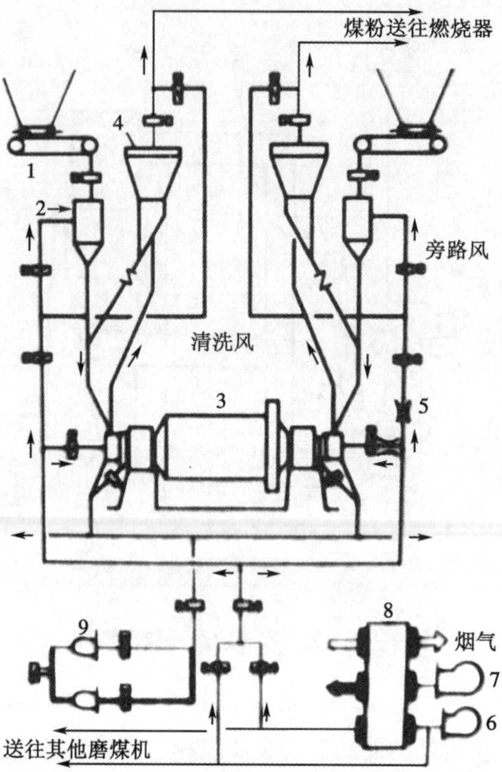

图 2-17　双进双出钢球磨煤机直吹式制粉系统示意图（分体布置）

1—给煤机；2—混料箱；3—双进双出钢球磨煤机；4—粗粉分离器；5—风量测量装置；
6——次风机；7—二次风机；8—空气预热器；9—密封风机

和补充，以保证系统正常供粉。不像中速磨煤机需 20%左右的备用容量。

（3）响应锅炉负荷变化性能好。系统以调节磨煤机通风量的方法控制给粉量，响应锅炉负荷变化的延迟时间极短。应用双进双出钢球磨煤机直吹式制粉系统的锅炉负荷变化率可达 20%/min。

（4）负荷调节范围大。一台磨煤机的两路制粉系统彼此独立，可两路并用或只用一路，大大增加了系统的负荷调节范围。

（5）钢球磨煤机的煤粉细度稳定，不受负荷变化影响。负荷低时，煤粉在筒内停留时间长，磨制的煤粉更细，能改善煤粉气流着火和燃烧性能，使锅炉能在更低的负荷下稳定运行，锅炉负荷调节范围扩大。

（6）具有较低的风煤比。即一次风的煤粉浓度高，有利于低挥发分煤的燃烧。

3. 风扇磨煤机直吹式制粉系统

在风扇磨煤机直吹式制粉系统中，由于风扇磨煤机同时具有磨煤、干燥、干燥介质吸入和煤粉输送等功能，粗粉分离器与磨煤机连成一体，代替了排粉机，简化了制粉系统，设备少，投资省。根据原煤水分不同，国内配风扇磨煤机的直吹式制粉系统磨制烟

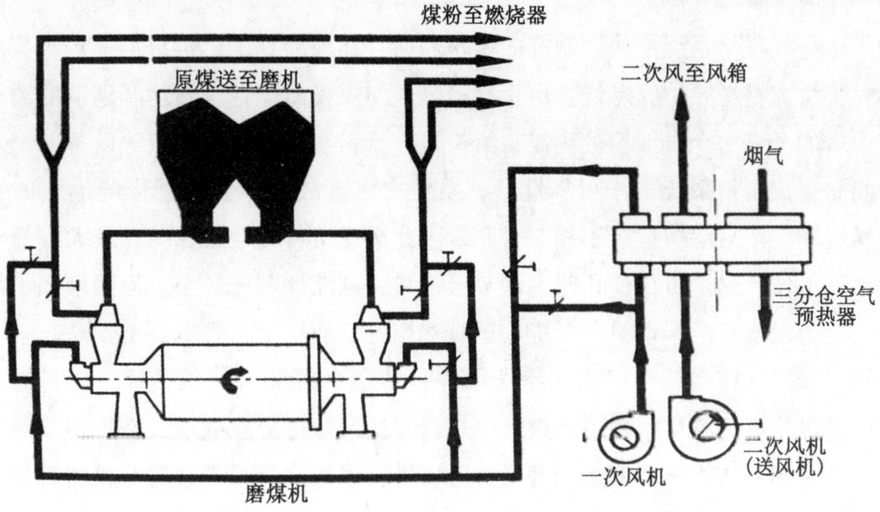

图 2-18　双进双出钢球磨煤机直吹式制粉系统示意图（整体布置）

煤时，大多采用热风作干燥剂；磨制高水分褐煤时，则采用热风掺炉烟作干燥剂。如图 2-19（a）、（b）所示。采用热风掺炉烟作干燥剂，不仅增强了制粉系统的干燥能力，而且由于烟气中惰性气体的混入，降低了干燥剂的氧浓度，大大减少了制粉系统自燃爆炸及燃烧器喷嘴被烧坏的危险性，同时减少了 NO_x 的生成。另外，在燃用灰熔点较低的褐煤时，还可防止炉内结渣。

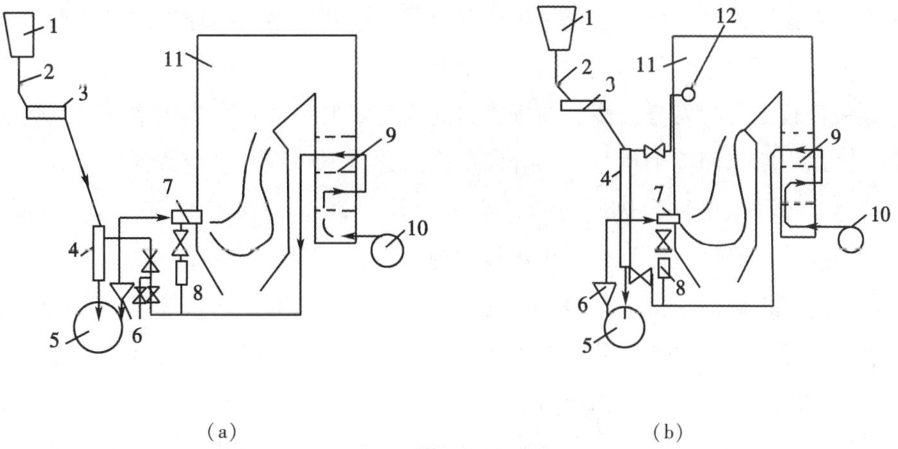

图 2-19　风扇磨煤机直吹式制粉系统示意图

1—原煤仓；2—下煤管；3—给煤机；4—干燥管；5—风扇磨煤机；6—一次风箱；7—燃烧器；8—二次风箱；9—空气预热器；10—送风机；11—锅炉；12—抽烟口

（二）中间储仓式制粉系统

中间储仓式制粉系统是将磨制好的煤粉先储存在煤粉仓中，再根据锅炉燃烧的需要通过给粉机将煤粉送入炉膛燃烧。由于气粉分离与煤粉的储存、转运和调节的需要，因此系统中增加了煤粉仓、细粉分离器、给粉机、排粉机和螺旋输粉机等设备。

中间储仓式制粉系统工作可靠性高，系统中出现故障不会立即影响锅炉的正常运行，磨煤机的工作与锅炉运行不相互牵制，因此磨煤机可以经常保持在最大或最经济的出力条件下工作。锅炉负荷变化时，调节给粉量，延滞性就比较小。但因增加了很多辅助设备，使得系统复杂，钢材、投资、运行费用都增加不少，且电耗也较高。

中间储仓式制粉系统一般采用钢球磨煤机，整个系统为负压系统，其制粉过程如下：煤由原煤斗经过给煤机均匀地送入磨煤机，送风机把冷空气送入空气预热器加热成热空气后，一部分作为干燥剂送入磨煤机对煤进行干燥，同时携带着磨成的煤粉离开磨煤机进入粗粉分离器，把不合格的过粗煤粉分离出来，经回粉管又回到磨煤机重新制磨，合格的煤粉从分离器被干燥剂继续带入细粉分离器，在这里大部分煤粉从气粉混合物中被分离出来，煤粉通过换向挡板直接进入细粉分离器下面的粉仓，或者利用螺旋输粉机送到其他粉仓中，再根据燃烧情况由给粉机均匀送进安装在一次风管上的气粉混合器中。

从细粉分离器出来的干燥剂带着未分离出的少量粉（约占煤粉总质量的10%），称为磨煤乏气。为了利用这部分煤粉，一般经排粉机升压后送入炉内燃烧，以节省燃料并避免其污染环境。乏气送入炉膛的方式有两种。一种是作为一次风输送煤粉进入炉膛，即被排粉机直接送入一次风管，通过风粉混合器，携带由给粉机输来的煤粉通过燃烧器喷入炉膛燃烧。这种系统称为乏气送粉或干燥剂送粉系统，如图2-20（a）所示。它适用于原煤水分较低、挥发分较高、易于着火的煤种。另一种是直接用空气预热器热风作为一次风输送煤粉，而经细粉分离器分离出来的含有10%煤粉的磨煤乏气作为三次风单独送入炉膛，这种系统称为热风送粉系统，如图2-20（b）所示。它适用于挥发分较低、不易着火、煤粉气流所需着火热量较高的贫煤、无烟煤等煤种。

在煤粉仓和螺旋输粉机上部装有吸潮管，利用排粉机的负压将潮气吸出以免煤粉结块。当磨煤机停止运行时，为防止三次风口烧坏，当需要的磨煤机通风量大而又不需要增加干燥出力时，可以打开再循环管（引入少量热风作喷口的冷却介质从排粉机出口到磨煤机进口的一根连接管）使一部分温风回到磨煤机，这样既提高了磨煤机出力，又调节了磨煤机进口温度。

（三）直吹式制粉系统和中间储仓式制粉系统的比较

直吹式制粉系统的优点是系统简单、设备少、布置紧凑、钢材耗量少、投资省、运行电耗也较低。缺点是制粉系统设备的工作直接影响锅炉的运行工况，运行可靠性相对低些，因而在系统中需设置备用磨煤机；直吹式负压系统的排粉风机磨损严重，对制粉

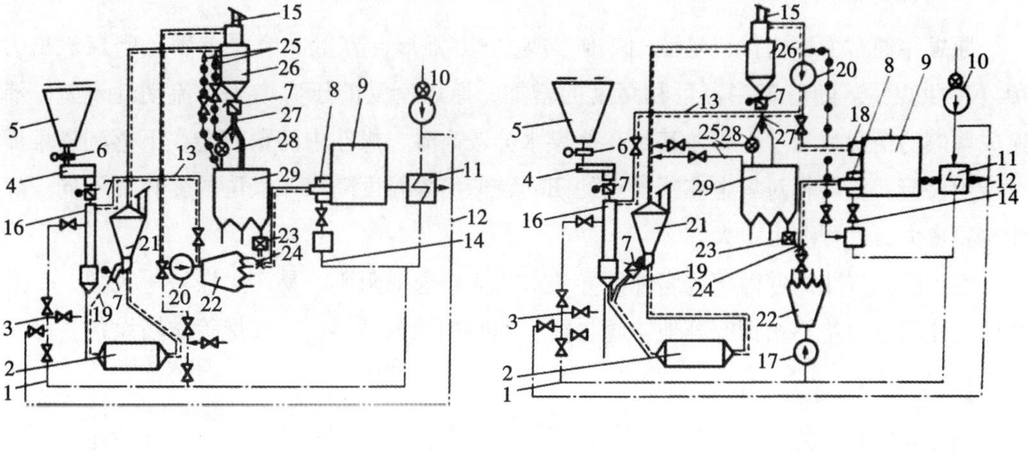

（a）　　　　　　　　　　　　　（b）

图 2-20　单进单出钢球磨煤机中间储仓式制粉系统示意图

1—热风管；2—磨煤机；3—冷风入口；4—给煤机；5—原煤仓；6—闸板；7—锁气器；8—燃烧器；9—锅炉；10—送风机；11—空气预热器；12—压力冷风管；13—再循环管；14—二次风管；15—防爆门；16—下行干燥管；17—热一次风；18—三次风；19—回粉管；20—排粉管；21—粗粉分离器；22——次风箱；23—给粉机；24—混合器；25—排湿管；26—细粉分离器；27—转换挡板；28—螺旋输粉机；29—煤粉仓

系统工作安全影响较大；锅炉负荷变化时，燃煤量通过给煤机调节，时滞较大，灵活性较差；由于燃煤与空气的调节均在磨煤机之前，运行中调节各并列一次风管中煤粉和空气的分配比较困难，容易出现风粉不均现象。

中间储仓式制粉系统的优点是有煤粉仓储存煤粉，并可通过螺旋输粉机在相邻制粉系统间调剂煤粉，供粉的可靠性较高；磨煤机可经常在经济负荷下运行，当储粉量足够时，还可停止磨煤机工作而不影响锅炉的正常运行；锅炉负荷变化时，燃煤量通过给粉机调节，由于中间环节少，使调节既方便又灵敏；储仓式系统还可以采用热风送粉，从而大大改善了燃用无烟煤、贫煤及劣质煤时的着火条件；虽然储仓式系统也是在负压下工作的，但与直吹式负压系统相比，通过排粉机的煤粉量多是经细粉分离器分离后剩余的少量细粉，因此排粉机的磨损比直吹式负压系统轻得多。储仓式系统的主要缺点是系统复杂，钢材耗量多，初投资大，运行费用高，煤粉爆炸的可能性亦比直吹式要大。

由于球磨机轴径密封性较差，不宜正压运行，因此，配球磨机的中间储仓式制粉系统均为负压系统，并要求球磨机进口维持 200 Pa 的负压。

二、制粉系统主要辅助设备

制粉系统的主要辅助设备有原煤斗、给煤机、粗粉分离器、细粉分离器、给粉机、螺旋输粉机和锁气器等。

（一）原煤斗

原煤斗通常为钢构件，呈圆-圆锥形或方-方锥形，容量一般要求满足磨煤机出力10小时供煤量。随着煤斗容量和高度的增加，原煤所受的压力增大，流动性变差，滞流或堵煤的情况愈易发生。尤其是在原煤水分较高时，煤斗中的颗粒会在下落到煤堆面时产生偏析，块煤相对集中在落煤点的四周，使给煤粒度随煤斗煤位的变化而不同，煤斗容积愈大，其程度也愈大。

为了防止煤斗内壁因积锈腐蚀而导致对煤流畅通的阻碍、易产生滞流等现象，一般在原煤斗的壁衬垫不锈钢或其他防腐材料。同时加装振动器、空气炮等防堵设备。

（二）给煤机

锅炉制粉系统的给煤机应能满足以下三项要求：第一，连续给煤、工作稳定、不自流、不易堵煤；第二，称重计量准确；第三，根据锅炉燃烧控制系统需求的煤量信号使给煤机所供煤量的热值与锅炉所需煤量的热量值保持一致。

给煤机的作用是根据磨煤机或锅炉负荷的需要调节给煤量，并把原煤均匀连续地送入磨煤机中。国内应用较多的给煤机有圆盘式给某机、电磁振动式给煤机、刮板式给煤机和电子称重式皮带给煤机等型式。

1. 圆盘式给煤机

圆盘式给煤机的结构和工作过程如图2-21所示。原煤经进口管落到旋转圆盘的中部，以其自然倾角向四周散开，电动机驱动圆盘旋转，圆盘上的煤也随之转动，煤被调节刮板从圆盘上刮下，落入通往磨煤机的下煤管中。这种给煤机可用以下三种方法调节给煤量。

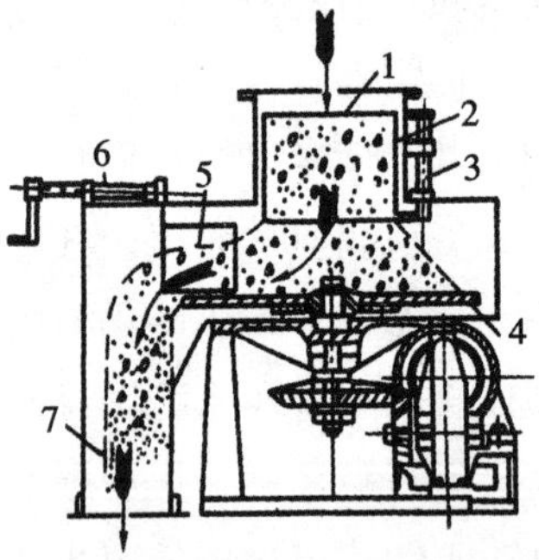

图2-21　圆盘式给煤机结构示意图

1—原煤进口管；2—内套筒；3—调节套管；4—圆盘；5—调节刮板；6—调节杆；7—出口

（1）改变调节套筒的位置来调节给煤量。刮板位置不变时，调节套筒的位置升高，煤在圆盘上的自然堆积厚度增加，给煤量就多；反之，给煤量就少。

（2）用调节刮板的位置来调节给煤量。当刮板向圆盘中心移动时，给煤量增加；反之，当刮板向圆盘边缘移动时，给煤量减少。

（3）改变圆盘的转速来调节给煤量。通过配用变速发动机来改变圆盘的转速。转速提高，给煤量增加；转速降低，给煤量减少。

圆盘式给煤机的优点是结构简单、紧凑、设备严密，其缺点是供给湿煤时易堵塞。

2. 电磁振动式给煤机

电磁振动式给煤机的结构和工作过程如图 2-22 所示，主要由电磁振动器和给煤槽组成。

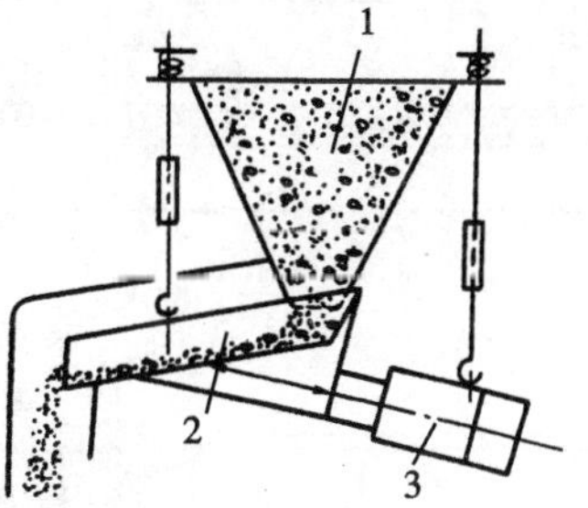

图 2-22 电磁振动式给煤机结构示意图

1—原煤斗；2—给煤槽；3—电磁振动器

其工作原理是：煤由原煤斗落入给煤槽，在电磁振动器的作用下，给煤槽以每秒 50 次的频率振动，由于振动器与给煤槽平面之间有一夹角 α，所以给煤槽上的煤就以 α 角的方向被抛起，并沿抛物线轨迹向前跳动。因为振动频率高，看起来煤就像流水一样，均匀地落入落煤管中。调整振动器的振动力亦即调节振幅可以调节给煤量。增大电流或电压，振动力增大，振幅增大，给煤量增加。

电磁振动式给煤机的优点是无转动部件，无机械摩擦，结构简单，造价低，占地面积小，运行维护方便，安全可靠；但要求电源电压稳定，原煤粒度均匀，水分适中，否则容易发生堵煤或原煤自流现象。

3. 刮板式给煤机

刮板式给煤机的结构如图 2-23 所示。它主要由链轮、链条、刮板、上下台板、导向板、煤层厚度调节板及转动装置等组成。煤由进煤管落到上台板上，利用装在链条上的刮板移动，将煤带到左边，经过落煤通道落到下台板上，再将煤刮至右侧落入出煤管，送往磨煤机。刮板式给煤机可以用煤层厚度调节板来调节给煤量，调节板越高，煤层越厚，给煤量越大；调节板越低，给煤量越小。另外，也可改变链轮转速来调节给煤量。

刮板式给煤机的特点是结构合理、系统布置灵活，能满足较长距离的供煤要求，可制成全密封式。其不足之处是占地面积较大，当煤块过大或煤中有杂物时易卡住。

4. 电子称重式皮带给煤机

电子称重式皮带给煤机主要由机体、给煤皮带机构、称重机构、链式清理刮板装置、断煤及堵煤信号装置、清扫输送装置、电子控制柜及电源动力柜组成，其结构如图2-24所示。

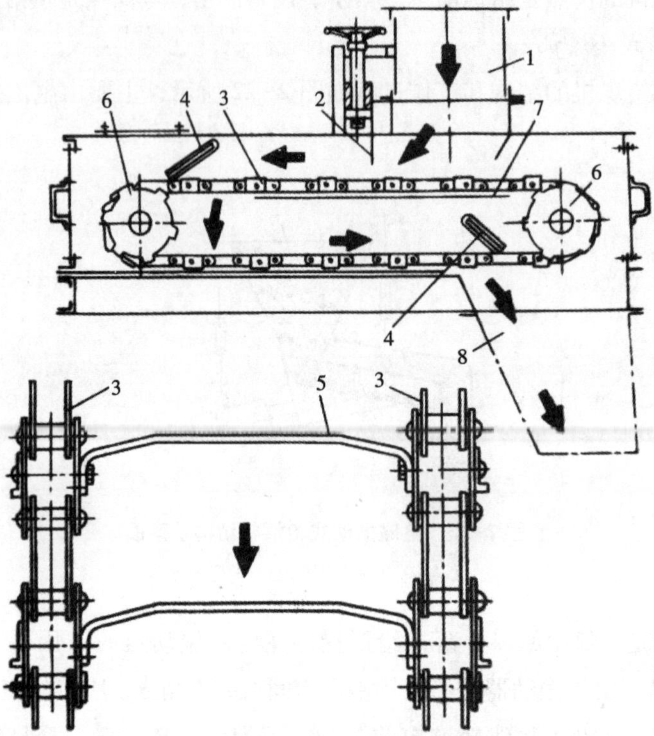

图2-23　刮板式给煤机结构示意图

1—原煤进口管；2—煤层厚度调节板；3—链条；4—挡板；5—刮板；6—链轮；7—平板；8—出煤管

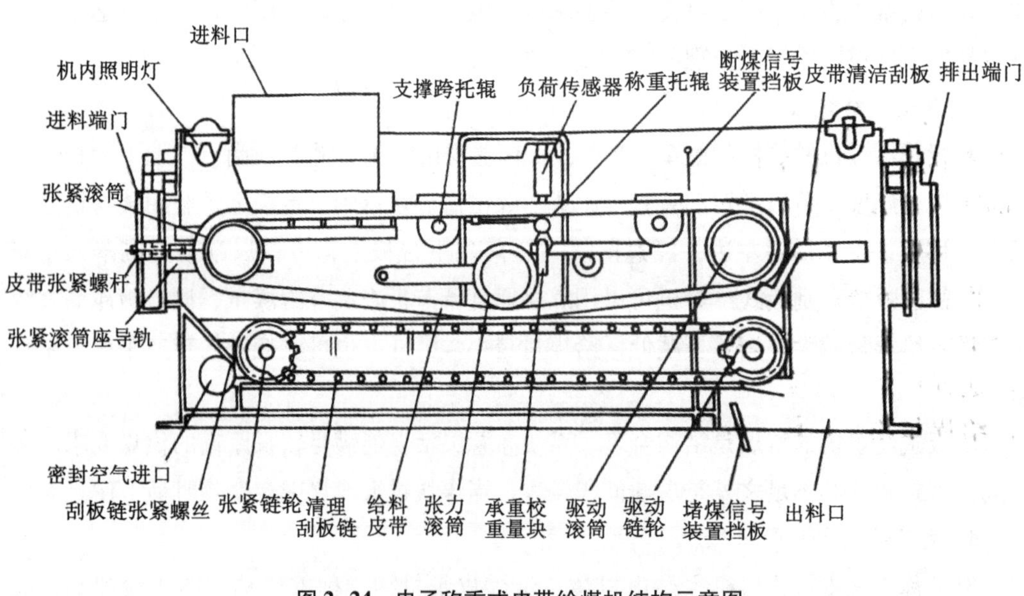

图2-24　电子称重式皮带给煤机结构示意图

电子称重式皮带给煤机在称重跨的皮带上称煤。称重跨由殼体内两根位置精确的辊子组成。称重跨的中间有一辊子，支撑称重跨的一半重量，两端装有精确负荷传感器。当物料经过称重跨时，传感器发出与中间辊子支撑重量成比率的电信号。微处理机在每一秒对传感器输出的放大信号多次采样。采样信号转化为二进制数，与系统记忆中储存的参数比较再相互比较后被确认。如果传感器信号在预计的范围，它们将各自转化为相当于单位皮带长度重量的信号，然后相加成单位皮带长度的总重量。电动机出轴上测速器的输出频率决定皮带速度，其输出频度转化为二进制数后乘以一个调整参数得到皮带速度信号。微处理机将速度信号与重量信号相乘得到给煤机的出率。微处理机能调节给煤机的电动机速度，使给煤机出率与要求量相匹配，也能随物料密度变化而进行调整。

（1）机体。

机体为一密封焊接壳体，能承受约 0.35 MPa 的压力，机体上设有进料口、出料口、进料端门、出料端门、侧门和照明装置等。进料口处装有导流板和挡板，以使煤在皮带上形成一定断面的煤流。为了避免锈蚀，所有与煤接触的部分均用 1Cr18Ni9 不锈钢制成。进料端门和出料端门采用螺栓紧固在机壳上，以保持密封，在门体上设有观察窗和照明装置，以检查机内的运行情况。

（2）给煤皮带机构。

给煤皮带机构由皮带驱动滚筒、张紧滚筒、给煤皮带以及皮带支撑板等组成。在驱动轮的带动下，给煤皮带从进料口侧向出料口侧水平移动，将原煤输送至磨煤机。张紧滚筒是自洁式的，滚筒表面均布开有纵向槽孔，内设螺旋输送叶片，能在运行中清理胶带表面粘积的煤尘；可避免因滚筒表面与胶带间有煤粉润滑导致胶带跑偏。

胶带张紧装置是利用张紧辊的重力来实现的。张紧辊以恒定的力（重力）将胶带张紧，使胶带保持恒定的力，从而保证计量精确；胶带松紧的调节是通过固定张紧滚筒轴端的张紧滑块在轨道中滑动实现的，通过调整螺栓等装置从给煤机外部可实现调节；张紧滑块是个螺纹构件，具有自清洁、防冻、防锁死等功能，能可靠、快捷、方便地张紧胶带，同时是防止打滑的有效措施。

给煤机的胶带背面带有凸台，滚筒和托辊中部带有凹槽，滚筒凹槽与胶带凸台配合，具有良好的防跑偏性能。此外，驱动滚筒表面倾角（鼓形）及切削花纹都具有良好的防打滑和防跑偏性。给煤机的胶带两侧带有裙边，背面带有凸台的特制胶带，两侧裙边既能有效挡煤，又使给煤机宽度减至最小；背面凸台可有效地防止胶带跑偏，裙边和凸台与胶带整体硫化，具有很高的精度、强度和阻燃性能。

（3）称重机构。

称重辊采用轻质 304 不锈钢精密机加制成，用润滑脂润滑的轴承置于轴承座中，便于快速更换称重辊和保护轴承及油封；称重传感器与外界隔绝不受气压影响，同时具有机械缓冲、防震保护装置，可避免外部机械冲击。悬挂式安装，不存在笨重的称重平台，消除水平方向力对信号的影响，使其所计量的主要是实际负荷，皮重影响很小。加之胶带张紧装置的合理作用，可使材料试验计量精度高达±0.25%。

（4）链式清理刮板装置。

给煤机胶带下方设有链式清理刮板装置，由铸钢精铸而成。清理刮板能不断清除各类尘末，链杆（刮板）体坚固耐用，其独特的表面设计具有良好的防漂性且不易粘煤并能清除湿煤，经运行检验，这种清理装置是最受欢迎的。清理链的调整很容易实现，通过旋动被动端的调整螺旋即可完成。

（5）断煤及堵煤信号装置。

断煤信号安装在皮带上方，当皮带上无煤时，可启动原煤仓的振动器，并使运行控制盘上发出“皮带无煤”的报警信号。堵煤信号安装在给煤机出口处，其结构与断煤信号装置相同。当煤流堵塞至出煤口时，限位开关动作，给煤机停止运转，同时发出报警信号。电子称重式皮带给煤机还配有密封空气系统，可防止磨煤机前热风从出煤口进入给煤机。

（三）粗粉分离器

粗粉分离器的作用是将磨煤机磨制出来的煤粉依颗粒的大小进行分选，即把合格煤粉作为成品随干燥气流输送至煤粉分离器或直接进入炉膛，而把不合格煤粉从气流中分离出来，并返回磨煤机重新磨制。此外，煤粉分离器还具有调节煤粉细度的能力，以便在煤种或磨煤机出力或通风量变化时保证一定的煤粉细度，起到改善和保证煤粉品质的作用，从而提高制粉系统工作的经济性和锅炉的燃烧效率。

煤粉在分离器内分离粗粉是依靠重力、惯性力、离心力或其综合的分离效应即机械分离效应来完成的。依照主导作用力的形式，电厂磨煤机上配用的粗粉分离器可分为重力分离器、惯性分离器、离心式分离器、回转式分离器和复合式分离器等多种型式。随着煤种特性、磨煤机和制粉系统型式的不同，要求选用不同类型的分离器。对于煤粉粒度较粗的褐煤，多采用惯性分离器。对于一般煤种和大多数低速、中速和某些高速磨煤机，广泛采用离心式分离器。在直吹式制粉系统中，粗粉分离器和磨煤机有时制成一体。

一个性能理想的煤粉分离器，不仅能把合格煤粉随气流输出，而不混入返回磨煤机的粗粉中去，增加磨煤机负荷，阻碍其出力，而且能把大于规定粒度级的不合格粗粉全部分离出来并返回磨煤机重磨，而不随气流与合格煤粉进入炉膛，阻碍锅炉的燃烧效率。

1. 离心式粗粉分离器

图 2-25 是国内广泛采用的离心式粗粉分离器，它多与低速球磨机配合使用。它主要由内、外空心锥体，调节锥帽，导向板，可调折向挡板和回粉管组成，其工作原理是：由磨煤机出来的气粉混合物以 1~25 m/s 的速度进入分离器外锥体下部的环形空间时，由于截面扩大，其速度降至 4~6 m/s。气流中较大的煤粉在重力作用下分离出来，

并沿回粉管返回磨煤机中重新磨制。进入分离器上部的煤粉气流，经安装在内外圆柱壳体间环形通道内的折向挡板产生旋转运动，在离心力的作用下，较粗的煤粉被甩到器壁滑下，由另一回粉管送回磨煤机中重新磨制，最后煤粉气流进入出口管时，由于急转弯惯性力又使一部分煤粉分离出来，而合格的细煤粉则被气流从出口管带走，在内锥体上面装有可上下移动的锥形调节帽，可以粗调煤粉细度。

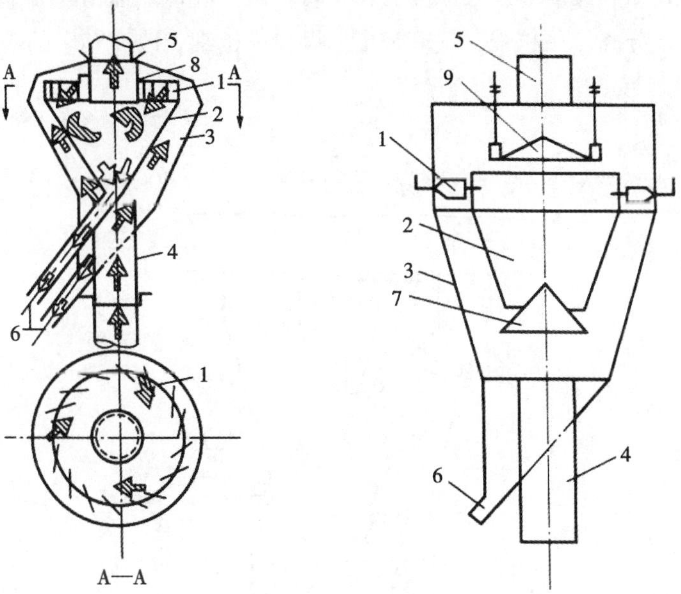

（a）普通径向型　　（b）轴向改进型

图 2-25　离心式粗粉分离器结构示意图

1—折向挡板；2—内锥体；3—外锥体；4—进口管；5—出口管；6—回粉管；
7—锁气器；8—活动环；9—圆锥帽

粗粉分离器分离出来的回粉中，难免要夹杂一些合格的细粉。这些合格的细粉返回磨煤机后，就会磨得更细，这就增加了过细的煤粉，使煤粉的均匀性变差，同时增加了磨煤电耗。离心式粗粉分离器的煤粉细度调节一般有三种方法：改变折向挡板的位置、调节磨煤通风量和调节活动环的位置。改变折向挡板与圆周切线的夹角可以改变煤粉细度。夹角减小时，气流的旋转强度加强，分离出来的煤粉增多，气流带走的煤粉变细；反之变粗。增大磨煤通风量一方面导致磨煤机出来的煤粉变粗，另一方面由于煤粉在分离器中停留的时间变短，使分离器出口处的煤粉变粗；反之亦然。降低活动环的位置，因急转弯程度增大，出口煤粉变细；反之，升高活动环的位置，出口煤粉变粗。

轴向型粗粉分离器的结构比较复杂，通风阻力也较大。但由于其折向挡板是轴向布置的，因而加大了圆筒空间，与普遍径向型相比分离效果好，改善了煤粉的均匀性；调节幅度较宽，回粉中细粉含量少，提高了制粉系统出力；适应煤种也较广，可配用于各种形式的磨煤机，所以其应用较为普遍。

2. 回转式粗粉分离器

图 2-26 是回转式粗粉分离器的结构。分离器上部有一个用角钢或扁钢作叶片的转子，并由电动机驱动做旋转运动。当煤粉气流自下而上进入分离器时，因流通截面扩大，气流速度降低，部分粗粉在重力作用下首先分离出来。进入分离器上部的煤粉气流随转子一起旋转，粗粉受较大离心力的作用被甩到圆锥筒的内壁，并沿筒内壁下落，再次被分离出来；当气流沿叶片间隙穿过转子时，由于叶片的撞击又有部分粗粉被分离出来。转速越高，分离作用越强，气流带出的煤粉就越细。改变转子的转速即可调节煤粉细度。

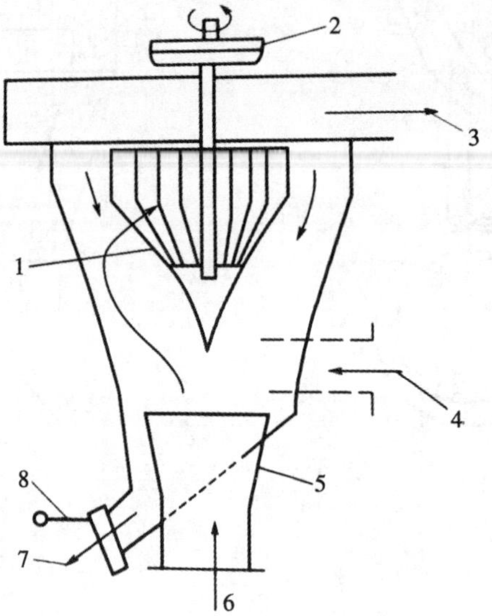

图 2-26　回转式粗粉分离器结构示意图

1—转子；2—皮带轮；3—细粉空气混合物切线引出口；4—二次风切向引入口；
5—进粉管；6—煤粉空气混合物进口；7—粗粉出口；8—锁气器

为了减少回粉中的细粉量，可在分离器的下部加装二次风，二次风沿切向进入分离器，将下落的回粉吹起，促使回粉再次分离，并将合格的细粉带走，从而提高磨煤出力，降低磨煤电耗。

回转式粗粉分离器的特点是结构紧凑，流动阻力较小，磨煤电耗较低；调节方便，适应负荷变化的性能较好；分离出的煤粉较细且均匀性好。但是，这种分离器结构比较复杂，磨损严重，检修工作量较大。但它的阻力较小，调节方便而且调节幅度也大，因而适应负荷和煤种变化的性能较好，所以回转式粗粉分离器适用于直吹式制粉系统。

（四）细粉分离器

细粉分离器也称旋风分离器，它是中间储仓式制粉系统不可缺少的辅助设备。其作用是将煤粉从粗粉分离器送来的气粉混合物中分离出来，以便于储存。常用的细粉分离器如图 2-27 所示，它是一种小管径的细粉分离器，其工作原理与离心式粗粉分离器相同，主要依靠煤粉气流旋转运动产生离心力进行分离。细粉分离器要求将煤粉尽可能全部分离出来，需要强烈的旋转运动，故利用高速进入气流产生分离作用。

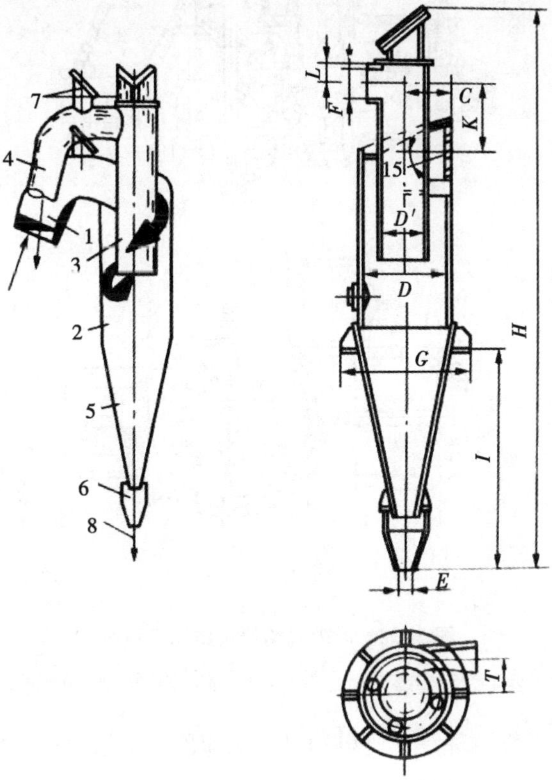

图 2-27　细粉分离器结构示意图

1—气粉混合物入口管；2—分离器筒体；3—内套筒；4—干燥剂出口管；
5—分离器筒体圆锥部分；6—煤粉小斗；7—防爆门；8—煤粉出口

气粉混合物以 16~22 m/s 的速度经舌形导向板切向引入，在分离器外圆筒与中心管之间高速旋转向下流动，在离心力的作用下煤粉被抛向筒壁，并沿筒壁下落至筒底出口，然后进入煤粉仓或螺旋输粉机。气流折转向上进入中心管，其中少量的煤粉借助惯性力作用再次分离出来，而气流则从中心管上部引往排粉机。这种细粉分离器的分离效率约 90%。

（五）给粉机

给粉机的作用是将煤粉仓中的煤粉按锅炉负荷的需要均匀地送入一次风管中。显然，炉内燃烧工况的稳定性在很大程度上取决于给粉机的给粉量、给粉的均匀性以及给粉机适应锅炉负荷变化的调节性能。

目前，电厂应用较为普遍的给粉机是叶轮式给粉机，它由上下叶轮、外壳和搅拌器等部件组成，其结构如图 2-28 所示。

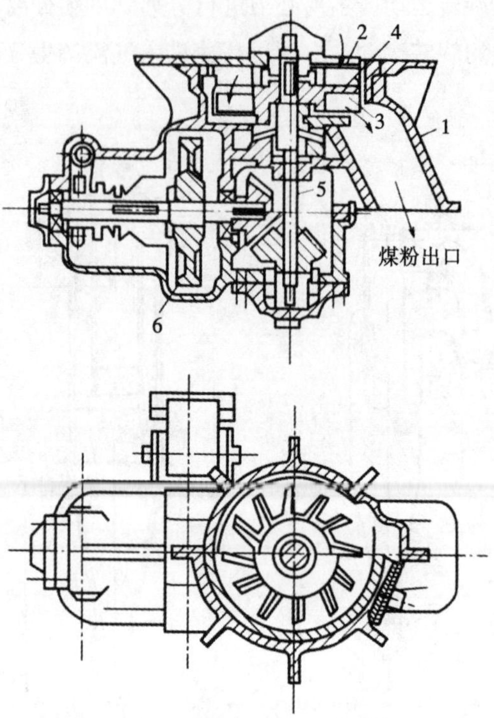

图 2-28　叶轮式给粉机结构示意图

1—外壳；2—上叶轮；3—下叶轮；4—固定盘；5—轴；6—减速器

叶轮式给粉机的工作原理是：当电动机经减速器带动给粉机主轴转动时，固定在轴上的上下叶轮也同时转动，煤粉仓下落的煤粉首先通过左侧的上孔板落入上叶轮的槽道内，然后由上叶轮拨送到右侧的下孔板，落入下叶轮的槽道内，最后由下叶轮拨送至左侧的出口，落入一次风管路。改变电动机的转速即可调节给粉机给粉量的大小，故叶轮式给粉机一般采用直流电动机拖动。叶轮式给粉机的特点是给粉均匀，调节方便，不易发生煤粉自流，并可以防止一次风冲入煤粉仓，所以其应用较为广泛。叶轮式给粉机的主要问题是结构较复杂、电耗较大且易被煤粉中的木屑等杂物堵塞。

（六）螺旋输粉机

螺旋输粉机又称绞笼，其作用是将细粉分离器落下来的煤粉，送往邻炉的煤粉仓。

电动机经减速器带动螺旋杆转动，螺旋杆上装有螺旋形的叶片，统称螺旋体。旋转的螺旋体将煤粉由入口端推向出口端，并由出口落入邻炉的煤粉仓。当螺旋体倒转时，输送煤粉的方向则相反，可将邻炉的煤粉送入本炉的煤粉仓，故又称它为可逆绞笼。螺旋输粉机的螺旋直径一般为 300~500 mm，长度为 30~50 m。

螺旋输粉机结构简单，操作方便，横截面尺寸小，机体密封好，工作安全可靠，因此在中间储仓式制粉系统中得到广泛应用。

（七）锁气器

制粉系统中，锁气器的作用是只允许煤粉通过，而阻止气流的流通，以保证分离器正常工作。锁气器安装在细粉分离器的落粉管上、粗粉分离器的回粉管上以及给煤机到磨煤机的落煤管上。

锁气器有翻板式和草帽式两种，其结构如图 2-29 所示。它们都是以杠杆原理进行工作的。当翻板或活门上的煤粉超过一定数量时，翻板或活门自动打开，煤粉落下。当煤粉减少到一定程度时，翻板或活门又因平衡重锤的作用而关闭。翻板式锁气器可装在垂直或倾斜的管段上，草帽式锁气器只能装在垂直管道上。翻板式锁气器结构简单，不易卡住，工作可靠。草帽式锁气器动作灵活，下粉均匀，而且严密性较好。

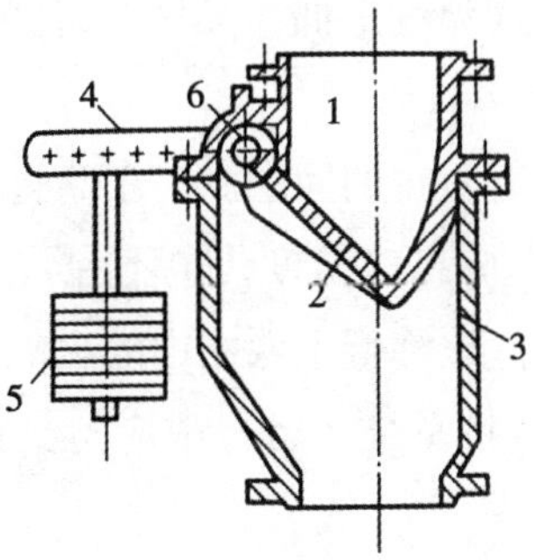

（a）翻板式

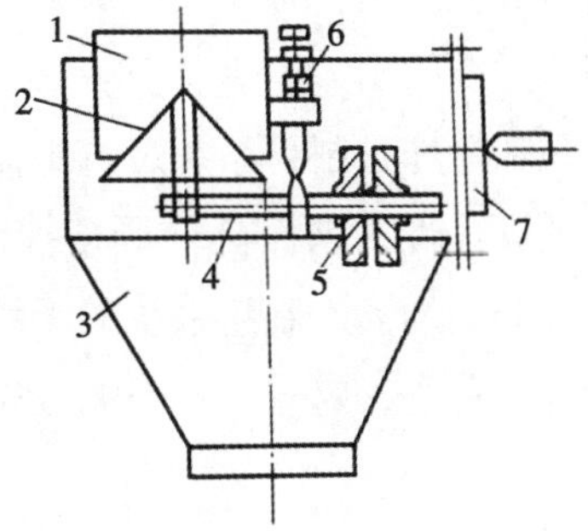

（b）草帽式

图 2-29　锁气器结构示意图

1—煤粉管；2—翻板或活门；3—外壳；4—杠杆；5—平衡重锤；6—支点；7—手孔

任务五　制粉系统运行调节

【知识点描述】

（1）制粉系统的基本要求；

（2）制粉系统的主要经济指标。

【能力目标】

（1）能理解制粉系统不同状态下的参数调整方法；

（2）能掌握不同制粉系统的启停操作。

一、对制粉系统运行的基本要求

制粉系统是锅炉机组的重要组成部分。制粉系统运行的好坏直接关系到锅炉的安全性和经济性。制粉系统发生故障，会导致锅炉出力降低，甚至被迫停炉。制粉系统运行不稳定，会引起炉内燃烧不稳定并可能由此产生一系列问题。

制粉系统的正常运行主要表现在一次风压（当采用乏气送粉时）、磨煤机出口温度、磨煤机进出口压差以及煤粉细度的稳定程度上。

一次风压过高，则一次风量及风速也大，将会使燃料着火推迟；一次风压过低，可能会使燃料着火过早，也容易造成一次风管堵塞。如一次风压忽高忽低，则将导致炉内火焰很不稳定，极易引起炉内熄火。

磨煤机出口温度过高，容易发生煤粉爆炸；而温度过低，又易引起磨煤机堵塞，并可能影响到制粉系统的出力。

煤粉的自燃和爆炸是制粉系统运行中需要引起重视的问题。对于高挥发分的煤，特别要注意煤粉的爆炸性，因而必须严格控制磨煤机出口温度，也不允许将煤粉磨得过细。有时可将部分炉烟掺入制粉系统的干燥剂中，以降低干燥剂中的含氧浓度，减少煤粉爆炸的可能性。总之，对于一个比较完善的制粉系统，运行中应达到的基本要求如下。

（1）磨制并连续供给锅炉燃烧所需的煤粉。

（2）在煤质发生变化等情况下，均能保质保量地向锅炉供粉，以保证锅炉燃烧和负荷需要。

（3）维持正常的风温、风压，防止发生煤粉自燃、爆炸及其他事故，保证制粉系统和锅炉机组的安全运行。

（4）尽量降低制粉电耗和钢材耗量，以提高制粉系统的经济性。

二、制粉系统的几个经济性指标

1. 煤粉细度

（1）煤粉细度的控制应综合考虑煤的燃烧特性、燃烧方式、炉膛热负荷、受热面温度、煤粉均匀性及制粉系统电耗等影响因素。如煤种发生变化，可依据煤种的燃烧特性进行适当调整，并根据具体燃烧情况通过试验确定合理的煤粉细度。

（2）煤粉经济细度 R_{90} 可根据煤的干燥无灰基挥发分进行计算选择，推荐计算公式见表 2-9。

表 2-9　不同煤种煤粉经济细度推荐公式表

煤粉经济细度/%	煤种	推荐公式
R_{90}	褐煤	35~50
	烟煤	$4+0.5nV_{daf}$
	贫煤	$2+0.5nV_{daf}$
	无烟煤	$0.5nV_{daf}$
	劣质无烟煤	$5+0.35nV_{daf}$

说明：n 为煤粉均匀指数，一般情况下，单流惯性式分离器 $n\approx0.8$，双流惯性式分离器$n\approx1.0$，离心式分离器 $n\approx1.1$，旋转式分离器 $n\approx1.2$。

（3）煤粉细度控制原则：煤粉细度应定期化验监督并尽量按经济煤粉细度值控制，在达不到经济煤粉细度时，应尽量降低煤粉细度，但一般情况下 R_{90} 不应低于 4%。在锅炉燃烧稳定、飞灰及炉渣可燃物较低、受热面温度正常的情况下，R_{90} 可依据制粉系统耗电率适当趋粗；对采用低氮燃烧器的锅炉，在控制 NO_x 排放的情况下，R_{90} 可依据前述各项因素适当趋细。

（4）对钢球磨煤机应定期检查分离器，防止分离器回粉堵塞引起煤粉细度变粗；对中速磨煤机磨辊运行的中、后期，应根据煤粉细度的变化定期调整磨辊的间隙和弹簧加载力（液压加载力）。

（5）煤粉细度应通过煤粉取样装置进行定期化验。对直吹式制粉系统，推荐在排粉机或粗粉分离器出口的垂直管道上进行煤粉细度取样；对中储式制粉系统，推荐在旋风分离器下粉管或给粉机落粉管中采样。煤粉取样装置（含固定、可移动及等速式）距离弯头、异径及阀门等部位的前后距离应符合热力试验测点安装及布置规范，煤粉取样装置应纳入制粉系统设备日常维护范围。

（6）应重视煤粉细度短期与长期化验数据变化趋势及规律，磨煤机检修后应通过煤粉取样装置进行煤粉细度核查，以确认煤粉细度与粗粉分离器挡板开度（动态分离器转速）之间的定量关系，为锅炉运行提供参考依据。

2. 磨煤机风煤比

（1）直吹式制粉系统风煤比为磨煤机出口通风量与原煤出力质量比。如磨煤机出口通风量无法测量，可以采用磨煤机进口通风量加上密封风量和原煤水分蒸发量；中储式制粉系统可将系统通风量体积流量转换为质量流量进行参照。风量测量装置应利用制粉系统备用及检修时机进行定期吹扫校验和日常维护，风量显示应经过温度与压力修正，应统一采用标态体积流量或质量流量。

（2）直吹式制粉系统风煤比应按照设计单位提供的特性曲线控制，以降低磨煤单耗；中储式制粉系统应依据系统通风量、排粉机进口挡板开度、再循环挡板开度及排粉机进出口压降综合控制风煤比，以降低通风单耗。

（3）应综合考虑设计煤种磨煤机特性曲线、设计煤质、实际煤质、煤粉细度、锅炉燃烧及制粉系统安全等情况，根据燃烧调整结果合理选择风煤比。较高的风煤比适于燃用挥发分较高的煤种，较低的风煤比适于燃用挥发分较低的煤种。考虑正常运行中磨煤机风量及出力波动情况，在制粉系统送粉管道介质流速符合设计安全要求的情况下，推荐风煤比应控制在1.4~2.0，但风煤比最高不宜超过2.2，最低不宜小于1.2。

3. 磨煤机研磨出力

（1）磨煤机研磨出力一般分为基本出力（铭牌出力）、最大出力、最小出力及保证出力。基本出力：磨煤机在特定的煤质条件和煤粉细度下的出力，通常由磨煤机性能系列参数表给出。最大出力：磨煤机在锅炉设计煤质条件和锅炉设计煤粉细度下最大计算出力（研磨件为新状态下），通常由给定的公式、图表计算或试磨试验得到。最小出力：由磨煤机振动及允许的最小通风（取决于石子煤量或送粉管道最小流速）下的风煤比计算给出。保证出力：锅炉BMCR工况下考虑出力裕量时所要求的出力（磨煤机在磨损后期应达到此出力）。不同类型磨煤机研磨出力的理论计算值受原煤硬度、原煤水分、原煤灰分、煤粉水分及原煤粒度等因素影响较大，其中，原煤硬度、原煤粒度及煤粉水分一般为非常规检测项目。为了有效加强磨煤机研磨出力的评估及监测，建议各生产单位在具备检测条件的情况下，开展原煤硬度、原煤粒度及煤粉水分的检测监督。

（2）为保证磨煤机维持较高的研磨出力，钢球磨煤机应及时加装钢球，保持在最佳钢球装载量下运行；中速磨煤机应根据研磨煤种及煤粉细度，合理控制磨辊加载力（或动态分离器转速）。

（3）目前磨煤机研磨出力一般以称重式（皮带）给煤机计量数据为准，因此应加强称重式给煤机的定期计量校验和日常维护。对于埋刮板给煤机，建议利用机组检修时机改造升级为称重式给煤机。如无法改造，则首先应以现场给煤机标定试验得出的关系曲线进行计量，如未进行给煤机标定试验，也可依据给煤机实际运行煤层厚度计量。

（4）正常运行中，对中储式制粉系统，在系统通风量、磨煤机差压及磨煤机出口温度允许范围内，磨煤机应尽量维持在最大出力下运行；对直吹式制粉系统，在机组负荷、磨煤机风煤比、磨煤机差压及磨煤机出口温度允许范围内，磨煤机应尽量维持在最大出力80%以上运行，最低不应低于最大出力的60%。

4. 磨煤机出口（终端）干燥剂温度

（1）磨煤机出口温度取决于制粉系统的防爆条件。对于无烟煤，磨煤机出口温度最高值不受防爆条件限制；对于采用烟气作为干燥剂，按照惰化气氛设计和运行的直吹式制粉系统，磨煤机出口温度最高值也不受防爆条件限制。

（2）运行中影响磨煤机出口温度的主要因素为入炉煤水分、磨煤机进口干燥剂温度、磨煤机出力和磨煤机通风量（含再循环风量、旁路风量及密封风量）。不同制粉系统及煤种，蒸发原煤中水分消耗并带走的热量占磨煤机加热燃料总热量的60%~80%，加热干质煤消耗的热量占15%~35%，加热煤粉中水分消耗的热量约占5%。

（3）单进单出钢球磨煤机也可以通过调整再循环风量来适当控制磨煤机出口干燥

剂温度，调整时维持磨煤机总风量不变；双进双出钢球磨煤机可以通过调整旁路风量来适当控制磨煤机出口干燥剂温度，但风量调整应以符合磨煤机风煤比曲线为原则。

（4）磨煤机出口干燥剂温度的高限值受到防爆条件的限制，从提高制粉和燃烧经济性出发，希望磨煤机出口干燥剂温度尽可能维持较高。应根据实际运行煤种与设计煤种偏离的程度与磨煤机制造厂协商或依据实际运行经验加以确定。如无法确定，则建议参照表 2–10 中的上限数据执行。

表 2–10　磨煤机出口干燥剂温度允许值　　单位：℃

制粉系统型式	热空气干燥	烟气空气混合干燥
钢球磨煤机储仓式 （磨煤机后）	贫煤：100～130 烟煤：70～90 褐煤：60～70	烟煤：120 褐煤：90
双进双出钢球磨煤机直吹式 （磨煤机后）	贫煤：100～130 烟煤：70～90 褐煤：60～70	
中速磨煤机直吹式 （分离器后）	当 V_{daf} <40%时，［（82– V_{daf} ）5/3］±5 当 V_{daf} ≥40%时，60～70	
备注：燃用混煤的，可按照较低相应煤种取值		

（5）磨煤机出口干燥剂温度最低值取决于离开磨煤机时干燥剂的含湿量。为了保证煤粉输送，在任何情况下，出口干燥剂温度均应高于水露点温度 5 ℃以上，且不应低于 60 ℃。

（6）对制粉系统有可能引起局部积粉的管道结构应进行改进，以便改善防爆控制条件。对于已采取可靠防爆措施的制粉系统，允许适当调高磨煤机出口干燥剂温度上限值。

5. 磨煤机存煤量

（1）双进双出钢球磨煤机存煤量可以通过磨煤机料位差压反映，单进单出钢球磨煤机存煤量和中速磨煤机煤层厚度可以通过磨煤机进出口差压反映。

（2）磨煤机内存煤量对制粉出力、煤粉细度和制粉单耗等均有影响。保持适当高的磨煤机存煤量可以增加制粉能力，改善煤粉细度，降低制粉单耗和钢耗，加快机组负荷变动响应速度。存煤量过少，原煤磨制时间较短，煤粉细度相对趋粗，磨煤机对机组负荷变动的响应速度慢，在机组负荷快速变化时，容易导致磨煤机吹空，而且大量钢球回转落下高度变大，使磨煤机钢球及衬板磨损速度加快，钢耗量增加、衬板寿命缩短，进一步影响钢球磨制能力。存煤量过多，则存在堵磨的风险。

（3）在一定的磨煤机通风量下，当料位差压（磨煤机进、出口差压）过高时，表明磨煤机内存煤量偏多，应适当减少给煤、增加通风量，以防止堵磨；当料位差压过低时，表明磨煤机内存煤量偏少，应适当增加给煤、减少通风量，以防止空磨。

（4）磨煤机正常运行时，磨煤机差压应按照设计单位提供的设计数据进行控制。如无设计数据，则建议钢球磨煤机料位差压控制在500～1000 Pa，磨煤机进出口差压控制在2000～4000 Pa，双进双出钢球磨煤机可同时以电耳料位作为辅助参考，无料位差压测点的单进单出钢球磨煤机和中速磨煤机可以磨煤机进出口差压作为参考。

（5）钢球磨煤机运行中应保持准确的料位显示和严密良好的轴颈密封，防止因片面考虑堵磨或跑粉而采取“小差压、低料位”的运行方式。

6. 分离器差压

（1）煤粉分离器的作用是将不合格的煤粉颗粒分离出来送回磨煤机继续研磨，其分离效率的高低直接影响磨煤机的制粉出力和单耗。分离器运行不正常易导致煤粉细度均匀性差、煤粉细度总体偏粗、制粉系统阻力增加等问题。影响分离器分离效果的主要因素包括设备选型、实际入炉煤质和系统通风量等。分离器效率、内部通风量及阻力元件特性可以通过分离器差压反映。

（2）制粉系统常见分离器型式分为静态（径向、轴向、双轴向）分离器和动态分离器。静态分离器多与钢球（低速）磨煤机配合使用，动态分离器多与中速磨煤机配合使用。径向型静态分离器内部结构型式导致气粉混合物流场较差，分离器阻力过大，分离效果差，限制制粉系统出力；轴向型静态分离器的高度和容积增加，轴向挡板的撞击分离作用好，分离器内气流行程较径向型更为合理，分离器阻力降低，分离效果较好。动态分离器动叶轮转动，使气流旋转，煤粉颗粒产生离心分离，分离效果好，而且通过分离器转速调整，可以快速调整煤粉细度，有效提高制粉系统经济性。

（3）钢球磨煤机运行中应根据煤粉细度化验数据及锅炉燃烧情况，及时检查调整静态分离器调整挡板。在检修过程中应重点对分离器内部磨损和积粉情况进行检查维护，依据实际情况在运行过程中通过调整系统通风量和分离器挡板适当控制分离器差压。中速磨煤机在运行中应根据煤粉细度化验数据及锅炉燃烧情况，及时调整动态分离器转速。在检修过程中应重点对分离器内部动静叶片磨损情况进行检查维护，依据实际情况在运行过程中通过调整系统通风量和动态分离器转速适当控制分离器差压。磨煤机正常运行时，分离器差压应控制在分离器最大通风容积流量对应的设计值以下，如无设计值，则建议控制在800 Pa以下，但最大不宜超过1200 Pa。

（4）在磨煤机与分离器空间布置满足要求的情况下，可结合制粉系统经济性适当考虑对原有低效分离器进行高效分离改造。

（5）根据粗粉分离器差压判断分离器杂物堵塞状况，并在差压超过规定值时予以停磨清理。对于杂物堵塞严重的磨煤机，建议在输煤皮带上安装除杂装置。

（6）建议生产单位根据锅炉燃烧调整及制粉系统经济运行的要求，组织进行不同负荷段下分离器特性试验，绘制分离器挡板开度与制粉系统参数特性曲线，以指导燃烧调整及运行操作。

7. 分离器出口风粉均匀性

（1）分离器出口风粉均匀性主要包括温度、速度及浓度三项指标。影响分离器出口风粉均匀性的主要因素为分离器内部流场分布、分离器出口节流件（固定式、可调式）阻力特性、分离器出口并列送粉管道阻力及磨煤机通风量等。

（2）受煤粉管道走向布置影响，分离器出口风粉管道总阻力通常难以保证均等。虽然风粉管道上配备有节流件来均衡管间阻力，但一般只能调整风量分配，对煤粉分配调节效果较差。风粉速度过低，在磨煤机出口温度偏低时，容易导致煤粉管道堵塞；风粉速度过高，则容易磨损管道，降低煤粉浓度，从而影响着火稳定性；风粉浓度偏差过大，容易导致燃烧中心偏斜，无法控制单个燃烧器附近壁面气氛，引起局部水冷壁高温腐蚀，同时会导致两侧烟道流量偏差大，引起主汽温和再热汽温偏差。

（3）目前制粉系统分离器出口通常均配备有风粉在线测量装置，可以在线测量风粉温度、速度及浓度。但由于风粉在线测量装置长期受煤粉冲刷，普遍存在测量不准现象，因此应加强对风粉在线测量装置的监视、调整及日常维护。应根据制粉系统设备运行状况及机组检修安排，适时对煤粉管道节流元件磨损情况进行检查，进行一次风调平工作。一次风调平时，必须保证阻力最大的煤粉管道节流元件（缩孔）全开，煤粉管道节流元件调整到合适位置后，运行中不得随意改变。

（4）锅炉冷态空气动力场试验一般要求并列（同层、同侧）送粉管道风速偏差为±5%以内；锅炉热态运行一般应控制并列送粉管道温度偏差为±3 ℃以内，风速偏差为±10%以内，煤粉浓度偏差为±10%以内（外侧支管选正偏差，内侧支管选负偏差）。并列送粉管道温度选用参见表2-10，并列送粉管道风速选用参见表2-11。

表2-11　分离器出口并列送粉管道选用风速

管道名称	推荐流速/（$m \cdot s^{-1}$）
中储式制粉系统干燥剂送粉管道	22～28①
中储式制粉系统热风送粉管道	28～32②
三次风管道	22～40
直吹式制粉系统送风管道	22～28①

① 对于长管道宜取上限；磨煤机最低负荷运行时，流速不应低于18 m/s。

② 对于长管道宜取上限；在高海拔地区，经修正后的热风送粉流速不宜超过35 m/s。

8. 磨煤机耗电率（制粉单耗）

（1）磨煤机和一次风机（排粉机）耗电率（制粉单耗）在磨煤机正常运行情况下变动很小，一般只在制粉系统产生异常情况下才会出现明显变动，因此在制粉系统正常运行中应加强对上述参数的监督。制粉系统设备功率与制粉系统出力理论上并非呈简单的线性关系，在不同机组负荷、不同制粉系统运行方式及磨煤机出力的情况下，制粉系统耗电率和制粉单耗同样呈非简单的线性关系，因此，应同时对制粉系统耗电率及制粉单耗进行监督分析。

（2）在直吹式系统中，当磨煤机电流和一次风机电流均增大时，表明制粉系统出力增加；当磨煤机电流和一次风机电流同时减小时，表明制粉出力降低。当一次风机电流增大而磨煤机电流减小时，表明磨煤机内存煤量少；当磨煤机电流增加而一次风机电流减小时，表明磨煤机内存煤量多。

（3）不同类型的制粉系统耗电率（制粉单耗）具有较大差别，正常运行应通过对上述各项因素进行综合调整，并可以通过相关制粉系统试验进行研究分析，进一步提高制粉系统经济性。

9. 钢耗量（钢球装载量）

（1）钢球磨煤机钢耗量（钢球装载量）的主要影响因素为原煤硬度、钢球及衬板材质、衬板型式及钢球配比等，中速磨煤机钢耗量的主要影响因素为原煤硬度、磨辊材质、磨盘材质、磨煤面间隙及弹簧加载力（液压加载力）等。

（2）由于钢耗量受原煤硬度、钢球磨煤机衬板和中速磨煤机磨辊耐磨层硬度影响较大，因此，建议生产单位在具备检测条件的情况下开展原煤硬度检测监督，在安装钢球磨煤机衬板及中速磨煤机磨辊时进行 HRC 硬度检测监督。推荐衬板及磨辊耐磨层 HRC 硬度为 55~60，同时钢球 HRC 硬度应低于衬板 HRC 硬度为 3~5。同时应加强对钢球及钢球磨煤机衬板消耗量、中速磨煤机磨辊耐磨层及磨盘厚度减薄的统计监督。

（3）钢球磨煤机正常运行应维持在最佳钢球装载量附近，以提高系统出力，降低制粉单耗和钢耗量。因此，针对不同类型的钢球磨煤机，应及时开展钢球装载量（含磨煤机钢球空载试验）及钢球配比试验，并按照试验结论采用“少加勤加”而不是“多加缓加”方式来维持最佳钢球装载量；中速磨煤机则应通过弹簧加载力（液压加载力）试验来确定最佳加载力，以提高系统出力，降低制粉单耗和钢耗量。

10. 制粉系统投停方式

（1）制粉系统投停方式应依据机组实际情况，综合考虑机组负荷跟踪性能、锅炉热损失、NO_x控制、制粉系统经济性、锅炉汽温控制和各受热面金属安全等因素的影响，进行合理组合。对已作过制粉系统组合运行方式试验的机组，建议依据试验结论编制制粉系统经济运行指导卡，参照执行。

（2）在综合考虑上述影响因素的情况下，中储式制粉系统应尽量保持磨煤机高出力运行，依据机组负荷和粉仓粉位及时投停。

（3）在综合考虑上述影响因素的情况下，直吹式制粉系统应依据机组不同负荷段，考虑制粉系统响应速度和机组负荷跟踪性能的匹配程度，合理组织制粉系统投停。直吹式制粉系统随机组负荷增加，在磨煤机运行台数改变的瞬间，磨煤机能耗呈现“向上阶跃、平缓下降”趋势，而一次风机能耗则呈现“向下阶跃、平缓上升”趋势，且磨煤机的阶跃变化幅度大于一次风机，在机组全负荷工况范围内，磨煤机运行台数对直吹式制粉系统整体经济性影响较大，制粉系统整体经济性最佳值对应着单台磨煤机出力的最大值。因此，在满足机组运行安全性及负荷跟踪能力的前提下，应合理分配磨煤机出力，超前调整制粉系统运行方式，尽量保持锅炉在“少磨高出力”方式下运行，以提高制粉系统整体经济性。

三、制粉系统的启动和停运

（一）制粉系统启动

1. 直吹式制粉系统启动（以中速磨煤机直吹式制粉系统为例，如图 2-16 所示）

（1）启动前检查准备。

制粉系统无论是检修后的首次启动或运行中的备用启动，都必须认真、仔细地对有关系统和设备（排粉机、一次风机、密封风机、磨煤机、给煤机等）、保护装置（防爆门、充氮装置、蒸汽灭火、CO_2灭火）、电气连锁、热工保护进行全面检查，系统内无积粉的自燃现象，润滑油量充足且油质合格，原煤仓中有合适的煤量，粗粉分离器折向挡板开度适当，风门挡板及锁气器动作灵活，磨室内无杂物，动、静间隙合格，碾磨部件的加载装置正确，保持预定加载值（即弹簧紧力），确认其石子煤箱进口挡板已开启，出口挡板关闭严密，挡板开关灵活，密封空气管道及附件完好且具备启动条件。

（2）启动。

对于正压系统，先启动润滑油系统，建立所需的油压。启动一次风机、密封风机，保持风压为规定值。启动磨煤机进出口风门及冷热风隔绝门，调整冷热风门开度，控制磨煤机出口风温和风压，进行磨煤机暖机（对于碾磨件为非接触式的磨煤机如 RP 磨，应在磨煤机启动后进行暖磨），确认煤粉燃烧器引燃油枪火焰正常，检查系统各部件工作正常且磨煤机出口风温达到要求（70~95 ℃），风量大于 30%。启动磨煤机（对于碾磨件为接触式磨煤机如 MPS 磨，磨煤机启动前应加适量的煤，以免空磨启动损坏设备）。启动给煤机，调整磨煤机出力和出口风温，使系统各参数达到要求。

对于负压系统，先启动润滑油系统，维持油压合格；启动排粉机，缓慢开启排粉机入口风门，以防制粉系统负压突然增大引起炉腔正压或爆燃。若分离器是回转式，启动分离器，开启磨煤机入口热风门、温风门，关闭冷风门，进行磨煤机暖机。当磨煤机出口风温、风量升至规定值，启动磨煤机，检查各部件工作正常后，启动给煤机，调整给煤量，通过调整使各参数达到要求值。

2. 中间储仓式制粉系统启动（以热风送粉为例，如图 2-10 所示）

（1）启动前检查准备。

中间储仓式制粉系统的启动，其主要步骤与直吹式制粉系统大体相同，不同之处有：磨煤机内有足够的钢球，旋风分离器下的煤粉篦子无杂物，且在投入位置，粉仓与螺旋输粉机的导向挡板位置正确，粉位测量装置可用。

（2）启动。

冷炉制粉时，空气预热器出口风温应达到 150 ℃以上。首先投入磨煤机润滑系统，启动油泵，维持润滑油压在 0.20~0.25 MPa，待高位油箱的油位正常后，开启下油阀，并检查油镜，其内应有2~3 mm的油柱且油流均匀，而且冷却水畅通。微开三次风门，启动排粉机，待其运转正常后，开启抽风门及磨煤机入口热风门、混合风门，进行磨煤机暖机，并使磨煤机温度均匀上升（一般保持磨煤机入口负压在0.2~0.4 kPa），与此同时，开煤粉仓吸潮门，维持煤粉仓负压在30~50 Pa，当磨煤机的温度达到60~65 ℃时，再启动磨煤机和给煤机进行制粉，同时调整给煤量和通风量，逐步开大磨煤机进口高、低温风门，关闭其冷风门，使磨煤机出口温度、负压及进出口压差等处于正常值。

无论是中间储仓式制粉系统还是直吹式制粉系统，启动后应严格控制磨煤机进出口温度在规定范围内，严密监视制粉系统风压以防堵塞，待系统运行正常再进行一次全面检查，结束启动过程。

（二）制粉系统停运

1. 直吹式制粉系统停运

直吹式制粉系统停运，除因锅炉保护连锁动作跳闸或制粉系统故障跳闸外，一般按是否具备通风吹扫条件，分为快速停运和正常停运两种。

（1）直吹式制粉系统快速停运。

在磨煤机进口一次风量过小或密封风与磨煤机进口一次风压过低的情况下，采取快速停运方式，即磨煤机保护动作，使磨煤机跳闸并联动给煤机跳闸，如保护不动作，应立即手动将其停运，随后检查煤量、风量、出口温度，关闭该层燃料风门（即周界风或夹心风、二次风），关闭磨煤机的进出口风门和热风调节门、热风隔离门。开启磨煤机的蒸汽灭火门，向磨煤机内充入蒸汽，以防磨煤机内积粉自燃或爆炸，约10 min后，如磨煤机出口温度无异常变化，即可关闭蒸汽灭火门。

快速停运时，禁止对制粉系统降温和通风吹扫，因为一次风量过小，易造成煤粉管道堵塞；密封风压过低时，对磨煤机进行通风吹扫，不但会引起磨煤机内汽粉混合物从磨煤机的轴承处向外喷出和吹入给煤机内造成积粉，而且煤粉可能进入密封轴承内导致设备损坏。

（2）直吹式制粉系统正常停运。

投入该层煤粉燃烧器的引燃油枪，逐渐减少给煤机的给煤量，开大磨煤机冷风调节门，关小热风调节门，对磨煤机进行通风冷却，当给煤机负荷减至最低时，停止给煤机，继续通风吹扫磨煤机及送粉管道内的余粉，待磨煤机空载后，停止磨煤机，关闭该层制粉系统所属的燃料风门（即周界风或夹心风、二次风），调整其他二次风，维持燃烧正常，当磨煤机出口温度降至70 ℃以下并稳定约10 min后，停止一次风机，关闭磨煤机进出口风门，最后停止密封风机和润滑油系统。

2. 中间储仓式钢球磨煤机制粉系统停运

中间储仓式制粉系统停运分紧急停运和正常停运两种。紧急停运是指在异常或事故情况下，利用制粉系统连锁，首先拉掉制粉机，给煤机和磨煤机相继跳闸，然后将各风门挡板置于制粉系统停运的正确位置。正常停运是指根据锅炉要求停止制粉系统运行，主要过程包括：减负荷降温、停止给煤机、吹扫延时、停止磨煤机等操作（制粉系统停运前应将自动改为手动）。对于停炉进行大修或小修以及停炉后需较长时间备用的锅炉，在停止制粉系统之前，应将原煤仓内的煤磨完，并将煤粉仓内的煤粉用尽；而对于短期停运的锅炉，可将煤粉仓内的粉位降到规定值。

正常停运基本步骤为：逐渐减小给煤量，直至停止给煤机。由于磨煤机的煤量逐步减少，会引起磨煤机出口温度升高，因此在逐步减小给煤量的同时，要相应减少进入磨煤机的热风量，即缓慢关小磨煤机高温风门，适当调节再循环风门和压力冷风门，降低磨煤机进口干燥剂温度及系统通风量，直至停止供应热风改送冷风。

给煤机停止后，磨煤机还应继续运行一段时间，以便把磨煤机内的存煤磨完。磨煤机内的煤粉抽尽后，还需继续通风，直至整个系统内的煤粉全部抽尽，这是为了尽快冷却系统并防止积粉，避免煤粉的自燃和爆炸，因此应控制磨煤机出口汽粉混合物温度在规定值，待磨煤机进出口压差下降到某一值（一般为500~1000 Pa)，且粗粉分离器回粉管内无回粉时（回粉管上锁气器不动作)，表明磨煤机及其系统内的存煤已基本抽尽，停止磨煤机。

当排粉机进口温度小于某一值时（60 ℃)，关闭抽风门，停止排粉机，开启相应三次风喷口冷却风门。

最后停止润滑油系统，解列制粉连锁。关闭制粉系统各吸潮管的阀门，结束制粉系统停运过程。

四、制粉系统启停中需注意的问题

制粉系统启停过程中应注意以下几个问题。

（1）磨煤机在启动前必须充分进行暖机（一般为10~15 min)，并保持适当的温升率（3~5 ℃/min)，以免加热不均匀产生过大热应力，引起磨煤机碾磨部件和一次风管铸铁弯头损伤。

（2）中速磨煤机启动过程中应检查加载装置工况，控制给煤量，如碗式磨煤机启动初期常发生磨辊不转现象，大多是由丁磨煤面间隙较大，此时可稍动加载装置，或提高磨煤机内煤位便可解决（初期给煤量一般为给煤机额定出力的40%)。

（3）制粉系统启动过程中应严格控制磨煤机出口汽粉混合物的温度不超过规定值，以防温度过高引起煤粉爆炸。

（4）制粉系统停运前，应将磨煤机内的煤磨完，系统内煤粉吹扫干净。制粉系统停止后，关闭系统各风门（自然冷风门打开)。

（5）由于锅炉紧急停运造成的制粉系统存煤，若锅炉短期不能恢复，应通过向邻炉输粉或采取其他切实可行的方法进行处理，严禁对环境造成污染。

五、制粉系统的运行调节

（一）直吹式制粉系统运行调节

通过改变给煤量和干燥出力来调节系统出力，而干燥出力可用磨煤机进口热风门来调节。煤粉细度可通过改变粗粉分离器折向挡板开度或回转式分离器的转速来调节。制粉系统的通风量由进入燃烧器所要求的一次风量来决定。

在此系统中，锅炉运行负荷与磨煤机出力有直接的关系，这就使得整个制粉系统往往不能在最经济负荷下运行。由于制粉系统的出力等于进入炉内的燃煤量，系统通风量的变化影响着一、二次风的配合比例，从而影响锅炉运行的稳定性及炉内燃烧工况，所以制粉系统的风量、煤量随锅炉运行负荷的变化而变化，且系统内的气粉浓度变化频繁。根据这些特点，除监视磨煤机进出口风压和出口温度外，还应监视因通风量及气粉浓度变化而引起的排粉机（或一次风机）电流的变化，以及因煤量变动而引起的磨煤机电流变化，并据此进行相应的调节工作。

如在直吹式制粉系统中，气粉混合物的增加，将使排粉机负荷增加，从而致使排粉机电流增大；磨煤机的给煤量增加，将使磨煤机电流增大。反之，上述两种电流均减小。当系统中排粉机、磨煤机电流均增大时，说明制粉系统出力增加。如果排粉机电流增大，而磨煤机电流减小，说明磨煤机内缺煤或断煤；相反，若磨煤机电流增大，而排粉机电流减小，说明磨煤机内煤量多或满煤。当排粉机和磨煤机电流均减小时，说明制粉系统出力下降。运用这些规律，再与磨煤机进出口风压和气粉混合物温度配合起来监视、分析和判断并进行必要的调节，即可使直吹式制粉系统的运行与锅炉负荷变化相适应。

（二）中间储仓式制粉系统的运行调节

中间储仓式制粉系统正常运行中，为使在制粉单位电耗最小的条件下保持最大的出力，就要使磨煤出力、干燥出力（制粉系统在单位时间内所能干燥的原煤量 B，t/h）和通风出力（输送一定量的煤粉所需的通风量 V_{tf}，m^3/h）不产生矛盾，在实际运行中，若煤种发生变化或由于其他原因使干燥出力和磨煤出力出现偏差，则需进行调整。由于制粉系统中的通风量既影响到干燥出力又影响到磨煤出力，同时可能影响到锅炉的燃烧情况，因而对系统出力的调整，主要是进行制粉系统的风量协调。

1. 干燥出力与磨煤出力不平衡的调节

当燃用水分少、可磨性系数小的煤时，干燥出力往往超过磨煤出力，由于干燥出力的大小取决于干燥剂的初始温度和干燥通风量，故此时磨煤机出口介质温度将会上升，若这种煤的挥发分较高，则应开大制粉系统的再循环风门，增大再循环风量，同时增加给煤量以提高磨煤出力，使其与干燥出力相平衡，并将磨煤机出口气粉混合物温度控制在允许范围内，但如果原煤挥发分较低，若仅增大再循环风量来提高磨煤出力，将会导致煤粉较粗，不能很好地燃烧，此时应在增大再循环风量的同时减少热风量，以降低干燥出力并使其与磨煤出力相平衡。

在燃用水分多、可磨性系数大的煤时，干燥出力往往小于磨煤出力，磨煤机出口气粉混合物温度下降，应提高干燥出力并使其与磨煤出力相适应，如果这种煤的挥发分较低，就应在保持通风量不变的前提下，关小再循环风门，同时开大热风门，以提高磨煤机进口温度以达到提高干燥出力的目的，而又不改变磨煤机出口的煤粉浓度，但若原煤的挥发分较高，则可在提高磨煤机进口温度的同时，加大磨煤机进口风量，从而使磨煤机内通风速度增加。尽管这时煤粉变粗了，但由于挥发分高的煤易于着火，故这样做是允许的。

2. 煤粉细度调节

燃用挥发分低的煤，为了有利于着火和燃尽，煤粉应磨得细一些；反之，煤粉粗一些是不会影响着火和燃尽的。锅炉低负荷运行时，由于炉膛温度低，为了稳定燃烧，需要将煤粉磨得细一些；而锅炉在高负荷运行时，则煤粉可磨得粗一些。

中间储仓式制粉系统煤粉细度与分离器的运行状况、结构特性以及磨煤通风量等因素密切相关。煤粉细度调节可采用改变磨煤机通风量、调节粗粉分离器折向挡板的开度或出口套筒位置、调节回转式粗粉分离器的转速等方法来实现，开大折向挡板开度或提高出口套筒位置，都能使煤粉变粗；反之，煤粉则变细。关小折向挡板开度或降低出口套筒位置后，粗粉分离器回粉量增多，因此应适当减小给煤量。减小磨煤机通风量，可使煤粉变细；相反，增大磨煤机通风量，可使煤粉变粗。

当滚筒内钢球量不足时，补充一些钢球能使煤粉变细，以此来调节煤粉细度。

调节煤粉细度要综合考虑煤质、锅炉负荷等因素，以及对磨煤机出力、磨煤机出口温度和制粉系统风压等各方面的影响，必要时应进行其他相应的调节工作，以使制粉系统和锅炉的运行保持稳定。

【能力训练】

能在仿真机上完成磨煤机的启动和停运操作，并可以判断和处理简单的制粉系统常见故障。

【综合练习】

（1）煤粉的一般性质有哪些？煤粉自燃和爆炸的主要因素有哪些？

（2）什么是煤的可磨性系数与磨损指数？怎样表示？它们对磨煤机的选择及工作有何影响？

（3）煤粉细度是如何表示的？如何确定煤粉的经济细度？

（4）如何理解煤粉的均匀性？为什么锅炉在运行时要求煤粉具有一定的均匀性？

（5）说明低速球磨机的结构和工作原理。

（6）说明双进双出球磨机的工作原理。与单进单出球磨机比较，双进双出球磨机有哪些特点？

（7）说明中速磨煤机的基本工作原理。中速磨煤机有哪几种形式？影响中速磨煤机出力的主要因素有哪些？

（8）风扇磨煤机的结构有何特点？其工作原理是什么？

（9）画出中速磨煤机带冷一次风机的正压直吹式制粉系统，并说明为什么目前大型锅炉普遍采用该系统。

（10）中间储仓式制粉系统的有何特点？乏气送粉和热风送粉制粉系统有何区别？

（11）画出中间储仓式热风送粉系统图，并标出各主要部件的名称，用箭头标出其工作过程，并说明乏气再循环的目的是什么。

（12）比较直吹式与中间储仓式两类制粉系统的工作特点、结构特点和运行特点。

（13）试述粗粉分离器的工作原理。当风速和风量发生变化时，对各种形式的分离器的工作效果有何影响？

（14）制粉系统有哪些主要的辅助设备？并说明各设备的作用和工作原理。

（15）对制粉系统运行的基本要求是什么？运行中如何防止煤粉自燃和爆炸？

项目三　组织良好燃烧

【学习目标】

（1）掌握燃料所需空气量、过量空气系数的意义及漏风系数的经验公式；
（2）了解热平衡的意义及提高热效率的途径；
（3）了解燃烧的基本原理，掌握提高燃烧效率的途径。

【能力目标】

（1）通过对过量空气系数的学习，能够联系实际认识电厂中氧量表的作用；
（2）通过学习热平衡，能够了解电厂锅炉提高热效率的主要方向；
（3）通过学习燃烧的基本理论，能够掌握加强燃烧的方法。

【思政目标】

（1）培养正确的“三观”、社会责任感、团队精神；
（2）树立良好的职业道德，培养专业精神和工匠精神；
（3）培养自我学习、自我管理能力。

任务一　燃烧所需要的空气量

【知识点描述】

（1）理论空气量、实际空气量；
（2）过量空气系数的概念及意义。

【能力目标】

（1）会区别理论空气量和实际空气量；
（2）能说出过量空气系数的定义。

一、空气量的确定

燃料在炉内燃烧所需的氧气都取自空气。燃料燃烧是燃料中的可燃成分（C、H、S）与空气中的氧气（O_2）在高温条件下所发生的强烈化学反应并放热的过程，因此，燃烧所需空气量可根据燃烧的化学反应关系进行计算。计算中把空气与烟气中的组成气体都当成理想气体，即在标准状态（0.101 MPa 大气压力和0 ℃）下，1 kmol 理想气体的容积等于22.4 m^3。本书中气体未指明均为标准状态下。

1. 理论空气量

1 kg（或1 m^3）收到基燃料完全燃烧而又没有剩余氧存在时，所需要的空气量称为理论空气需要量，用符号 V^0 表示，其单位为 m^3/kg（或 m^3/m^3）。理论空气量可根据燃料的燃烧方程式推导出的1 kg 燃料完全燃烧所需的空气量，以1 kg（或1 m^3）收到基燃料为基础。

（1）碳的燃烧反应。碳完全燃烧时，其化学反应式为

$$C+O_2=CO_2 \tag{3-1}$$

$$12\ \text{kg C}+22.4\ \text{m}^3\ O_2=22.4\ \text{m}^3\ CO_2$$

$$1\ \text{kg C}+1.866\ \text{m}^3\ O_2=1.866\ \text{m}^3\ CO_2$$

由此可得：1 kg 碳完全燃烧时需要1.866 m^3 氧气，并生成1.866 m^3 二氧化碳。

1 kg 燃料中含碳量$\frac{C_{ar}}{100}$ kg，1 kg 燃料中的碳完全燃烧需要的氧气量为1.866 $\frac{C_{ar}}{100}$ m^3。

（2）氢的燃烧反应。氢的燃烧反应式为

$$2H_2+O_2=2H_2O \tag{3-2}$$

$$4.032\ \text{kg}\ H_2+22.4\ \text{m}^3\ O_2=44.8\ \text{m}^3\ H_2O$$

$$1\ \text{kg}\ H_2+5.56\ \text{m}^3\ O_2=11.1\ \text{m}^3\ H_2O$$

1 kg 氢完全燃烧时需要5.56 m^3 氧气，并产生11.1 m^3 水蒸气。

1 kg 燃料中含氢$\frac{H_{ar}}{100}$ kg，1 kg 燃料中的氢完全燃烧所需要的氧气量为5.56 $\frac{H_{ar}}{100}$ m^3。

（3）硫的燃烧反应。硫的燃烧反应式为

$$S+O_2=SO_2 \tag{3-3}$$

$$32\ \text{kg S}+22.4\ \text{m}^3\ O_2=22.4\ \text{m}^3\ SO_2$$

$$1\ \text{kg S}+0.7\ \text{m}^3\ O_2=0.7\ \text{m}^3\ SO_2$$

1 kg 硫完全燃烧时需要0.7 m^3 氧气，并产生0.7 m^3 二氧化硫。

1 kg 燃料中含硫$\frac{S_{ar}}{100}$ kg，1 kg 燃料中的硫完全燃烧需要的氧气量为0.7 $\frac{S_{ar}}{100}$ m^3。

燃料燃烧时，1 kg 燃料本身释放出的氧气量为0.7 $\frac{O_{ar}}{100}$ $m^3\left(\frac{22.4}{32}\times\frac{O_{ar}}{100}\right)$。

综上所述，1 kg 燃料完全燃烧时，需要从空气中取得的理论氧气量为

$$V_{O_2}^0=1.866\frac{C_{ar}}{100}+5.56\frac{H_{ar}}{100}+0.7\frac{S_{ar}}{100}-0.7\frac{O_{ar}}{100}\quad m^3/kg \tag{3-4}$$

空气中氧的容积含量为21%，所以 1 kg 燃料完全燃烧所需要的理论空气量为

$$V^0=\frac{V_{O_2}^0}{0.21}=0.0889C_{ar}+0.265H_{ar}+0.0333S_{ar}-0.0333O_{ar}$$

$$=0.0889\,(C_{ar}+0.375S_{ar})\,+0.265H_{ar}-0.0333O_{ar} \tag{3-5}$$

式（3-5）中把 C_{ar} 和 S_{ar} 合并在一起，是因为 C 和 S 的完全燃烧反应可写成通式 $R+O_2=RO_2$，其中，$R=C_{ar}+0.375S_{ar}$，相当于 1 kg 燃料中“当量碳量”。此外，还因为进行烟气分析时，它们的燃烧产物 CO_2 和 SO_2 的容积总是一起测定的。

理论空气量用质量表示为

$$m_0=1.293V^0\quad kg/kg \tag{3-6}$$

式中，1.293——干空气密度，kg/m^3。

以上所计算的空气量都是指不含蒸汽的理论干空气量。

对于气体燃料，这一空气量可根据燃料中的各种可燃气体的氧化反应进行计算，并以 1 m^3 的气体燃料为基础。

2. 实际空气量

燃料在炉内燃烧时很难与空气达到完全理想的混合，如仅按理论空气需要量给燃料供应空气，必然会有一部分燃料得不到它所需要的氧而达不到完全燃烧。为了使燃料在炉内能够燃烧完全，减少不完全燃烧热损失，实际送入炉内的空气量要比理论空气量大些，这一空气量称为实际供给空气量，用符号 V_k 表示，单位为 m^3/kg（或 m^3/m^3）。

二、过量空气系数

实际供给空气量与理论空气量之比，称为过量空气系数，用符号 α 表示（在空气量计算时用 β 表示），即

$$\alpha=\frac{V_k}{V^0} \tag{3-7}$$

有了过量空气系数 α，实际空气量即可表示为

$$V_k=\alpha V^0\quad m^3/kg \tag{3-8}$$

实际供给空气量与理论空气量之差，称为过量空气量，用 ΔV 表示，即

$$\Delta V=V_k-V^0=(\alpha-1)V^0\quad m^3/kg \tag{3-9}$$

对相同成分的燃料，其理论空气量相同，此时只要知道 α 为多少，即可表示其实际供应空气量的多少，对不同型式的锅炉、不同的燃料，其 α 不同。实际过量空气系数 α，一般是指锅炉出口处的过量空气系数，这是因为炉内燃烧过程是在炉腔出口处结束的。过量空气系数是锅炉运行的重要指标，太大会增大烟气容积使排烟损失增加，太小

则不能保证燃料完全燃烧。它的最佳值与燃料种类、燃烧方式以及燃烧设备的完善程度有关，应通过试验确定。各种锅炉在燃用不同燃料时的 α 值见表 3-1。

表 3-1　各种锅炉在燃用不同燃料时炉膛出口过量空气系数 α

炉型	燃料	过量空气系数
固体排渣煤粉炉	无烟煤、贫煤	1.25
	烟煤、褐煤	1.20
液体排渣煤粉炉	无烟煤、贫煤、烟煤、褐煤	1.10~1.20
燃油炉、燃气炉	重油、天然气、石油气	1.15
链条炉	无烟煤、贫煤	1.50
	烟煤、褐煤	1.30
抛煤机炉	无烟煤、贫煤	1.60
	烟煤、褐煤	1.40
手烧炉	无烟煤、贫煤	1.50
	烟煤、褐煤	1.40

任务二　烟气分析及应用

【知识点描述】

（1）烟气的组成成分分析；

（2）烟气容积的计算方法和应用；

（3）运行时过量空气系数和漏风系数的计算。

【能力目标】

（1）两种烟气容积计算方法的用途；

（2）提高计算能力以及细致的工作态度。

一、烟气组成

燃料燃烧后生成的产物是烟气和灰。烟气是多种成分组成的混合气体。按实际燃烧过程，根据燃料和空气成分以及燃烧反应产物可知，当燃料完全燃烧时，烟气中含有以下成分：

（1）碳和硫完全燃烧的生成物（CO_2及 SO_2）；

（2）燃料和空气中的氮（N_2）；

（3）过量空气未被利用的氧（O_2）；

（4）氢燃烧生成的、空气带入的以及燃料所含水分蒸发而成的水蒸气（H_2O）。

当燃料不完全燃烧时，除上述各成分外，烟气中还含有少量的可燃气体，如 CO、H_2、CH_4等，一般 H_2、CH_4的含量极少，为计算方便，忽略不计，而只考虑 CO。用 V_y 表示 1 kg 燃料燃烧生成的烟气总容积，用 V_{CO_2}、V_{SO_2}、V_{N_2}、V_{O_2}、V_{H_2O}、V_{CO} 表示烟气中 CO_2、SO_2、N_2、O_2、H_2O、CO 的分容积，则

当 $\alpha>1$ 且完全燃烧时

$$V_y = V_{CO_2} + V_{SO_2} + V_{N_2} + V_{O_2} + V_{H_2O} \quad m^3/kg \tag{3-10}$$

当 $\alpha>1$ 且不完全燃烧时

$$V_y = V_{CO_2} + V_{SO_2} + V_{N_2} + V_{O_2} + V_{H_2O} + V_{CO} \quad m^3/kg \tag{3-11}$$

不包括水蒸气的烟气容积称为干烟气容积，用 V_{gy} 表示，即

$$V_{gy} = V_{CO_2} + V_{SO_2} + V_{N_2} + V_{O_2} + V_{CO} \quad m^3/kg \tag{3-12}$$

通常烟气中 CO_2和 SO_2容积之和用 V_{RO_2} 表示，因为 CO_2和 SO_2的热力性质和化学性质十分接近，且在烟气分析中又不易分开，故计算时可以合并，表示为 $CO_2+SO_2=RO_2$，即

$$V_{RO_2} = V_{CO_2} + V_{SO_2} \quad m^3/kg \tag{3-13}$$

则

$$V_{gy} = V_{RO_2} + V_{N_2} + V_{O_2} + V_{CO} \quad m^3/kg \tag{3-14}$$

二、烟气容积的计算及应用

计算烟气容积有两种方法，一种是依据燃料的燃烧反应计算，另一种是依据烟气分析成分计算。

（　）根据燃料的燃烧反应计算

在锅炉设计时，是根据 $\alpha>1$ 且完全燃烧时的化学反应关系来计算烟气容积的。为便于理解，一般先计算理论烟气容积，在此基础上再考虑过量烟气容积和随同这部分过量空气带入的水蒸气容积，即可算出烟气的实际（总）容积。

1. 理论烟气容积 V_y^0

当 $\alpha=1$ 且燃料完全燃烧时，生成的烟气容积称为理论烟气容积，用符号 V_y^0 表示，其单位为 m^3/kg。

由上可知，理论烟气容积是由四种气体成分分容积组成的，即

$$V_y^0 = V_{CO_2} + V_{SO_2} + V_{N_2}^0 + V_{H_2O}^0 \quad m^3/kg \tag{3-15}$$

（1）二氧化碳和二氧化硫的容积（V_{RO_2}）的计算。1 kg 燃料中的 C 和 S 完全燃烧时生成的 CO_2与 SO_2的容积为

$$V_{RO_2} = V_{CO_2} + V_{SO_2} = 1.866\frac{C_{ar}}{100} + 0.7\frac{S_{ar}}{100} = 1.866\left(\frac{C_{ar}+0.375S_{ar}}{100}\right) \quad m^3/kg \tag{3-16}$$

（2）理论氮气容积（ $V_{N_2}^0$ ）的计算。烟气中的氮气来源于理论空气量中的氮和 1 kg 燃料本身所含的氮，即

$$V_{N_2}^0 = 0.79V^0 + 0.8\frac{N_2}{100} \quad m^3/kg \tag{3-17}$$

（3）理论水蒸气容积（ $V_{H_2O}^0$ ）的计算。对于固体燃料，烟气中的理论水蒸气容积来源于三个方面，即

① 1 kg 燃料中的 H 完全燃烧生成的水蒸气：

$$11.1\times\frac{H_{ar}}{100} = 0.111H_{ar} \quad m^3/kg$$

② 1 kg 燃料中的水分形成的水蒸气：

$$\frac{22.4}{18}\times\frac{M_{ar}}{100} = 0.0124M_{ar} \quad m^3/kg$$

③ 理论空气量 V^0 带入的水蒸气：空气含湿量是指 1 kg 干空气带入的水蒸气量，用符号 d_k 表示，单位为 g/kg（干空气），一般为 10 g/kg（干空气），因此

$$1.293\times\frac{d_k}{1000}\times\frac{22.4}{18}V^0 = 1.293\times\frac{10}{1000}\times\frac{22.4}{18}V^0 = 0.0161V^0 \quad m^3/kg$$

理论水蒸气容积为

$$V_{H_2O}^0 = 0.111H_{ar} + 0.0124M_{ar} + 0.0161V^0 \quad m^3/kg \tag{3-18}$$

当燃用液体燃料且用蒸汽雾化油时，应增加雾化油带入的水蒸气容积，其数量为

$$\frac{22.4}{18}G_{wh} = 1.24G_{wh}$$

式中，G_{wh}——雾化燃油消耗的蒸汽量，kg/kg。

2. 实际烟气容积

1 kg 燃料在 $\alpha>1$ 的情况下完全燃烧时，即在有过量空气的情况下进行，这部分过量空气不参与化学反应而全部进入烟气中，随同这部分过量空气还带入一部分水蒸气，即实际烟气容积 V_y 为理论烟气容积、过量空气容积与过量空气所带入的水蒸气容积三部分之和，即

$$\begin{aligned}V_y = {} & 1.866\left(\frac{C_{ar}+0.375S_{ar}}{100}\right) + 0.8\frac{N_{ar}}{100} + 0.79V^0 + 11.1\times\frac{H_{ar}}{100} + 1.24\times\frac{M_{ar}}{100} + \\ & 0.0161V^0 + (\alpha-1)V^0 + 0.0161(\alpha-1)V^0 \\ = {} & 0.01866(C_{ar}+0.375S_{ar}) + 0.008N_{ar} + 0.111H_{ar} + 0.0124M_{ar} + 1.016\alpha V^0 - 0.21V^0 \ m^3/kg\end{aligned} \tag{3-19}$$

应用：计算以给定的过量空气系数和燃料完全燃烧为条件，因此它可在设计锅炉时应用。

（二）根据烟气分析成分计算

运行锅炉可根据烟气分析成分计算干烟气容积，烟气成分是用烟气分析仪测得的。

1. 烟气分析及其设备

（1）烟气成分分析。

烟气成分是指以 1 kg 燃料燃烧生成的干烟气容积 V_{gy} 为基础，测出烟气中各气体成分分容积占干烟气容积的百分数。如果以 CO_2、SO_2、O_2、N_2 和 CO 分别表示干烟气中二氧化碳、二氧化硫、氧、氮和一氧化碳的成分容积含量百分数，那么有

$$CO_2 = \frac{V_{CO_2}}{V_{gy}} \times 100\% \tag{3-20}$$

$$SO_2 = \frac{V_{SO_2}}{V_{gy}} \times 100\% \tag{3-21}$$

$$O_2 = \frac{V_{O_2}}{V_{gy}} \times 100\% \tag{3-22}$$

$$CO = \frac{V_{CO}}{V_{gy}} \times 100\% \tag{3-23}$$

$$N_2 = \frac{V_{N_2}}{V_{gy}} \times 100\% \tag{3-24}$$

$$CO_2 + SO_2 + O_2 + CO + N_2 = 100\% \tag{3-25}$$

式（3-20）~式（3-24）中的 V_{CO_2}、V_{SO_2}、V_{O_2}、V_{N_2}、V_{CO}、V_{gy} 均为 1 kg 燃料燃烧生成的烟气中相应气体的容积，单位是 m^3/kg。

因为二氧化碳和二氧化硫在烟气分析时不易分开，故令 $CO_2+SO_2=RO_2$，则式（3-25）可改写成

$$RO_2 + O_2 + CO + N_2 = 100\% \tag{3-26}$$

（2）烟气分析仪。

烟气中的各种气体成分含量是用烟气分析仪测定的，目前发电厂较为普遍使用的是奥氏烟气分析仪，随着测试技术的发展，色谱分析仪、红外线烟气分析仪等也逐步得到使用。现就常用的奥氏烟气分析仪作简单介绍：它是将一定容积的烟气试样顺序和某些化学吸收剂相接触，对烟气的各组成气体逐一进行选择性吸收，每次减少的容积即被测成分在烟气中所占的容积，这种方法又称为化学吸收法。

奥氏烟气分析仪包括三个吸收瓶、一个量管、一个平衡瓶和梳形管等，如图 3-1 所示。

① 吸收瓶。第一个吸收瓶内装有氢氧化钾（KOH）水溶液，用来吸收烟气中的 RO_2（$RO_2=CO_2+SO_2$），即二氧化碳和二氧化硫；第二个吸收瓶内装有焦性没食子酸［$C_6H_3(OH)_3$］的碱溶液，用来吸收烟气中的氧气（O_2），它也能吸收二氧化碳和二氧

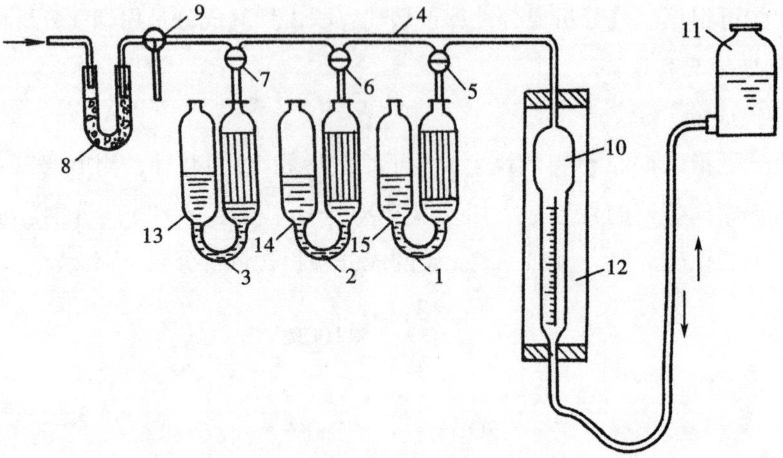

图 3-1　奥氏分析仪结构图

1，2，3—吸收瓶；4—梳形管；5，6，7—旋塞；8—过滤器；9—三通旋塞；

10—量管；11—平衡瓶；12—水套管；13，14，15—缓冲瓶

化硫；第三个吸收瓶内装有氯化亚铜氨［$Cu(NH_3)_2Cl$］溶液，用来吸收烟气中的一氧化碳（CO），它也能吸收氧气。

② 量管。量管上标有刻度，用来测量气体容积。量管顶部有引入气体或排出气体的通口，末端用橡胶管与平衡瓶相连。

③ 平衡瓶。平衡瓶内装有一定量的饱和食盐水，与大气相通，底部的出口与量筒下端用橡胶管相连，通过提升或降低平衡瓶的位置，使量筒内的溶液上升或下降，排出或吸入烟气。

④ 梳形管。梳形管是连接量管和各吸收瓶的通道。

烟气分析操作步骤为：先检查系统的严密性，将三通旋塞 9 打开，将平衡瓶 11 提高，使量管内的水面提高到一定高度，关闭三通旋塞 9，观察水面保持不变，即严密。再打开三通旋塞 9，将平衡瓶 11 提高，使量管中的空气排放掉，关闭三通旋塞 9，再打开旋塞 5，把平衡瓶 11 放低，将吸收瓶 1 内的空气吸到量管中，关闭旋塞 5，将三通旋塞 9 打开，将平衡瓶 11 提高，使量管中的空气排放掉，用同样的方法将吸收瓶 2、吸收瓶 3 内的空气排放掉，将三通旋塞 9 打开，放低平衡瓶，将经过过滤器 8 的烟气吸入量管至 100 m 处，关闭三通旋塞 9，提高平衡瓶 11，将烟气驱入吸收瓶 1 中，反复多次后，将烟气吸回到量管中，则烟气中的三原子气体 RO_2 被吸收尽，利用量管上的刻度可以测出烟气减少的容积，这个减少的容积即为干烟气中三原子气体 RO_2 容积含量的百分数。按同样的方法用吸收瓶 2 测出 O_2，用吸收瓶 3 测出 CO，最后在量管中剩余的气体即为 N_2。上述吸收程序不容颠倒。每次读数时，需将平衡瓶水位面与量管中的水位

面对齐。

由于 RO_2、O_2、CO 均已测出，N_2 也可由式（3-26）求出。

应当指出，不论吸进烟气分析仪中的烟气是干烟气还是湿烟气，其分析结果均是干烟气成分的容积含量百分数。这是因为干烟气或湿烟气在吸入分析仪后，在量管中一直和水接触，因此烟气已是饱含水蒸气的饱和气体了。在定温、定压下，饱和气体中的水蒸气和干烟气的容积比例是一定的。因此，在选择性吸收过程中，随着烟气中某一成分被吸收，水蒸气也成比例地被凝结，这样量管上读到的读数就是干烟气各成分的容积百分数。

2. 根据烟气成分分析结果计算烟气容积

对于正在运行的锅炉，可根据烟气分析结果计算烟气容积。

由烟气分析可得

$$CO_2 + SO_2 + CO = \frac{V_{CO_2} + V_{SO_2} + V_{CO}}{V_{gy}} \times 100\% \tag{3-27}$$

由燃料燃烧的化学反应可知，1 kg 碳（C）不论生成二氧化碳（CO_2）还是生成一氧化碳（CO），其容积都是 1.866 m^3/kg。因而 1 kg 燃料中的碳燃烧时生成的二氧化碳（CO_2）和生成一氧化碳（CO）的容积为

$$V_{CO_2} + V_{CO} = 1.866\frac{C_{ar}}{100} \quad m^3/kg \tag{3-28}$$

$$V_{CO_2} + V_{SO_2} + V_{CO} = 1.866\frac{C_{ar} + 0.375S_{ar}}{100} \quad m^3/kg \tag{3-29}$$

由式（3-28）和式（3-29）可得干烟气容积为

$$V_{gy} = 1.866\frac{C_{ar} + 0.375S_{ar}}{RO_2 + CO} \quad m^3/kg \tag{3-30}$$

烟气总容积为

$$V_y = 1.866\frac{C_{ar} + 0.375S_{ar}}{RO_2 + CO} + V_{H_2O} \quad m^3/kg \tag{3-31}$$

实际水蒸气容积比理论水蒸气容积仅仅多了过量空气带入的那部分水蒸气，即

$$V_{H_2O} = V^0_{H_2O} + 1.293 \times \frac{10}{1000} \times \frac{22.4}{18}(\alpha - 1)V^0 \quad m^3/kg \tag{3-32}$$

式中的过量空气系数 α 应根据烟气成分分析数值计算，求法见下部分。

应用：用于运行中的锅炉烟气容积的计算。运行中的锅炉，燃料燃烧生成的烟气，其组成和容积是随运行工况的变化而变化的。测定与计算运行锅炉中烟气的成分、烟气容积和过量空气系数，能了解炉内的燃烧情况，从而进行燃烧调整和燃烧设备改进。

三、锅炉运行时过量空气系数和漏风系数的计算

1. 过量空气系数的计算

过量空气系数直接影响炉内燃烧的好坏和热损失的大小，所以运行中必须严格控制

其大小。对于运行中的锅炉，根据烟气的分析结果来确定过量空气系数。

当已知烟气分析数据时，可用下列各式计算。

当燃料不完全燃烧时

$$\alpha = \frac{21}{21 - 79 \times \dfrac{O_2 - 0.5CO}{100 - (RO_2 + O_2 + CO)}} \tag{3-33}$$

当燃料完全燃烧时

$$\alpha = \frac{21}{21 - 79 \times \dfrac{O_2}{100 - (RO_2 + O_2)}} \tag{3-34}$$

对燃煤锅炉，当煤完全燃烧时，可用下列近似公式计算：

$$\alpha = \frac{21}{21 - O_2} \tag{3-35}$$

由式（3-35）可知，过量空气系数与烟气中氧的容积成分基本上一一对应，所以在运行中，通过监视烟气中的 O_2 值，可达到监视和控制进入炉内实际空气量的目的。目前，电厂锅炉广泛采用磁性氧量表或氧化锆氧量表来测量烟气中的含氧量。

2. 漏风量和漏风系数的计算

现代电厂锅炉大多采用负压运行，炉膛及烟道压力略低于环境压力，因而运行中，外界冷空气会通过锅炉不严密处漏入炉膛以及其后的烟道中，致使烟气中的过量空气增加。相对于 1 kg 燃料而言，漏入的空气量与理论空气量 V^0 之比称为漏风系数，以 $\Delta\alpha$ 表示，即

$$\Delta\alpha = \frac{\Delta V}{V^0} \tag{3-36}$$

对于任一级受热面来说，其漏风系数 $\Delta\alpha$ 与进出口的过量空气系数 α'，α'' 有如下关系：

$$\Delta\alpha = \alpha'' - \alpha' \tag{3-37}$$

由于漏风的存在，沿烟气的流程，烟道内的过量空气系数 α 不断增大。从炉膛开始，烟道内任意截面处的过量空气系数 α，可等于炉膛出口的过量空气系数 α''_1 加前面各段烟道的漏风系数之和，即

$$\alpha = \alpha''_1 + \sum \Delta\alpha \tag{3-38}$$

式中，$\sum \Delta\alpha$ ——炉膛出口与计算烟道截面间各段烟道漏风系数的总和。

空气预热器中，空气侧压力比烟气侧高，所以会有部分空气漏入烟气中，该级的漏风系数 $\Delta\alpha_{ky}$ 要高些。在空气预热器中，有

$$\beta'_{ky} = \beta''_{ky} + \sum \Delta\alpha_{ky} \tag{3-39}$$

式中，β'_{ky}，β''_{ky} ——空气预热器进口和出口的过量空气系数。

考虑到炉膛及制粉系统的漏风，β''_{ky} 与 α''_1 之间的关系为

$$\beta''_{ky}=\alpha''_1-\Delta\alpha'_1-\Delta\alpha_{zf} \tag{3-40}$$

式中，$\Delta\alpha'_1$——炉膛漏风系数；

$\Delta\alpha_{zf}$——制粉系统漏风系数。

锅炉漏风会导致锅炉效率降低、引风机的电耗增大，直接影响到锅炉的安全、经济运行，因此，必须尽可能地减少漏风。漏风系数与锅炉结构、安装及检修质量、运行操作情况等有关。炉膛及各烟道漏风系数的经验数据见表 3-2。

表 3-2　额定负荷下各烟道的漏风系数

<table>
<tr><th colspan="5">烟道名称</th><th>漏风系数 Δα</th></tr>
<tr><td rowspan="5">煤粉炉膛</td><td colspan="4">固态排渣炉，屏式水冷壁</td><td>0.05</td></tr>
<tr><td colspan="4">固态排渣炉，钢架支撑炉墙，有护板</td><td>0.07</td></tr>
<tr><td colspan="4">固态排渣炉，无护板</td><td>0.10</td></tr>
<tr><td colspan="4">液态排渣炉、油炉、煤气炉，有护板</td><td>0.05</td></tr>
<tr><td colspan="4">液态排渣炉、油炉、煤气炉，无护板</td><td>0.08</td></tr>
<tr><td rowspan="2">层燃炉</td><td colspan="4">机械、半机械化加煤</td><td>0.10</td></tr>
<tr><td colspan="4">人工加煤</td><td>0.30</td></tr>
<tr><td rowspan="12">对流受热面烟道</td><td colspan="4">凝渣管束、屏式过热器、第一对流蒸发管束 D≥50 t/h</td><td>0</td></tr>
<tr><td colspan="4">第一对流蒸发管束 D≤50 t/h</td><td>0.05</td></tr>
<tr><td colspan="4">过热器</td><td>0.03</td></tr>
<tr><td colspan="4">再热器</td><td>0.03</td></tr>
<tr><td rowspan="4" colspan="2">省煤器</td><td colspan="2">D≥50 t/h，每级</td><td>0.02</td></tr>
<tr><td rowspan="3">D≤50 t/h</td><td>钢管</td><td>0.08</td></tr>
<tr><td>铸铁，有护板</td><td>0.10</td></tr>
<tr><td>铸铁，无护板</td><td>0.20</td></tr>
<tr><td rowspan="4">空气预热器</td><td rowspan="2">管式</td><td colspan="2">D≥50 t/h，每级</td><td>0.03</td></tr>
<tr><td colspan="2">D≤50 t/h，每级</td><td>0.06</td></tr>
<tr><td rowspan="2">回转式</td><td colspan="2">D≥50 t/h</td><td>0.20</td></tr>
<tr><td colspan="2">D≤50 t/h</td><td>0.25</td></tr>
<tr><td rowspan="3">除尘器</td><td rowspan="2" colspan="2">电器除尘器</td><td colspan="2">D≥50 t/h</td><td>0.10</td></tr>
<tr><td colspan="2">D≤50 t/h</td><td>0.15</td></tr>
<tr><td colspan="4">多管旋风分离器，水膜除尘器</td><td>0.05</td></tr>
<tr><td rowspan="2">锅炉后烟道</td><td colspan="4">钢制，每 10 m 长</td><td>0.01</td></tr>
<tr><td colspan="4">砖砌，每 10 m 长</td><td>0.05</td></tr>
</table>

四、空气和烟气焓的计算

在进行锅炉的热平衡及受热面的传热计算时，需要知道空气的焓和烟气的焓。在这里，空气和烟气的焓是指：1 kg 固体或液体燃料所需的空气量或所产生的烟气量在等压下从 0 ℃加热到 t（ϑ）℃所需的热量，单位为 kJ/kg。

1. 空气焓

（1）据理想气体焓的计算方法，理论空气量的焓 H_K^0 为

$$H_K^0 = V^0 c_K t \quad \text{kJ/kg} \tag{3-41}$$

式中，V^0——理论空气量，m^3/kg（标准状态下）；

c_K——空气在 0~t ℃时的平均比定压热容，kJ/（m^3·℃）（标准状态下），其值可由表 3-3 查得；

t——空气温度，℃。

（2）实际空气焓 H_K。

$$H_K = \beta H_K^0 = \beta V^0 c_K t \quad \text{kJ/kg} \tag{3-42}$$

式中，β——在空气量计算时表示过量空气系数。

2. 烟气焓

（1）理论烟气焓 H_y^0。

$$H_y^0 = V_{RO_2} c_{RO_2} \theta + V_{H_2O}^0 c_{H_2O} \theta + V_{N_2}^0 c_{N_2} \theta \quad \text{kJ/kg} \tag{3-43}$$

式中，V_{RO_2}，$V_{H_2O}^0$，$V_{N_2}^0$——理论烟气量中三原子气体（RO_2）、水蒸气、氮气的容积，m^3/kg（标准状态下）；

c_{RO_2}，c_{H_2O}，c_{N_2}——三原子气体、氮气和水蒸气在 0~t ℃时的平均比定压热容，kJ/（m^3·℃）（标准状态下），可由表 3-3 查得。考虑到烟气中 $V_{CO_2} \gg V_{SO_2}$，且两者的比热容又大致相同，故取 $c_{RO_2} = c_{CO_2}$。

（2）实际烟气焓 H_y。

$$H_y = H_y^0 + (\alpha - 1) H_K^0 + H_{fh} \quad \text{kJ/kg} \tag{3-44}$$

式中，H_{fh}——烟气中飞灰的焓，其值为

$$H_{fh} = \frac{\alpha_{fh} A_{ar}}{100} c_{fh} \theta \quad \text{kJ/kg} \tag{3-45}$$

其中，c_{fh}——1 kg 灰在 0~ϑ ℃时的质量比热容，kJ/（kg·℃），可由表 3-3 查得；

α_{fh}——飞灰份额，可由表 3-5 查得。

考虑到飞灰焓 H_{fh} 的数值相对较小，只有当 $4187 \dfrac{\alpha_{fh} A_{ar}}{Q_{ar,\ net,\ p}} \geqslant 6$ 时才考虑，否则可忽略不计。

在锅炉烟道中，沿烟气的流程，不同部位的过量空气系数和烟温不同，因此，烟气

的焓也不同。在受热面的传热计算中，必须分别计算各个受热面所在部位的烟气焓并制成焓温表。利用焓温表，根据过量空气系数和烟气温度，可求出烟气的焓。反之，也可以由过量空气系数和烟气的焓值查出烟气的温度。

表 3-3　0~t（ϑ）℃时空气、烟气及灰的平均比热容　单位：kJ/（m^3·℃）或 kJ/（kg·℃）

t（ϑ）	c_{CO_2}	c_{N_2}	c_{O_2}	c_{H_2O}	c_{gk}	c_K	c_{CO_2}	c_{H_2}	c_{CH_4}	c_{fh}
0	1.5998	1.2946	1.3059	1.4943	1.2971	1.3188	1.2922	1.2766	1.5500	0.7955
100	1.7003	1.2958	1.3176	1.5052	1.3004	1.3243	1.3017	1.2908	1.6411	0.8374
200	1.7873	1.2996	1.3352	1.5223	1.3071	1.3318	1.3071	1.2971	1.7589	0.8667
300	1.8627	1.3067	1.3561	1.5424	1.3172	1.3423	1.3167	1.2992	1.8661	0.8918
400	1.9297	1.3163	1.3775	1.5654	1.3289	1.3544	1.3289	1.3021	2.0155	0.9211
500	1.9887	1.3276	1.3980	1.5897	1.3427	1.3683	1.3427	1.3050	2.1403	0.9240
600	2.0411	1.3402	1.4168	1.6148	1.3565	1.3829	1.3574	1.3080	2.2609	0.9504
700	2.0884	1.3536	1.4344	1.6412	1.3708	1.3976	1.3720	1.3121	2.3768	0.9630
800	2.1311	1.3670	1.4499	1.6680	1.3842	1.4114	1.3862	1.3167	2.4981	0.9897
900	2.1692	1.3795	1.4645	1.6956	1.3976	1.4248	1.3996	1.3226	2.6025	1.0048
1000	2.2035	1.3917	1.4775	1.7229	1.4097	1.4373	1.4126	1.3289	2.6992	1.0258
1100	2.2349	1.4034	1.4893	1.7501	1.4214	1.4499	—	—	—	1.0509
1200	2.2638	1.4143	1.5005	1.7769	1.4327	1.4612	1.4361	1.3431	2.8629	1.0969
1300	2.2898	1.4252	1.5106	1.8028	1.4432	1.4725	—	—	—	1.1304
1400	2.3136	1.4348	1.5202	1.8280	1.4528	1.4830	1.4566	1.3590	—	1.1849
1500	2.3355	1.4440	1.5294	1.8527	1.4620	1.4926	—	—	—	1.2228
1600	2.3555	1.4528	1.5378	1.8761	1.4708	1.5018	1.4746	1.3590	—	1.2979
1700	2.3743	1.4612	1.5462	1.8996	1.4788	1.5102	—	—	—	1.3398
1800	2.3915	1.4687	1.5541	1.9213	1.4867	1.5177	1.4901	1.3917	—	1.3816
1900	2.4074	1.4759	1.5617	1.9423	1.4939	1.5257	—	—	—	1.4235
2000	2.4221	1.4825	1.5692	1.9628	1.5010	1.5328	1.5039	1.4076	—	—
2100	2.4359	1.4825	1.5692	1.9825	1.5073	1.5399	—	—	—	—
2200	2.4484	1.4951	1.5830	2.0009	1.5135	1.5462	1.5160	1.4227	—	—
2300	2.4602	1.5010	1.5897	2.0189	1.5194	1.5525	—	—	—	—
2400	2.4710	1.5064	1.5964	2.0264	1.5252	1.5583	1.5340	1.4373	—	—
2500	2.4811	1.5114	1.6027	2.0528	1.5303	1.5638	—	—	—	—

任务三　锅炉的热平衡

【知识点描述】

（1）锅炉各项热损失的含义、影响热损失的因素及减少热损失的方法；

（2）锅炉有效利用热量、热效率、燃料消耗量的计算。

【能力目标】

（1）熟练掌握反平衡法计算效率，从而认识关键性的热损失及解决办法；

（2）认识熟练掌握理论知识对运行的指导作用。

一、热平衡的概念

燃料在锅炉中燃烧放出大量的热，其中绝大部分被锅炉受热面内的工质吸收，这是被有效利用的热量。但在锅炉运行中，燃料实际上不可能完全燃烧，其可燃成分未燃烧造成的热量损失称为锅炉未完全燃烧热损失。此外，燃料燃烧放出的热量也不可能完全得到有效利用，有的热量被排烟、灰渣带走或透过炉墙散失到周围环境中。这些损失的热量，称为锅炉热损失，它的大小决定了锅炉的热效率。

从能量平衡的观点来看，锅炉在正常工作时，输入锅炉的热量应与输出锅炉的热量相平衡，这就是锅炉热平衡。输入锅炉的热量是指伴随燃料送入锅炉的热量，一般可以简单地认为就是燃料燃烧所放出的热量；输出锅炉的热量可以分成两部分，一部分是有效利用热量，另一部分就是各项热损失。

锅炉热平衡是按 1 kg 固体或液体燃料［对气体燃料，则是 1 m^3（标准状态下）］为基础进行计算的。在稳定工况下，锅炉热平衡方程式可写为

$$Q_r = Q_1 + Q_2 + Q_3 + Q_4 + Q_5 + Q_6 \tag{3-46}$$

式中，Q_r——锅炉的输入热量，kJ/kg；

Q_1——锅炉的有效利用热量，kJ/kg；

Q_2——排烟损失的热量，kJ/kg；

Q_3——气体未完全燃烧损失的热量，kJ/kg；

Q_4——固体未完全燃烧损失的热量，kJ/kg；

Q_5——散热损失的热量，kJ/kg；

Q_6——灰渣物理热损失的热量，kJ/kg。

将式（3-46）两边都除以 Q_r，并乘以 100%，则可建立以百分数表示的热平衡方程式，即

$$100 = q_1 + q_2 + q_3 + q_4 + q_5 + q_6 \quad \% \tag{3-47}$$

式中，q_1——锅炉有效利用热量占输入热量的百分数，$q_1 = \frac{Q_1}{Q_r} \times 100\%$；

q_2——排烟损失的热量占输入热量的百分数，$q_2 = \frac{Q_2}{Q_r} \times 100\%$；

q_3——气体未完全燃烧损失的热量占输入热量的百分数，$q_3 = \frac{Q_3}{Q_r} \times 100\%$；

q_4——固体未完全燃烧损失的热量占输入热量的百分数，$q_4 = \frac{Q_4}{Q_r} \times 100\%$；

q_5——散热损失的热量占输入热量的百分数，$q_5 = \frac{Q_5}{Q_r} \times 100\%$；

q_6——灰渣物理热损失的热量占输入热量的百分数，$q_6 = \frac{Q_6}{Q_r} \times 100\%$。

研究热平衡的目的，就在于弄清楚燃料中热量有多少被有效利用，有多少损失掉了，以及损失到哪些方面了，以便寻求提高锅炉热经济性的各种途径。

二、计算锅炉效率的正、反平衡法

（一）锅炉的热效率

所谓锅炉的热效率，就是锅炉的有效利用热量占输入锅炉热量的百分数。所以，锅炉热效率

$$\eta = q_1 = \frac{Q_1}{Q_r} \times 100\% \tag{3-48}$$

锅炉热效率可以通过两种方法测定得出。

一种方法是测定输入热量 Q_r 和有效利用热量 Q_1 计算锅炉热效率，通常被称为正平衡法，或叫正平衡热效率，即利用公式（3-48）求得。

另一种方法是测得锅炉的各项热损失 q_2, q_3, q_4, q_5, q_6 来计算锅炉的热效率，通常被称为反平衡法，或叫反平衡热效率，即

$$\eta = q_1 = 100 - (q_2 + q_3 + q_4 + q_5 + q_6) \quad \% \tag{3-49}$$

目前电厂锅炉常用反平衡法求效率。这一方面是因为大容量高效率锅炉机组用正平衡法求效率看来似乎比较简单，但由于燃料消耗量的测量相当困难，以及在有效利用热量的测定上常会引入较大的误差，此时反而不如利用反平衡法求效率更为方便和准确；另一方面是正平衡法只求出锅炉的热效率，而未求锅炉的各项热损失，因而就不利于对各项损失进行分析以及提出改进锅炉效率的途径；再一方面是正平衡法要求比较长时间地保持锅炉稳定的工况，这是比较困难的。对于低效率（例如 $\eta < 80\%$）的小容量锅炉，用正平衡法比较易于测定且误差也不大，如若只需要知道锅炉效率，而不需知道锅

炉各项热损失，则可以采用正平衡法。

（二）锅炉的输入热量及有效利用热量

1. 锅炉的输入热量

锅炉的输入热量是指由锅炉范围以外输入的热量，不包括锅炉范围内循环的热量。对应于 1 kg 固体或液体，输入锅炉的热量 Q_r 包括燃料收到基低位发热量、燃料的物理显热、外来热源加热空气时带入的热量和雾化燃油所用蒸汽带入的热量，即

$$Q_r = Q_{ar,\ net,\ p} + Q_{rx} + Q_{wh} + Q_{wl} \tag{3-50}$$

式中，$Q_{ar,\ net,\ p}$——燃料的收到基低位发热量，kJ/kg；

Q_{rx}——燃料的物理显热，kJ/kg；

Q_{wh}——雾化燃油所用蒸汽带入的热量，kJ/kg；

Q_{wl}——外来热源加热空气时带入的热量，kJ/kg。

（1）燃料的物理显热 Q_{rx}。

燃料的物理显热在多数情况下数值是很小的，可忽略不计。只有用外来热源加热燃料或固体燃料的水分较大$\left(M_{ar} \geqslant \frac{Q_{ar,net,p}}{628}\%\right)$时才考虑，它的计算式为

$$Q_{rx} = c_{ar,\ r}\, t_r \tag{3-51}$$

式中，$c_{ar,\ r}$——燃料的收到基的比热容，kJ/（kg·℃）；

t_r——燃料温度，固体燃料无外来热源加热燃料时可取 20 ℃。

固体燃料收到基的比热容的计算式为

$$c_{ar,\ r} = c_{d,\ r}\frac{100 - M_{ar}}{100} + 4.187\frac{M_{ar}}{100} \tag{3-52}$$

式中，$c_{d,\ r}$——燃料的干燥基比热容，kJ/（kg·℃）；其数值由表 3-4 中查取。

表 3-4　燃料的干燥基比热容　　单位：kJ/（kg·℃）

燃料	温度				
	0 ℃	100 ℃	200 ℃	300 ℃	400 ℃
无烟煤、贫煤	0.92	0.96	1.05	1.13	1.17
烟煤	0.96	1.09	1.26	1.42	—
褐煤	1.09	1.26	1.46	—	—

液体燃料比热容可用下式计算：

$$c_{ar,\ r} = 1.738 + 0.0025t_r \tag{3-53}$$

（2）雾化燃油所用蒸汽带入的热量 Q_{wh}。

用蒸汽雾化燃油带入的热量的计算式为

$$Q_{wh} = G_{wh}(h_{wh} - h_{wh,\ 0})\ \text{kJ/kg} \tag{3-54}$$

式中，G_{wh}——雾化燃油所用的蒸汽量，千克蒸汽/千克油；

h_{wh}——雾化燃油所用蒸汽焓，kJ/kg；

$h_{wh,0}$——雾化蒸汽随排烟离开锅炉时的焓值，取汽化潜热值，即 2510 kJ/kg。

（3）外来热源加热空气时带入的热量 Q_{wl}。

当冷空气进入锅炉之前采用外来热，带入锅炉的热量可按下式计算：

$$Q_{wl}=\beta(h_{rk}^{0}-h_{lk}^{0})\quad \text{kJ/kg} \tag{3-55}$$

式中，β——暖风器出口的过量空气系数；

h_{rk}^{0}——暖风器出口理论空气焓，kJ/kg；

h_{lk}^{0}——加热前空气的理论空气焓，kJ/kg。

对于燃煤锅炉，如煤和空气都未用外来热源进行加热，而且煤的水分 $M_{ar}\leqslant\dfrac{Q_{ar,net,p}}{628}\%$，则锅炉输入热量等于煤的收到基低位发热量，即

$$Q_r=Q_{ar,net,p}\quad \text{kJ/kg} \tag{3-56}$$

2. 锅炉的有效利用热量

锅炉的有效利用热量包括过热蒸汽的吸热、再热汽的吸热、饱和蒸汽的吸热和汽包连续排污时污水的吸热。对于非供热机组，锅炉有效利用热量要用下式计算：

$$Q_1=\frac{D_{gq}(h''_{gq}-h_{gs})+D_{zq}(h''_{zq}-h'_{zq})+D_{pw}(h_{pw}-h_{gs})}{B}\quad \text{kJ/kg} \tag{3-57}$$

式中，D_{gq}，D_{zq}，D_{pw}——过热蒸汽、再热蒸汽、排污水的流量，kg/h；

h''_{gq}，h_{gs}——过热器出口、给水的焓，kJ/kg；

h''_{zq}，h'_{zq}——再热器出口、进口蒸汽的焓，kJ/kg；

h_{pw}——排污水的焓，它等于汽包压力下饱和水的焓，kJ/kg；

B——每小时的燃料消耗量，kg/h。

当锅炉的排污量不超过蒸发量的2%时，此时排污水热量可略去不计。

（三）锅炉各项热损失

1. 固体未完全燃烧热损失 q_4

（1）固体未完全燃烧热损失的概念。

固体未完全燃烧热损失又叫机械未完全燃烧热损失。它是指灰中未燃烧或未燃尽的碳造成的热损失。不同的燃烧方式，此项所包含的内容也不相同，在煤粉炉、循环流化床锅炉、层燃炉中会有所不同，这里只讨论煤粉炉的计算。

（2）固体未完全燃烧热损失的计算。

在设计锅炉时，固体未完全燃烧热损失不能计算，只能按经验数据来选取；对于运行中的煤粉炉，通常采用灰平衡法，即根据每小时的飞灰量、炉渣量以及飞灰和炉渣中残留碳的含量百分数来计算 q_4 的大小，即

$$q_4=\frac{Q_4}{Q_r}\times 100=\frac{32866A_{ar}}{Q_r}\left(\frac{\alpha_{fh}C_{fh}}{100-C_{fh}}+\frac{\alpha_{lz}C_{lz}}{100-C_{lz}}\right)\quad \% \tag{3-58}$$

式中，Q_4——对应于 1 kg 燃料的固体未完全燃烧热损失，kJ/kg；

32866——灰中残留碳的发热量，kJ/kg；

C_{fh}，C_{lz}——飞灰和炉渣中残留碳含量百分数，由取样分析测定；

α_{fh}，α_{lz}——飞灰和炉渣中的灰占总灰量的份额，按表 3-5 选取。

表 3-5　锅炉的飞灰份额 α_{fh} 与炉渣份额 α_{lz} 的推荐值

锅炉类型	α_{fh}	α_{lz}
固态排渣煤粉炉	0.95	0.05
卧式旋风炉	0.10~0.15	0.85~0.90

在进行锅炉设计时，按国家热力计算标准选取。一般情况下，对固态排渣煤粉炉，无烟煤 4%~6%（挥发分低时取大值），贫煤 2%~3%，烟煤 1%~1.5%（高灰分烟煤取大值），褐煤 0.5%~1%。对液态排渣煤粉炉，q_4 一般为 0.5%~4%。燃油炉可近似看成 q_4=0%。

（3）固体完全燃烧热损失的分析。

影响 q_4 的主要因素有燃烧方式、燃料性质、煤粉细度、过量空气系数、炉膛结构、锅炉负荷以及运行工况、操作水平等。对于室燃炉，由于飞灰占燃料的总灰分的份额较大，飞灰未完全燃烧热损失占主要部分。燃料中的灰分越少，挥发分越多，煤粉越细，则 q_4 就越小。炉膛结构及喷燃器布置合理，使煤粉在炉内有充足的停留时间和良好的空气动力条件，锅炉负荷及运行工况稳定，操作人员能进行正确的运行调节，保持适当的过量空气系数，火焰中心位置正确并充满整个炉膛，则固体未完全燃烧热损失就小。

2. 气体未完全燃烧热损失 q_3

（1）气体未完全燃烧热损失的概念。

气体未完全燃烧热损失又叫化学不完全燃烧热损失。它是指烟气中含有可燃气体未放出燃烧热所造成的热量损失。这些气体主要是一氧化碳，另外还有微量的氢气和甲烷等。当燃用固体燃料时，考虑到烟气中的氢、甲烷等可燃气体含量极微，为了简化计算，可认为烟气中的可燃气体只是一氧化碳。

（2）气体未完全燃烧热损失的计算。

对运行中的锅炉，q_3 的计算如下：

$$q_3 = \frac{Q_3}{Q_r} \times 100 = = \frac{12640COV_{gy}}{Q_r}\left(1 - \frac{q_4}{100}\right) \quad \% \tag{3-59}$$

式中，12640——1 m^3 一氧化碳的发热量，kJ/m^3；

V_{gy}——每千克收到基燃料未完全燃烧时生成的干烟气容积，m^3/kg；

CO——烟气中一氧化碳容积占干烟气容积的百分数，%；

$1 - \frac{q_4}{100}$——由于 q_4 的存在，1 kg 燃料中有一部分燃料并没有参与燃烧及生成烟气，故应对烟气中一氧化碳容积进行修正。

设计时可按燃料种类和燃烧方式选取 q_3，煤粉炉 $q_3 = 0$，燃油或燃气 $q_3 = 0.5\%$ 。

（3）气体未完全燃烧热损失的分析。

影响化学未完全燃烧热损失的主要因素是炉内过量空气系数、燃料的挥发分、炉膛温度、燃料与空气混合情况、燃烧器结构与布置、炉膛结构等。

过量空气系数过小，氧气供应不足，会使 q_3 增大。过量空气系数过大，又会使炉温降低。因此，过量空气系数必须适当。一般用挥发分较多的燃料，炉内可燃气体增多而炉内空气动力工况不好，易出现不完全燃烧，会使 q_3 增大。炉膛容积小，高度不够，水冷壁布置过多以及燃烧器布置不合理等，也会使 q_3 增大。此外，锅炉在低负荷下运行时，会使炉温降低，燃烧不稳定，使 q_3 增加。

为了减少此项损失，除应在设计中做到使炉子结构合理外，在运行中还应设法保持较高的炉膛温度、适当的过量空气系数，并使燃料与空气充分混合，这一点对燃用高挥发分燃料尤为重要。

3. 排烟热损失 q_2

（1）排烟热损失的概念。

排烟热损失是指由于排烟温度高于外界空气温度，排烟带走一部分锅炉的热量所造成的热损失。

（2）排烟热损失的计算。

排烟热损失由下式计算：

$$q_2 = \frac{Q_2}{Q_r} \times 100 \quad \% \tag{3-60}$$

$$Q_2 = (H_{py} - \alpha_{py} H_{lk}^0)\left(1 - \frac{q_4}{100}\right) \quad kJ/kg \tag{3-61}$$

式中，H_{py} ——排烟焓值，kJ/kg；

H_{lk}^0 ——理论冷空气焓，kJ/kg；

α_{py} ——排烟处过量空气系数。

（3）排烟热损失的分析。

各项热损失中，排烟热损失是其中最大的一项，为 4%~8%。影响 q_2 大小的主要因素是排烟容积和排烟温度。排烟容积大、排烟温度高，则排烟热损失大。在一般情况下，当排烟温度升高 15~20 ℃时，会使 q_2 约增加 1%。降低排烟温度，可以降低排烟热损失。但是将排烟温度降得过低是不合理的，也是不允许的。因为降低排烟温度，势必增加锅炉尾部受热面积，这不但增加了钢材耗量，同时增加了排烟侧的流动阻力，运行中要多耗电能。另外，为减轻尾部受热面的低温腐蚀，特别是当燃用含硫量较大的燃料时，排烟温度应保持高一些。所以，合理的排烟温度应通过技术经济比较来确定。对于近代大中型锅炉，排烟温度通常为 110~160 ℃。

影响锅炉排烟温度和排烟容积的因素有燃料性质，受热面的积灰、结渣或结垢，炉膛出口过量空气系数 α_1'' 以及烟道各处的漏风等。当煤中水分和硫分较高时，为了避免或减轻尾部受热面的低温腐蚀，必须采用较高的排烟温度。水分增大，使排烟容积增大。锅炉运行中，受热面积灰、结渣等会使传热减弱，促使排烟温度升高。因此，在锅炉运行中应注意要及时吹灰打渣，经常保持受热面清洁。炉膛和烟道漏风，不仅会增大排烟容积，漏入烟道的冷空气还会使漏风点处的烟气温度降低，从而使漏风点以后各受热面的传热量都减小，所以漏风还可能导致排烟温度升高，漏风点越靠近炉膛，影响也就越大。因此，减小炉膛和烟道的漏风，也是降低排烟热损失的重要措施之一。

通过前面的分析可知，炉膛出口过量空气系数 α_1'' 对 q_2，q_3，q_4 有直接的影响。过量空气系数越小，则排烟容积越小。但是过量空气系数减小，会引起 q_3，q_4 增大，所以，最合理的过量空气系数（称为最佳过量空气系数 α_{zj}）应使 q_2，q_3，q_4 之和为最小。最佳过量空气系数 α_{zj} 的值可用如图 3-2 所示的曲线来确定。

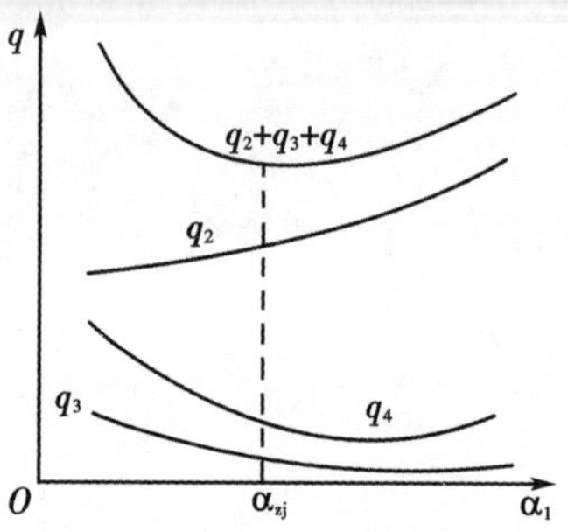

图 3-2　最佳过量空气系数的确定

4. 散热损失 q_5

（1）散热损失的概念。

散热损失是指锅炉运行时，汽包、联箱、汽水管道、炉墙等的温度均高于外界空气温度而散失到空气中的那部分热量。

（2）散热损失的计算。

由于散热损失通过试验来测定是非常困难的，因此通常是根据大量的经验数据绘制出锅炉额定蒸发量 D_e 与散热损失的关系曲线，如图 3-3 所示。已知锅炉额定蒸发量，即可查出该额定蒸发量下的散热损失 q_5^e 的数值。当锅炉额定蒸发量大于 900 t/h 时，需按 0.2%计算。

当锅炉在非额定蒸发量下运行时，散热损失 q_5 则按下式计算：

$$q_5 = q_5^e \frac{D_e}{D} \quad \% \tag{3-62}$$

式中，q_5^e——额定蒸发量的散热损失，%；

D_e，D——锅炉额定蒸发量和锅炉实际蒸发量，t/h。

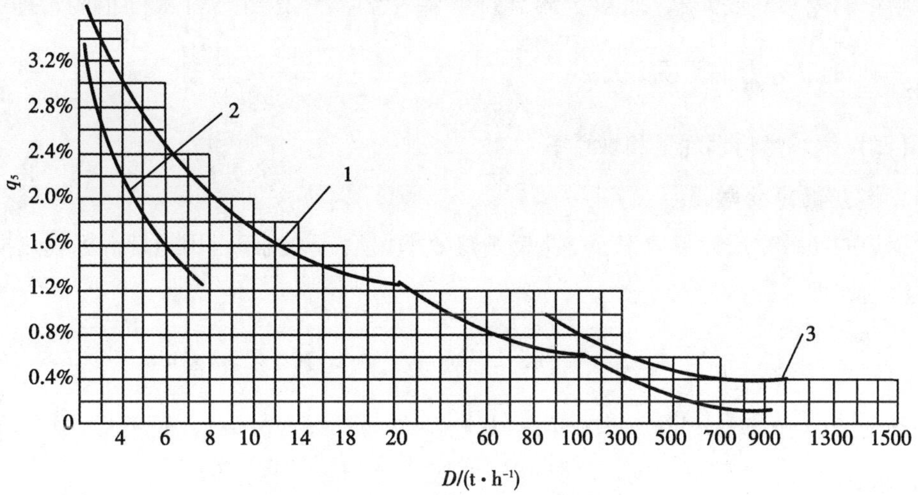

图 3-3 锅炉额定蒸发量下的散热损失

1—有尾部受热面的锅炉；2—无尾部受热面的锅炉；3—我国电站锅炉性能验收规程中的曲线（有尾部受热面）

（3）散热损失的分析。

影响 q_5 的主要因素有锅炉容量及炉体的外表面积、水冷壁和炉墙结构、周围空气温度和空气流动状况、锅炉负荷变化等。

一般来说，锅炉容量越大，外表面积也越大，因而散热损失绝对值就越大。但按热损失的百分数来说，当锅炉容量增大时，燃料消耗量大致成正比例增加，而锅炉的外表面积和炉膛温度等并不随锅炉容量的增大成正比例增加。这样，对应于单位蒸发量（或单位燃料消耗量）的外表面积是减少的，所以锅炉容量越大，散热损失就越小。若水冷壁和炉墙结构严密紧凑，保温良好，锅炉周围空气温度高及流动缓慢，则散热损失小。

5. *灰渣物理热损失* q_6

（1）灰渣物理热损失的概念。灰渣物理热损失是指高温炉渣排出炉外所造成的热量损失。

（2）灰渣物理热损失的计算。灰渣物理热损失可按下式计算：

$$q_6 = \frac{Q_6}{Q_r} \times 100 = \frac{A_{ar}\alpha_{lz}c_h\theta_h}{Q_r} \quad \% \tag{3-63}$$

式中，A_{ar} ——收到基燃料灰分，%；

c_h ——灰渣比热容，kJ/（kg · ℃）；

α_{lz} ——炉渣份额；

θ_h ——炉渣温度，固态排渣时可取 600 ℃，液态排渣时取（F_T+100）℃，℃。

（3）灰渣物理热损失的分析。影响灰渣物理热损失的因素有燃料灰分、炉渣份额以及炉渣温度。炉渣份额大小主要与燃烧方式有关，固态排渣量较小，液态排渣量较大。炉渣温度主要与排渣方式有关，液态排渣温度高，固态排渣温度低。所以，液态排

渣煤粉炉的 q_6 必须考虑，而对于固态排渣煤粉炉，只有当燃料灰分很高，即 $A_{ar} \geqslant \frac{Q_{ar,net,p}}{418}\%$ 时，才考虑此项损失。

(四) 锅炉燃料消耗量和煤耗率

1. 锅炉的净效率

锅炉的净效率或净热效率，是指锅炉热效率扣除锅炉机组自用能量折算成热损失后的效率值，即

$$\eta_j = \frac{\eta Q_r}{Q_r + \sum Q_{zy} + \frac{b_s}{B}29310\sum P_z} \times 100\% \quad \text{kg/h} \tag{3-64}$$

式中，η——锅炉毛效率，按式（3-48）或式（3-49）计算，%；

$\sum Q_{zy}$——锅炉自用热能，指蒸汽驱动辅助设备和吹灰等所用外来蒸汽折算后的热量，kJ/kg；

$\sum P_z$——锅炉自用电能，包括制粉系统设备、送引风机、除灰系统设备、烟气再循环风机、电除尘器、强制循环泵等辅助机械的实际功率，kW；

b_s——生产 1kW · h 电能的标准煤耗量，也称为标准煤耗率，kg/（kW · h）；

B——燃料消耗量，kg/h；

29310——标准煤的收到基低位发热量，kJ/kg。

由式（3-64）可以看出，锅炉的净效率取决于锅炉热效率和锅炉自用能量。如果锅炉本身的工作性能很好，热效率很高，但锅炉工作过程中本身消耗的热能和电能很多，那么仍然是不经济的。所以净效率能够更全面地反映锅炉运行的经济性。

2. 锅炉燃料消耗量。

（1）实际燃料消耗量。

实际燃料消耗量是指每小时实际耗用的燃料量，一般简称为燃料消耗量，用符号 B 表示，单位为 kg/h（或标准状况下 m^3/h）。将式（3-48）代入式（3-57），可求出燃料消耗量 B，即

$$B = \frac{100}{\eta Q_r}[D_{gq}(h''_{gq} - h_{gs}) + D_{zq}(h''_{zq} - h'_{zq}) + D_{pw}(h_{pw} - h_{gs})] \quad \text{kg/h} \tag{3-65}$$

（2）计算燃料消耗量。

计算燃料消耗量是指考虑到固体未完全燃烧热损失 q_4 的存在，在炉内实际参与燃烧反应的燃料消耗量，用符号 B_j 表示。由于 1 kg 入炉燃料只有 $\left(1 - \frac{q_4}{100}\right)$ kg 燃料参与燃烧反应，所以它与燃料消耗量 B 存在如下关系：

$$B_j = B\left(1 - \frac{q_4}{100}\right) \quad \text{kg/h} \tag{3-66}$$

两种燃料消耗量各有不同的用途。在进行燃料输送系统和制粉系统计算时，要用燃料消量 B 来计算；但在计算空气需要量及烟气容积等时，需要用计算燃料消耗量 B_j 来计算。

3. 锅炉燃料煤耗率

（1）原煤煤耗率。

原煤煤耗率是指发电厂或机组生产 1kW · h 的电能所消耗的原煤量，用符号 b 表示，单位为千克原煤/（千瓦 · 时），即

$$b = \frac{B}{N} \tag{3-67}$$

式中，N——发电厂或机组每小时生产的电能，kW · h/h。

（2）标准煤耗率。

标准煤耗率是指发电厂或机组生产 1kW · h 的电能所消耗的标准煤量，用符号 b_b 表示，单位为千克标准煤/（千瓦 · 时），即

$$b_b = \frac{B_b}{N} \tag{3-68}$$

式中，B_b——每小时所消耗的标准煤量，kg 标准煤/h。

将式（3-67）除以式（3-68）可得

$$b_b = b\frac{B_b}{B} \tag{3-69}$$

将式（2-12）代入式（3-69），可得

$$b_b = \frac{bQ_{ar,\ net,\ p}}{29310} \tag{3-70}$$

标准煤耗率是全厂或整台发电机组的经济指标，它与锅炉、汽轮机、发电机等设备及其系统的运行经济性有关。蒸汽压力越高，机组容量越大，发电煤耗率越低。如高压电厂的发电煤耗率为 350~400 克标准煤/（千瓦 · 时），超高压电厂的发电煤耗率约在 350 克标准煤/（千瓦 · 时）以下，亚临界压力电厂的发电煤耗率约为 320 克标准煤/（千克 · 时），超临界压力电厂的发电煤耗率甚至低于 300 克标准煤/（千瓦 · 时）。

任务四　燃烧过程的基本理论

【知识点描述】

（1）燃烧基本原理和燃烧速度的影响因素；

（2）燃料的燃烧过程及特点；

（3）煤粉气流燃烧三个阶段的强化措施。

【能力目标】

（1）能熟练掌握热效率和燃烧效率的区别；

（2）认识理论知识对运行的指导作用。

一、燃烧的基本概念

燃料的燃烧一般是指燃料中的可燃物质与空气中的氧之间进行的发热与发光的高速化学反应，反应所生成的物质称为燃烧产物。燃料与氧化剂若是同一相态的，如气体燃料在空气中的燃烧称为均相燃烧；若不是同一相态的，如固体燃料在空气中的燃烧，则称为多相燃烧。

燃烧过程是一个复杂的物理、化学的综合过程，它包括燃料和空气的混合、扩散过程，预热、着火过程以及燃烧、燃尽过程。燃烧过程的快慢，既受到温度、压力、浓度等因素的影响，又受到工质流动、热量传递、动量和能量交换等流体动力因素的影响。特别是固体燃料的燃烧属于多相燃烧，更增加了过程的复杂性。电厂锅炉的主要燃料是煤，并以空气作燃料的氧化剂，因此，下面着重介绍一些固体燃料燃烧的基础知识。

（一）燃烧速度

1. 化学反应速度及其影响因素

化学反应过程的快慢用化学反应速度 W_h 表示。通常它是指单位时间内反应物或生成物浓度的变化。化学反应速度取决于参加反应的原始反应物的性质，同时受反应进行时所处条件的影响，其中主要是浓度、压力和温度。

（1）浓度对化学反应速度的影响。

化学反应是在一定条件下，不同反应物的分子彼此碰撞而产生的，碰撞的次数越多，反应速度越快。分子碰撞的次数决定于单位容积中反应物质的分子数，即分子浓度。

对于多相燃烧，化学反应是在固相表面上进行的，可以认为固体燃料的浓度不变。因此化学反应速度是指单位时间碳粒单位表面上氧浓度的变化，即碳粒单位表面上的耗氧速度。在一定温度下，反应容积不变时，增加反应物的浓度，即增加反应物的分子数，分子间碰撞的机会增多，所以反应速度增快。

（2）压力对化学反应速度的影响。

分子运动论认为，气体压力是气体分子撞击容器壁面的结果。压力越高，单位容积内分子数越多，在温度和容积不变的条件下，反应物压力越高，则反应物浓度越大，因此，化学反应速度越快。目前大力研究的正压燃烧技术，正是通过提高炉膛压力来强化燃烧的。

（3）温度对化学反应速度的影响。

在实际燃烧设备中，燃烧过程是在燃料和空气按一定比例连续供应的情况下进行的，因此可以认为反应物浓度不变。当反应物浓度不变时，化学反应速度与温度成指数关系，随着温度升高，化学反应速度迅速加快。这个现象可解释为：并不是所有碰撞的分子都能引起化学反应，只有其中具有较高能量的活化分子的碰撞才能发生反应。使分子活化所需最低能量称为活化能，用 E 表示，能量达到或超过活化能 E 的分子称为活化分子，活化分子的碰撞才是发生反应的有效碰撞，反应只能在活化分子之间进行。温度升高，分子从外界吸收了能量，活化分子急剧增多，化学反应速度因此加快。

在相同条件下，不同燃料的焦炭的燃烧反应，其活化能是不同的，高挥发分煤的活化能最小，低挥发分无烟煤的活化能最大。在一定温度下活化能越大，则活化分子数越少，反应速度越慢。由此可见，无烟煤的反应能力差，化学反应速度比其他煤种慢。

实际上，在炉内燃烧过程中，反应物的浓度、炉膛压力基本不变，因此化学反应速度主要与温度有关，其影响相当显著，运行中常用提高炉温的方法强化燃烧。

2. 氧的扩散速度及其影响因素

气体扩散过程的快慢用氧的扩散速度表示。它指单位时间向碳粒单位表面输送的氧量，即碳粒单位表面上的供氧速度。由于化学反应消耗氧，碳粒表面氧浓度小于周围介质中的氧浓度，介质中的氧就向碳粒表面扩散，氧的扩散速度不仅与氧的浓度差有关，还与碳粒直径及气流与碳粒的相对速度有关。

碳粒燃烧过程中，气流与碳粒的相对速度越大，扰动越强烈，不仅氧向碳粒表面的供应速度增大，同时燃烧产物离开碳表面扩散出去的速度也增大，使氧的扩散速度加快。

碳的燃烧是在碳粒表面进行的，碳粒直径越小，表面积越小，若碳粒表面的氧浓度不变，则单位面积的氧浓度越大。从宏观来看，碳粒越小，单位质量碳粒的表面积越大，与氧的反应面积增大，这都说明碳粒在气流中的扩散能力加强，氧的扩散速度增大，因此，增大气流相对速度或减小碳粒直径都会加强碳粒燃烧的扩散过程。

3. 燃烧速度与燃烧区域

燃烧速度是指单位时间内烧掉的燃料量。决定煤粉的燃烧速度的关键是碳粒的燃烧速度。它既与化学反应速度有关，又与氧的扩散速度有关，最终决定于两者中的较慢者。在锅炉技术上，燃烧过程按其燃烧速度受限的因素不同，分为动力燃烧控制区、扩散燃烧控制区和过渡燃烧控制区。

（1）动力燃烧控制区。

当温度较低时（小于 1000 ℃），碳粒表面化学反应速度较慢，氧的供应速度远远大于化学反应的耗氧速度，燃烧速度主要决定于化学反应速度，而与扩散速度的关系不大，这种燃烧工况称为处于动力燃烧控制区。随着温度的升高，燃烧速度将急剧增加，因此，提高温度是强化动力燃烧工况的有效措施。

（2）扩散燃烧控制区。

当温度很高时（>1400 ℃），碳粒表面化学反应速度很快，耗氧速度远远超过供氧的速度，碳粒表面的氧浓度实际为零，燃烧速度主要决定于氧的扩散条件，与温度的关系不大，这种燃烧工况称为处于扩散燃烧控制区。加大气流与碳粒的相对速度或减小碳粒直径都可提高燃烧速度。

（3）过渡燃烧控制区。

介于上述两种燃烧工况的中间温度区，氧的扩散速度与碳粒表面的化学反应速度较为接近，燃烧速度同时受化学反应条件与扩散混合条件的影响，这种燃烧工况称为处于过渡燃烧控制区。要强化燃烧，既要提高温度，又要加强碳粒与氧的混合条件。

在一定条件下，可以使燃烧过程由一个区域移向另一个区域。例如在反应温度不变的条件下，增加煤粉与气流的相对速度或减小煤粉颗粒直径（即煤粉变细），可使燃烧过程由扩散燃烧控制区移向过渡燃烧控制区，甚至动力控制区。随着碳粒直径减小或相对速度增大，氧向碳粒表面的扩散过程加强，从动力燃烧控制区过渡到扩散燃烧控制区的温度将相应提高。

煤粉的燃烧，主要取决于焦炭的燃烧，焦炭在炉内处于什么样的燃烧控制区域，是关系到如何组织炉内煤粉燃烧的关键。就焦炭在炉内燃烧情况来看，在高温燃烧中心，粗焦粒可能处于扩散燃烧控制区，大部分细焦粒则处于动力燃烧控制区或过渡燃烧控制区，所以提高炉温和加强煤粉与气流的混合都是不可忽视的。而焦炭在炉内燃尽区，由于此处烟温较低，且烟气中含氧量较少，若扩散混合条件较好，燃烧可处于动力燃烧控制区；若扩散混合条件较差，燃烧亦可能处于扩散燃烧控制区。

（二）煤粉迅速完全燃烧的条件

1. 燃烧程度

燃烧程度即燃烧的完全程度，燃烧有完全燃烧与不完全燃烧之分。燃料中的可燃成分在燃烧后全部生成不能再进行氧化的燃烧产物，如 CO_2，SO_2，H_2O 等，这叫作完全燃烧。燃料中的可燃成分在燃烧过程中，有一部分没有参与燃烧，或虽已燃烧，但生成的燃烧产物（烟气）中还存在可燃气体，如 CO，H_2，CH_4 等，这种情况叫作不完全燃烧。

例如，碳在完全燃烧时生成 CO_2，可放出 32866 kJ/kg 的热量，而在不完全燃烧时，生成 CO，仅能放出 9270 kJ/kg 的热量。这样就有 23596 kJ/kg 的热量白白地浪费了。如果碳没有完全燃烧，致使燃烧生成的飞灰和炉渣中含有大量的碳，其热损失就更大。

总之，为了减少不完全燃烧热损失，提高锅炉热效率，应尽量使燃料燃烧达到完全程度。燃烧的完全程度可用燃烧效率表示，即输入锅炉的热量扣除机械不完全燃烧损失的热量和化学不完全燃烧损失的热量后占输入锅炉热量的百分比，用符号 η_r 表示，并可用下式计算：

$$\eta_r=\frac{Q_r-Q_3-Q_4}{Q_r}\times100\%=100-q_3-q_4\quad\%\qquad(3-71)$$

燃烧效率越高，则燃烧产物（烟气和灰渣）中的可燃质越少，即燃烧损失（q_3+q_4）越小，说明煤粉燃烧完全程度越高。

2. 煤粉迅速完全燃烧的条件

良好燃烧要求燃烧过程又快又完全地进行。能否实现又快又完全的良好燃烧，除了取决于燃料的化学反应能力和颗粒大小外，主要在于能否创造以下良好燃烧的条件。

（1）相当高的炉温。

燃烧的快慢和完全程度均与温度有关。炉温过低会使燃烧化学反应速度降低，不利于燃烧反应的进行，燃烧不完全，所以应维持相当高的炉温。相当高的炉温不仅可以促使煤粉很快着火，迅速燃烧，而且可以保证煤粉充分燃尽。但对固态排渣煤粉炉而言，炉温也不宜太高，过高的炉温不仅会引起炉结渣，也会引起膜态沸腾，同时，炉温过高可能会导致较多燃烧产物又还原成燃烧反应物，这同样等于燃烧不完全。试验结果证明，锅炉的炉温在中温区域（1000～2000 ℃）内比较适宜。一般锅炉内的燃烧是在0.101 MPa压力下进行的，最高温度为1500～1600 ℃，可以认为炉温越高越好。

（2）供应充足而又合适的空气量。

要达到完全燃烧就必须送入炉内适量的空气，即保持适当的过量空气系数。当空气供应不足，即过量空气系数过小时，空气中的氧不能及时补充到煤粉表面，燃烧速度就会降低，将造成不完全燃烧热损失；但空气供应过多，会使炉温降低，燃烧速度也会降低，不完全燃烧热损失也相应增加。同时会引起排烟量增大，排烟热损失增加。因此，合适的空气量是根据炉膛出口最佳过量空气系数来确定的。

（3）燃料与空气的良好扰动和混合。

燃料和空气混合是否良好，对能否达到迅速完全燃烧起着很大作用。煤粉锅炉一般都采用一、二次风组织燃烧。煤粉由一次风携带进入炉膛，煤粉着火后，一次风很快被消耗。二次风应以较高的速度喷入炉内与煤粉混合，补充燃烧所需的空气，同时形成强烈的扰动，冲破或减少炭表面的烟气层和灰壳，以强行扩散代替自然扩散，从而提高扩散混合速度，使燃烧速度加快并完全燃烧。

除此之外，还应该在炉膛形状、燃烧器的结构和布置等方面采取相应措施，以促使气流与煤粉充分混合。

（4）足够的炉内停留时间。

煤粉由着火到全部燃尽需要一定的时间。煤粉从燃烧器出口到炉膛出口一般需2～3 s。在这段时间内煤粉必须完全烧掉，否则到了炉膛出口处，因受热面多，烟气温度很快下降，燃烧就会停止，从而造成不完全燃烧热损失。煤粉在炉内的停留时间主要取决于炉膛容积、炉膛高度及烟气在炉内的流动速度，这都与炉膛容积热负荷和炉膛截面热负荷有关，即要在锅炉设计中选择合适的数据，而在锅炉运行时切不可超负荷运行。

为了保证煤粉燃尽，除了保持炉内火焰充满程度以及使炉膛有足够的空间和高度外，还应设法缩短着火与燃烧阶段所需要的时间。

总之，要保证燃料的良好燃烧，就必须满足以上四个条件，因此就要求燃烧设备具有合理的结构和布置，且在运行中科学地组织整个燃烧过程。

二、煤粉气流的燃烧过程

煤粉随同空气以射流的形式经燃烧器喷入炉膛，在悬浮状态下燃烧形成煤粉火炬，从燃烧器出口至炉膛出口，煤粉的燃烧过程大致分为三个阶段。

(一) 着火前的准备阶段

煤粉气流喷入炉内至着火这一阶段为着火前的准备阶段。着火前的准备阶段是吸热段。在此阶段内，煤粉气流被炉膛中的烟气不断加热，温度逐渐升高。煤粒受热后，先进行水分蒸发，接着干燥的煤粉进行热分解析出挥发分。挥发分析出的数量和成分决定于煤的特性、加热温度与速度。着火后的煤粉只发生缓慢氧化，氧浓度 O_2和飞灰含碳量 C_{fh}的变化不大。一般认为，从煤粉中析出的挥发分先着火燃烧。挥发分燃烧放出的热量又加热碳粒，碳粒温度迅速升高，当碳粒加热至一定温度并有氧补充到碳粒表面时，炭粒着火燃烧。

(二) 燃烧阶段

煤粉气流着火以后进入燃烧阶段，包括挥发分和焦炭的燃烧。燃烧阶段是一个强烈的放热阶段。当温度升高到一定值时，煤粒表面的挥发分首先着火燃烧，燃烧放热对煤粒直接加热，煤粒被加热到一定温度并有氧补充到其表面时，煤粒首先局部着火，然后扩展到整个表面。煤粉气流一旦着火燃烧，可燃质与氧发生高速的燃烧化学反应，放出大量的热量，放热量大于水冷壁的吸热量，烟气温度升高达到最大值，氧浓度 O_2及飞灰含碳量 C_{fh}则急剧下降。

(三) 燃尽阶段

燃尽阶段是燃烧阶段的继续。煤粉经过燃烧后，碳粒变小，表面形成灰壳，大部分可燃质已燃尽，只剩少量残余碳粒继续燃烧，成为灰渣。由于残余碳粒常被灰分和烟气所包围，空气很难与之接触。另外，在燃尽阶段，氧浓度 O_2相应减少，气流的扰动减弱，燃烧速度明显下降，燃烧放热量小于水冷壁的吸热量，烟气温度逐渐降低，故燃尽阶段的燃烧反应进行得十分缓慢，容易造成不完全燃烧损失。

对应于煤粉燃烧的三个阶段，可以在炉膛中划分出三个区，即着火区、燃烧区与燃尽区。由于燃烧的三个阶段不是截然分开的，因此，对应的三个区也没有明确的分界线。但是大致可以认为：燃烧器出口附近是着火区，炉膛中部及燃烧器同一水平的区域以及稍高的区域是燃烧区，高于燃烧区直至炉膛出口的区域都是燃尽区。其中，着火区很短，燃烧区也不长，而燃尽区却较长。根据对 $R_{90}=5\%$ 的煤粉试验，其中，97%的可燃质是在25%的时间内燃尽的，而其余3%的可燃质都要在75%的时间内燃尽。

图3-4表示煤粉火炬的工况曲线。图3-4中曲线表明，随着煤粉燃烧过程的进行，沿着煤粉火炬行程，烟气中飞灰含碳量 C_{fh} 逐渐减少，氧浓度 O_2 逐渐下降，而燃烧产物 RO_2 气体的浓度逐渐上升。这些参数在燃烧最剧烈的燃烧区变化最快，在着火区和燃尽区变化较缓慢。烟气温度的变化是在着火区和燃烧区上升，在燃尽区中烟气温度下降。

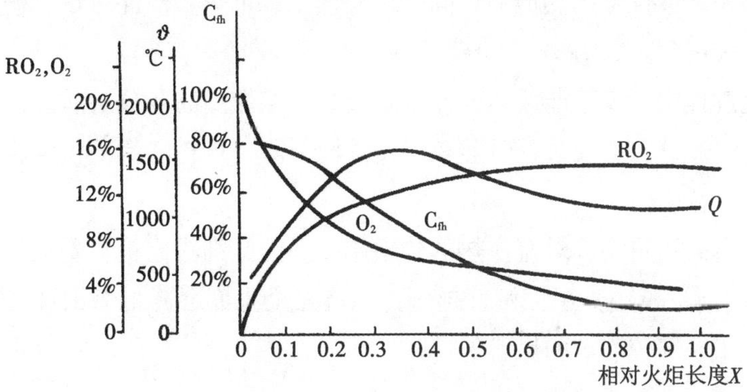

图3-4　煤粉火炬的工况曲线图

Q—烟气温度；C_{fh}—飞灰含碳量；RO_2—烟气中 RO_2 气体浓度；O_2—烟气中氧浓度

三、煤粉气流的燃烧

1. 煤粉气流的着火与强化

煤粉气流喷入炉内，主要通过紊流扩散卷吸高温烟气进行对流加热，同时受高温火焰的辐射加热而着火。煤粉气流的着火首先是从与烟气接触的边界层开始的，然后以一定速度向射流轴心传播，形成稳定的着火面。煤粉气流最好离喷口不远就能迅速稳定地着火，着火越快，才能保证可燃物在炉内短暂的停留时间内充分燃尽，否则不仅 q_4 损失增大，而且火焰中心上移，可能造成炉膛出口结渣和过热汽温度偏高。但着火点离喷口也不能太近，否则可能造成燃烧器附近结渣甚至烧坏燃烧器，恰当的着火距离一般为300~500 mm。稳定着火是指煤粉气流能连续引燃，不致因火焰中断造成灭火。

着火过程实际上是指煤粉一次风气流从入炉前的初始温度加热至着火温度的吸热过程，这个过程吸收的热量称为着火热。它主要用于加热煤粉和一次风，并使煤中水分蒸发和过热，因此影响着火热的因素主要有着火温度 t_{zh}、一次风煤粉混合物的初温 t_1、一次风量 V_1 和原煤水分 M_{ar} 等。

强化着火就是保证着火过程迅速稳定地进行。为此，一方面应减少着火热，另一方面应加强烟气的对流加热，提高着火区的温度水平，保证着火热的供应。这既与燃料性质、一次风的初始状态有关，又与燃烧设备、运行工况有关。下面分析影响煤粉气流着火的主要因素及强化着火的措施。

（1）燃料性质。

挥发分是判断燃料着火特性的主要指标。挥发分越高的煤，着火温度越低，即越容易着火；而挥发分越低的煤，着火温度就越高，就越不容易着火。在煤粉炉炉内相同加热条件下测出的煤粉气流着火温度为：褐煤（$V_{daf}=50\%$）为550 ℃，烟煤（$V_{daf}=20\%\sim40\%$）为840～650 ℃，贫煤（$V_{daf}=14\%$）为900 ℃，无烟煤（$V_{daf}=4\%$）为1000 ℃。由此可见，贫煤、无烟煤着火比较困难。

原煤水分增大，不仅着火热增加，同时水分蒸发、过热要消耗热量，使烟气温度降低，显然这对着火不利。

灰分在燃烧过程中不仅不能放热，而且要吸热。当燃用高灰分劣质煤时，由于煤本身发热量低，大量灰分在着火过程吸热较多使炉温下降，煤粉气流不仅着火推迟，而且着火的稳定性也降低。

煤粉越细，表面积越大，对流换热的热阻越小，因此细粉比粗粉着火快。另外，煤粉的均匀性指数（n）越小，粗煤粉就越多，燃烧完全程度会降低。因此，燃烧挥发分低的煤时，应该用较细较均匀的煤粉。

（2）一次风温。

一次风温对气流的着火、燃烧速度影响较大，提高一次风温，可降低着火热，使着火位置提前。运行实践结果表明，提高一次风温还能在低负荷时稳定燃烧。有的试验结果发现，当煤粉气流的初温从20 ℃提高到300 ℃时，着火热可降低60%左右，显而易见，提高一次风气流的温度对煤粉着火十分有利，因此，提高一次风温是提高煤粉着火速度和着火稳定性的必要措施之一。我国电厂在燃用无烟煤、劣质煤和某些贫煤时，为了使煤粉气流的初温尽可能接近300 ℃，空气预热器出口的热风温度提高到350～420 ℃，并采用热风作一次风输送煤粉。

根据煤质挥发分含量的大小，一次风温既应满足使煤粉尽快着火、稳定燃烧的要求，又应保证煤粉输送系统工作的安全性。一次风温超过煤粉输送的安全规定时，就可能发生爆炸或自燃。当然，一次风温太低对锅炉运行也不利，除了推迟着火、燃烧不稳定和燃烧效率降低之外，还会导致炉膛出口烟气温度升高，引起过热器超温或汽温升高。

（3）一次风量和风速。

一次风量主要取决于煤质条件，当锅炉燃用的煤质确定时，一次风量对煤粉气流着火速度和着火稳定性的影响是主要的。一次风量越大，煤粉气流加热至着火所需的热量就越多，即着火热越多，这时着火速度就越慢，因而距离燃烧器出口的着火位置延长，使火焰在炉内的总行程缩短，即燃料在炉内的有效燃烧时间减少，导致燃烧不完全，显然这时炉膛出口烟温也会升高，不但可能使炉膛出口的受热面结渣，还会引起过热器或再热器超温等一系列问题，严重影响锅炉安全、经济运行。但一次风量太小，着火阶段部分挥发分和细煤粉燃烧得不到足够的氧，将限制燃烧过程的发展。

对于不同的燃料，由于它们的着火特性的差别较大，所需的一次风量也就不同，在保证煤粉管道不沉积煤粉的前提下，应尽可能减小一次风量。显而易见，一次风量应该既能满足煤粉中挥发分着火燃烧所需的氧量，又能满足输送煤粉的需要。如果同时满足这两个条件有矛盾，那么应首先考虑输送煤粉的需要。例如，对于贫煤和无烟煤，因其挥发分含量很低，如按挥发分含量来决定一次风量，则不能满足输送煤粉的要求，为了保证输送煤粉，必须增大一次风量。但因此增加了着火的困难，这又要求加强快速与稳定着火的措施，即提高一次风温度，或采用其他稳燃措施。

一次风量通常用一次风量占总风量的比值表示，称为一次风率。一次风率的推荐值见表 3-6。

表 3-6　各种煤的一次风率推荐表

煤种	无烟煤	贫煤	烟煤	褐煤
干燥无灰基挥发分	<10%	10%～20%	20%～40%	>40%
一次风率	15%～20%	20%～25%	25%～45%	40%～45%

煤粉气流混合物通过燃烧器一次风喷口截面的速度称为一次风速。一次风速越高，煤粉气流混合物流经着火区的容积流量越大，要求的着火热越多，使加热过程延长，着火推迟。但一次风速也不能太低，否则紊流扩散减弱，不利于高温烟气对煤粉气流的对流加热，着火也要推迟，同时可能造成燃烧器冷却不良而烧坏、煤粉管道堵粉等故障。挥发分高的煤易着火，一次风速应适当高一些，以免着火离燃烧器太近而烧坏燃烧器；难着火的煤，一次风速应适当低一些，使煤粉气流在着火区得到充分加热。

燃烧器配风风速的推荐值见表 3-7。

表 3-7　一次风速和二次风速的推荐表　　　　单位：m/s

燃烧器的形式及风速		无烟煤	贫煤	烟煤	褐煤
旋流式燃烧器	一次风	12～16	16～20	20～25	20～26
	二次风	15～22	20～25	30～40	25～35
直流式燃烧器	一次风	20～25	20～25	25～35	18～30
	二次风	45～55	45～55	40～55	40～60
	三次风	50～60	50～60	—	—

（4）着火区的温度水平。

煤粉气流混合物在着火阶段的温度较低，燃烧处于动力燃烧区，迅速提高着火区的温度可加速着火过程。燃烧中心区的高温烟气回流到着火区，对煤粉进行对流加热，这往往是着火热的主要来源。回流的烟气量越大，着火区温度越高，着火就越快。为了提高着火区温度，燃用难着火的煤时，常将燃烧器附近的水冷壁用耐火材料覆盖，构成卫燃带，以减少水冷壁的吸热，提高着火区的温度。

炉膛的温度水平是随锅炉负荷的高低而升降的。锅炉负荷降低，炉温降低，着火区的温度水平也降低，当锅炉负荷低到一定程度时，就危及着火的稳定，甚至造成灭火。固态排渣煤粉炉一般规定 50%～70% MCR 为最低负荷，在最低负荷以下运行应采取稳燃措施。

（5）煤粉气流的着火周界面。

煤粉气流与烟气的接触周界面越大，传热量越多，着火越快。为此常通过燃烧器将煤粉气流分割为若干小股，或使气流旋转扩散，以增大着火周界面。

2. 煤粉气流的燃烧与强化

煤粉气流一旦着火就进入燃烧中心区。在燃烧中心区，除少量粗煤粉接近扩散燃烧工况外，大部分煤粉处于过渡燃烧工况。因此，强化燃烧过程既要加强氧的扩散混合，又不得降低炉温，具体措施有以下几条。

（1）合理送入二次风。煤粉气流着火后放出大量的热，炉温迅速升高，火焰中心温度可达 1500～1600 ℃，燃烧速度很快。一次风中的氧很快耗尽，煤粒表面缺氧限制了燃烧过程的发展。因此，及时供应二次风并加强一、二次风的混合是强化燃烧的基本途径。若二次风混入过迟，氧量供应不足，燃烧速度减慢，可燃气体未完全燃烧热损失增加；二次风混入过早，相当于增加了一次风量，使着火热增加，着火推迟。二次风混入的时间与煤种和燃烧器型式有关。由于二次风温比炉温低得多，为了不降低燃烧中心区的温度，在燃用低挥发分煤时，二次风应该在煤粉气流着火后，随燃烧过程的发展分期分批送入。

（2）使其具有较高的二次风温和风速。二次风除了适量供应之外，还应具有较高的温度，以免炉温降低影响燃烧，同时应具有较高的风速，以加强氧的扩散和一、二次风的混合和扰动。因此，二次风速一般均高于一次风速。较高的二次风速，可提高煤粉与空气的相对速度，增强混合，强化燃烧。但是二次风速不能比一次风速大得过多，否则会迅速吸引一次风，使二次风与煤粉混合提前，影响煤粉气流的着火。二次风速应与一次风速保持一定的速度比，其最佳值取决于煤种和燃烧器型式，其推荐值列于表 3-7 中。

（3）合理组织炉内空气动力工况。炉膛中煤粉是在悬浮状态下燃烧的，空气与煤粉的相对速度很小，混合条件不理想。为了能使煤粉与补充的二次风良好混合，除了二次风应具有较高的速度外，还应合理组织炉内空气动力工况，促进煤粉和空气混合，从而有效提高燃烧速度。炉内空气动力工况与炉膛、燃烧器的结构型式以及燃烧器在炉膛中的布置等问题有关。

（4）保持较高的炉温。保持较高的炉温不仅是强化着火的措施，而且是强化煤粉燃烧和燃尽的有效措施。炉膛温度高，有利于对煤粉的加热，着火时间可提前，炉膛温度高，燃烧迅速，也容易达到燃烧完全。当然，炉膛温度也不能太高，要注意防止炉膛结渣和过多的 NO_x 形成等问题。

3. 煤粉气流的燃尽与强化

大部分煤粉都在燃烧区燃尽，只剩少量粗碳粒在燃尽区继续燃烧。从图 3-4 煤粉火矩的工况曲线可知，燃尽区的燃烧条件，不论是可燃质浓度、氧浓度、温度水平，还是气流扰动都处于最不利情况。因此，燃烧速度相当缓慢，燃尽过程延续很长，占据了炉膛空间很大部分。强化主要靠延长煤粉气流在炉内的停留时间来保证。具体措施有以下几条。

（1）选择适当的炉膛容积和高度，保证煤粉在炉内停留时间。

（2）强化着火与燃烧区的燃烧，使着火与燃烧区火炬行程缩短，在一定炉膛容积内等于增加了燃尽区的行程，延长了煤粉在炉内的燃烧时间。

（3）改善火焰在炉内的充满程度。火焰所占容积与炉膛的几何容积之比称为火焰充满程度。火焰充满程度越高，炉膛有效容积越大，可燃物在炉内的实际停留时间越长。

（4）保证煤粉细度，提高煤粉均匀度。煤粉越细，燃烧速度越快，煤粉完全燃烧所需的时间就越短。因此，对于细而均匀的煤粉，q_4 较小。在燃用低挥发分煤时，应将煤磨得细些。

（5）选择合适的炉膛出口过量空气系数 α_1''。α_1'' 过小会造成燃尽困难。应根据不同的燃料和燃烧设备型式选择最佳的 α_1''。

在煤粉气流燃烧过程中，着火是良好燃烧的前提，燃烧是整个燃烧过程的主体，燃尽是完全燃烧的关键。燃烧过程的强化，很大程度上依靠燃烧设备的合理结构和布置来实现。

【能力训练】

（1）烟气成分分析原理是什么？测出的数值有何实际意义？

（2）燃用成分含量相同的燃料时，其理论空气量是否相同？为什么？当燃用成分含量不同的燃料时，若 α 都相同，是否表明实际空气量也都相同？为什么？

（3）燃料消耗量和计算燃料消耗量有何不同？各在什么情况下使用？

（4）煤粉气流着火点的远近与哪些因素有关？

【综合练习】

（1）什么是理论空气量、实际空气量及过量空气系数？为什么按实际空气量供应空气？

（2）在 $\alpha>1$ 的条件下完全燃烧或不完全燃烧时，烟气由哪些成分组成？

（3）什么叫理论干烟气容积、实际干烟气容积、理论水蒸气容积、实际水蒸气容积和烟气总容积？

（4）在对烟气成分进行分析时，组成气体的容积百分数为什么以干烟气为标准？

（5）燃料的应用基低位发热量、理论空气量、理论烟气量之间有什么关系？为什么？

（6）热平衡的意义是什么？电厂锅炉有哪些输入热量和哪些输出热量？

（7）分析影响排烟热损失的主要因素。降低排烟热损失的措施有哪些？

（8）分析影响固体未完全燃烧热损失的主要因素。降低固体未完全燃烧热损失的措施有哪些？

（9）如何确定最佳过量空气系数？

（10）什么是锅炉的热效率？什么是净效率？现代电厂锅炉常用什么方法求热效率？

（11）实际煤耗量、标准煤耗量、计算煤耗量有什么关系？各在什么情况下使用？

（12）某锅炉炉膛出口烟气含氧量为3.5%，通过省煤器后烟气含氧量增加到6%，求此段烟的漏风系数。

（13）何谓燃烧速度、燃烧程度？煤粉的燃烧速度主要取决于哪两方面的因素？

（14）试述煤粉气流在炉内的燃烧过程。

（15）如何强化煤粉气流的燃烧？

（16）煤粉在炉膛内的燃烧分为哪几个阶段？各阶段的主要特点是什么？

（17）煤粉燃烧过程可能处于哪几个工况？各工况主要有何特点？

（18）在组织锅炉燃烧时，为什么将燃烧所需空气分为一、二次风？确定一次风率的依据是什么？

（19）燃煤水分对煤粉气流着火有何影响？

（20）燃煤灰分对煤粉气流着火有何影响？

（21）燃煤挥发分对煤粉气流着火有何影响？

（22）煤粉细度对煤粉气流燃烧有什么影响？

项目四　燃烧设备及风烟系统

【学习目标】

（1）学习燃烧器的类型、组成及作用；
（2）学习点火装置的分类、组成及作用；
（3）学习空预器的类型、特点。

【能力目标】

（1）知道燃烧器的类型，以及各种类型常用的炉型；
（2）掌握点火装置的类型和区别；
（3）掌握风烟系统的常用设备及特点。

【思政目标】

（1）培养正确的“三观”、社会责任感、团队精神；
（2）树立良好的职业道德，培养专业精神和工匠精神；
（3）培养自我学习、自我管理能力。

任务一　煤粉燃烧器及新技术

【知识点描述】

（1）煤粉燃烧器简介；
（2）直流煤粉燃烧器；
（3）旋流煤粉燃烧器；
（4）煤粉燃烧新技术。

【能力目标】

（1）能说出各类型的煤粉燃烧器的特点；

（2）了解最新燃烧技术。

一、煤粉燃烧器简介

电厂煤粉锅炉的燃烧设备主要包括煤粉燃烧器、炉膛及点火装置。

锅炉整体燃烧过程良好，除了保证燃烧机理和热力条件等，使煤粉气流能够迅速着火、稳定燃烧外，还需要使煤粉与空气均匀地混合，即燃料与氧化剂要及时接触且接触良好，才能使燃烧猛烈，燃烧强度大，并能够以最小的过量空气系数达到完全燃烧，提高燃烧效率，从而保证锅炉的安全、经济运行。在煤粉炉中，这一切都与燃烧器的结构、布置及其流体动力特性有关。因此，煤粉燃烧器是锅炉燃烧设备的主要组成部分，其作用是保证燃料和燃烧所需空气进入炉膛时能够充分混合、迅速稳定着火并且完全燃烧。燃烧器的性能对锅炉燃烧的稳定性和经济性都具有很大的影响。

随着锅炉容量的不断增加和环保要求的进一步提高，对煤粉燃烧器的要求也随之提高，性能良好的燃烧器应满足下列几项要求。

（1）将燃料及燃烧所需空气送入炉膛，在炉内组织良好的空气动力场，使燃料快速稳定着火。

（2）及时供应空气，与燃料合理混合，达到足够的燃烧强度，使燃料在炉内能够充分燃烧，保证较高的燃烧效率。

（3）燃烧可靠稳定，火焰在炉内充满程度高，不会冲墙贴壁，且壁面不会结焦、结渣。

（4）有较好的燃料适应性，具有良好的调节性能，以适应煤种和负荷变化的要求。

（5）流动阻力较小，运行可靠，不易烧坏和磨损，便于维修和更换部件。

（6）应能控制 NO_x 的生成量在允许的范围内，以达到保护环境的要求。

在煤粉锅炉中，燃料流和空气流都是通过燃烧器以射流形式送入炉膛的，煤粉燃烧器按其出口气流的特征可以分为直流燃烧器和旋流燃烧器两大类。出口气流为直流射流或直流射流组的燃烧器称为直流燃烧器；出口气流主要为旋转射流的燃烧器称为旋流燃烧器，旋流燃烧器出口气流可以是几个同轴旋转射流的组合，也可以是旋转射流和直流射流的组合，但主流为旋流。直流射流和旋转射流在气流结构和空气动力特性方面（如速度分布、射程、卷吸特性和回流区等）是不同的，因而以这两种射流为基础的直流燃烧器和旋流燃烧器在组织燃料着火和燃烧方面也是不同的。

二、直流煤粉燃烧器

直流煤粉燃烧器为长矩形的组合体，其出口截面由一组圆形、矩形或多边形的喷口组成。煤粉空气混合物和燃烧所需空气从各自的喷口以直流射流方式喷进炉膛。根据流过介质的不同，可分为一次风口、二次风口和三次风口（三次风仅中间储仓式热风送粉系统中有）。直流燃烧器可以布置在炉膛四角、炉膛顶部或炉膛中部拱形部分，从而形成四角切圆布置燃烧方式、W 火焰燃烧方式和 U 形火焰燃烧方式。我国的燃煤电站锅炉，直流煤粉燃烧器大多布置在炉膛四角，四角燃烧器的轴线相切于炉膛中心的一个假想切圆。本节内容主要介绍四角布置切圆燃烧方式的煤粉燃烧器。

1. 直流煤粉燃烧器的射流特点

直流煤粉燃烧器单个喷口喷出的气流是最简单的圆形或矩形平面的直流射流，它们被喷进充满炽热烟气的炉膛中，具有较高的初速，因此，燃烧器喷射出来的气流都是紊流射流，同时，射流射入一个很大的空间后不受任何固体壁面的限制，因而这种气流可以总称为自由紊流射流。

射流以初速度 W_0 自喷口喷出后，由于是紊流流动，气流中的气体微团不但有轴向速度，而且有切向速度。当射流射到大空间中去时，在紊流扩散的作用下，射流边界上的流体微团就与周围气体发生热质交换和动量交换，将一部分周围气体卷吸到射流中来，并随着射流一起运动，因而射流的横截面不断扩大，流量不断增加，但射流的速度却逐渐减弱。射流的结构特性及速度分布如图 4-1 所示。

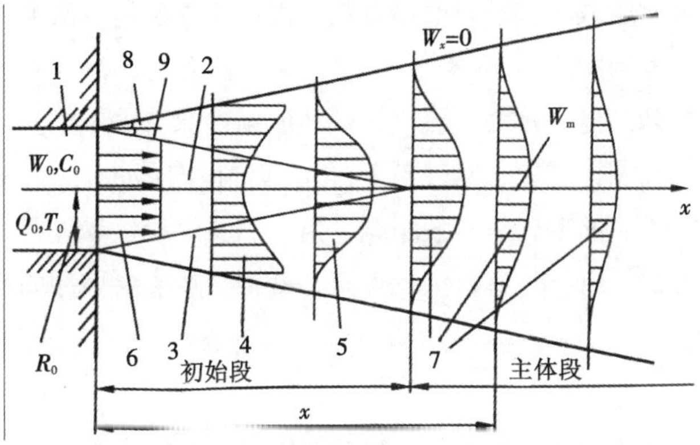

图 4-1　自由紊流煤粉空气射流示意图

1—喷口；2—射流等速核心区；3—射流边界层；4—温度分布；5—初始段速度分布；6—出口速度分布；7—主体段速度分布；8—射流扩散角；9—内扩散角

射流自喷口喷出后，仅在边界层处有周围气体被卷吸进来。在射流中心尚未被周围气体混入的地方，仍然保持初速 W_0，这个保持初速为 W_0 的三角形区域称为射流等速核心区，核心区内的流体完全是射流本身的流体。在射流等速核心区维持初速 W_0 的边界称为内边界，射流与周围气体的边界（此处流速 $W_x \to 0$）称为射流的外边界。内外边界间就是紊流边界层，紊流边界层内的流体是射流本身的流体以及卷吸进来的周围气体。从喷口喷出来的射流到一定距离，核心区便消失，只在射流中心轴线上某点处尚保持初速 W_0，此处对应的截面称为射流的转折截面。在转折截面前的射流段称为初始段，在转折截面以后的射流段称为主体段，主体段中射流的轴心速度也开始逐步衰减。

射流的内、外边界都可近似地认为是一条直线，射流的外边界线相交之点称为源点，其交角称为扩展角。扩散角的大小与射流喷口的截面形状和喷口出口速度分布情况有关。因为射流的初始段很短，仅为喷口直径的2~4倍，这段距离在煤粉炉中尚处于着火准备阶段，因此，在实际锅炉工作中，主要研究基本段的射流特性。

2. 直流煤粉燃烧器的燃烧特性

直流煤粉燃烧器射流气流的着火过程发生于一次风的外界边缘，然后从外向内迅速扩展。煤粉气流达到着火温度所需吸收的热量，70%以上来自卷吸高温烟气的对流换热，其余是炉内介质的辐射热。因此，气流卷吸周围介质的能力对着火过程有极大的影响。对于矩形喷口，较高而窄的截面会使射流的外边界增加，卷吸量增加。同时，由于卷吸主要发生在向火侧或背火侧（即长边卷吸），因此，喷口高宽比较大的燃烧器，其着火条件往往较好。

燃烧器各股出口气流的动量与介质流量和流速的乘积成正比例。动量越大，穿透能力越大，气流便能更有力地深入炉膛内部（否则会上翘），形成燃烧所需要的炉内切圆，对点燃邻角气流、强化后期扰动、促进煤粉燃尽都是有利的。一次风粉气流，当其着火燃烧以后，密度急剧减小，动量衰减很快。因此，主要是二次风的风速和动量对炉内空气动力场产生更大的影响。

炉内射流抵抗偏转的能力称为气流刚性。气流刚性除与动量成正比外，还与气流断面的形状有关。断面高宽比越大，刚性越差（指抵抗横向偏转）。切向燃烧的锅炉，希望各角气流发生一定程度的偏转，以便组织邻角点燃和煤粉燃尽过程。但不允许偏转过大，尤其是不允许一次风粉气流有过大的偏转，否则会造成火焰冲刷水冷壁，引起结焦和增大燃烧损失。

在运行中，当一次风射流能量与炉内旋转气流的能量相比过小时，该一次风射流就不能射入燃烧器火球而出现较大的偏斜。偏斜发生时，部分煤粉气流脱离主流而落入水冷壁附近的低温区，使这部分还未完全燃烧的煤粉熄灭，沿水冷壁向上流动，使燃烧损失增大；同时，脱离主气流的一次风火焰因得不到及时补给的充足氧气，进行强烈的还原燃烧，而产生大量的结焦。由此可见，对切圆燃烧锅炉，控制出口射流过分偏斜是防止结焦和降低飞灰可燃物的一种重要方法。

出口射流的偏转，通常随着锅炉负荷的增大、燃烧器投运只数的增加（影响燃烧器整体高宽比）而加大。此外，燃烧器的倾角也可以影响射流偏斜。

对于同一燃烧器的各股平行射流而言，由于各股射流的引射作用，动量小的一次风将向动量大的二次风靠拢。因此，如果一次风速、风量过小，刚性变差，就会使一、二次风加快混合，这往往有利于易燃煤种的燃烧而不利于难燃煤种的着火。所以，通过调整一、二次风速的大小，也可以调整一、二次风混合的时机。若设计燃烧器时取用了较小的一、二次风风口间距，则上述调节作用会更明显。

由于直流燃烧器采用切向燃烧方式，故四角气流的相互支持和相互配合对燃烧过程的影响至关重要。这个作用集中表现于炉内燃烧切圆的形成。较大的切圆直径可改善炉内火焰的充满程度，火球边缘可以扫到各角喷口的附近，有利于点燃煤粉；同时，较强的旋转又可以强化主燃烧区乃至整个炉膛的后期扰动，煤粉在扰动和碰撞下燃烧，烟气中氧的扩散加强和及时打碎灰壳，利于煤粉的燃尽。但切圆直径过大，会在炉膛中央形成大回流，使烟气有效流通面积减小，也易造成炉膛和燃烧器结焦，烟气偏流加剧。当燃用低挥发分的煤时，在不产生结焦的情况下，应使切圆直径大些，以稳定着火和燃烧经济；当燃用高挥发分的煤时，可适当减小切圆，以确保燃烧安全和受热面安全。同时由于偏斜减小，对燃烧经济性也是有利的。切圆的位置和形状，除取决于设计方面的因素（如假想切圆直径、炉膛宽深比、燃烧器结构特性等），运行中也可通过风量、粉量控制进行一定的调整。

3. 四角切圆燃烧方式直流燃烧器的布置方式

（1）四角切圆燃烧方式直流燃烧器的喷口排列方式。

根据燃煤特性的不同，四角切圆燃烧方式的直流燃烧器的一、二次风喷口的排列方式可以大致分为均等配风和分级配风两种形式。

① 均等配风。方式是采用一、二次风口相间布置的配风方式，即在两个一次风口之间均等布置一个或者两个二次风口，或者在每一个一次风口的背火侧均等布置二次风口。

在均等配风方式中，一、二次风口间距相对较近，一、二次风自喷口流出后能很快得到混合，故一般适用于烟煤和褐煤。这种风口布置方式在国内外燃用烟煤和褐煤的锅炉上应用较多，但美国燃烧工程公司（CE）对于挥发分 $V_{daf}>13\%$ 的煤种几乎全部采用一、二次风口间隔布置的均等配风直流燃烧器。图 4-2（a）所示的典型均等配风燃烧器为一、二次风喷口间隔排列，即在每一个一次风喷口的上下方都有二次风喷口，而且喷口间距也较小。这样有利于一、二次风较早地混合，使一次风煤粉气流在着火后就能获得足够的空气。燃烧器最高层为上二次风喷口，上二次风的作用，除供应上排煤粉燃烧所需空气外，还可以补充炉膛内未燃尽的煤粉继续燃烧所需的空气。最底层的下二次风，能把从煤粉射流中分离出来的粗煤粉托浮起来，使其继续燃烧而减少机械未完全燃烧热损失。

燃烧器在结构上可以整组或分组上下摆动一定的角度，各层二次风均设有风门挡板，以调节二次风出口速度。通常二次风约占总风量的 70%，风速约 40 m/s。

② 分级配风。这是指把二次风分级分阶段地送入燃烧的煤粉气流中的配风方式。在一次风煤粉气流着火后送入一部分二次风，促使已着火的煤粉气流的燃烧过程能继续扩展；待全部着火以后再分批地喷入其余二次风，使它与着火燃烧的煤粉火炬强烈混合，借以加强气流扰动以提高扩散速度，促进煤粉的燃烧和燃尽过程。因此，在分级配风燃烧器中，通常将一次风口比较集中地布置在一起，而二次风口分层布置，且一、二次风口间保持较大距离，以此来控制一、二次风射流在炉内的混合点。煤的挥发分 V_{daf} 越低、灰分 A_{ar} 越高，一、二次风口间的距离应越大些，两者的混合自然也就晚些。这

种燃烧器可用于无烟煤、贫煤和劣质烟煤。

典型的分级配风直流煤粉燃烧器喷口布置示意图如图 4-2（b）所示。相对集中布

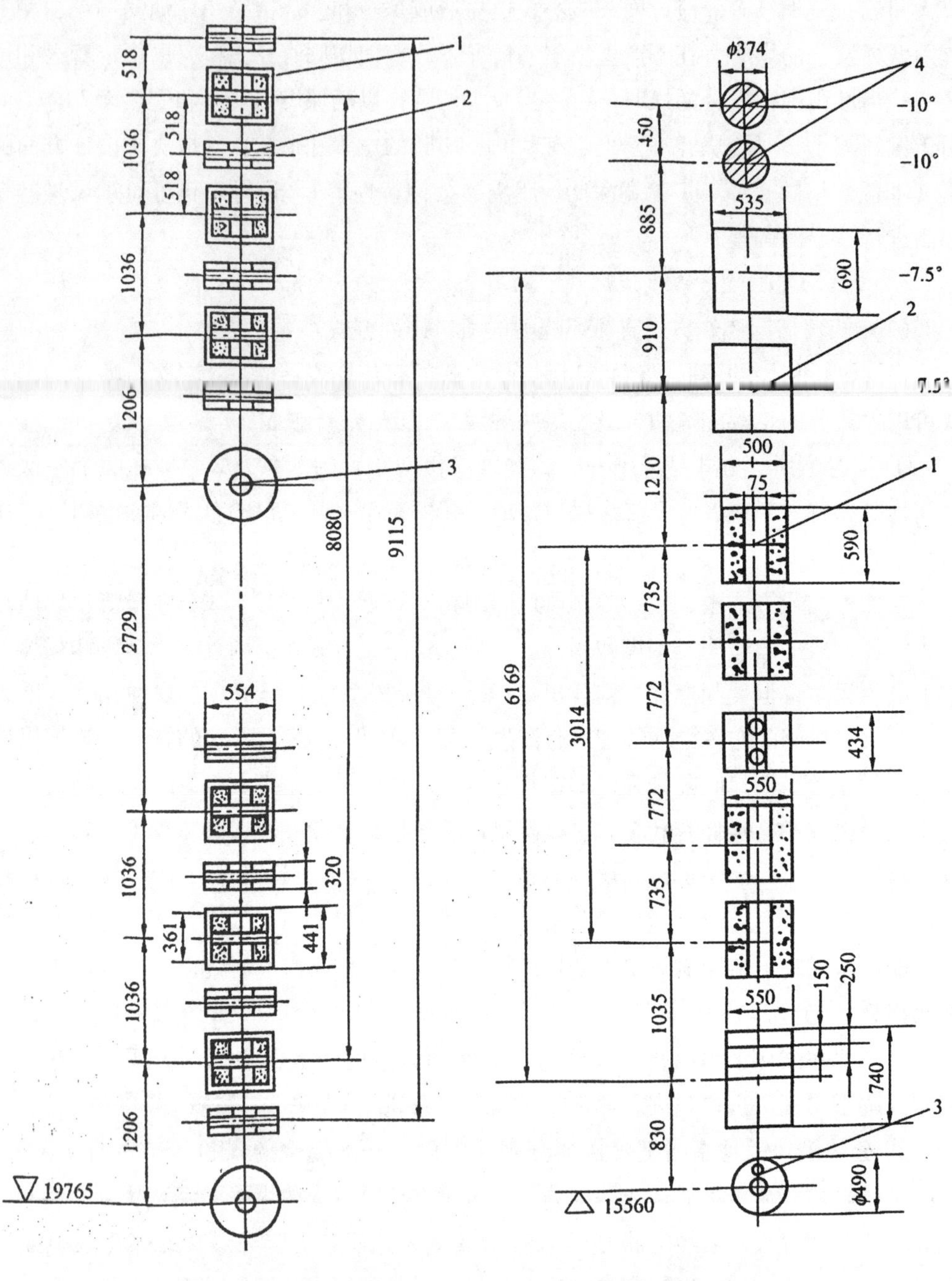

图 4-2　四角切圆燃烧方式燃烧器喷口布置示意图（单位：mm）

1—一次风喷口；2—二次风喷口；3—安放点火油枪的二次风喷口；4—三次风喷口

置的一次风喷口大多做成高宽比较大的直立矩形截面。这样可以加大煤粉射流截面的周界，增大煤粉射流与高温烟气间的接触面积，增强卷吸高温烟气的能力。但高宽比也不宜过大，否则喷口截面过分狭长，气流的刚性就会减弱。相对于采用小喷口分散布置而言，一次风口集中布置可以增强气流的穿透能力和刚性，从而可减轻切向燃烧炉室中一次风射流的偏斜。一次风口集中布置后，由于煤粉集中，燃烧放热集中，火焰中心温度会有所升高。这些都为劣质烟煤和无烟煤的着火和燃烧提供了有利条件。

一次风速一般保持在 20~25 m/s。由于二次风是在煤粉气流着火以后才能与一次风混合，此时煤粉气流温度已较高，烟气黏度也较大，为保证二次风有足够的动量以穿透烟气而与燃烧着的焦炭粒子相接触，并造成一定的气流扰动来促进混合，二次风射流必须具有足够高的速度。另外，运行中二次风速要随锅炉负荷降低而减小，为使低负荷时二次风仍能保持一定的速度，通常在锅炉设计中取额定负荷下的二次风速 W=40~55 m/s。

这种燃烧器在燃用无烟煤、贫煤和劣质烟煤时，为了保证煤粉稳定着火，对中间储仓式制粉系统都采用热风送粉。这时磨煤乏气是通过单独的喷口（三次风口）排入炉膛的，三次风温一般较低，约为 100 ℃。相对炉内烟气而言，它是一股冷气流，大量的三次风进入炉内，会使炉膛温度下降，燃烧延缓。如果三次风口布置不当，不仅会影响主煤粉气流的着火燃烧（如使炉膛温度降低、着火推迟以及燃烧不稳定等），而且会使煤粉火炬的燃尽条件恶化，导致飞灰可燃物增大，火焰中心上移，炉膛出口和过热器前烟温增高，从而引起炉膛出口附近结渣、过热器超温爆管等事故。因此，一般将三次风喷口布置在燃烧器的最上方，并与上二次风口保持一定间距且有一定下倾角。这样既不会对主煤粉气流的燃烧造成明显影响，又可起到压火作用，增加三次风气流在炉内逗留的时间，有利于三次风中细煤粉的燃尽，减少飞灰可燃物。因为三次风是喷入黏度较大的高温烟气中的，所以流速不宜太低，否则它无法穿透烟气而深入炉膛中心。

在大、中型煤粉锅炉四角切圆燃烧方式直流燃烧器的一次风喷口中，有时还布置有一个狭长的二次风喷口，因形状和布置位置不同而分别称为周界风、夹心风和十字风，如图 4-3 所示。

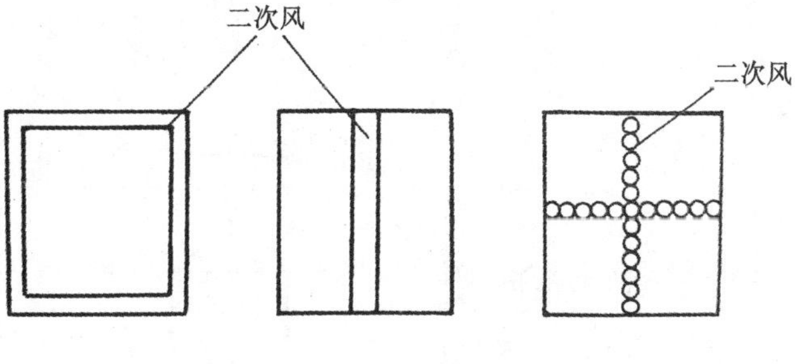

（a）周界风　　（b）夹心风　　（c）十字风

图 4-3　一次风喷口中布置的二次风示意图

在燃用低挥发分煤的切圆燃烧方式直流燃烧器的一次风喷口四周，有时常布置一层二次风，称为周界风，如图 4-3（a）所示。周界风的风层薄，为 15~25 mm；风量小，为二次风总量的 10%左右；但风速较高，为 30~45 m/s。布置周界风有利于将周围的高温烟气卷吸进一次风煤粉气流中，以提高煤粉气流的温度，有利于煤粉气流的着火，也有保护一次风喷口不易被烧坏的作用。但是应该注意，如果设计和使用不当，周界风反而会妨碍一次风直接与高温烟气的接触。

为了避免周界风妨碍一次风直接卷吸高温烟气的不利影响，又出现了夹心风。所谓夹心风，就是在一次风喷口中间竖直地布置一个二次风喷口，如图 4-3（b）所示。夹心风的风速高于一次风速，其风量占二次风总量的 10%~15%。夹心风的作用在于：能及时补充煤粉气流着火后燃烧所需要的空气，但不影响着火；并可提高一次风射流的刚性，使一次风射流减少偏斜；强化了煤粉气流的湍流脉动，有利于煤粉和空气的混合；减少了射流的扩展角，使煤粉气流不易冲墙贴壁，有利于防止炉内结渣。改变夹心风风量的大小，可作为煤种和负荷变动时燃烧调节的手段。

在某些燃用褐煤锅炉的切圆燃烧方式直流燃烧器的一次风喷口中，为了使煤粉气流着火后能迅速补充氧气，常在一次风喷口中安装十字形排列的多个二次风小喷口，如图 4-3（c）所示，这种二次风称为十字风。十字风有利于减少火焰对大尺寸的一次风喷口内壁面的辐射换热，可以起到保护一次风喷口的作用；较高速的十字风可以加强一次风射流的刚性，使一次风不易偏斜；在一次风喷口停用时，还可以用十字风来继续冷却喷口。

（2）四角切圆燃烧方式直流燃烧器的炉内布置方式。

四角切圆燃烧方式直流燃烧器的炉内布置方式有多种，具体如图 4-4 所示。

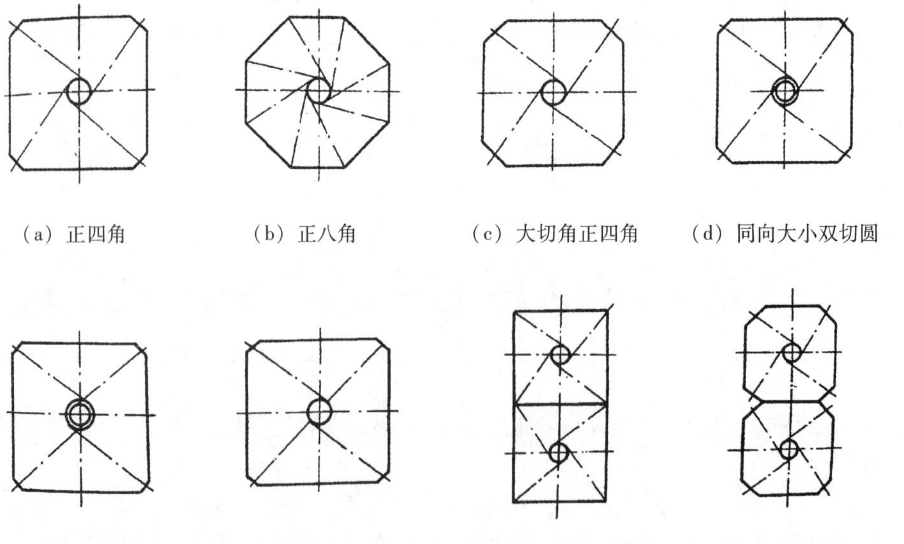

（a）正四角　（b）正八角　（c）大切角正四角　（d）同向大小双切圆

（e）正反双切圆　（f）两角相切，两角对冲　（g）双室炉膛双切圆　（h）大切角双室炉膛切圆

图 4-4　四角切圆燃烧方式直流燃烧器的炉内布置方式

中小容量煤粉炉最常用的是正四角布置，如图 4-4（a）所示，这种布置方式的炉膛截面为正方形或接近正方形的矩形，直流燃烧器布置在四个角上，共同切于炉膛中心的一个直径不大的假想切圆，这样可使燃烧器喷口的几何轴线和炉膛两侧墙的夹角接近相等，因而射流两侧的补气条件差异很小，气流向壁面的偏斜较小，因而煤粉火炬在炉膛的充满程度较好，炉内的热负荷也比较均匀，而且煤粉管道可以对称布置。正八角布置如图 4-4（b）所示，也有同样的特点。现代大容量锅炉常采用大切角正四角布置，如图 4-4（c）所示，它是把炉膛四角切去，在四个切角上安装燃烧器。这种布置除具有正四角布置的特点外，还因为四角切去，可形成切角形水冷壁，这样既可增大燃烧器喷口两侧的空间，使两侧补充条件的差异更小，射流不易偏斜；同时燃烧器可与切角处的水冷壁连在一起，形成燃烧器的水冷套，以保护燃烧器喷口不易被烧坏。同向大小双切圆方式如图 4-4（d）所示，适用于截面深宽比较大的炉膛或由于炉膛四角有柱子，而不能作正四角布置，燃烧器只能布置在两侧墙靠角的位置。此时燃烧器喷口中的几何轴线和两侧墙间的夹角差异很大，射流的补气条件也有较大的差异，布置成大小切圆方式，两对角燃烧器的射流分别和两个直径不同的假想切圆相切，可以改变气流的偏斜，防止实际切圆的椭圆度过大。若采用如图 4-4（e）所示的正反双切圆方式，则由于两股气流反切，可减少实际切圆的椭圆度。“两角相切，两角对冲”方式如图 4-4（f）所示，这样布置可以减小气流相切的实际假想切圆的直径，减低气流的旋转强度，虽可防止气流的过分偏斜，避免炉膛水冷壁结渣，降低烟气出口残余扭转，减少过热器热偏差，却使燃烧后期的混合扰动情况变差。更大容量的煤粉锅炉（发电功率大于 500 MW 的），有时设计成双室炉膛切圆方式，如图 4-4（g）所示，或者大切角双室炉膛切圆方式，如图 4-4（h）所示，此时两个并排的炉膛（燃烧室）中间用双面水冷壁隔开，使每个炉膛截面都成为正方形或接近正方形的矩形，在各自炉膛的四角布置直流燃烧器，形成切圆燃烧方式。大切角双室炉膛的布置方式有正四角布置的特点，而双室炉膛切圆方式则因燃烧器喷口的几何轴线与两侧墙的夹角相差较大，使燃烧器出口射流两侧的补气条件差异较大，因而气流容易偏斜。

4. 典型的直流煤粉燃烧器

（1）WR 燃烧器。

美国燃烧工程公司设计的 WR 燃烧器，其全名为直流式宽调节比摆动燃烧器，主要是为了提高低挥发分煤的着火稳定性和在低负荷运行时着火、燃烧的稳定性而设计的。这种燃烧器的煤粉喷嘴是一种浓淡分离的高浓度煤粉燃烧器，其结构如图 4-5 所示。

从图 4-5（a）可以看出，煤粉喷嘴的一次风道与煤粉管道的连接处有一个弯头，因此，WR 燃烧器使煤粉浓淡分离的工作原理，就是利用煤粉气流通过这个管道弯头转弯时，受离心力的作用，大部分煤粉紧贴着弯头外侧进入煤粉喷嘴，而放置在煤粉喷嘴中间的水平肋片，将煤粉气流顺势分成浓淡两股，上部为高浓度煤粉气流，下部为低浓度煤粉气流，并将其保持到离开喷嘴以后的一段距离，从而提高了煤粉喷嘴出口处上部

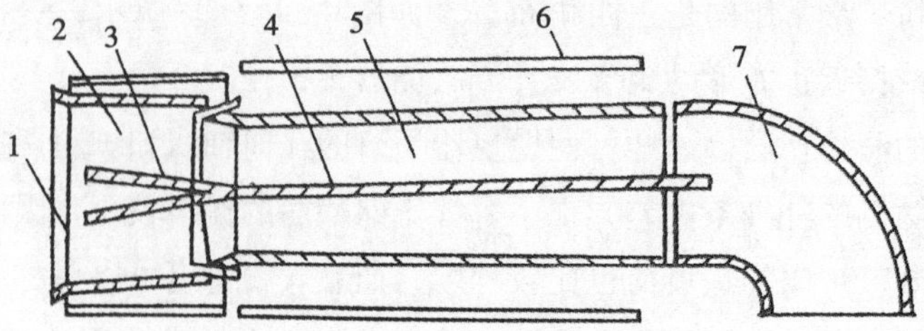

（a）一次风煤粉喷嘴结构图

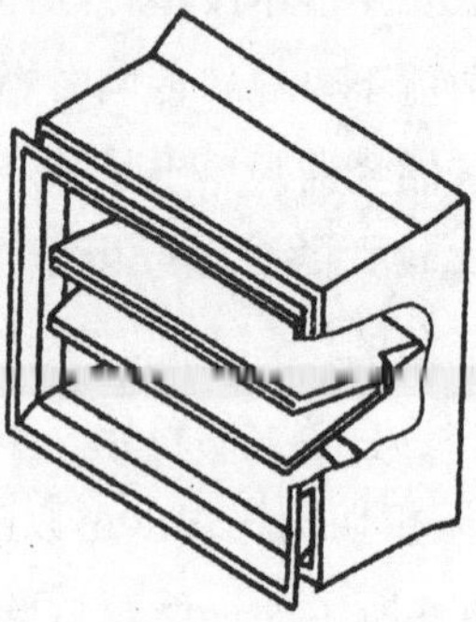

（b）V 形扩流锥

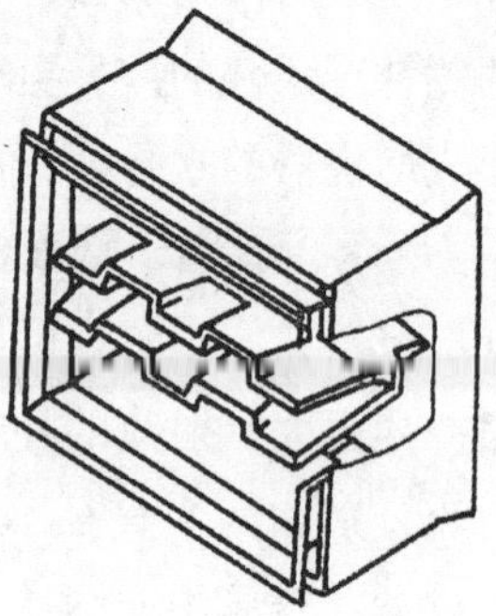

（c）波浪形扩流锥

图 4-5　WR 燃烧器结构示意图

1—阻挡块；2—喷嘴头部；3—扩流锥；4—水平肋片；

5—一次风管；6—燃烧器外壳；7—入口弯头

煤粉气流中的煤粉浓度。而在煤粉喷嘴出口处装有一个扩流锥，扩流锥有 V 形和波浪形两种，如图 4-5（b）、图 4-5（c）所示，但多采用波浪形扩流锥。采用扩流锥可以在喷嘴出口形成一个稳定的回流区，使高温烟气不断稳定回流到煤粉火炬的根部，以维持煤粉气流的稳定着火。扩流锥装在煤粉管道内，不断有一次风煤粉气流流过，所以不易烧坏。其波浪形或 V 形的结构可以吸收扩流锥在高温辐射下的热膨胀；同时可以增加一次风煤粉空气混合物和回流高温烟气的接触面，加快煤粉空气混合物的预热和着火。扩流锥前端有一细长的阻挡块，当煤粉气流的流动速度发生变化时，有利于回流区的稳定。实践结果表明，WR 燃烧器能有效地燃用低挥发分的无烟煤和贫煤。

（2）火焰稳定船式直流燃烧器。

火焰稳定船式直流燃烧器是由清华大学研制的一种新型燃烧器，它是在四角切圆方式燃烧直流燃烧器的一次风喷口内放置一个称为“火焰稳定船”的船形火焰稳定器，如图 4-6 所示。这个“火焰稳定船”可在一次风喷口内前后移动，以调节合适的燃烧工况。图 4-6 还给出了在火焰稳定船式直流燃烧器一次风喷口附近的流函数分布。

由图 4-6 可知，煤粉气流绕过火焰稳定船后，形成的中心回流区是很小的，而且回流区的一半缩在喷口之内，伸出喷口的回流区长度只有约 200 mm，而同时测出火焰稳

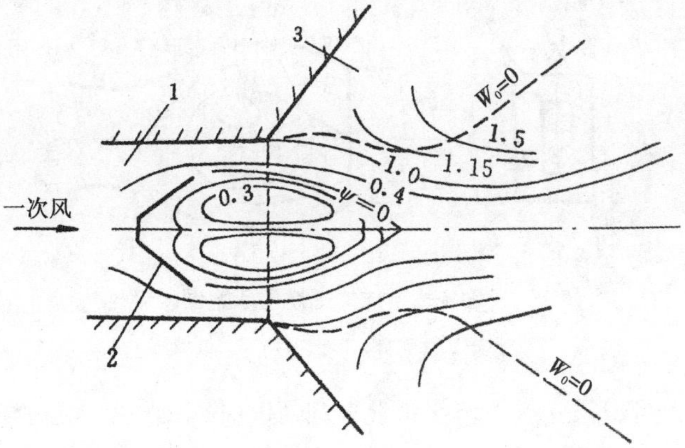

图 4-6　火焰稳定船式直流燃烧器及其一次风喷口附近的流函数分布示意图

1——次风喷嘴；2—火焰稳定船；3—炉膛

定船后的中心回流区中气流温度也只有 100~300 ℃，因此，在回流区中，不会形成具有“三高区”（高氧、高温、高煤粉浓度）的稳燃有利区。但在回流区后的零速度（$W_0=0$）的边界线上的束腰部分附近，形成高温（900 ℃以上）、高煤粉浓度和较高氧浓度的有利于着火的“三高区”。从图 4-6 中还可看出，火焰稳定船式直流燃烧器一次风出口后射流的零速度（$W_0=0$）的边界线不像一般直流射流那样是条直线，而是像图中虚线那样的向中央收缩的束腰形状。图 4-6 中，流函数 $\psi=1.0$ 的实线更明显表示了气流的束腰形状。试验结果证明，由于切圆燃烧方式，邻角燃烧器横扫过来的高温烟气以及本身射流所卷吸的高温烟气，使得在气流的束腰部分外缘形成了温度在 900 ℃以上的高温区，而且此处也正是气流中的高煤粉浓度的区域，并有较高的合适氧浓度，这样就使得这个气流的束腰部分成为着火稳定的源泉。煤粉气流在这个束腰部分着火以后，继续向前运动并迅速扩散时，又得到氧气的补充，以后又与二次风混合，燃烧将继续发展至燃尽，这正适合燃用低挥发分煤的分级配风的原则。所以在许多电厂的实际使用中证明了，这种燃烧器在燃用褐煤、烟煤、贫煤和无烟煤时，大都运行得较好，而且在较低负荷下不用投油助燃，可节省点火用油；火焰稳定船放在一次风喷口内，不易烧坏；磨损也比较轻微，使用寿命较长。

（3）钝体燃烧器。

钝体燃烧器就是在常规应用的四角切圆燃烧方式直流燃烧器靠近一次风喷口出口处安装一个三角形的钝体，如图 4-7 所示，它是华中科技大学的研究成果。

钝体燃烧器在国内大都应用在燃用劣质烟煤、贫煤或无烟煤的锅炉上，起到稳定火焰、改善燃烧的作用，并能提高燃烧效率，还可在额定负荷的 55%~60%的低负荷下稳定运行而不用投油助燃。

钝体燃烧器的稳燃效果，是因为在煤粉空气流流经钝体后，在钝体后面产生了一个较大的回流区。由于回流区的高温烟气反向流向火炬根部，使煤粉气流在喷口出口附近

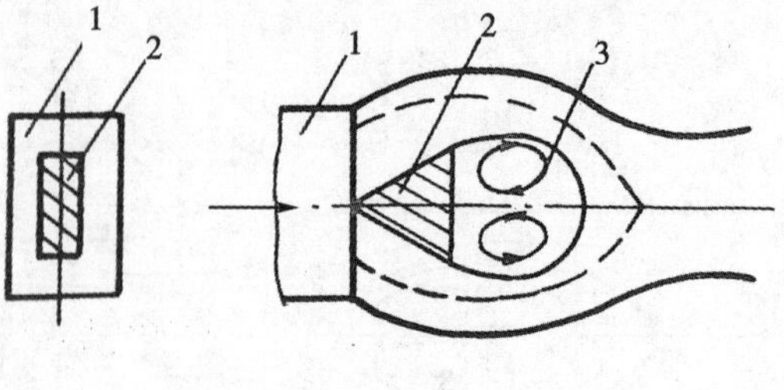

图 4-7　钝体燃烧器示意图

1—一次风喷嘴；2—钝体；3—回流区

形成一个高温区，对煤粉气流的着火非常有利。同时，煤粉空气混合物从一次风喷口喷出，遇到钝体后，由于煤粉颗粒比空气流有较大的轴向运动惯性，使大量煤粉在回流区边缘附近集中，使这里的煤粉浓度比原一次风中的煤粉浓度增加近 1.5 倍，形成一个高煤粉浓度区域。这个区域与高温区同在回流区附近，便使得钝体后的回流区附近成为煤粉气流一个稳定的着火点。另外，在钝体的导流下，一次风射流的扩展角也比原有直流射流的扩展角显著增大，射流外边界卷吸高温烟气的能力也有所增加。因此，钝体燃烧器对燃用低挥发分煤的切圆燃烧方式的稳燃有很大的作用。

钝体燃烧器的稳燃效果在很大程度上取决于钝体后回流区的大小及回流量的多少。为了进一步增强钝体燃烧器的稳燃能力，以适应更难着火的劣质煤的稳燃需要，华中科技大学相关研究人员在钝体燃烧器的基础上，又成功研究了带有稳燃腔的钝体燃烧器，其结构如图 4-8 所示。钝体被罩在稳燃腔中，不但可以消除原钝体燃烧器中钝体上、下两端气流也被卷吸到回流区中的可能，保证了回流区的高温，而且回流区不仅在稳燃腔内存在，在离开稳燃腔后还有一段较长的回流区，可以回流更高温度的烟气。有稳燃腔的钝体燃烧器与没有稳燃腔的钝体燃烧器相比，通过试验结果证明，其回流区长度及回流量都增加了一倍左右，因此更有利于低挥发分煤的稳定着火和燃烧。

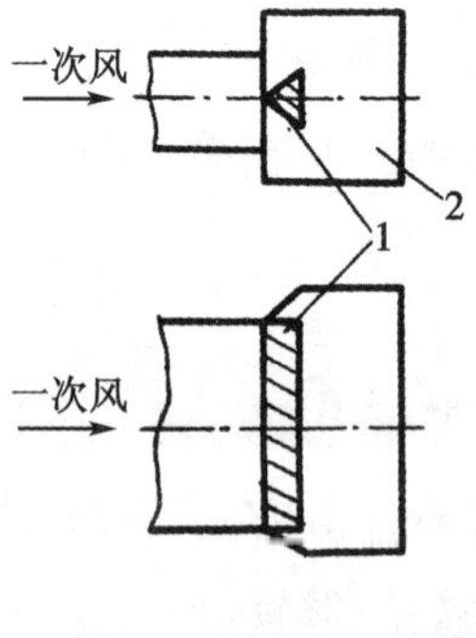

图 4-8　带稳燃腔的钝体燃烧器示意图

1—钝体；2—稳燃腔

稳燃腔的结构尺寸，包括稳燃腔的长度和出口截面的大小，对回流区的特性都有影响。研究结果表明，稳燃腔的长度较长、出口截面较大时，其回流区长度和回流量也相应增大。在采用钝体燃烧器时，炉内的假想切圆要适当缩小，假想切圆直径约为无钝体时的68%~70%，以避免火焰冲墙贴壁，防止结渣；而且一次风率和一次风速也要适当增加，以提高钝体尾迹区的紊流热质交换能力；钝体应由耐热、耐磨材料制成，并要使其支承部件在高温下有较高的强度和刚性，使钝体有较长的使用寿命和保证其应用效果。

在钝体稳燃技术基础上，华中科技大学相关研究人员又进一步开发出开缝钝体燃烧器，开缝钝体燃烧器在钝体中加入了中间缝隙流，如图4-9所示。通过调节缝隙流的强度，可以调节回流区的大小甚至决定回流区是否能够存在。因此，通过调节缝隙流的强度能够调整火焰的位置，从而实现低负荷时稳燃，高负荷时防止出现火嘴烧毁、水冷壁结焦及高温腐蚀等问题。

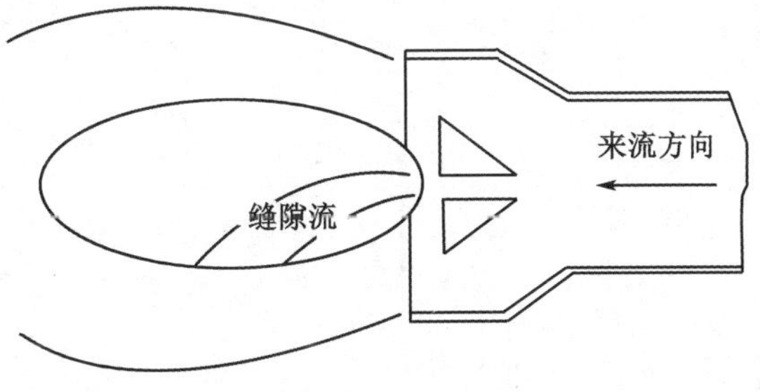

图4-9　自由空间开缝钝体流场示意图

开缝钝体燃烧技术的着火燃烧机制，是将少量煤粉气流引入回流区，使其首先着火，再点燃主流的分级着火过程，图4-9显示出其简要结构流态图，由于进入回流区的煤粉气流数量相对较少，能直接充分利用高温烟气的回流热，且因中缝微弱的气流受到钝体两侧中一侧主流的吸引而靠拢，使得这些量的煤粉更加局部富集。特别是回流区速度低，且有反向流，使得煤粉的停留时间大大增加，从而形成了着火最有利的区域。一旦着火，火焰在回流区内又十分稳定，犹如存在一个值班火焰，再去点燃主流实现分级着火过程。若喷入回流区的是冷却空气，则将破坏回流区，使火焰后移，从而可防止燃烧器的烧毁、结渣及高温腐蚀，并能对过热汽温和再热汽温进行调节。若将点火油枪插入钝体的缝隙内，先点燃喷入回流区的少量煤粉再点燃主流煤粉，形成对煤粉气流的分级点燃，可更大程度上节约煤粉直接点燃用油。

开缝钝体的工业应用结果表明，其对于各类煤种均可实现45%~50%负荷下的脱油稳燃，飞灰含碳量在2%~4%内波动。煤粉直接点火用油可节约80%以上。对于以往有结焦情况发生的锅炉，采用这种技术后很好地解决了低负荷稳燃和高负荷防结焦二者之间的矛盾。

这种燃烧技术适用不同种类的锅炉、窑炉、加热炉，以及在化工和石化系统大量应用的圆筒形和方形管式加热炉，它对直流燃烧和旋流燃烧同样适用。它与油点火系统的结合可实现高效的煤粉直接点火技术。

三、旋流煤粉燃烧器

1. 旋流煤粉燃烧器的射流特点

在旋流煤粉燃烧器中，携带煤粉的一次风和不携带煤粉的二次风是分别用不同的管道与燃烧器连接的。在燃烧器中，一次风和二次风的通道也是隔开的。二次风射流都是旋转射流，一次风射流可以是旋转射流或者不旋转的直流射流，但燃烧器总的出口气流都是一股绕燃烧器轴线旋转的旋转射流，如图 4-10 所示。

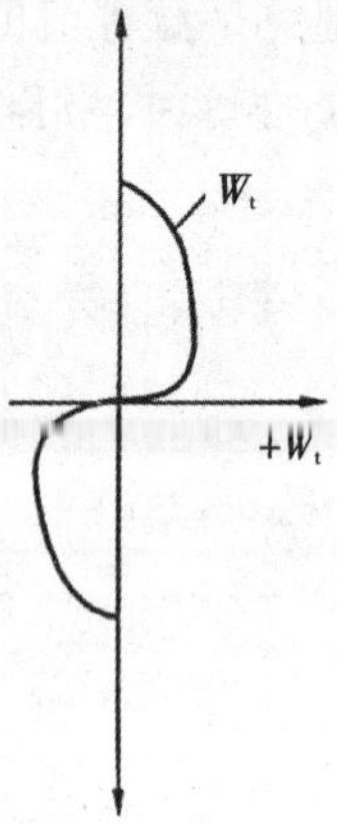

（a）截面 1-1 内切向速度 W_t 的分布

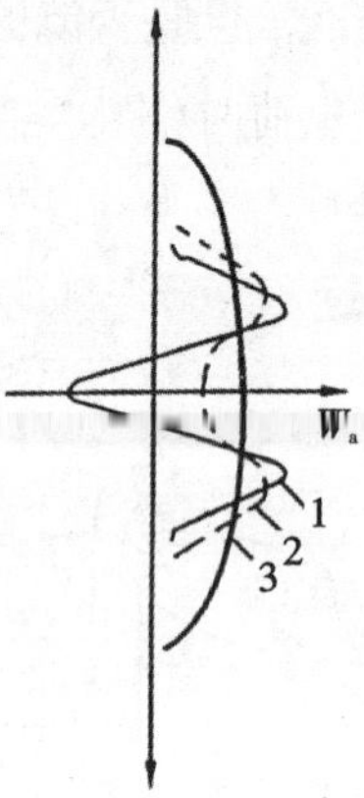

（b）截面 1-1、2-2、3-3 内轴向速度 W_a 的分布

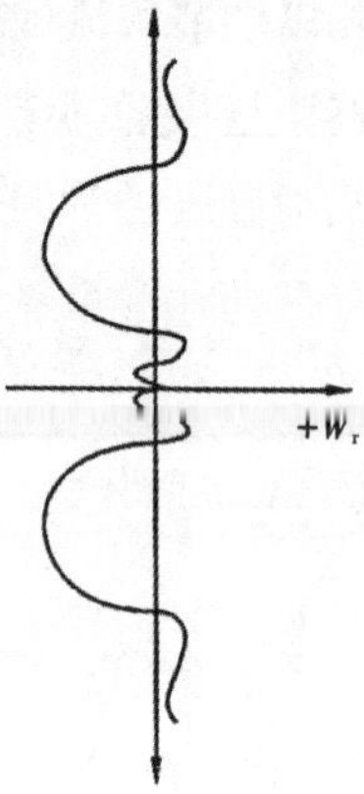

（c）截面 1-1 内径向速度 W_r 的分布

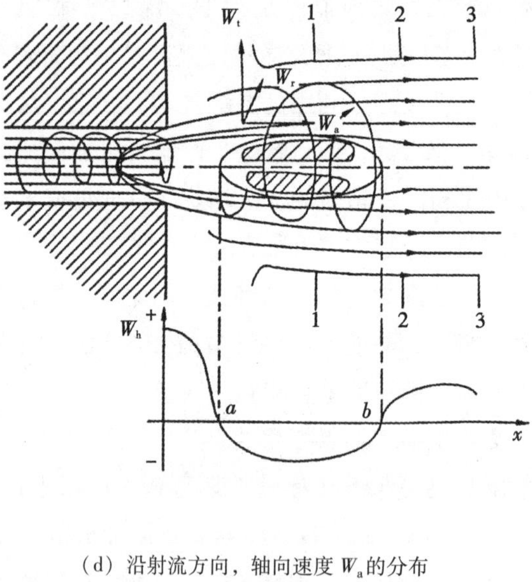

（d）沿射流方向，轴向速度 W_a 的分布

图 4-10　旋转射流示意图

旋转射流与直流射流有很多不同之处，它的主要特点如下。

（1）旋转射流除具有直流射流中存在的轴向速度 W_a 和径向速度 W_r 外，还有切向分速度 W_t，如图 4-10（a）、图 4-10（b）和图 4-10（c）所示。气流旋转的结果是，在射流的中心部分产生一个低压区，造成了径向和轴向压力梯度。特别是轴向的反向压力梯度，将吸引中心部分的烟气沿轴线反向流动，即在燃烧器出口附近形成与主气流流动方向相反的回流运动，如图 4-10（d）所示。因而在旋转射流的内部产生了回流区，这是旋转射流的重要特点。内回流区的尺寸和回流量随旋转射流旋转强度的增大而增大。这样一来，旋转射流就从两个方面来卷吸周围介质，一方面靠内回流区的反向气流，另一方面靠射流外边界的卷吸。燃烧过程中从内、外两侧卷吸高温烟气，对稳定着火起着十分重要的作用，但对煤粉着火起关键作用的是来自内回流区的回流高温烟气。因为这种燃烧器的煤粉气流处于外围二次风射流的包围之中，射流外边界卷吸的高温烟气，先是加热外围的二次风，只有内回流区的高温烟气才是直接加热煤粉气流的。径向压力梯度导致旋转射流内产生出复杂的径向速度分布，如图 4-10（c）所示。一般情况下，旋转射流径向速度 W_r 比起轴向速度 W_a 和切向速度 W_t 来，数值要小一些，对气流运动的影响也小一些，但燃烧器出口射流的径向速度分量对煤粉颗粒的运动有较大影响。

（2）由于和周围介质进行强烈的紊流交换，沿射流的运动方向，切向速度 W_t 即旋转效应的衰减很快。旋转射流中，轴向速度 W_a 的衰减比切向速度 W_t 慢些，但远比直流快。在同样的初始动量下，旋转射流的射程要比直流射流的射程短。

（3）旋转射流的扩展角一般比直流射流的大，而且随着旋转强度的增大而增大。

（4）旋流燃烧器的射流一般为多股气流（一次风、内二次风和外二次风等）的共轴射流。气流的旋转使多股气流之间前期混合较好，由于很快衰减使其后期混合较差，故旋流燃烧器一般适用于质量中等以上的烟煤燃烧。

研究结果表明，在自由旋转射流的任一截面上，其旋转动量矩与轴向动量都是守恒的，由于这两个特征量反映了旋转射流的空气动力特性，故国内外都推荐用以这两个量为基础组成的一个无因次准则来表征旋转射流的特性，称这个准则为旋流强度。

旋转射流随旋流强度的不同可以分为三种不同的气流形式，如图 4-11 所示为旋流燃烧器中常见的旋转射流气流形式。

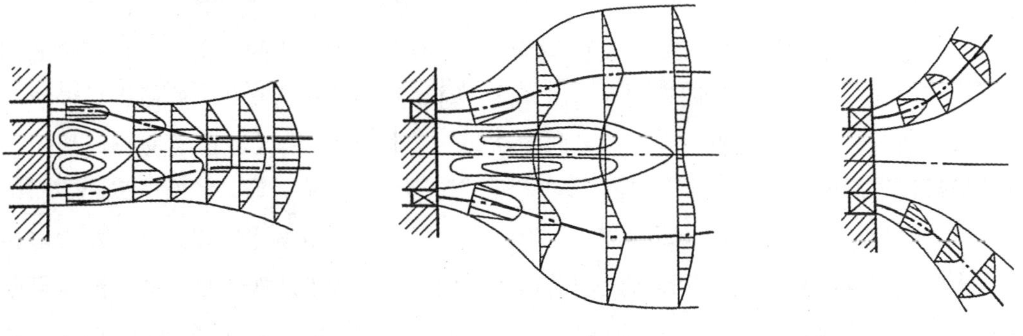

（a）封闭气流（弱旋转气流）　（b）开放式气流　（c）全扩散气流

图 4-11　旋转射流的气流形式

当出口气流的旋转强度小于一定数值时，出口气流不旋转或者旋转很弱，这时气流称为弱旋转气流，如图 4-11（a）所示。这时的气流基本上是封闭的气流，弱旋转气流的流动特性接近于直流射流。当旋转强度增大到一定数值后，在轴向反向压力梯度作用下，在靠近射流出口的中心区形成一个轴向内回流区，也称中心回流区，并且中心回流区延长到主汽流速度很低时才封闭，这种气流称为开放式气流，如图 4-11（b）所示。如果继续增大旋流强度到一定程度，扩散角随之增大，气流外侧压力小于中心回流区的压力，气流在内外侧压力差的作用下，向四周扩散开来，形成全扩散气流，如图 4-11（c）所示。这样的气流离开燃烧器后便会贴墙运动（飞边），就会使燃烧器喷口烧坏，也会使燃烧器周围结渣。因此在实际应用时，应控制适当的旋流强度，使气流成为开放式气流。

2. *旋流煤粉燃烧器的燃烧特性*

旋流煤粉燃烧器是利用强烈的旋转气流产生强大的高温回流区，将远方的火焰抽吸至燃烧器根部，强化燃料的着火、混合及燃烧。图 4-12 表示了回流区内煤粉气流被点燃的情况。

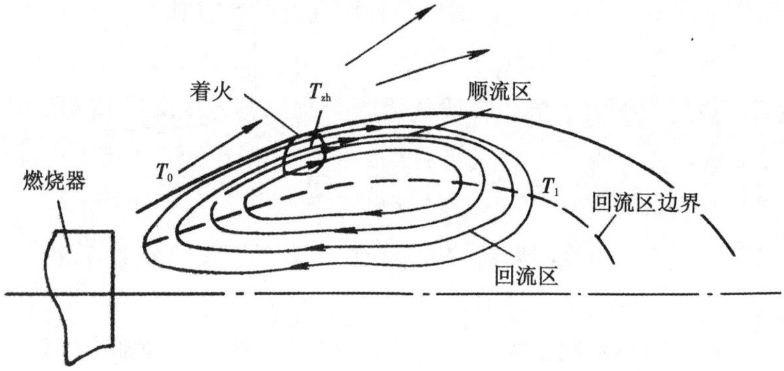

图 4-12　煤粉气流在回流区内着火示意图

T_0—煤粉气流初温；T_{zh}—着火温度；T_1—火焰温度

回流区的大小对煤粉气流的着火和火焰的稳定有着极为重要的作用。较宽而长的回流区，不仅回流量大，而且回流烟气的温度高，对煤的着火极为有利。旋流煤粉燃烧器对煤种的适应性，基本上表现为通过不同的结构（包括调节装置），能对回流区的大小和位置进行不同的调节。

旋流煤粉燃烧器的射程也对燃烧器的工作产生影响。但由于旋流煤粉燃烧器主要是单只火嘴决定空气动力工况，而各燃烧器之间的相互作用远不及四角布置的直流煤粉燃烧器，所以旋流煤粉燃烧器的射程一般只是影响烟气在炉内的充满程度和燃烧损失。射程过短会使火焰过早上飘，煤粉在炉内的停留时间缩短，炉膛出口温度和飞灰可燃物含量升高。

决定旋流煤粉燃烧器工作性能的最重要特性是旋流强度，燃烧器出口附近回流区的产生、气流的混合以及气流（火焰）在炉内的运动都与它有关，因而它在更大程度上决定着燃料的着火、燃尽和结渣情况。同时，旋流强度对回流区大小及燃烧器射程均有影响。旋流强度对回流区大小的影响是：随着旋流强度的增大，回流区的尺寸变大，回流量增加。当回流率（回流量与一次风量之比）超过一定数值后，煤粉就可以达到稳定的燃烧。显然，煤质越差，着火所要求的最小回流率就越大；反之亦然。旋流强度对射程的影响是随着旋流强度的增大，回流区的尺寸变大，介质在旋转过程中耗散更多能量而迅速衰减，因此射程变短。运行中，当炉内火焰充满不好或两对面燃烧器气流对撞干扰，燃烧不稳时，可通过调节旋流强度和风量来调节。

传统的旋流煤粉燃烧器（如蜗壳式、轴向可动叶轮式煤粉燃烧器），在设计中追求较大的旋流强度，故回流量大，燃烧温度高，这样虽有利于煤粉充分、稳定地燃烧，但NO_x生产量较大，且易在燃烧器附近形成结焦，从而既影响锅炉的经济性运行，也难以满足日益严格的环保排放标准，因此控制合理的旋流强度十分必要。

3. 旋流煤粉燃烧器的布置方式

旋流煤粉燃烧器的布置方式，对炉内空气动力场有很大影响。良好的空气动力场应该使火焰（烟气）在炉膛的充满程度良好，且烟气不冲刷贴墙。

旋流煤粉燃烧器的布置方式有多种，我国常用的是前墙布置、两面墙对冲或交错布置、炉顶布置等，如图 4-13 所示。

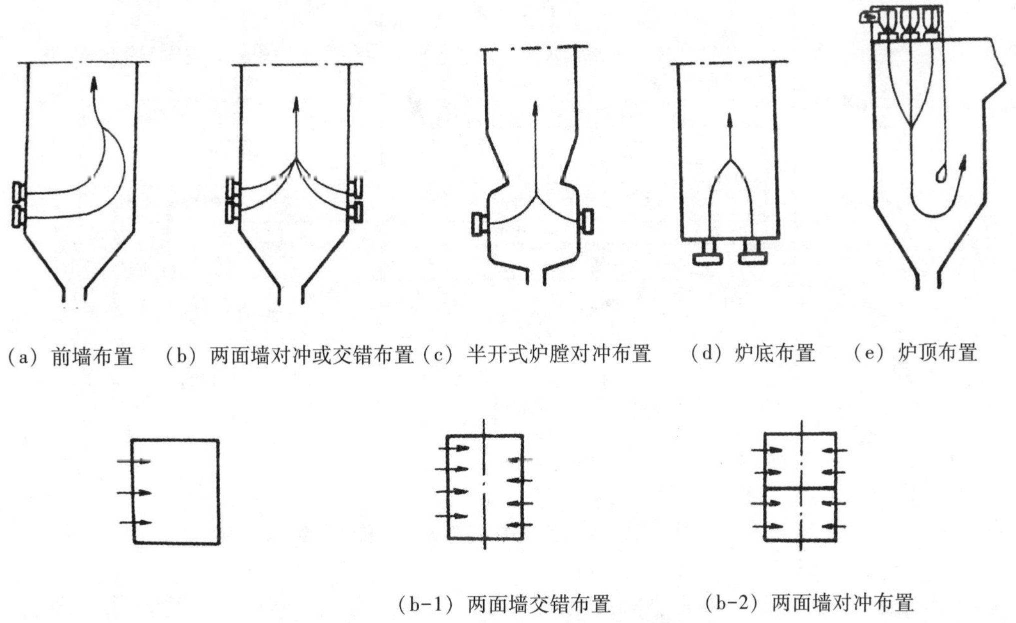

图 4-13 旋流煤粉燃烧器的布置方式

如果锅炉容量较小，一般将旋流煤粉燃烧器布置在前墙，单排布置或多排布置；如果锅炉容量较大，那么可采用前后墙或两侧墙对冲或交错布置，单排布置或多排布置。

旋流煤粉燃烧器布置在前墙时，可以不受炉膛截面宽深比的限制，布置方便，特别适宜与磨煤机煤粉管道的连接，但其炉内空气动力场却在主气流上下两端形成两个非常明显的停滞旋涡区，炉膛火焰的充满程度较差，而且炉内火焰的扰动较差，燃烧后期的扰动混合也不好。

燃烧器布置在前后墙或两侧墙时，两面（侧）墙上的燃烧器喷出的火炬在炉膛中央互相撞击后，火焰大部分向炉膛上方运动，只有少量烟气下冲到冷灰斗，在冷灰斗处便会形成停滞旋涡区。因此，炉内的火焰充满程度较好，扰动性也较强。如果对冲的两个燃烧器负荷不相同，那么炉内高温核心区将向一侧偏移，将会形成一侧结渣。两面墙交错布置燃烧器则可避免这个缺点。

旋流煤粉燃烧器布置在炉顶时，煤粉火炬可沿炉膛高度自由向下发展，炉内火焰充满程度也较好。但其缺点是引向燃烧器的煤粉及空气管道特别长，故实际应用不多，只在采用 W 火焰燃烧技术的较矮的下炉膛中才应用。

4. 典型的旋流煤粉燃烧器

（1）三井-巴布科克公司的 LNASB 型旋流煤粉燃烧器。

LNASB 型旋流煤粉燃烧器结构如图 4-14 所示。该型燃烧器设有中心风管，管内布置点火枪。在锅炉正常运行期间油枪停用，中心风可用作风量微调和中心回流区位置前后的一个调节手段，中心风管的设置有利于中心回流区的生成。

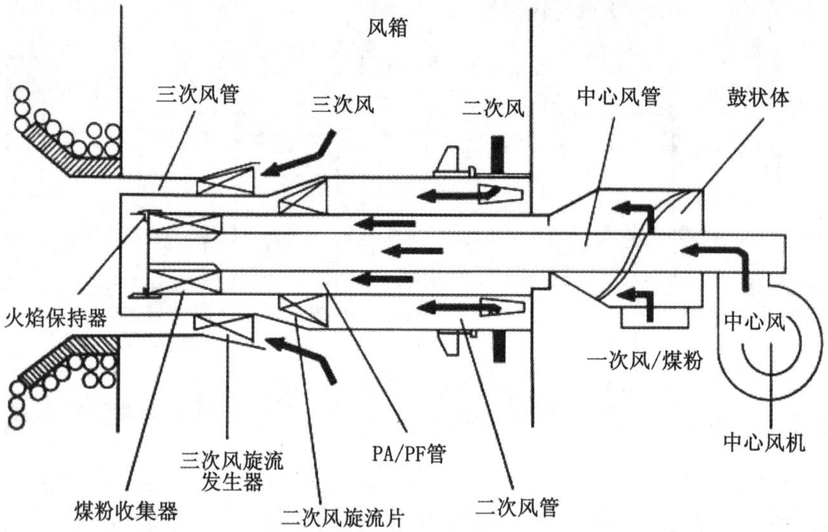

图 4-14　三井-巴布科克公司的 LNASB 型燃烧器结构示意图

燃烧器的一次风进入带有旋流片的鼓形管，以旋流方式进入一次风管与中心风管之间的环状通道，旋流片可改善煤粉沿周向的均匀分布。在一次风管喷口端的内侧均匀布置着 4 只煤粉收集器，旋转的一次风通过收集器后，在一次风喷口形成 4 股独立的高浓度煤粉气流，与周围相对较淡的煤粉气流组成煤粉的浓淡两相，实现煤粉的浓淡燃烧。一次风喷口端设有稳燃装置，由焊有稳燃齿的稳燃环组成，其作用是阻止煤粉向外扩散和推迟内二次风过早与煤粉气流混合，使燃烧的早期阶段处于还原性气氛。

内外两级二次风均为旋流风，旋流强度的调节是通过旋流叶片的轴向移动实现的。这种燃烧器外二次风旋流片的位置，在安装时已经调整好，运行中一般不再变动。当内二次风的旋流片前后移动时，绕过叶片的直流风和通过叶片的旋流风之间的比例发生改变，整体旋流强度也随之变化。内、外二次风均来源于大风箱，内、外二次风总风量由外二次风箱（外二次风套筒）上的矩形进风口开度进行调节，内、外二次风量的比例由内二次风套筒（也称二次风箱）上多个三角形进风口开度的变化以改变内二次风的进风量进行调节。燃烧器的中心风、一次风、内二次风和外二次风的风率按分别占主燃烧器风量的5%，25%，10%，60%设计。小的内二次风量设计是为控制燃烧初期的氧量，造成燃烧的还原性气氛，加上燃尽风的设计可以实现空气的分级燃烧，故可大幅减少NO_x的排放。三井－巴布科克公司把这种燃烧器称为低NO_x旋流煤粉燃烧器（LNASB）。

（2）东锅日立的HT-NR3型旋流煤粉燃烧器。

HT-NR3型旋流煤粉燃烧器结构示意图如图4-15所示，在燃烧器中助燃空气被分为三股，分别为直流一次风、直流二次风和旋流三次风，其中，一次风通过燃烧器的一次风入口弯头组件进入燃烧器，燃烧器风箱为每个燃烧器提供二次风和三次风。

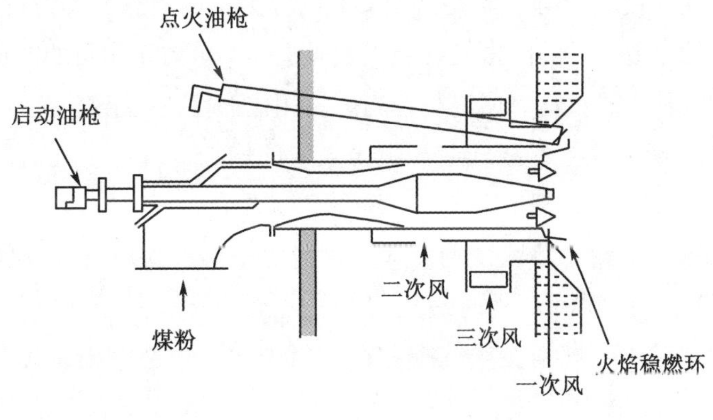

图4-15　东锅日立的HT-NR3型旋流煤粉燃烧器结构示意图

每个燃烧器设有一个风量均衡挡板，用以使进入各个燃烧器的风量保持平衡，该挡板的调节杆穿过燃烧器面板，能够在燃烧器和风箱外方便地对该挡板的位置进行调整。二次风和三次风通过燃烧器内同心的二次风、三次风环形通道在燃烧的不同阶段分别送入炉膛，燃烧器内设有挡板用来调节二次风和三次风之间的比例。另外，三次风通道内布置有独立的旋流调节装置，可实现远程控制。

HT-NR3型旋流煤粉燃烧器的主要特点有：在一次风通道中布置有一个锥形煤粉浓缩器，给输送的煤粉一个径向的速度分量，提高火焰稳燃环附近的煤粉浓度，从而提高燃烧效率；在一次风管（煤粉喷嘴）的前端装有陶瓷的齿形状火焰稳焰环及稳焰齿，陶瓷稳燃环在一次风喷口端产生热烟气回流，促进快速点火和提高火焰温度；使用导流筒控制最外侧的三次风和火焰的混合，加强火焰内 NO_x 还原的效果。

四、富氧燃烧技术

纵观火力发电的历史进程，可以发现煤粉燃烧技术在不断地升级改造，以跟进社会发展的脚步，如最初的节油稳燃技术保证机组经济稳定运行，再到低氮燃烧技术，满足日益严格的环保排放要求等。为了顺应社会发展的新要求，一种新的燃烧技术——富氧燃烧技术（OEC）逐渐被应用到传统电厂锅炉，其不仅对锅炉氮氧化物的排放具有积极作用，同时能够有效地提高烟气中 CO_2 的浓度以便于集中捕获处理，减少碳排放量。下面对富氧燃烧技术进行简单介绍。

1. 富氧燃烧的分类及基本特点

富氧燃烧就是采用比空气含量高的空气（甚至是纯氧）进行助燃。

按照富氧燃烧过程中氧浓度的不同，富氧燃烧可以分为微富氧燃烧、氧气喷枪、纯氧燃烧以及空-氧燃烧四大类。其中，微富氧燃烧是直接将氧气和空气先混合，使之呈现微富氧状态，之后再送入炉膛燃烧；氧气喷枪是利用喷枪在燃烧室内部注入氧气；纯氧燃烧是利用氧气直接取代空气；空-氧燃烧则是空气和氧气同时供应燃烧器燃烧。

根据富氧燃烧的目的不同，富氧燃烧又可以分为：以捕获 CO_2 为目的的富氧燃烧、以降低有害气体的排放为目的的富氧燃烧以及以提高锅炉效率为目的的富氧燃烧。

不论是上述哪种方式，富氧燃烧与普通燃烧相比都存在以下特点。

（1）理论空气量少：随着富氧空气中含氧量的增加，理论空气需要量减少，当含氧量从21%增加到28%时，理论空气量可降低25%左右，相应的烟气量也减少。

（2）火焰温度高：随着氧浓度的增大，理论火焰温度相应升高，但升高幅度逐渐减小。一般富氧浓度在26%~31%时最佳。

（3）加快燃烧速度：燃料在空气中和在纯氧中的燃烧速度相差甚大，用富氧空气助燃后，不仅可以提高燃烧强度，加快燃烧速度，同时温度升高，有利于燃烧反应完全。

2. 富氧燃烧对锅炉结构和性能的影响

锅炉内部的基本过程一般包括锅内过程和炉内过程，其中，炉内过程的基础物质就是燃料和空气。如果燃烧介质空气的成分发生变化，那么对于锅炉内部的燃烧、传热和其他过程的影响是根本的，从而也影响锅炉的各项性能。

具体情况有：理论空气量和过量空气系数、燃烧产物和焓值、炉膛出口温度以及理论燃烧温度等多方面会发生变化。经初步计算，富氧30%比正常空气条件下理论燃烧温度升高超过500 ℃，炉膛算术平均温度升高约250 ℃，相应的炉内传热变化也十分明显，在假定燃料量、热风温度、沾污等不变的情况下，炉膛吸热量增大约26%，这是由于炉内平均温度升高，炉内辐射传热量增加导致的。富氧燃烧对于对流受热面也存在较大影响，主要是因为烟气总热容量的降低和烟气流速的降低；对蒸汽温度也存在影响，炉膛吸热增加和对流吸热减少可能导致蒸汽温度无法维持。

当然，除了以上这些，还应注意炉内高温腐蚀、结渣以及火焰稳定等方面的问题。在结渣方面，许多学者经过一些试验研究发现，富氧条件下会加重煤燃烧的结渣特性，如孙青等在马弗炉和平面火焰携带流反应器上的研究结果表明，富氧燃烧条件下神华煤的结渣特性会加重；张大兴等在煤粉气流着火温度试验炉和改造后的一维火焰试验台架上进行国内典型烟煤和贫煤在不同 O_2浓度下的煤粉气流着火温度、燃尽率和结渣特性测试，结果表明，随着 O_2浓度升高，不同煤种均呈现着火温度下降、燃尽率上升和结渣性能加重的趋势；吴海波等进一步通过数值模拟发现，大型富氧燃烧锅炉燃用神华煤时主燃烧区域的水冷壁以及过热器屏底的结渣和高温腐蚀趋势加剧。

在具体结构方面，微富氧燃烧绝大多数的传统燃烧器都可采用，具有花费较少成本即可拥有富氧燃烧特性的优点。但若氧浓度超过一定范围，则燃烧器可能因燃烧温度过高而损坏，或是火焰太短而不符所需。氧气喷枪的好处是燃烧器不容易因高温而毁损，同时此方式类似分级燃烧的概念，因此其 NO_x排放量相对来说较低，基本上仅需在原有燃烧器上增设一氧气喷枪并配合相关管线配置即可，不需大幅变更，故在装置费用上也不需要太多。纯氧燃烧较多采用扩散火焰的方式，即氧气和燃料分走不同管线，然后在燃烧器出口处混合。纯氧燃烧具有非常低的 NO_x排放量及相当高的火焰温度，其缺点是燃烧器需大幅修改，且燃烧室内耐火材料可能因高温而缩短寿命。空-氧燃烧的优点是可维持较高的氧浓度，提高效率，同时费用比纯氧燃烧低，火焰长度及传热分布可通过调整氧气流量来加以控制。

3. 富氧燃烧技术的应用及展望

（1）富氧燃烧技术在燃煤锅炉低氮排放改造上的应用。

某电厂 200 MW 机组，采用四角切圆燃烧方式，燃烧煤种为贫煤，共设计有 16 个一次风煤粉喷口，分四层布置在锅炉的四角，该锅炉未进行空气分级改造。富氧低氮燃烧技术不改变锅炉的原有系统，保持了锅炉的原有系统及运行工况，仅将锅炉第二层的四只燃烧器改造为富氧智能低氮燃烧器，并配套安装了超低温真空储罐、氧气智能控制器、燃油预处理装置和系统管线等，富氧智能低氮燃烧器安装位置如图 4-16 所示。

此次改造中，富氧低氮燃烧器的技术原理图如图 4-17 所示，在富氧低氮燃烧时，一次风粉进入富氧智能低氮燃烧器，在富氧智能低氮燃烧器浓淡分离的作用下，使一次风粉达到深度的燃料分级，然后使用少量的燃油（或燃气）与纯氧分级点燃富氧智能低氮燃烧器中的一次风煤粉，确保一次风煤粉在富氧智能低氮燃烧器中的高着火率（大于 95%）。

一次风煤粉在富氧智能低氮燃烧器分级燃烧过程中，由于深度缺氧，煤粉呈不完全燃烧的状态，产生了大量 CO 等还原性物质，在还原已生成的氮氧化物的同时抑制了氮氧化物的产生。

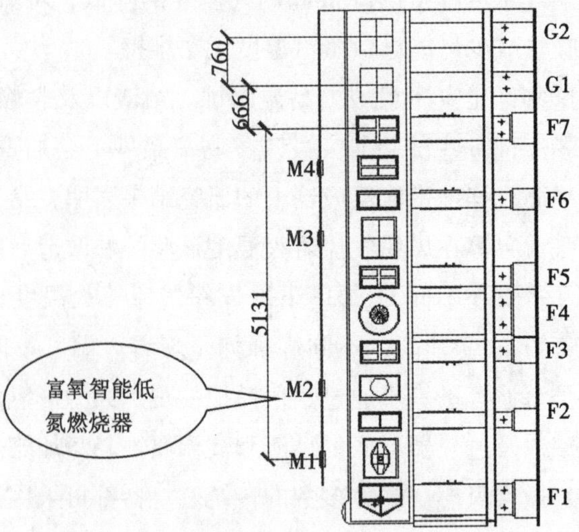

图 4-16　富氧智能低氮燃烧器安装位置示意图（单位：mm）

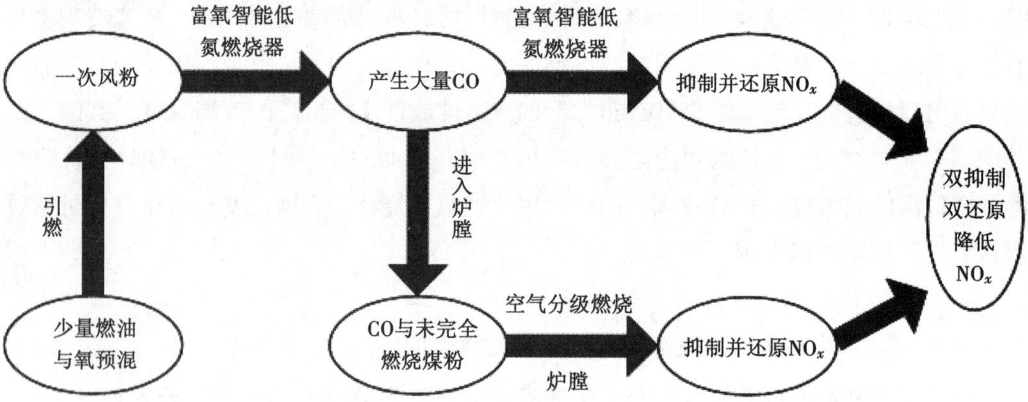

图 4-17　某富氧低氮燃烧器技术原理图

燃烧不完全的煤粉进入炉膛（即大量 CO 强还原剂进入炉膛）后，在炉膛内的主燃区、还原区及燃尽区又形成空气分级燃烧，进一步抑制和还原了氮氧化物。

在双抑制和双还原过程中，既保证了煤粉的高燃尽率，又大幅度抑制和还原了燃烧中产生的氮氧化物，产生了“以低氮燃烧的手段，达成烟气脱硝”的效果，达到了安全、经济、高效降排 NO_x 的目的。

富氧低氮燃烧系统主要由以下五个部分组成。

① 超低温真空储罐——保证富氧低氮燃烧技术在实施中氧气的供应。

② 氧气智能控制器——保证富氧低氮燃烧技术在实施中氧气供应的安全性、及时性、稳定性。

③ 燃油预处理装置——保证富氧低氮燃烧技术在实施中燃油供应及时、清洁、稳

定、安全。

④ 富氧智能低氮燃烧器——保证富氧低氮燃烧技术在实施中锅炉煤粉安全、有效燃烧，从而达到锅炉节能环保运行的目的。

⑤ 系统管线——保证富氧低氮燃烧技术在实施中纯氧、燃油以及其他介质的传输。

该电厂在本次富氧低氮燃烧技术改造后，在 120 MW 工况下全程运行四台富氧燃烧器，在燃烧相同煤种的情况下，SCR（选择性催化还原法）入口氮氧化物含量下降约 100 mg/Nm^3，同时锅炉飞灰下降约 1.2%。

（2）富氧燃烧技术在碳捕集上的应用展望。

“十四五”时期国家提出了新阶段发展的新目标，要求力争于 2030 年前实现碳达峰和 2060 年前实现碳中和，而能源系统的碳减排对实现碳达峰和碳中和起着决定性的作用。目前国内最主要的 CO_2的排放是由燃煤锅炉产生的，受国内能源结构框架的影响，单纯采取提高能源效率和增加新能源比重的方式，很难较快实现碳减排的目标，而碳捕集、利用与封存（CCUS）技术作为可实现大规模减排 CO_2的最可行技术受到广泛关注，尤其是在燃烧过程中可集中捕集碳的富氧燃烧技术，下面对该技术进行简单介绍。

以捕获 CO_2为目的的富氧燃烧技术，主要是指用高浓度（体积分数）的 O_2与 CO_2的混合气体代替空气在锅炉内与煤粉进行燃烧反应。其中，O_2可以利用工业级的空分装置获得，CO_2则能够通过烟气循环的方式从锅炉排放的烟气中获得，并通过 CO_2 不断地循环和富集，使得烟气中 CO_2浓度不断升高，理论上，干烟气下 CO_2的浓度可高达 80%以上，便于进行 CO_2的压缩与分离，具有成本低、易规模化、适于存量机组改造等优点，其系统简易流程如图 4-18 所示。

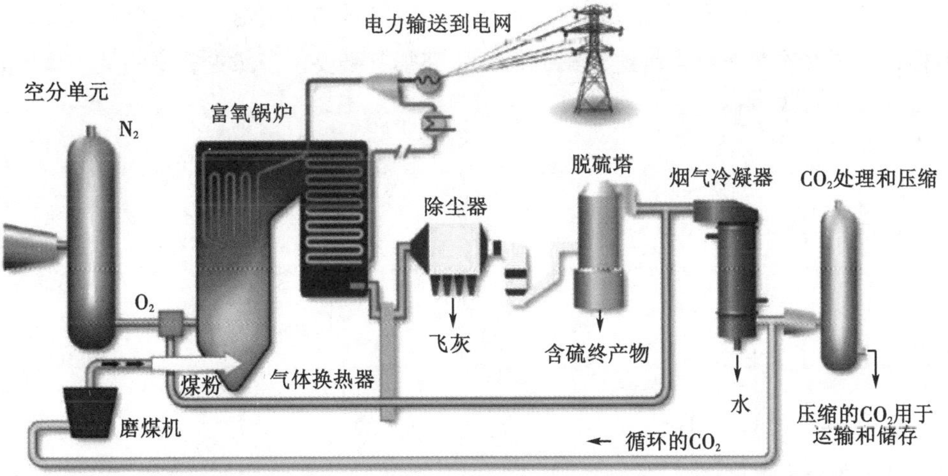

图 4-18 基于富氧低氮燃烧技术捕获 CO_2的系统流程图

从 20 世纪 80 年代起，国内外很多学者就进行了大量关于 CO_2气氛下富氧燃烧的实验研究，推动了富氧燃烧技术从实验室规模研究到工业示范的发展。其中，瑞典的瀑布电力公司建立了世界上第一个全流程的煤粉锅炉富氧燃烧技术示范装置，功率为 30 MW。国内关于富氧燃烧的基础研究早在 20 世纪 90 年代中期即已开始，在 2000 年以后，很多高校如华中科技大学、东南大学以及中国科学院工程热物理研究所等开始建立实验室规模的煤燃烧试验台架开展应用研究，其中，华中科技大学在 2006 年开始启动了对富氧燃烧技术的研发和试验工作，建成了 300 kW 的煤粉富氧燃烧试验台，证明了该技术在 CO_2减排方面具有巨大潜力。

在传统煤粉锅炉的 CO_2气氛下富氧燃烧领域，华中科技大学牵头东方锅炉股份有限公司、四川空分设备集团有限公司等关键设备厂家和一些科研机构先后于 2011 年和 2015 年在湖北武汉和应城建成了国内第一套全流程 3 MW 富氧燃烧中试试验平台和 35 MW 富氧燃烧工程示范平台。其中，3 MW 富氧燃烧中试试验平台完成了锅炉排放烟气中 CO_2浓度超过 80%的目标，而 35 MW 富氧燃烧工程示范平台进一步新建了涵盖富氧燃烧技术全流程的工业示范系统，包括空气分离制氧系统、富氧燃烧煤粉锅炉 CO_2循环燃烧系统、烟气除尘脱硫系统、烟气除湿系统，并预留 CO_2压缩纯化和地下埋存系统，开发了富氧燃烧煤粉锅炉、燃烧器等关键设备，获得了大量的煤粉锅炉富氧燃烧运行参数、温度分布、常规和非常规污染物排放特性、关键参数动态特性及初步控制方法等重要的试验和经验数据，得到了烟气中 CO_2浓度达到 82. 7%的结果，为更大级别富氧燃烧技术推广奠定了基础。

富氧燃烧作为可较低成本实现 CO_2封存或资源化利用的碳减排技术，其较高的附加投资成本、运行成本和 CO_2捕集成本，仍是富氧燃烧技术研发过程中面临的关键难点。其中，富氧燃烧系统投资和运行成本较高，主要成本在于制氧系统的投资和运行，在目前制氧系统的相关技术和工艺设备的成本无法有效降低的现实情况下，以降低资源能耗为目标，对整个富氧燃烧系统进行集成优化研究很有必要，当然更重要的是在成本最大的制氧技术上寻求突破。

任务二　锅炉点火装置

【知识点描述】

（1）点火装置的作用；

（2）点火装置的原理；

（3）点火装置的构成及系统。

【能力目标】

（1）能知道点火装置的类型；

（2）能知道点火装置的改进过程。

一、点火装置概述

火力发电机组中的煤粉锅炉，其点火及低负荷稳燃的传统方法是燃用柴油、重油或燃气，采用多级点火方式。即采用电子打火器作为点火源，逐级点燃气体或液体燃料，再由气体或液体燃料将锅炉加热至一定温度后再点燃煤粉。一般先点燃辅助燃烧器，再由它点燃主燃烧器。

随着世界范围内的能源紧张，原油价格不断上涨，火力发电厂采用燃油点火越来越受到限制。因此，锅炉点火和稳燃用油被作为一项重要的经济指标对火力发电厂进行考核。为了减少燃油或者天然气的耗量，传统的做法是提高煤粉的研磨细度，提高风粉混合物和二次风的预热温度，以及气化微油（或少油）点火，等等。但这些均是采用过渡燃料来点燃煤粉气流，需要配置过渡燃料的储存装置和输送装置。如果设计的是重油点火系统，还需要装设伴热装置。

以上传统的点火方式依然要用到燃油，若要进一步减少燃油到最终不用燃油，必须采用与传统上完全不同的全新方法和工艺，且这种装置应既可保证提高燃烧过程的经济性，又可以提高火电厂的安全性。这就是近些年部分新建燃煤电厂标配的装置——等离子点火装置。

等离子点火装置是借助等离子发生器的电弧来点燃煤粉的点火装置。在燃烧器的中心筒中，等离子能形成 $T>5000$ K 的梯度极大的局部高温区，煤粉颗粒通过该等离子“火核”受到高温作用，在 10^{-3} s 内迅速释放出挥发物，并使煤粉颗粒破裂粉碎，从而迅速燃烧。由于反应是在气相中进行的，使混合物组分的粒级发生了变化，因而使煤粉的燃烧速度加快，也有助于加速煤粉的燃烧，这样就大大地减少促使煤粉燃烧所需要的引燃能量。除此之外，等离子有再造挥发分的效应，这对于点燃贫煤强化燃烧有特别的意义。

与以往的点火装置相比，等离子点火器在煤粉进入燃烧器的初始阶段就用等离子焰将煤粉点燃，并将火焰在燃烧器内逐级放大，可在炉膛内无火焰状态下直接点燃煤粉，从而实现锅炉的无油启动和无油低负荷稳燃。

下面详细介绍传统的油点火装置、气化微油点火装置以及等离子点火装置。

二、传统的油点火装置及系统

燃煤锅炉传统的油点火装置，一般按锅炉额定负荷的30%设计燃油量和油枪配置。其特点是单支油枪的出力较大、整体耗油量较大。20 世纪 90 年代中期以前主要以此种点火方式为主。传统点火系统主要由高能点火装置、点火枪（油枪）推进装置、火焰检测器、快关球阀及控制系统等组成。一般来说，点火系统还配有用来冷却火焰检测器的冷却风机。

（一）高能点火装置

高能点火装置由高能点火器、点火枪及点火用电缆组成。输入 220 V 交流电，通过升压整流变换成直流脉动电流，对储能电容充电。当电容充满时，放电电容经放电管、扼流圈、屏蔽电缆等传输至点火枪半导体电嘴，形成高能电弧火花。当电弧火花停止工作时，电容器上的剩余电荷通过泄放电阻泄放。其电气原理图如图 4-19 所示。

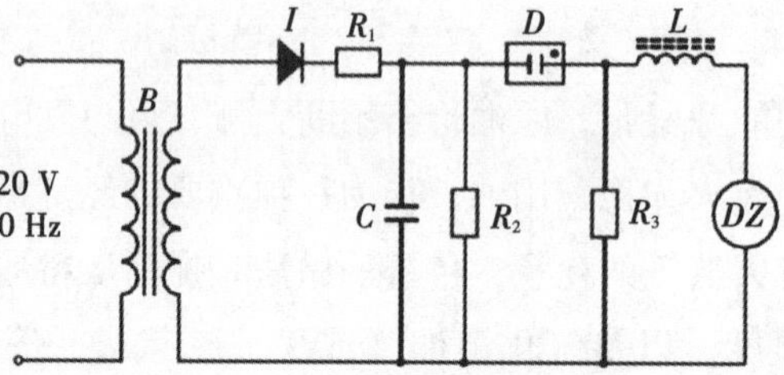

图 4-19　高能点火装置电气原理图

（二）点火枪（油枪）推进装置

点火枪（油枪）推进装置一般采用电动或气动驱动，是电站锅炉点火系统中带动点火枪、油枪做往复运动的机械装置。一般由驱动装置、丝杆及丝母、推力杆、撞块和行程开关等零部件组成。

（三）火焰检测器

锅炉燃烧器火焰检测设备是锅炉极为重要的控制设备，是火力发电厂锅炉炉膛安全及监控系统（FSSS）中的关键设备，它的作用贯穿于锅炉运行的全过程，用于判断全炉膛内或单个燃烧器火焰的建立与熄灭或有火无火。当发生全炉膛灭火或者单个燃烧器熄火时，火焰检测器准确动作，并发出警报。性能优良的火焰检测装置，不但能检测到火焰的燃烧和熄灭，还能检测到火焰的稳定性。

火焰检测器的作用是依靠 FSSS 系统的联锁功能，停止相应的给煤机、磨煤机、燃油总阀和一次风机等的运行，以防止锅炉发生爆燃事故。因此，火焰检测器的运行可靠性和检测的准确性直接关系到机组的安全与稳定运行。

油、煤或气体燃料在燃烧的化学反应过程中将释放出大量的能量，这些能量主要包括光能（燃烧火焰一般都能发射几乎连续的发光光谱，如紫外线、可见光和红外线）、热能和声波。不同的燃料燃烧过程中的中间产物不完全相同或中间产物所占的比例各不相同，不同的燃烧中间产物所发射的光谱不完全一样，应用不同的火焰特征，可以选择不同类型的火焰检测器检测。

不同燃料的光谱分布特性是不同的。油火焰含有大量的红外线、部分可见光和少量紫外线，气体火焰有丰富的紫外线、红外线和较少的可见光，煤粉火焰含有少量紫外线、丰富的可见光和少量红外线。

对于单只燃烧器火焰，其辐射光谱沿火焰轴线分布是有规律的，例如煤粉锅炉中煤粉燃烧器沿轴线从里至外分为 4 个区域，即预热区、初始燃烧区、完全燃烧区和燃尽区。

预热区风粉混合物在逐步加热的过程中与燃烧中的明火开始接触，逐渐加热至燃点。

初始燃烧区风粉混合物开始燃烧，大量地辐射光和热，形成闪烁的火焰，这时火焰的亮度不是最高，但闪烁的频率最高。

完全燃烧区火焰释放的光和热达到最大。

燃尽区燃料燃烧完毕，形成灰粉，炽热的灰粉仍能发光，但其亮度和闪烁频率都很低。

在初始燃烧区，可见光不但较丰富，而且能量辐射率变化剧烈，因此，火焰检测探头准确对准燃烧器的初始燃烧区是测量准确的基本要求。

燃烧火焰是锅炉燃烧状态稳定与否最直接的反映。对煤粉燃烧器而言，在燃烧器喷口处，一次风和煤粉的混合物形成紊流，使燃烧火焰产生无规律的波动，瞬间波动的幅值也不尽相同，即火焰的脉动现象，也就是通常说的火焰的闪烁。它的主要特点有：火焰的闪烁频率是火焰燃烧的重要特征，也是判断有火无火的重要依据；混合物在气流震动越强时燃烧反应速度越快，燃烧火焰的燃烧频率也越高；距离燃烧火焰越近，闪烁频率越高；不同的燃料，闪烁频率不同，油燃烧火焰闪烁频率高于煤燃烧火焰。

闪烁频率与辐射强度之间的关系取决于燃烧器结构布置、检测方法、燃料种类、燃料与空气比、一次风速以及观察角度等因素。常见火焰检测器的安装示意图如图 4-20 所示。

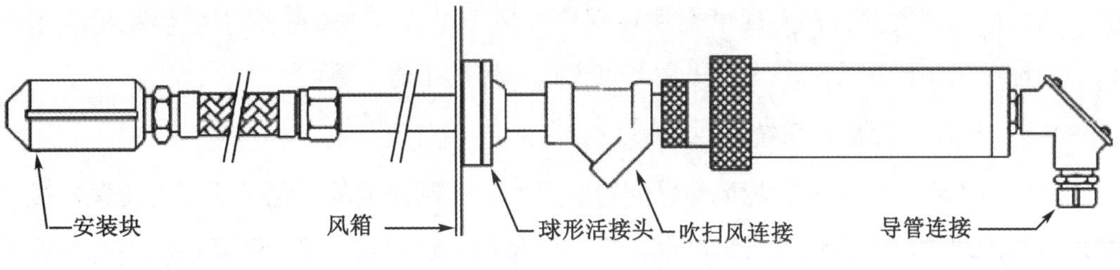

图 4-20　常见火焰检测器安装示意图（单位：mm）

根据火焰的各种特性，市面上有利用火焰产生电动势、声电、热电及火焰周围压力变化性等不同原理的火焰检测器。经过大量的试验检测证明，利用火焰的声学和热量热性研制的检测器，易受锅炉其他热源和声源的干扰而难以准确使用，不能满足大型发电设备对安全运行的要求。所以近年来主要采用了光电原理的光电管（可见光式火检）和光敏电阻（红外线或紫外线式）的火焰检测系统。采用什么原理实现对火焰检测是表征火焰检测器性能的重要条件之一。火焰检测器的性能优劣还需从多方面综合考虑，譬如火检探头的安装定位是否方便、维护检修方便与否、设备的运行是否可靠，特别是设备是否需要经常更换元器件等。

（四）快关球阀

在常规点火系统中设置有进油、回油系统，在进油、回油系统上均安装有快关球阀，常称之为进、回油快关阀，也称供、回油快关阀。进、回油快关阀一般为气动蝶阀，只有开、关两个位置，开关切换较快，在燃油系统出现快速切断燃油（OFT）动作时，起到迅速隔离油路的作用，以保证锅炉安全运行，防止发生爆燃等安全事故。为便于系统检修及安全运行，每支油枪还配有油角阀和吹扫阀。油角阀与吹扫阀也为气动阀，在阀前有手动门，阀后有逆止门，直接与各个油枪相连接。油角阀主要负责油的投切，吹扫阀负责吹扫干净阀后管道的残油，保证阀后无燃料。油枪停运后必须吹扫干净，一方面防止残油积碳，堵塞喷嘴，影响下次点火，另一方面避免残油被火点燃，在油枪内燃烧，影响安全运行。

燃油的燃烧必须在油气和空气的混合状态下进行，其燃烧的速度取决于油滴的蒸发速度和直径大小，以及油气和空气的混合速度。直径愈小，温度愈高，蒸发愈快。另外，直径愈小，与空气接触面积增大，有利于混合与燃烧的进行。所以燃油在燃烧前要进行雾化，以使油喷入炉膛后能迅速加热蒸发，充分燃烧。一般在燃油是轻油的系统中采用机械雾化（采用雾化片）或者压缩空气雾化，而在重油的系统中，采用蒸汽雾化，配有雾化阀。

三、气化微油点火系统

气化微油点火系统由油气系统、助燃风系统、微油燃烧器本体、电气及控制系统、火检系统、燃烧器壁温监测系统等构成。气化微油点火器的设计和配风方式可使燃油充分、均匀地与空气混合，实现了燃油在理论配风下的完全燃烧，为引燃煤粉提供了保证。油枪可采用固定方式，也可采用与点火枪一体的推进装置。

（一）气化微油点火系统的原理

受航空发动机高压强制配风油燃烧器的启发，研制而成的气化微油点火装置通过强制配风和绝热燃烧方式使其发出高温火焰。该装置一般安装在煤粉燃烧器的中心或者斜插布置在煤粉燃烧器的后部。原理是利用压缩空气的高速射流将燃料油直接击碎，雾化成超细油滴进行燃烧，同时用燃烧产生的热量对燃料进行初期加热、扩容，后期加热，在极短的时间内完成油滴的气化，使油枪在燃烧过程中直接燃烧气体燃料，从而大大提高燃烧效率及火焰温度。

点火时强化燃烧的高温油火焰将通过煤粉燃烧器的一次风粉瞬间加热到煤粉的着火温度，一次风粉混合物受到了高温火焰的冲击，挥发分迅速析出同时开始燃烧，挥发分的燃烧放出大量的热，进一步将一次风粉加热到远高于该煤种的着火温度，从而使煤粉中的碳颗粒开始燃烧，形成高温火炬喷射进入炉膛。由于煤粉在极短的时间内被迅速加热，挥发分析出量将大大高于实际挥发分含量，这样就进一步提高了煤粉的燃烧速度，因而煤粉的燃尽率极高。由此达到了点火并加速煤粉燃烧的目的，大大减少了煤粉燃烧所需的引燃能量，以微量的燃油消耗点燃大量的煤粉，以煤代油，煤油混燃，满足锅炉启、停及低负荷稳燃的要求。

（二）气化微油点火系统的组成

1. 油气系统

油气系统包括燃油系统和压缩空气系统。

燃油系统由电厂炉前燃油母管供油，压缩空气系统由电厂仪用压缩空气炉前母管供气。

燃油系统包括燃油支路手动总门、流量计、燃油支路气动快关阀、过滤器及进出口手动门、燃油支路压力表等。压缩空气系统包括雾化压缩空气支路和吹扫压缩空气支路。雾化压缩空气支路主要由雾化支路手动总门、雾化支路气动快关阀、雾化支路压力表组成。为了保证油质清洁，防止堵塞，电厂一般采用两级过滤器。一级过滤器采用并联可切换的布置，目的在于便于运行状态下的检修，过滤器的滤网可以更换；二级过滤器安装在支路上，燃油支路气动快关阀之后，进油枪之前。吹扫压缩空气支路由吹扫支路气动快关阀及逆止阀组成。燃油快关阀和吹扫快关阀一般采用气动单电控弹簧复位球阀，失电、失气状态下球阀自动关闭，阀门关闭时间要求不大于 3.5 s，保证无泄漏。油气系统全部采用不锈钢管，采用氩弧焊焊接工艺，系统完成后需要利用压缩空气进行吹扫，燃油管道与气化油枪之间采用软管连接。

油气管路的吹扫有如下几步。

（1）取出油枪头，目的在于防止杂质堵塞油枪喷孔。

（2）雾化支路吹扫：关闭雾化支路上的压力表手动门，关闭吹扫支路上的气动快关阀，开启雾化支路上的气动快关阀及手动门进行吹扫，推荐吹扫 3 次，5 min 一次。

（3）吹扫支路及燃油支路吹扫：关闭雾化气动快关阀、燃油快关阀、燃油压力表，先后开启过滤器前后隔离手动门及吹扫气动快关阀，推荐吹扫 3 次，每次 10~20 min。

（4）吹扫结束后，关闭各气动快关阀，装上油枪头，投入压力表。

在油气系统投入使用之前还需要对管路进行压力试验，主要是检验阀门和管路是否有外漏或者内漏的现象，检验油气管道是否牢固可靠。压力试验主要包括以下几步。

（1）关闭微油油气系统所有手动门及气动快关阀。

（2）建立燃油循环，并充分排空，观察流量计显示是否有变化，如没有变化，说明燃油支路手动总门无内漏，反之说明油路各阀门中至少有一个阀门泄漏。

（3）对燃油支路气动快关阀前油管路进行油压试验：缓慢开启燃油支路手动总门，试压 3~5 min。观察这段管路是否有外漏现象、管路承压是否正常。通过流量计显示变化间接判断燃油支路手动总门后的各阀门是否有内漏现象，如果没有变化，说明燃油支路手动总门后的各阀门无内漏现象，反之说明燃油支路手动总门后的各阀门中至少有一个阀门泄漏。

（4）对燃油支路气动快关阀至过滤器进口手动门前的管路进行油试验：开启燃油支路气动快关阀，试压 3~5 min。观察这段管路是否有外漏现象、管路承压是否正常。通过流量计显示变化间接判断燃油支路气动快关阀后的各阀门是否有内漏现象，如果没有变化，说明燃油支路气动快关阀后的各阀门无内漏现象，反之说明燃油支路气动快关阀后的各阀门中至少有一个阀门泄漏。

（5）对过滤器进口手动门至过滤器出口手动门前的管路进行油压试验：开启过滤器进口手动门，试压 3~5 min。观察这段管路是否有外漏现象、管路承压是否正常。通过流量计显示变化间接判断过滤器进口手动门后的各阀门是否有内漏现象，如果没有变化，说明过滤器进口手动门后的各阀门无内漏现象，反之说明过滤器进口手动门后的阀门泄漏。试验合格后关闭过滤器进口手动门，然后打开另一条管路中备用过滤器进口的手动阀，重复步骤（5）检验过滤器进口手动门后的各阀门是否泄漏。直至全部阀门检验合格结束。

除了检查各阀门的泄漏之外，还需要检查气动快关阀开关是否灵活，核对各气动快关阀远方与就地的状态是否一致、开关是否到位、点火枪进退是否到位等静态试验，合格后才能进行点火试验。

2. 助燃风系统

助燃风系统直接从两侧一次风机出口接出，由管道、金属软管及手动蝶阀组成。助燃风主要用于强化气化油枪的燃烧效果，补充后期加速燃烧所需的氧量，提供足够的刚性，使雾化的油在极短时间内完成燃烧。

3. 微油燃烧器本体

微油燃烧器本体主要包括油枪、点火器、推进器、油枪套筒及其他连接部件。

4. 电气及控制系统

（1）图像火检系统。

运行人员只有掌握了各支煤粉燃烧器的着火情况，才能保证锅炉的安全运行和对锅炉进行燃烧调整。在电厂里，气化微油点火系统中一般会为每个气化微油点火装置配置一个图像火检系统，直接摄取煤粉燃烧的火焰图像。每只探头均需通入冷却风。油火检冷却风由电厂的火检冷却风机或一次冷风系统提供，风温低于 60 ℃即可。

（2）燃烧器壁温监测系统。

为保证气化微油燃烧器正常运行，一般在气化微油燃烧器中心筒和内筒外壁上装设测温热电偶，组成壁温监测系统，在线监测燃烧器壁温，以防止燃烧器超温。超温时，在保证燃烧工况和燃烧特性的情况下，可通过降低点火器功率或者提高一次风速等手段降温。微油点火期间注意监视空预器进、出口烟温，且连续进行空预器吹灰，以防止煤油混燃期间燃烧不完全，而发生空预器二次燃烧。

四、等离子点火装置

什么是等离子？如果温度不断升高，这时构成分子的原子发生分离，形成独立的原子，称这种过程为气体中分子的离解。如果进一步升高温度，原子中的电子就会从原子中剥离出来，成为带正电荷的原子核和带负电荷的电子，这个过程称为原子的电离。电离过程的发生，形成了等离子。当电离的过程频繁发生，使电子和阳离子的浓度达到一定的数值时，物质的状态也就发生了根本的变化，它的性质也变得与气体完全不同。为区别于固体、液体和气体这三种状态，称这种状态为物质的第四态，又起名叫等离子态，称处于这种状态的物质叫等离子。

我国和世界上许多国家近几十年来在等离子点火技术的研究方面曾投入了大量精力。从 20 世纪 70 年代开始，CE 公司、B&W 公司、西屋公司、原苏联动力科学研究院、澳大利亚太平洋公司等都曾从事过该技术研究，我国的清华大学、华中科技大学、哈尔滨锅炉厂等院校或单位也做了大量的研究和实验工作。

（一）等离子点火装置的点火原理

等离子点火装置利用直流电流在介质气体于一定的压力条件下接触引弧，并在强磁场下获得稳定功率的直流空气等离子，在专门设计的燃烧器中心燃烧筒中形成温度 $T>5000$ K 且温度梯度极大的高温区，煤粉颗粒通过该等离子“火核”受到高温作用，并在 10^{-3} s 内迅速释放出挥发物，并使煤粉颗粒破裂粉碎，从而迅速燃烧。目前，等离子点火及稳燃技术已成功应用于烟煤、褐煤和部分贫煤，机组容量等级也从 50 MW 覆盖至 1000 MW。燃烧方式包括切向燃烧直流燃烧器和墙式燃烧旋流燃烧器以及各种类型的磨煤机和各类制粉系统。

（二）等离子点火装置的组成

煤粉锅炉等离子点火装置主要由等离子发生器、等离子电源系统、等离子空气系统、等离子冷却水系统、冷炉制粉暖风系统、监控系统等组成。

1. 等离子发生器

等离子发生器是产生高温等离子的设备。等离子发生器的工作原理为：首先设定输出电流，当阴极前进到同阳极接触后，整个系统具有抗短路的能力且电流恒定不变，当阴极缓缓离开阳极时，电弧在线圈磁力的作用下拉出喷管外部。一定压力的空气在电弧的作用下，被电离为高温等离子，为点燃不同的煤种创造了良好的条件。等离子发生器的工作原理图如图 4-21 所示。

等离子发生器主要由阳极组件、阴极组件、线圈组件、冷却水腔等组成。其中，阴极材料采用高导电率的金属材料或非金属材料制成，阳极由高导电率、高导热率及抗氧化的金属材料制成。它们均采用水冷方式，以承受电弧高温冲击。等离子发生器外壳与阳极和阴极连接形成环形冷却水腔。

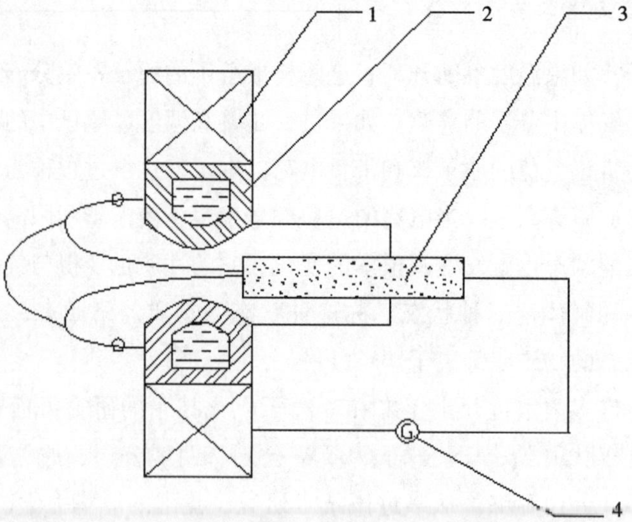

图 4-21　等离子发生器工作原理图

1—线圈；2—阳极；3—阴极；4—电源

（1）阳极组件。

阳极组件由阳极、冷却水管道、压缩空气通道及壳体等构成。阳极导电面由具有高导电性的金属材料铸成，采用水冷的方式冷却。为确保电弧能够尽可能多地拉出阳极以外，阳极上加装有压弧套。

（2）阴极组件。

阴极组件由阴极头、外套管、内套管、驱动机构、进出水口、导电接头等构成，阴极为旋转结构的等离子发生器，还需要加装一套旋转驱动机构。阴极头导电面由具有高导电性的金属材料铸成，采用水冷的方式冷却。

（3）线圈组件。

线圈组件由导电管绕成的线圈、绝缘材料、进出水接头、导电接头、壳体等构成，导电管内通水冷却。

2. 等离子电源系统

等离子体点火装置电源系统主要由等离子体隔离变压器、电抗器、直流电源控制柜、电气接线箱等部分组成。直流电源装置为等离子体发生器提供直流电源及点火控制，用来维持等离子电弧稳定。基本原理是通过三相全桥可控硅整流，将三相交流电源变为稳定的直流电源。

为保证等离子体发生器在工作中特别是在启动过程中正常运行，需要电源有极强的恒流能力。电抗器要产生足够的感抗，以保持电流的平稳。而电气接线箱主要是用来简化直流电缆与发生器之间的连接方式，并提供引弧电源。

目前一般每个发生器配置一套独立的 PLC 控制系统，这样可以保证每个发生器的相对独立性。然后接入主机 DCS（distributed control system，分布式控制系统），并配合锅炉的 FSSS（furnace safeguard supervisory system，炉膛安全监控系统）逻辑保护，以保证整个系统的安全稳定运行。

3. 等离子空气系统

电力生产应用中常用压缩空气作为等离子电弧的介质，等离子电弧形成后，通过线圈形成的强磁场的作用被压缩成为压缩电弧，并需要压缩空气以一定的流速吹出阳极才能形成可利用的电弧。因此，等离子点火系统一般需要配备压缩空气系统，且要求是洁净的、压力稳定的压缩空气。如果压缩空气质量达不到要求，就有可能导致等离子体发生器阴阳极表面沾污、阴阳极间不绝缘以及发生器部件的磨损，从而影响等离子体发生器的起弧、续弧和阴阳极的使用寿命。

经过过滤装置过滤的压缩空气被送到等离子点火装置，等离子点火装置上的压缩空气管道上设有压力表和压力开关，把压力满足信号送回等离子整流柜。也有的等离子点火装置的压缩空气系统中同时设计有备用吹扫空气管路，备用吹扫空气管路取自图像火检探头冷却风机出口母管，用于保证在锅炉高负荷运行、等离子点火器停用时点火器不受煤粉污染。

4. 等离子冷却水系统

等离子电弧形成后，弧柱温度一般在 5000 K 以上，因此对于形成电弧的等离子发生器的阴极和阳极必须通过水冷的方式来进行冷却，否则很快会被烧毁。为了保证良好的冷却效果，需要保证冷却水压力维持一定的压力和冷却水温度，否则冷却效果差。为减少冷却水对阳极和阴极的腐蚀，电厂一般采用除盐化学水作为冷却水源。冷却水经母管分别送至每个等离子点火器，单个等离子点火器的冷却水用量约为 10 t/h，冷却水进入等离子装置后再分成两路分别送入线圈和阳极，另一路进入阴极。在电厂内冷却水回水一般采用无压回水，等离子点火器回水经母管流经换热器冷却后返回冷却水箱。等离子装置来水管道上一般设有调节阀，用于调整等离子点火器冷却水流量，同时安装有冷却水压力表、过滤器及压力开关，压力满足信号送回等离子控制系统，保证等离子点火燃烧器投入时冷却水不间断。

5. 冷炉制粉暖风系统

为了实现无油点火，首先需要解决的问题是冷炉情况下煤粉的来源问题。制粉用热风的来源，在有条件时宜采用邻炉热风。在邻炉来热风有困难时，宜在磨煤机入口热风道上或专设旁路风道上加装空气加热装置，将磨煤机入口风温加热至允许启磨温度。加热装置宜采用蒸汽加热器。如热风温度要求较高时，可采取串联安装风道燃烧器加热等方式。蒸汽加热器投运前需要对蒸汽管道进行吹扫。对于新建机组，选定的点火用磨煤机，最低出力应能满足等离子点火器最低投入功率的要求，中速磨宜采用可变加载型。

磨煤机对应的所有煤粉输送管道应安装缩孔，用于调整各粉管内的风速，并在启动前调平。目的是尽可能保持各煤粉输送管道内风速一致、煤粉浓度一致、煤粉细度一致。

6. 监控系统

（1）壁温测量。

为了确保等离子燃烧器的安全运行，在燃烧器的相应位置安装了监视壁面温度的热电偶。热电偶的安装位置是根据等离子燃烧器的工业应用情况和燃烧器工作状态下的温度场确定的。目前工业应用中的热电偶的型号主要为K分度或铠装热电偶。

（2）风粉在线检测。

为了在等离子燃烧器运行时能够监测一次风速，并控制一次风速在设计范围内，需要在一次风管加装一次风速测量系统，目前一般采用靠背管和笛形管测速。

靠背管的全称是靠背式动压测定管。靠背管有两个测压管端的开口，一个开口迎向气流作为全压感压孔，另一个背向气流为静压感压孔。两个开口面应该成180°对称布置。由于其开口较大，所以不易堵塞。故靠背管既适用于测量含粉气流，也适用于测量清洁气流。

靠背管可以做成移动的，也可以根据管道的直径尺寸加工成固定安装的。固定的靠背管需要将其感压孔置于被测管道中心。

用笛形管可以测量含粉浓度较小的气流，如中储式制粉系统给粉机前的一次风管。热风送粉可使用固定的笛形管，乏气送粉使用可以移动的笛形管。

在保证刚度的前提下，笛形管越细越好，一般要求 $d/D=0.04\sim0.09$（d 为笛形管径，D 为被测管道内径）。而全压感压孔的孔径要越小越好，但是要避免被粉尘或锈蚀堵塞。感压孔的总面积不得超过笛形管内截面积的30%。为保证测速管的通畅，一般设计有反吹扫系统，可利用厂用压缩空气对测速管进行反吹扫。

测孔应选择在与挡板支管或弯头等阻力件有一定距离的直通管道上。笛形管的测孔前应有 $8\sim10D$、测孔后应有 $3D$ 的直管段［D 为被测管道内径，对矩形风道，$D=2AB/(A+B)$，式中，A，B 为矩形风道边长］。

双管式笛形管和靠背管，由于静压感压孔背向气流，它所测得的压头小于实际的静压值，故所测定的压差修正系数 K 常小于1，其数值取决于结构形式和加工精确度，所以需要逐个进行标定才能正常测量。需要用标准皮托管和笛形管或靠背管在同一管道内同一工况（包括速度、静压、温度等）下进行标定，最好选定管道的风速与被测管道相同或比较接近。

（3）图像火焰监视。

将煤粉燃烧器的火焰直观地显示给运行人员将对锅炉的安全运行及燃烧调整有极大的帮助。等离子点火系统为每个等离子点火燃烧器配置了一只高清晰图像火检探头。现在大多数厂家采用CCD直接摄取煤粉燃烧的火焰图像，图像清晰，不失真。为使CCD避开炉内高温，每只探头均需要采用长工作焦距监测镜头。探头外层还需要加装隔热装置，有效阻断二次风传热及炉膛辐射热。一般来说，探头前部还需要采用特种耐温玻璃，能抵抗1500 ℃熔融灰渣对镜面的冲刷，镜面才能长期光滑无损。每只探头均需通入冷却风，一方面冷却CCD和镜头，另一方面冷却风对镜头进行吹扫，可避免飞灰、焦块污染镜头。

五、常规点火装置、气化微油点火装置和等离子点火装置的联系与区别

常规点火装置、气化微油点火装置和等离子点火装置虽然都能点燃煤粉，但在所适应的煤种上还是各有侧重，且火焰检测系统方面的要求也有些不同。主要表现在以下几个方面。

（一）煤种适应方面

从实际的使用情况来看，常规点火装置对煤种的适应性最广，几乎能覆盖所有煤种。

等离子点火装置对煤质的要求最高，对煤质的稳定性要求也较高。主要是因为不同的煤质点火所需要的点火能量不同。而等离子点火装置的点火功率一般是固定的，容量增加时对电气设备也要作相应改造，因此，功率的提高受到一定的限制。

气化微油点火与等离子点火不一样，因为等离子弧不消耗氧气，小油枪点火燃油燃烧必须消耗氧气。对于烟煤和部分贫煤，小油枪所需油量较小，煤油抢风的问题不突出；对于无烟煤，小油枪的油量需要达到足够大才能点燃，煤油抢风造成无法将煤粉引燃的问题非常突出。为了解决煤油抢风的问题，目前通常采用的措施是对小油枪配风，但是这又带来配风流速远高于火焰传播速度而无法点燃的问题。因此，要采用气化微油点燃无烟煤，可以在微油气化点火的同时通入纯氧，采用富氧助燃。

（二）火焰监视

目前，在火力发电厂应用的火焰检测器有红外火焰检测器、可见光火焰检测器等。这些火焰检测都是基于辐射强度的检测，其原理是用探头接收火焰发出的辐射，按其强度的大小判断火焰是否存在。对于常规的点火装置，其火焰有明显的预燃区、着火区和燃尽区，可以适用以上火焰控制。

但是等离子点火装置或气化微油点火装置的火焰由于是内燃，燃烧器出口根本没有预燃区，而且火焰是粉包火的结构，在燃烧器出口附近预燃区和着火区之间也没有明显的界线，火焰周围的含粉气流被卷吸进入主气流以后，很快进入燃尽区。对于火焰检测探头视角设计得比较小的红外线探头，由于在燃烧器附近找不到明显的火焰着火区，因此无法实现有效的探测和保护。如果把探头对准的部位向炉膛中心延伸，达到燃尽区，又无法对本燃烧器火焰和背景火焰有效地加以分辨。因此，红外火焰检测器和可见光火焰检测器无法有效地对等离子点火装置和气化微油点火装置的火焰进行有效的检测和保护。

美国防火协会《多燃烧器锅炉炉膛防外爆/内爆标准》（NFPA 85C）要求，“除非

每个主燃烧器都装有火焰监视器，否则禁止使用第三类特殊点火器。”等离子点火装置属于第三类特殊点火器，气化微油点火装置类似第三类特殊点火器。因此，等离子点火装置和气化微油点火装置还必须装配有图像火焰检测系统、通过屏幕显示燃烧器着火情况的装置，以保证锅炉的安全运行。

目前也有提出采用工业电视实现启动监视的。全炉膛火焰的监视是通过全炉膛工业电视为运行人员提供锅炉炉膛中心区的燃烧情况的。但是在等离子点火或气化微油点火的初期，由于炉温较低，炉膛内透明度较低，全炉膛工业电视只能看到浑浊的、不断闪动的图像，看不到火焰的图像，更无法看到每一个燃烧器的着火情况，也无法观测到燃烧器喷口火焰情况。

如果用工业电视一对一地观测燃烧器的着火情况，一方面，因为工业电视的摄像头无法布置在二次风道内，只能安装在观火孔，很难观测到单只火焰的全貌；另一方面，工业电视系统只是一种监视手段，不是真正意义上的燃烧器火焰检测器。这种装置能通过拍摄的火焰图像直观地看到火焰燃烧状况，但仅是直观的图像显示，不具备火焰监测分析功能，无法为 DCS 或 FSSS 提供单个燃烧器喷口投切信号，不能参与锅炉炉膛保护。因此，工业电视系统也不宜用于等离子或气化微油点火过程的监视和保护。

任务三　煤粉锅炉的炉膛

【知识点描述】

（1）锅炉炉膛的作用及要求；

（2）锅炉炉膛的热力特性；

（3）锅炉炉膛的型式；

（4）锅炉炉膛的常见问题。

【能力目标】

（1）能根据炉膛示意图判断锅炉的类型；

（2）掌握锅炉常见问题产生的原因及解决措施。

一、炉膛的作用及要求

（1）炉膛是锅炉燃烧设备的重要组成部分，是锅炉中组织煤粉燃烧的立体空间，也称燃烧室。炉膛除了要把燃料的化学能转变成燃烧产物的热能外，还承担着组织炉膛换热的任务，因此它的结构应尽可能保证燃料燃尽，并使烟气在炉膛出口处被冷却到满足其后的对流受热面安全工作所允许的温度。

（2）炉膛作为燃烧室，是保证炉膛正常运行的先决条件之一。燃烧煤粉时，对炉膛的基本要求有以下几点。

① 要有良好的炉内空气动力特性。这不仅能避免火焰冲刷炉墙，防止炉膛水冷壁结渣，而且能使火焰在炉内有较好的充满度，减少炉内死滞旋涡区，保证燃料在炉内稳定着火和完全燃烧。

② 要有足够的受热面，将炉膛出口烟温冷却到允许的温度范围内，以保证炉膛出口及其后的受热面不结渣。

③ 降低污染物排放量，对煤质和负荷变化有较好的适应性，能连续稳定运行。

（3）炉膛结构紧凑合理，金属及其他材料用量少，同时便于制造、安装、运行及检修。

二、炉膛的热力特性

现代煤粉锅炉的炉膛截面形状一般多为矩形，炉膛的几何特性是由它的炉膛宽度 W、深度 D 及高度 H 共同决定的。炉膛的这些几何尺寸是保证煤粉完全燃烧的重要因素之一，它们也都与炉膛的主要热力特性相关。表征炉膛热力特性的参数主要有炉膛容积热负荷、煤粉平均停留时间、炉膛截面热负荷及燃烧器区壁面热负荷等。

1. 炉膛容积热负荷（q_V）

炉膛容积热负荷是指单位时间、单位炉膛容积内燃料燃烧释放的热量，即

$$q_V = \frac{BQ_{\mathrm{ar,\ net,\ p}}}{V} \tag{4-1}$$

式中，q_V——炉膛容积热负荷，$\mathrm{kW/m^3}$；

B——燃料消耗量，kg/h；

$Q_{\mathrm{ar,net,p}}$——燃料的收到基低位发热量，kJ/kg；

V——炉膛有效容积，$\mathrm{m^3}$。

炉膛有效容积 V 是由炉膛容积热负荷 q_V 来决定的。对于一定参数、一定容量的锅炉来说，燃料在炉膛中单位时间内燃烧所释放的热量 $BQ_{\mathrm{ar,net,p}}$ 是一定的。因此，q_V 越大，炉膛有效容积 V 就越小；反之，炉膛有效容积 V 就越大。

q_V 在一定程度上反映了煤粉和烟气在炉膛内的平均停留时间及出口烟气的冷却程度。q_V 过大，则 V 相对过小，煤粉在炉膛内的平均停留时间短，煤粉可能燃烧不完全，而且炉膛有效容积 V 过小，炉内能布置的受热面也相对较少，烟气冷却不足可能带来尾部受热面的结渣问题；q_V 过小，则炉膛有效容积 V 相对过大，一方面会增加锅炉的金属耗量，提高整体造价，另一方面会导致炉膛温度过低，燃烧速率减慢，燃烧不充分，使辐射与对流受热面分配失衡，甚至使得省煤器受热面趋于零。

因此，q_V 的选取既要保证煤粉能完全燃烧，又要满足烟气的冷却条件。但按照这两个要求来选取的 q_V 值往往是不同的。对于蒸发量小于 200 t/h 的锅炉，同时满足这两个

要求的 q_V值较为接近；随着锅炉容量的增加，因为炉膛受热面面积增加的幅度小于炉膛有效容积增加的幅度，按烟气冷却条件选取的 q_V值比保证煤粉完全燃烧的 q_V值要小，故大容量锅炉 q_V值的选取应优先考虑满足烟气冷却条件，以便布置足够面积的受热面，使烟气在炉膛出口处的温度达到所规定的范围。

q_V的选取除与锅炉容量相关外，也受燃烧方式及燃煤特性的影响。在 BMCR 工况下，对于 300 MW 及以上等级的燃煤机组锅炉，当燃用无烟煤或贫煤时，q_V值一般在 70~120 kW/m^3；当燃用烟煤时，q_V值一般在 70~125 kW/m^3；当燃用褐煤时，q_V值一般在 60~100 kW/m^3。大容量锅炉的 q_V值的选取要比中小容量的锅炉小一些。

2. 煤粉平均停留时间（τ）

煤粉平均停留时间是指煤粉在最上排一次风喷嘴或三次风喷嘴中心标高至屏下缘这段的停留时间，即

$$\tau = \frac{l_3}{W_y} \tag{4-2}$$

式中，l_3——最上排一次风喷嘴或三次风喷嘴中心标高至屏下缘的距离，m；

W_y——烟气在炉内的平均上升速度，m/s。

从燃烧特性去选取炉膛容积热负荷 q_V，主要是控制煤粉在炉内的停留时间（以烟气平均停留时间 τ 替代）。煤粉平均停留时间 τ 的长短取决于煤粉颗粒的运动速度和运动轨迹，而且受制于燃烧及传热强度。一般来说，锅炉容量越大，煤粉平均停留时间 τ 也就越长，飞灰含碳量也就相对越低。

3. 炉膛截面热负荷（q_F）

炉膛截面热负荷是指按燃烧器区域炉膛单位截面折算，每小时送入炉膛的平均热量，即

$$q_F = \frac{BQ_{ar,\ \mathrm{net},\ \mathrm{p}}}{F} \tag{4-3}$$

式中，q_F——炉膛截面热负荷，MW/m^2；

F——燃烧器区域炉膛截面积，m^2。

炉膛的大体形状通常由炉膛容积热负荷 q_V和炉膛截面热负荷 q_F共同确定。当 q_V一定时，q_F越大，燃烧器区域炉膛截面积 F 就越小，炉膛就越细长；q_F越小，燃烧器区域炉膛截面积 F 就越大，炉膛就越粗胖。

q_F决定了炉膛的截面大小，也就决定了炉膛横截面的周界长度，亦决定了炉膛燃烧器区域每米高度内所能敷设的水冷壁的数量，从而决定了燃烧器区域的温度水平。若 q_F 选得过大，炉膛截面积过小，煤粉在燃烧器区域释放的热量未能被水冷壁充分吸收，则会导致燃烧器区域温度过高，容易引起燃烧器区域的受热面结渣。对于亚临界压力的锅炉，还可能引起水冷壁发生膜态沸腾，致使水冷壁管过热烧坏。反之，如果 q_F选得过小，燃烧器区域温度太低，又不利于煤粉的稳定着火。因此，当燃用低挥发分煤种时，为改善着火条件，q_F应适当取大些；当燃用灰熔点（ST）较低的煤种时，为避免炉膛结

渣，q_F应适当取小些。

q_F的选取与煤种特性、燃烧方式和锅炉排渣方式相关。对于300 MW及以上等级的燃煤机组锅炉，q_F值一般在3.2~5.5 MW/m^3。q_F的推荐值随着锅炉容量的增大而增加。

4. 燃烧器区壁面热负荷（q_{Hr}）

燃烧器区壁面热负荷是指按燃烧器区域炉膛单位炉壁面积折算，每小时送入炉膛的平均热量，即

$$q_{Hr}=\frac{BQ_{ar,\ net,\ p}}{1000F_{Hr}} \tag{4-4}$$

式中，q_{Hr}——燃烧器区壁面热负荷，MW/m^2；

F_{Hr}——最上排、最下排一次风喷嘴或三次风喷嘴中心线距离外加3 m所包围的炉膛围带面积，m^2。

随着锅炉容量的增大，大容量锅炉为了减少NO_x的排放，趋于采用单个功率较小的燃烧器并多层布置，而且每层燃烧器在高度方向上的间距也在加大，这样使得燃烧器区域的温度水平降低。因此，对于大容量锅炉来说，仅仅采用q_V和q_F指标还不能全面反映炉膛的热力特性，引入燃烧器区壁面热负荷q_{Hr}可以作为锅炉设计和判断运行的辅助指标。

q_{Hr}与q_F类似，都反映了燃烧器区域的温度水平和换热强度，但q_{Hr}还能反映燃烧器区域火焰的分散或集中情况。q_{Hr}越高，说明燃烧器区域火焰越集中，该区域的温度水平就越高。这对煤粉的着火和维持稳定的燃烧是有利的，但q_{Hr}过高，意味着火焰过分集中，容易导致燃烧器区域局部温度过高，造成局部水冷壁结渣。固态排渣煤粉炉的q_{Hr}值一般在1.0~2.2 MW/m^3。

三、炉膛的型式

锅炉炉型的发展经历了长期不断改良的过程，按锅炉炉膛及对流烟道间的相互布置方式，可分为Π型（倒U型）、塔型、半塔型（改良型）、T型、箱型、Γ型（倒L型）、U型等多种型式。目前我国主流火电机组为高参数、大容量的机组，煤粉锅炉常见的型式主要可分为Π型炉和塔式炉两种。

1. Π型炉

燃用煤粉的自然循环锅炉、强制循环锅炉和直流锅炉中，广泛采用Π型布置方式，它包含由水冷壁蒸发受热面组成的炉膛、布置对流受热面的水平烟道以及尾部竖直烟道三个主要部分。锅炉的烟气流道呈Π形，上行烟道的炉膛大体呈长方体，四周壁面上布置有水冷壁。流动的烟气正是燃烧着的火焰，高温火焰对四周水冷壁的传热以辐射为主。从锅炉出口至下行烟道之间的区域为水平烟道，水平烟道内流动的烟气温度还很高，一般适于布置高温（末级）过热器和高温（末级）再热器，以便蒸汽能被加热到较高的温度。在Π型的下行烟道内，烟气温度已经明显降低，适于布置低温过热器、

低温再热器和尾部低温受热面（省煤器和空气预热器）。锅炉的下行烟道可为单烟道，也可由分隔墙将前后分隔为两个平行烟道的双烟道，并在其中布置不同的受热面。双烟道方便通过改变平行烟道两道烟气流量的比值来调节相应受热面的吸热以调节再热汽温。上行烟道至水平烟道的转弯处设有折焰角，以改善高温烟气流转弯时的流场；水平烟道至下行烟道的转弯区域称为转向室，一般不布置受热面。

Π 型布置锅炉的特点有以下几点。

（1）锅炉的排烟口在下部，大而重的转动机械可以布置在地面上，便于检修中吊装运输。

（2）由于在水平烟道内可以布置较多的对流受热面，故锅炉的厂房高度较低。

（3）水平烟道内空间较大，可以灵活布置各种对流受热面，便于检修与维护。

（4）尾部竖直烟道内也可以布置较多的对流受热面，锅炉的结构紧凑。

（5）锅炉的钢架结构复杂，由于存在水平烟道，烟道内烟气流动需要转弯，造成飞灰浓度不均匀，影响传热效果，同时使对流受热面局部磨损严重。

Π 型炉根据燃烧器的布置方式主要有切向燃烧、墙式燃烧及双拱燃烧三种形式，如图 4-22 所示。

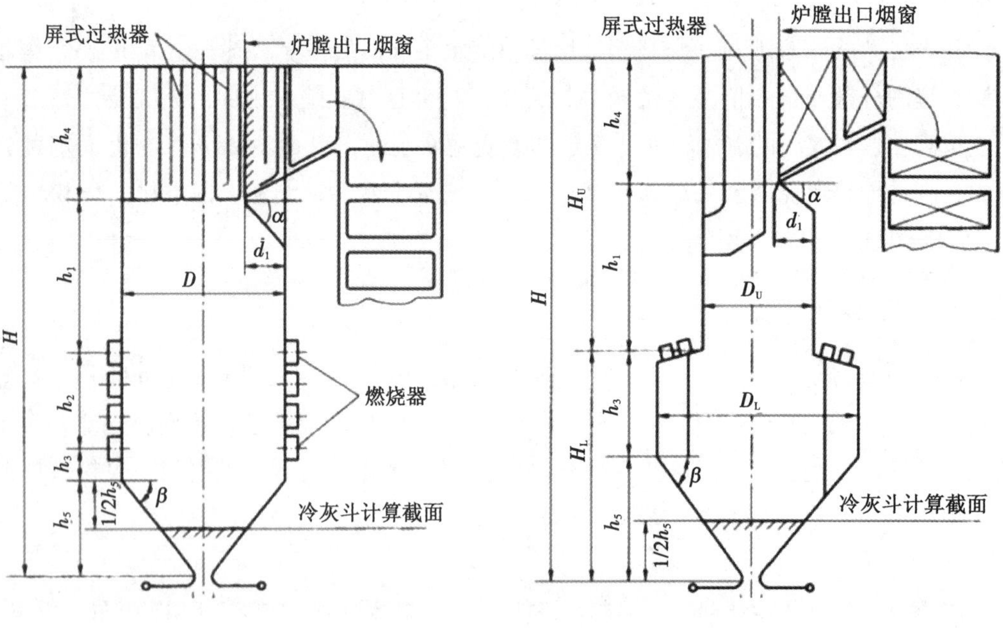

（a）切向或墙式燃烧　　（b）双拱燃烧

图 4-22　Π 型炉的典型布置方式示意图

切向燃烧采用直流燃烧器，燃烧器中的燃料和空气按假想切圆的切线方向喷入炉膛后产生旋转上升气流进行燃烧，其具有炉膛充满度好、扰动强烈、煤粉燃尽性好、NO_x 排放低、煤种适应性广等一系列优点。但切向燃烧方式由于出口烟气存在残余旋转，且随锅炉容量、负荷的增加而增大，容易出现烟气场、温度场分布不均匀的现象。我国电站锅炉在四角切向燃烧方面积累了较为丰富的经验，也进行了一系列的改进，在本项目任务一中的图 4-4 中介绍了不同的切圆方式。

墙式燃烧采用旋流燃烧器，且将燃烧器水平布置在炉膛水冷壁的前后墙上，也称对冲燃烧。煤粉气流从前后墙燃烧器中喷出，对冲形成主要向上的气流，炉膛火焰充满度较好，煤粉燃烧较为剧烈，出口烟气量、温度较为均匀。不过由于受炉膛压力分布与旋流燃烧器结构特点的影响，锅炉侧墙附近燃烧器喷出的煤粉气流向侧墙运动，对侧墙的水冷壁形成冲刷，同时在侧墙附近发生缺氧燃烧，产生较强的还原性气氛，容易导致侧墙水冷壁磨损与高温腐蚀。

双拱燃烧，即 W 型或双 U 型燃烧。双拱燃烧方式可采用轴向可动叶轮式旋流燃烧器，也可以用直流燃烧器。双拱燃烧方式锅炉的炉膛由下部的拱式着火炉膛和上部的辐射炉膛组成。前后突出的炉顶构成炉顶拱，煤粉喷嘴及二次风喷嘴装在炉顶拱上，并向下喷射。当煤粉气流向下流动扩展时，在炉膛下部与二次风、乏气或三次风（分级风）相遇后，180°转弯向上流动，形成 W 形火焰。因为双拱燃烧特殊的炉膛结构，煤粉着火后的火焰行程较长，炉内充满度好，延长了煤粉在炉内的停留时间，特别有利于低挥发分无烟煤的燃用。采用双拱燃烧方式的锅炉，由于下炉膛一般大量敷设卫燃带，整体的温度水平较高，容易产生结焦现象。另外，NO_x的生成量也远高于切向燃烧和墙式燃烧锅炉，环保压力较大。双拱燃烧方式锅炉的基本结构如图 4-23 所示。

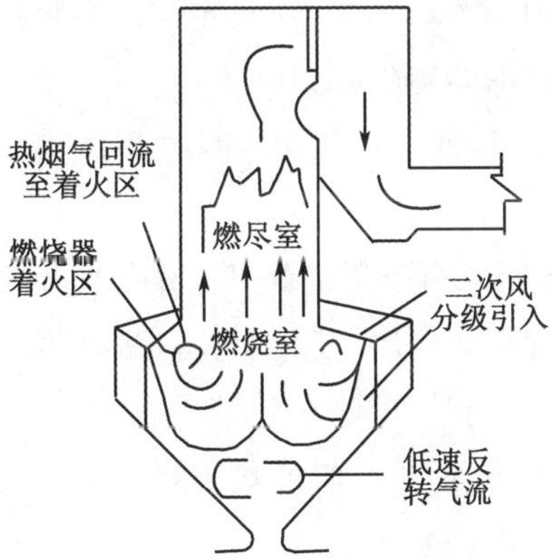

图 4-23　双拱燃烧方式锅炉的基本结构示意图

2. 塔式炉

塔式炉适应大容量锅炉，可燃用各类煤种，尤其适用于褐煤和高灰分烟煤，欧洲一些国家普遍采用塔式布置。塔式炉的承压受热面，从水冷壁辐射受热面到过热器、再热器和省煤器等对流受热面，均布置在一个上行烟道内。对流烟道在炉膛上方，与炉膛笔直相连，整体形似一座宝塔。由于塔式炉比较高，尤其是空预器、除尘器及送、引风机等置于炉顶时，锅炉高度可到近百米，锅炉的支架困难，有时为了减少所支撑的重量，也仍将空预器、除尘器及送、引风机等置于地面上，结果就和 Π 型炉类近似。塔式炉的基本结构如图 4-24 所示。

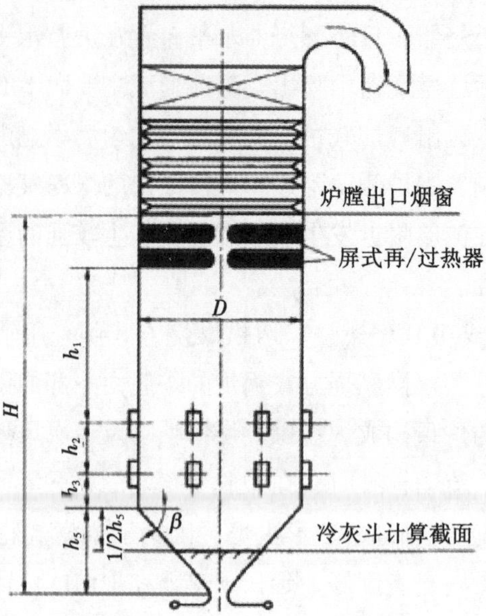

图 4-24　塔式炉的基本结构示意图

塔式炉一般采用切向或墙式燃烧方式。与 Π 型炉相比，塔式炉具有如下特点。

（1）塔式锅炉采用全悬吊结构，受力方向单一，膨胀自由，没有应力集中；悬吊结构规则，支撑结构简单；占地面积小。

（2）塔式炉上部水冷壁的布置比较简单，没有折焰角等复杂的形状，因此，水冷壁出口介质温度较为均匀。

（3）在对流受热面中，烟气没有 90°急转弯，烟气流场均匀，局部磨损大大降低。

（4）均匀的烟气流场形成了均匀的过热器和再热器烟气温度分布，使过热器和再热器的出口蒸汽温度也较为均匀。

（5）塔式炉的所有对流受热面都采取卧式布置，受热面疏水能力强，有利于锅炉的快速启停，减少了受热面管内腐蚀。

（6）没有尾部后烟井，也就没有复杂的包覆过热器系统，整个汽水系统较为简单。

塔式炉虽然具有上述特点，但锅炉比较高，汽、水管道较长，承压受热面的高位布置给检修和维护带来不便。另外，水平布置的受热面管排间距较小，容易产生飞灰磨损与挂渣，燃用燃烧灰分较高的煤时，炉膛上部水平布置的过热器容易大量积灰并塌落，则会引起炉膛内燃烧不稳定，甚至灭火。这些问题在实际运行中应引起重视。

四、炉膛常见问题

1. 炉膛结渣

（1）结渣过程及危害。

在煤粉炉的炉膛中，燃烧过程形成的熔融灰渣黏结在受热面上，并积聚和发展成一层硬结的灰渣层，这种现象叫作结渣（或结焦）。发生结渣的部位通常在燃烧器区域水冷壁、炉膛折焰角、屏式过热器及其后的对流管束等处，有时也在炉膛下部冷灰斗处发生结渣。

锅炉结渣是一个复杂的物理化学过程。运行中的煤粉炉膛，其火焰中心的温度高达1500~1700 ℃，煤灰粒子在其中多处于熔融状态。如果锅炉设计不良，或者运行操作不当，使火焰中心发生偏斜、灰粒冲墙，以及超负荷运行，都会导致炉膛温度及水冷壁附近的烟温过高，熔融状态的灰粒无法有效凝固，碰到水冷壁或炉墙则黏结成渣。结渣形成之后，由于渣的导热性差，其外表面温度升高，而且渣的表面粗糙度较大，使得熔融的灰粒更容易黏附，形成第二层结渣。如此发展下去，结渣就会越来越严重，形成一个结渣自动加剧的过程。

炉膛结渣造成的危害相当严重，主要体现在以下几个方面。

① 受热面结渣后，会使传热减弱，工质吸热少，排烟温度升高，排烟热损失增加，锅炉效率降低。为维持锅炉出力，燃料量增加的同时必须相应地增加风量，这就使送、引风机负荷增加，厂用电增加。

② 受热面结渣后，由于炉内换热减弱，炉膛出口烟温上升，导致主蒸汽和再热蒸汽温度升高，减温水量剧增，加上结渣不均匀造成的热偏差，容易引起过热器超温损坏。因此，为了限制超温，必须限制锅炉出力，降低负荷运行。

③ 水冷壁结渣，会使水冷壁各部分受热不均，以至于膨胀不匀或水循环不良，进而引起水冷壁管损坏。

④ 炉膛上部结渣时，渣块掉落可能砸坏冷灰斗的水冷壁管，甚至堵塞排渣口，致使锅炉被迫停运；大焦块的掉落也可能冲灭煤粉火炬，造成炉膛灭火。

总之，炉膛结渣不仅增加了锅炉运行和检修的工作量，还可能迫使锅炉降出力运行乃至停炉，严重威胁锅炉的安全、经济运行。

（2）影响结渣的因素。

① 燃料的灰分特性。目前国内普遍采用灰的熔融性作为判断燃煤锅炉燃烧过程中是否发生结渣的一个重要依据，而灰的软化温度（ST）是用来衡量是否发生结渣的主要指标。一般来说，称 ST<1350 ℃的煤为强结渣性煤，ST>1450 ℃的煤为弱结渣性煤，ST 在 1350~1450 ℃的煤为中等结渣性煤。实验室中也采用结渣率或结渣特性来定义煤种结渣趋势的难易程度。灰的熔融性是在实验室条件下测定的，与炉内的实际运行工况有较大差异，其灰熔点的高低与煤灰中无机物组成、含量及炉内气氛也有密切的关系。一般来说，灰中含铁量和碱类的增加将使灰熔点大大降低，而处在还原性气氛下煤灰的灰熔点也低于氧化性气氛下的灰熔点。

② 炉膛结构。炉膛设计时容积热负荷 q_V或燃烧器区壁面热负荷 q_{Hr}选得过大，或实际运行时炉膛热负荷过高，都会使炉膛温度或局部区域的温度水平过高，造成结渣；或

造成煤粉粒子在炉膛内的平均停留时间 τ 过短，燃烧不完全，引起炉膛出口烟温偏高，造成炉膛出口受热面的结渣。

③ 炉内空气动力场。炉内空气动力场的特性对炉膛结渣的影响也非常大。比如，对于旋流燃烧器，如果气流旋转过强，出现“飞边”或一次风速过高，冲击对面炉墙，都容易造成结渣；对于直流燃烧器，如果整体高宽比过大、切圆直径偏大或偏斜、一次风粉气流刷墙等，也容易导致结渣。燃烧器出口结渣或烧损变形后，出口气流方向发生变化，破坏了正常的空气动力场，易加剧燃烧器区域的结渣。

④ 运行调节。在实际运行中，由于煤粉与空气量匹配不均，燃烧器缺角运行或一、二次风调节不当，都会影响炉内的燃烧工况和贴壁气氛，从而引起结渣。另外，如果炉膛底部漏风、热风温度不够或煤粉过粗等，会使火焰中心上移，造成炉膛出口烟温升高，导致受热面结渣。

（3）防止结渣的措施。

① 加强燃料管理。煤种变化对结焦有较大影响，应尽量确保燃煤供应符合或接近原设计煤种特性。制定掺配掺烧制度并严格执行，确保当值运行人员知晓煤种变化及相关特性。当燃用煤种变化较大时，应做好灰成分特性分析并进行掺配试烧，从根本上减轻结渣形成。针对锅炉启动初期易结焦的特点，机组启动前做好弱结焦煤种的储备，启动后短期内不掺烧低热值、低灰熔点的煤种，降低结渣的风险。

② 做好燃烧调整。通过燃烧调整试验，建立起适合当前燃煤条件下的最佳运行机制。确定锅炉在不同负荷下燃烧器及磨煤机的投运方式，防止燃烧器区域热负荷过于集中；确定锅炉不投油稳燃的最低负荷，尽量避免高负荷时油煤混烧，造成燃烧器区域局部缺氧和热负荷过高；确定煤粉经济细度和均匀性，不使煤粉过粗以至火焰中心上移；确保各只燃烧器热功率尽量相等，且煤粉浓度尽量均匀；确定摆动式燃烧器允许摆动的范围，避免火焰中心过分上移或下移；确定不同负荷下的过剩空气系数，选择合适的一、二次风风率、风速和风煤配比，以及燃料风、辅助风的配比等，使煤粉燃烧良好而不在炉壁附近产生还原性气氛，避免火焰偏斜直接冲刷炉墙等。

③ 加强运行监视与分析。运行人员应经常检查锅炉的结渣情况，通过观火孔、输渣皮带等判断结渣程度，发现结渣严重及时汇报处理。定期分析锅炉的运行工况，对易结渣的燃煤要重点分析减温水量和炉膛出口温度的变化规律，以及过热器、再热器管壁温度的变化情况。

坚持锅炉定期吹灰工作，根据汽温变化、炉膛出口烟温及两侧烟温差变化可适当增加吹灰频次。可利用改变锅炉负荷的方式进行扰动除渣，但要防止负荷骤然大幅度变化造成大渣块掉落砸坏承压部件。

④ 加强检修维护。吹灰是清除初期渣的一种有效手段，应加强吹灰器的缺陷管理和维修管理，确保较高的吹灰器投入率。检修时根据运行中的结渣情况，适当调整燃烧器，并检查燃烧器有无变形或烧损，及时校正修复。检修时应彻底清除积灰存渣，而且

应做好炉膛的漏风治理工作。

2. 水冷壁高温腐蚀

（1）现象与机理。

高温腐蚀一般是指在高温烟气环境下，高温受热面（如水冷壁、屏式过热器、高温过热器和再热器等）在管壁温度较高时所发生的烟气侧金属腐蚀。水冷壁的高温腐蚀是导致“四管泄漏”的主要原因之一，其往往具有腐蚀速度快、腐蚀区域相对集中及突发性等特点。对于直流燃烧器切圆锅炉，水冷壁高温腐蚀的易发位置多位于主燃区上部至分离燃尽风的角区；而对于旋流燃烧器墙式燃烧锅炉，腐蚀区域主要集中在主燃区上部至燃尽风的两侧墙中部。

水冷壁的腐蚀表面为多层结构，一般可分为4层，分别是疏松的焦渣（成分大多是各种硫酸盐、硅酸盐的混合物）、浮灰、黑褐色的脆性腐蚀产物（FeO、Fe_3O_4和Fe_2O_3）及基体金属。根据腐蚀产物的类型和腐蚀爆发的原因，一般可将煤粉锅炉的水冷壁高温腐蚀分为硫化物型高温腐蚀、煤灰腐蚀、氯化物型高温腐蚀及还原性气体引发的高温腐蚀。

① 硫化物型高温腐蚀。煤粉锅炉水冷壁的高温腐蚀大多数属于硫化物型高温腐蚀。煤中含有的黄铁矿（主要成分为FeS_2）随灰粒和未燃尽煤粉一起冲刷到管壁上，受热分解出自由原子硫和硫化亚铁：

$$FeS_2 \rightarrow FeS + [S]$$

当管壁附近存在一定浓度的H_2S和SO_2时，也可能生成自由原子硫，即

$$2H_2S + SO_2 \rightarrow 2H_2O + [S]$$

在还原性气氛中，单独的原子硫管壁温度达到350 ℃时，发生硫化作用：

$$Fe + [S] \rightarrow FeS$$

H_2S还可通过疏松的Fe_2O_3与较为致密的磁性氧化铁层Fe_3O_4（Fe_2O_3-FeO）中复合的FeO发生反应：

$$FeO + H_2S \rightarrow FeS + H_2O$$

FeS缓慢氧化而生成黑色的磁性氧化铁：

$$3FeS + 5O_2 \rightarrow Fe_3O_4 + 3SO_2$$

由以上过程可见，硫化物型高温腐蚀的主要产物是FeS，其产生的根源在于具有一定硫含量的煤粉冲刷壁面、局部形成了还原性气氛、水冷壁管壁温度在350 ℃以上。一般来说，研究结果认为前两个条件至少满足其一，第三个条件必须满足。为了满足环保超低甚至超净排放标准，我国大部分现役机组都进行了低氮燃烧改造，而常用的低NO_x分级燃烧技术和燃烧器，常常使得煤粉喷嘴区域、燃烧器下部的燃烧区域处于贫氧状态，加剧了硫化物型高温腐蚀的发生。

② 煤灰腐蚀。锅炉受热面存在积灰时往往同时爆发煤灰腐蚀，这是由于积灰中含有大量的碱金属元素和硫元素，它们通常以硫酸盐、复合硫酸盐以及焦硫酸盐的形式存

在。根据腐蚀产物的类型，将煤灰腐蚀又划分为碱金属硫酸盐腐蚀和焦硫酸盐腐蚀两种类型，炉膛腐蚀气氛中含有一定量的 SO_2 和 SO_3 是高温受热面产生硫酸盐腐蚀的重要条件。

研究结果表明，管道表面沉积的飞灰中含有一定量的碱金属氧化物，如果烟气中还有足够量的二氧化硫或三氧化硫，将会发生如下反应：

$$2Na_2O+2SO_2+O_2 \rightarrow 2Na_2SO_4$$

$$Na_2O+SO_3 \rightarrow Na_2SO_4$$

积灰经过高温烟气长时间的硫酸化，即可变成硫酸盐积灰层，即烧结作用。同时，高温烟气中的三氧化硫还将进一步与沉积在金属表面的硫酸盐积灰层发生化学反应，破坏金属表面的氧化层，生成熔点更低的复合硫酸盐［$Na_3Fe(SO_4)_3$］。复合硫酸盐在550~700 ℃具有很强的流动性，而且其能与失去氧化膜的金属基体直接发生反应，生成一层黑色的玻璃状熔融物，覆盖在金属表面，化学反应方程式如下：

$$2Na_3Fe(SO_4)_3+10Fe \rightarrow 3Na_2SO_4+[3FeS+3Fe_3O_4]$$

煤灰腐蚀的另一种类型是焦硫酸盐腐蚀，其腐蚀温度较复合硫酸盐腐蚀更低，温度在425~525 ℃就能发生腐蚀反应，水冷壁管道的腐蚀大多属于这一类型。煤粉在燃烧过程中生成大量的二氧化硫，其中部分二氧化硫在金属氧化物的催化氧化下变为三氧化硫。由于水冷壁近壁处温度较低，烟气中的三氧化硫可发生如下反应：

$$Na_2SO_4+SO_3 \rightarrow Na_2S_2O_7$$

生成的焦硫酸盐熔点较低，在受热面表面呈现熔融状，腐蚀性极强，将直接与金属氧化物发生反应，管材表面的氧化膜将被溶解破坏，进而破裂剥落，使内部金属直接暴露在腐蚀气氛中，导致腐蚀加速。

$$3Na_2S_2O_7+Fe_2O_3 \rightarrow 2Na_3Fe(SO_4)_3$$

综上所述，当受热面被积灰覆盖时，煤灰腐蚀将会普遍存在，并且壁温是影响腐蚀类型的主要因素。当管壁温度低于550 ℃时，多为焦硫酸盐腐蚀；当管壁温度高于550 ℃时，多为复合硫酸盐腐蚀。

③ 氯化物型高温腐蚀。氯化物型高温腐蚀机理较为复杂，目前尚未达成统一共识。一般认为，在还原性气氛下的腐蚀以氯化氢腐蚀为主，氧化性气氛下的腐蚀以氯气腐蚀为主。

对于氯化氢腐蚀，主要是煤中含有一定量的 NaCl、KCl 等成分，具有较低的熔点和较高的蒸汽压，在高温炉膛内迅速气化，与 H_2O、SO_2 等发生化学反应，释放出 HCl。HCl 能够破坏金属表面的氧化膜，并和基体金属发生反应，其生成物 $FeCl_2$ 熔点极低，在高温炉膛内瞬间挥发，造成金属管壁出现大量的孔洞和缝隙，使得致密的氧化层失去保护作用，加剧腐蚀气氛对管材的侵蚀。氯化氢腐蚀的发生要求管壁附近有一定浓度的 HCl 生成，而且近壁处是还原性气氛。氯化氢腐蚀较少单独存在，主要起到加速其他类型腐蚀的作用。

氯化物型高温腐蚀的另一种类型是氯气腐蚀。研究结果表明，在 $HCl-O_2$气氛下，氯化物高温分解产生的 Cl_2主导了腐蚀反应的进行，Cl_2的腐蚀性远远大于氯化物的腐蚀性，Cl_2能够通过金属表面氧化层的孔洞和缝隙向内渗透，和内部合金发生氯化反应，进而造成管壁的腐蚀。

④ 还原性气体引发的高温腐蚀。近年来，为降低燃煤电站氮氧化物的排放量，炉膛配风装置多采用空气分级的方法来优化燃烧，该方法将供燃煤充分燃烧的一股空气分为两股甚至多股送入炉膛，燃烧优化中也经常采用倒宝塔型的送风方式，这些都将造成主燃烧区域缺氧燃烧，使得水冷壁周围气氛呈现还原性或者弱氧化性。煤粉在缺氧环境下不充分燃烧，生成大量的还原性气体（主要是 CO），还原性气体通过扩散到达水冷壁表面，将表面的 Fe_2O_3还原成 FeO，从而破坏了水冷壁表面致密的氧化铁保护膜，使其疏松开裂。

（2）影响高温腐蚀的因素。

从目前我国燃煤电厂水冷壁腐蚀的情况来看，煤粉锅炉水冷壁高温腐蚀的类型大部分属于还原性气氛下的硫化物型腐蚀，而氯化物型高温腐蚀很少发生，这是由于当前电厂动力煤的氯含量普遍不高，低于临界值 0.35%，只有少数燃用高氯煤（比如准东煤）的电厂爆发了氯腐蚀。氯化物腐蚀经常发生在生物质锅炉或者垃圾焚烧炉中，这主要是由于生物质或垃圾中的氯含量达到了一定的规模。总结以往经验，影响煤粉锅炉水冷壁高温腐蚀的主要因素可以概括为燃煤品质、燃烧工况及水冷壁温度条件三个方面。

① 燃煤品质。燃煤中的硫一般以有机硫、黄铁矿和硫酸盐的形式存在，可燃硫主要以前两种形态表现，而硫酸盐一般不能被氧化，最后变为灰分。煤粉燃烧时，在高温火焰核心区缺氧环境下，有机硫和黄铁矿中的硫主要以硫化氢和硫单质的形式被释放出来，而硫化氢和硫单质正是引起硫化物型高温腐蚀的重要反应物。一般来说，当煤中的可燃硫含量大于 1%时，高温腐蚀爆发的风险就会大大增加。

煤种会影响到高温腐蚀的速率。烟煤挥发分较多，容易着火，不易引发高温腐蚀，而无烟煤和贫煤挥发分较少，着火困难，燃烧不稳定，容易出现火焰刷墙现象，进而在近壁处出现还原性气氛，引发高温腐蚀。

煤粉细度对高温腐蚀的影响也较为明显。大颗粒煤粉粒径较粗，燃尽困难，火焰往往很长，燃尽时需要消耗大量的氧气，造成煤颗粒附近严重缺氧；同时，大颗粒煤粉动量大，冲刷水冷壁时会破坏管材表面的氧化层，造成冲刷磨损，加剧腐蚀。

② 燃烧工况。燃烧工况主要是指燃烧设备的配风方式。性能良好的配风方式能够将燃料和燃烧所需的一次风送入炉膛，在炉膛内形成良好的空气动力场，有利于燃料快速着火并稳定燃烧；及时供应的二次风和燃尽风能保证燃料充分燃尽，达到锅炉的设计燃烧强度，同时有较好的燃料适应性，能够宽范围进行调节，以适应煤种及负荷变化的要求。

配风比不合理会导致煤粉缺氧燃烧，产生大量的一氧化碳气体，同时造成炉内燃烧恶化，热损失增加，降低锅炉机组热效率。当烟气中呈现强还原性气氛时，腐蚀性气体硫化氢长期存在，与管壁金属发生腐蚀，生成疏松的金属硫化物，爆发硫化物型高温腐蚀。

另外，四角切圆燃烧器在长时间运行后，很容易造成煤粉气流切圆偏离设计位置。偏离严重时，会导致射流贴附或冲刷炉墙，造成水冷壁高温腐蚀和结渣。而煤粉气流的冲刷往往又会破坏管道表面的灰渣层和腐蚀层，使得未反应的金属基体暴露于燃烧区域，加快腐蚀进程。

③ 水冷壁温度条件。水冷壁的外壁温度受表面结渣和管内结垢的影响较大。此外，管壁壁面温度还与管内工质压力、热力负荷以及抽汽量有关。相关研究结果表明，在相同的 H_2S 浓度下，当管壁温度低于 300 ℃时，高温腐蚀速度很慢或不腐蚀；当管壁温度在 400~500 ℃时，温度每提高 50 ℃，腐蚀速率增加 1 倍。壁温越高，就越容易引发严重的高温腐蚀。

（3）预防高温腐蚀的措施。

① 严控入炉煤品质。燃煤品质差、煤粉粒径粗是产生高温腐蚀的内因。动力煤中含有的硫元素和氯元素是产生硫化物型以及氯化物型高温腐蚀的根源，其含量越高，燃烧时产生的腐蚀性介质浓度就越高，出现高温腐蚀的可能性就越大。所以，为防治水冷壁高温腐蚀，应积极组织煤源，严控入厂煤源的燃煤品质，通过不同煤种不同比例的掺混，合理控制燃煤的硫分和氯分，从根源上阻止腐蚀性气体的生成。

此外，入炉燃煤的颗粒越粗，越容易造成近壁处缺氧燃烧，形成强还原性气氛，特别是在喷嘴给粉不均和燃煤燃烧时配风工况受破坏的情况下更是如此。因此，严格控制煤粉细度对于预防高温腐蚀发生十分必要。

② 运行优化调整。

• 合理配风，加强混合，抑制硫化物型腐蚀。对于四角切圆锅炉，缩小切圆直径，使主燃烧区向炉膛中心转移，合理分配各燃烧器负荷，适当开大直流式燃烧器的燃料风挡板，使煤粉被风包起来，形成“风包粉”。

• 采用一次反切技术。将一次风喷口偏转一定角度，使其形成一个与原假想切圆旋转方向相反的、直径较小的假想切圆。反切的一次风喷出后，运动的初始方向与主气流旋转方向相反，因而受到上游高温气流的阻滞和扰动，使煤粉射流速度迅速衰减，从而延长了煤粉颗粒在高温烟气中的停留时间。射流中的空气由于惯性小先于煤粉转向，从而使大量煤粉颗粒被分离在靠近炉膛的中心区域，形成“风包粉”的燃烧方式。一次风反切技术的进一步发展是水平浓淡风反切技术，即利用浓淡分离技术将反切一次风分成水平排列的浓淡 2 个喷口，浓股射流布置在向火侧，淡股射流布置在背火侧，在淡股射流的背火侧再增加 1 个二次风喷口。

• 采用侧边风技术。所谓侧边风，就是在高温腐蚀区域的上游水冷壁或在高温腐蚀区域水冷壁上安装喷口，向炉膛内通入空气。采用侧边风的主要目的是增加局部含氧量，改变水冷壁高温腐蚀区域的还原性气氛，进而减缓高温腐蚀的发生。根据侧边风的布置形式，又可分为射流型和贴壁型两种。

射流型侧边风是在高温腐蚀严重区域的上游水冷壁开口，向炉膛喷入刚性较强的空气射流，空气射流与上游的高温煤粉气流产生强烈的湍流扰动，有助于煤粉的燃烧。随后由于炉内空气动力场的影响，使得混合气体偏向水冷壁，但此时还原性气氛已明显改善，不会对水冷壁造成高温腐蚀。

贴壁型侧边风是在炉膛水冷壁管鳍片上直接开孔，从二次风箱中引出一小股风量作为贴壁风，从开孔处直接喷入炉膛，从而在近壁处形成一层气膜，改善腐蚀严重区域的还原性气氛，从而抑制高温腐蚀的发生。该方法结构简单，不会影响水冷壁管道原有布局，投资费用低，效果明显。

③ 采用高温腐蚀防护涂层技术。锅炉受热面的腐蚀、磨蚀失效均从表面开始。采用表面工程技术对水冷壁管材表面进行改性强化处理，在不必更换新管材或者采用更高规格材质管材的前提下，即可减缓高温腐蚀速率。近年来，采用防护涂层技术已成为治理水冷壁或其他受热面高温腐蚀的一种重要且有效的手段。高温腐蚀防护涂层技术一般可分为热喷涂层技术、熔覆涂层技术、渗铝涂层技术及热固化反应纳米陶瓷涂层技术四大类。燃煤电厂应根据水冷壁高温腐蚀的类型、腐蚀部位及综合经济性来选择合适的防护涂层技术。

任务四　锅炉风烟系统及设备

【知识点描述】

（1）锅炉通风的任务与方式；

（2）锅炉的烟、风系统和风机；

（3）空气预热器；

（4）锅炉风烟系统密封及防堵改造技术。

【能力目标】

（1）熟悉锅炉风烟系统主要设备组成及技术要点；

（2）了解风烟系统密封及防堵改造最新技术进展。

一、锅炉通风的任务与方式

锅炉通风的任务是连续不断地给锅炉提供燃料燃烧所需的空气，并把燃烧生成的烟气排出炉外，以保证燃烧的正常进行。

锅炉通风方式有自然通风和机械通风两种。自然通风是利用烟囱进行通风，即利用烟中热烟气和外界冷空气之间的密度差所产生的自生通风力（抽力或自拔力）进行通风。单纯自然通风仅能克服较小的流动阻力，电厂锅炉流动阻力都较大，如大中容量的煤粉锅炉中，空气侧的流动阻力为2500~4000 Pa，烟气侧的流动阻力为2000~3000 Pa，所以电厂锅炉一般都采用机械通风。

机械通风主要是利用风机产生的压头，迫使空气和烟气在风、烟系统中流动进行通风。目前采用的机械通风方式有三种。

（一）负压通风

除利用烟囱外，还在烟囱前装设引风机来克服风、烟系统中的全部阻力。由于抽取在烟气炉内形成较高的负压，故称负压通风。此种通风方式的主要缺点是：当炉膛和烟道不够严密时，易造成大量冷空气漏入炉内。这既不利于燃料的着火与燃烧，又会导致锅炉效率降低，甚至影响锅炉正常运行。

（二）正压通风

除利用烟囱外，还在炉前风道上装设送风机来克服风、烟系统中的全部阻力。由于往炉内压送空气而形成较高的正压，故称正压通风。此种通风要求炉膛和烟道都十分严密，否则烟、火、灰外喷，既不安全，又不卫生。其优点是：消除了锅炉向内漏风，提高了燃烧强度和锅炉效率。此外，由于不存在飞灰磨损风机的问题，既延长了风机的使用寿命，又使运行和维护简单。目前微正压燃烧方式多在燃油锅炉、燃气锅炉上采用。

（三）平衡通风

除利用烟囱外，还在锅炉风、烟系统中同时装设送风机和引风机。送风机负责把风送进炉膛，引风机负责把炉膛的烟气排出炉外，由于炉膛内保持的压力略低于外界的大气压力，故称平衡通风。一般在炉膛出口处保持20~30 Pa的负压力。由于处于合理的负压下运行，因此锅炉房的安全及卫生条件较好，而且锅炉漏风量较少，所以是目前电厂锅炉应用最为普遍的一种通风方式。图4-25为平衡通风时烟、风道系统中各部位的正负压分布示意图。

为了减小附近地区的大气污染程度，在采用平衡通风时，还必须建造有一定高度的烟囱，以便把烟气中的灰粒和有害气体散到高空中。

二、锅炉的烟、风系统和风机

锅炉通风是利用风机产生的压头和烟囱产生的自生通风来克服烟、风系统中的通风阻力的。

锅炉烟、风系统的组成和流程可见图4-25。燃料在炉膛中燃烧产生的烟气离开炉膛后，经过对流烟道的各种受热面放出热量，温度逐渐降低，又通过除尘器除去大部分飞灰，最后经引风机、烟囱排入大气。因此，锅炉的烟道系统是由烟道、除尘器、引风

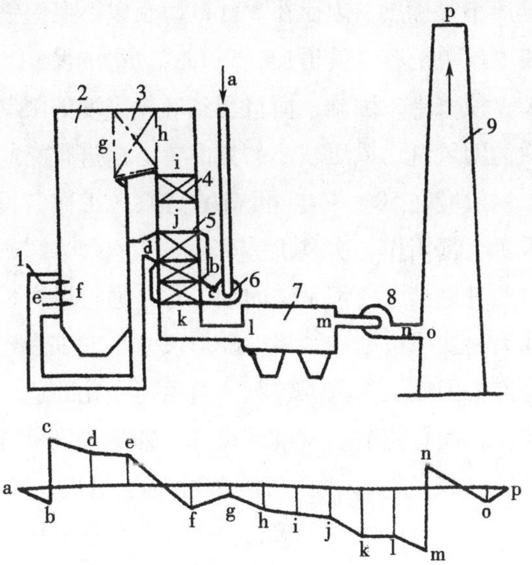

图 4-25　平衡通风时烟、风道系统中各部位的正负压分布示意图

1—燃烧器；2—炉膛；3—过热器；4—省煤器；5—空气预热器；

6—送风机；7—除尘器；8—引风机；9—烟囱

机和烟囱组成的。冷空气通过送风机升高压力，然后经冷风管道送入空气预热器中加热，温度升高的热空气再经过热风管道送入制粉系统和燃烧器，最后都进入炉膛。因此，锅炉的风道系统是由风道、送风机和空气预热器等设备组成的。

锅炉采用平衡通风方式时，烟道系统中的全部阻力是依靠引风机来克服的，而风道系统的全部阻力则是依靠送风机来克服的。

风机是锅炉烟、风系统的主要设备。它对锅炉的安全运行起着重要的作用。常用的风机有送风机和引风机。采用三分仓回转式空气预热器时，还有冷一次风机或热一次风机。大中型电厂锅炉一般配置双路并列的空气、烟气通道，装设两台送、引风机，在任何一侧风机停止运行时，另一侧风机可维持锅炉在50%以上负荷下运行。

送风机的作用是保证供给锅炉燃料燃烧时所需的空气量，在不采用一、二次空气分仓的空气预热器时，送风机兼作一次风机之用。送风机输送的空气温度不高，所含的灰尘极少，所以除了对它的风量和压头有要求外，在结构上无特殊要求。

引风机的作用是将炉膛中燃料燃烧所生成的烟气吸出，通过烟囱排入大气。引风机通过的是高温和虽经过除尘但仍含有灰粒等杂质的烟气，易被磨损，所以它的工作转速不宜过高，叶片和机壳的钢板较厚，以延长其使用寿命。另外，应尽可能使吸风机的轴承、传动部件及电动机远离其高温的机壳，或采取隔热和冷却措施，以保证在高温条件下工作。同时引风机还应具有良好的严密性，防止烟气泄漏。

按照介质在风机内部流动方向分，可将风机分为离心式风风机和轴流式风机。离心式风机是利用离心力来工作的。离心式风机具有结构简单、运行可靠、设计点效率较高、制造成本较低、噪声小等优点，因而在 200 MW 及以下机组锅炉的送、引风机中被广泛应用。但是，随着电厂单机容量的增加，离心式风机的尺寸、重量大大增加，这不仅给制造、运输、安装、检修带来困难，而且受到叶轮强度的限制。离心式风机采用入口导流器调节，调节只能朝风量、风压减小的方向单方向进行。此外，在低负荷时，离心式风机的效率很低，一般应在 50%~70%负荷的高效区工作。目前在 300 MW 及以上机组锅炉中，离心式风机大都用作一次风机。

轴流式风机中气流的进、出方向都是轴向的，它是通过风机理论中的升力原理进行工作的。轴流式风机比离心式风机结构紧凑、外形尺寸小、重量轻；轴流式风机的高效工况区比离心式风机宽广，因而工作范围较宽，对负荷变化的适应能力较强；轴流式风机不仅能减小风量、风压，而且能增加风量、风压。轴流式风机有动叶可调和静叶可调两种型式。静叶可调轴流式风机耐磨性能好，静叶易于更换。随着电厂单机容量的增大，风机容量也随之增大，但风压并不要求高，所以大容量锅炉的送、引风机趋于选用轴流式风机。轴流式风机的缺点是噪声强度高、转子结构复杂、叶片材料的质量要求和制造精度都较高。

三、空气预热器

（一）概述

空气预热器是利用锅炉尾部烟气热量来加热燃烧所需要空气的一种热交换装置，由于它工作在烟气温度最低的区域，回收了烟气热量，降低了排烟温度，因而提高了锅炉效率。同时由于燃烧空气温度的提高，有利于燃料着火和燃烧，减少了不完全燃烧损失。

空气预热器按传热方式可以分为传热式和蓄热式（再生式）两种。前者是将热量连续通过传热面由烟气传给空气，烟气和空气有各自的通道。后者是烟气和空气交替地通过受热面，热量由烟气传给受热面金属，被金属积蓄起来，然后空气通过受热面，将热量传给空气，依靠这样连续不断地循环加热。

在电厂中常用的传热式空气预热器是管式空气预热器，蓄热式空气预热器是回转式空气预热器。随着电厂锅炉蒸汽参数和机组容量的加大，管式空气预热器由于受热面的加大而使体积和高度增加，给锅炉布置带来影响。因此，现在大机组都采用结构紧凑、重量轻的回转式空气预热器。

回转式空气预热器与管式空气预热器相比较有以下特点。

（1）回转式空气预热器由于其受热面密度高达 500 m^2/m^3，因而结构紧凑，占地小，体积为同容量管式空气预热器的 1/10。

（2）重量轻，因管式空气预热器的管壁厚 1.5 mm，而回转式空气预热器的蓄热板厚度为 0.50~1.25 mm，布置相当紧凑，所以回转式空气预热器金属耗量约为同容量管式空气预热器的 1/3。

（3）回转式空气预热器布置灵活方便，使锅炉本体更容易得到合理的布置。

（4）在相同的外界条件下，回转式空气预热器因受热面金属温度较高，低温腐蚀的危险较管式空气预热器轻些。

（5）回转式空气预热器的漏风量比较大，一般来说，管式空气预热器不超过5%，而回转式空气预热器在状态好时为6%~10%，密封不良时可达20%~30%。

（6）回转式空气预热器的结构比较复杂，制造工艺要求高，运行维护工作多，检修也较复杂。

回转式空气预热器有垂直轴布置和水平轴布置两种形式。垂直轴布置的空气预热器又可分为受热面转动和风罩转动。通常使用受热面转动的是容克式空气预热器，而使用风罩转动的是罗特缪勒式空气预热器。这两种均被采用，但使用较多的是受热面转动的回转式空气预热器。

容克式空气预热器可以分为二分仓和三分仓两种，由圆筒形的转子和固定的圆筒形外壳、烟风道以及传动装置组成。受热面装在可转动的转子上，转子被分成若干扇形仓格，每个仓格装满了由波浪形金属薄板制成的蓄热板。圆筒形外壳的顶部和底部上下对应分隔成烟气流通区、空气流通区和密封区（过渡区）三部分。烟气流通区与烟道相连，空气流通区与风道相连，密封区中既不流通烟气，又不流通空气，所以烟气和空气不相混合。装有受热面的转子由电机通过传动装置带动旋转。因此，受热面不断地交替通过烟气和空气流通区，从而完成热交换，每转动一周就完成一次热交换过程。另外，由于烟气的流通量比较大，故烟气的流通面积占转子总截面的50%左右，空气流通面积占30%~40%，其余部分为密封区。

（二）回转式空气预热器结构及主要部件

回转式空气预热器主要由转子外壳、顶部结构、底部结构、转子、换热元件、中心驱动装置、轴承、转子密封系统、过渡烟风道、端柱、吹灰器等组成，如图4-26所示。

1. 转子外壳

转子外壳用以封闭转子，上下端均连有过渡烟风道。过渡烟风道一侧与空气预热器转子外壳连接，另一侧与用户烟风道的膨胀节相连接，其高度和接口法兰尺寸可随用户烟风道布置要求的不同作相应变化。转子外壳上还设有外缘环向密封条，由此控制空气至烟气的直接漏风和烟风的旁路量。

转子外壳封闭转子并构成空气预热器的一部分，由低碳钢板制成，位于两个端柱之间，与端柱相连，并焊接成一个整体支撑在底梁结构上。转子外壳烟气侧和空气侧分别由两套铰链侧柱将转子外壳支撑在用户钢架上，该支撑方式可以保证转子外壳在热态时能自由向外膨胀。铰链侧柱和端柱的设置确保空气预热器静态部件在热态运行时能沿不同方向自由膨胀，以实现空气预热器安全、经济地运行。

转子外壳还支撑着顶部和底部过渡烟风道的外部，过渡烟风道分别与转子外壳的顶

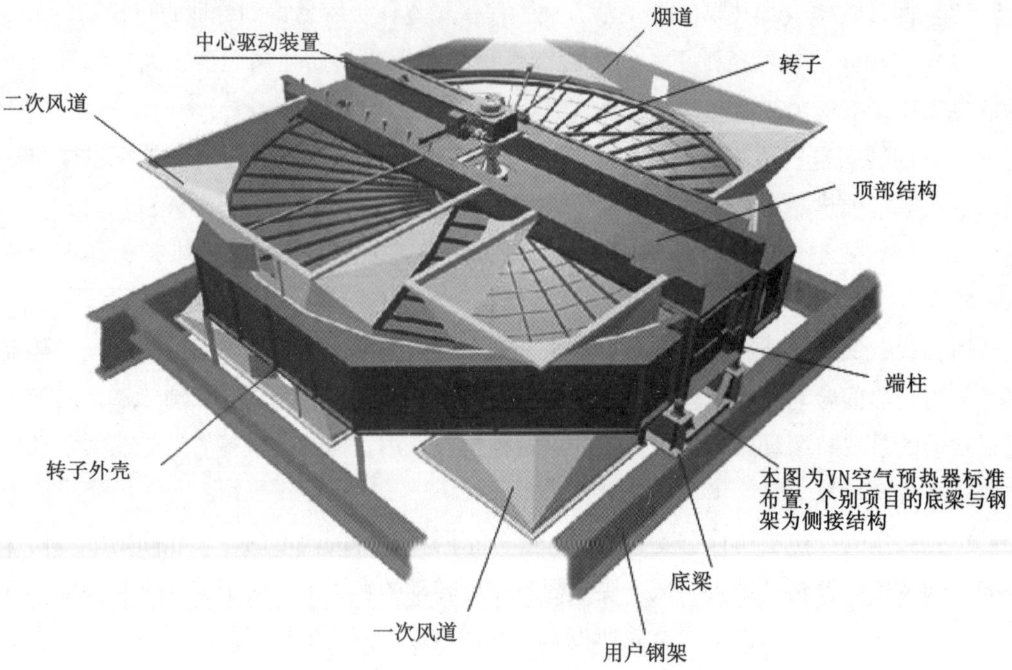

图 4-26　回转式空气预热器结构图

部和底部平板连接。

2. 顶部结构

顶部结构将两侧端柱连为一体，组成一中心承力框架，一方面将顶部导向轴承定位在中心位置并支撑由顶部轴承传递的横向载荷，另一方面承受着由驱动装置扭矩臂传递过来的载荷。

顶部结构上连接有顶部扇形密封板，顶部扇形密封板在固定前由若干个调节螺杆悬吊在扇形板支板上。顶部结构扇形板支板的翼板在烟气和空气侧均开有若干个通流槽口，以使顶部结构梁的上下温度场尽可能分布均匀，从而减小顶部结构纵向热变形和转子热端径向间隙的变化。

3. 底部结构

底部结构包括底梁、底部扇形板和底部扇形板支板等。底梁通过底部轴承凳板支撑着空气预热器转动部件的载荷，底梁还支撑端柱、底部扇形板和底部扇形板支板的重量，底部过渡烟风道的重量由底部结构承受，底梁上的所有载荷分别由两端传递到用户钢架上。

4. 转子

转子是空气预热器的核心部件，其中装有换热元件。连在中心筒轮毂上的低碳钢主隔板为转子的基本构架，转子隔仓由中心筒和外部分仓组成。转子中心筒包括中心筒轮毂和内部分仓，其中，转子主径向隔板与中心筒轮毂连为一体。从中心筒轮毂向外延伸到转子外缘的主径向隔板将转子分为若干个分仓，这些分仓同时被二次径向隔板和环向隔板分割成若干个隔仓，用以安装规格不同的换热元件盒。

转子与换热元件等转动件的全部重量由底部的球面滚子轴承支撑，而位于顶部的球面滚子导向轴承则用来承受径向水平载荷。

5. 换热元件

换热元件由薄钢板制成，一片波纹板上有斜波，另一片上除了方向不同的斜波外还有直槽，带斜波的波纹板与带有斜波和直槽的定位板交替层叠。直槽与转子轴线方向平行布置，使波纹板和定位板之间保持适当的距离。斜波与直槽成30°夹角，使得空气或烟气流经换热元件时形成较大的紊流，以改善换热效果（如图4-27所示）。由于冷端（即烟气出口端和空气入口端）受温度和燃烧条件的影响最易腐蚀，因而换热元件分层布置。换热元件均装在元件盒内以便于安装和取出，热端和冷端换热元件均垂直向上抽取。

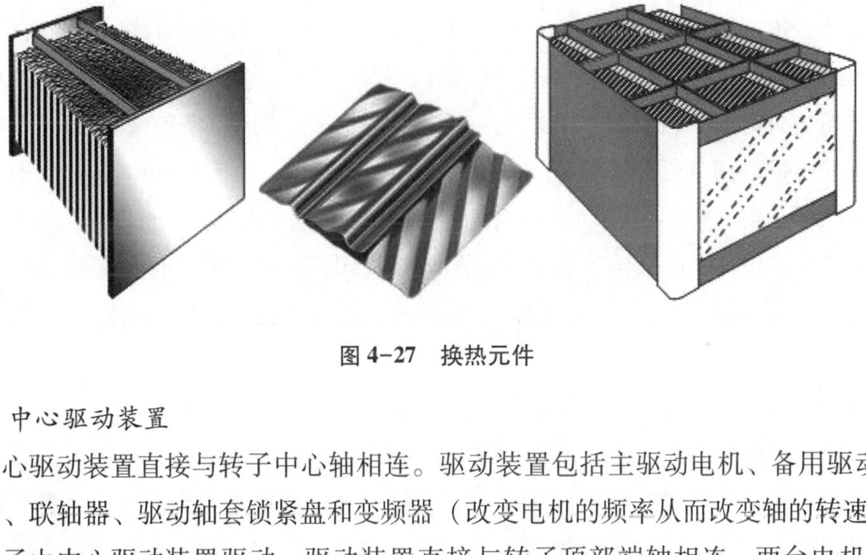

图4-27 换热元件

6. 中心驱动装置

中心驱动装置直接与转子中心轴相连。驱动装置包括主驱动电机、备用驱动电机、减速箱、联轴器、驱动轴套锁紧盘和变频器（改变电机的频率从而改变轴的转速）等。

转子由中心驱动装置驱动，驱动装置直接与转子顶部端轴相连，两台电机均能以正、反两个方向驱动空气预热器，只有在空气预热器不带负荷时才允许改变驱动方向。两台驱动电机与初级减速箱均为法兰连接（专门有法兰连接器、法兰垫片等，一种特殊的连接方式，有些管子自带法兰接头）。终极减速箱通过输出轴套直接套装在驱动轴上并用锁紧盘固定。终极减速箱一侧装有扭矩臂，扭矩臂被固定在顶部结构上的扭矩臂支座内，扭矩臂支座通过扭矩臂给驱动机构一个反作用扭转力矩从而驱动轴和转子旋转，而驱动装置扭矩臂沿垂直方向可以在扭矩臂支座内上下自由移动，以适应转子与顶部结构的热态胀差。

主电机的非驱动端设有键连接的输出轴，以便在维护时用盘车手柄进行手动盘车。减速箱为油浴润滑。

7. 轴承

空气预热器的轴承由底部推力轴承和顶部导向轴承组成。底部推力轴承为自调心球面滚子推力轴承，转子的全部旋转重量均由推力轴承支撑，底部轴承箱固定在支撑凳板上。底部轴承箱在定位后，将螺栓和定位垫板一起锁定，并将垫板焊在支撑凳板上。底部轴承两侧均设有防护网，以防止空气预热器正常运行时无关人员靠近转动部位而发生意外。

底部轴承采用油浴润滑。轴承箱上装有注油器和油位计，并开有用于安装测温元件的螺纹孔。底部轴承箱下面配有不同厚度的调整垫片，用于现场调整转子的上下位置和顶底径向密封间隙的大小。安装时还应适当增加垫片数量，用以补偿底梁承载后的弯曲变形。

顶部导向轴承为 CARB 轴承，安装在一轴套上，轴套装在转子驱动轴上，并用锁紧盘与之固定。导向轴承和轴套的大部分处于顶部轴承箱内。

顶部轴承箱两侧焊有槽形支臂，通过调节固定在顶部结构上的螺栓和支臂的相对位置来改变转子顶部轴承中心的位置，从而达到调整转子中心线位置的目的。顶部轴承支臂与顶部结构用 8 个锁紧螺栓和上下垫板定位固定，待顶部轴承位置最终调整就位后，即可将上述垫板与顶部结构的翼板焊在一起。此外，通过调整顶部轴承支臂下不同位置的垫片高度，可以调节顶部轴承箱的水平度。

顶部轴承采用油浴润滑，润滑油等级与底部推力轴承相同。顶部轴承箱上有加油孔、注油器、油位计、呼吸器和放油塞。另外设有用于安装测温元件的螺纹孔。顶部轴承箱还配有水冷却系统，适合现场连接冷却水。冷却水法兰入口温度要求不得高于 38 ℃，冷却水流量须不低于要求值。

8. 转子密封系统

空气预热器漏风的原因主要有携带漏风和密封漏风。前者是由于受热面的转动将留存在受热元件流通截面的空气带入烟气中，或将留存的烟气带入空气中；后者是由于空气预热器动静部分之间的空隙，通过空气和烟气的压差产生漏风。漏风量的增加将使送、引风机的电耗增大，增加排烟热损失，锅炉效率降低。如果漏风过大，还会使炉膛的风量不足，影响出力，可能会引起锅炉结渣。为了减小漏风，需加装密封装置。

为将空气至烟气的漏风降至最低，空气预热器各向密封系统的设计和布置起着至关重要的作用。三分仓设计的空气预热器通有三种不同的气流，即烟气、二次风和一次风。烟气位于转子的一侧，而相对的另一侧分为二次风侧和一次风侧。上述三种气流之间各由三组扇形板和轴向密封板相互隔开。烟气和空气流向相反，即烟气向下，一次风和二次风向上。通过改变扇形板和轴向密封板的宽度可以实现双密封和三密封，以满足电厂对空气预热器总漏风率和一次风漏风率的要求。

空气预热器的密封系统由转子径向、轴向、环向以及转子中心筒密封组成。

径向密封片用来减小空气到烟气的直接漏风。径向密封片安装在转子径向隔板的上、下缘。密封片由 1.6 mm 厚的考登钢制成，与 6 mm 厚的低碳钢压板一起通过自锁螺母固定在转子隔板上。所有密封片均设计成单片直叶形。轴向密封片和径向密封片一起，用于减小转子和密封挡板之间的间隙。

轴向密封片由 1.6 mm 厚的考登钢制成，安装在转子径向隔板的垂直外缘处，其冷态位置的设定应保证锅炉带负荷运行以及停炉无冷风时与轴向密封板之间保持最小的密封间隙。轴向密封的固定方式与径向密封片相同。轴向密封片供货时两端均留有修整余量，现场可根据转子外缘角钢最终的实际位置进行裁切。

环向密封条安装在转子中心筒和转子外缘角钢的顶部及底部，其主要功能是阻断因未经过热交换而影响空气预热器热力性能的转子外侧的旁路气流。此外，环向密封还有助于轴向密封，因为它降低了轴向密封片两侧压差的大小。在转子底部外缘，由 1.6 mm 厚等同考登钢加工的单片环向密封条安装在底部过渡烟风道上，并与转子底部外缘角钢构成密封对。由于在满负荷运行时转子向下变形，因此安装该密封条时需预先考虑到这一间隙要求。该密封条用螺母以及压板固定。

顶部环向密封由焊在转子外壳上的密封条组成。在设置该密封条时，应预先考虑到满负荷时转子以及外壳的径向变形差。

内缘环向密封条安装在转子中心筒的顶部和底部，与顶部和底部扇形板一起构成密封对，通过螺栓与焊在固定板内侧的螺母一起锁定。

中心筒密封的主要功能是减少空气漏入大气中。中心筒密封为双密封布置，密封片安装在扇形板上，与中心筒构成密封对。内侧密封由两个 1.6 mm 厚同等考登钢制作的圆环组成，两个圆环之间用低碳钢支撑环固定，内侧密封直接装到扇形板上。为了便于更换，内侧密封分为两段安装，可以直接进行更换和安装。

外侧密封为盘根填料密封。上述中心筒内、外侧密封之间的填料室设有一直接通向烟气侧的槽形管道，通过烟气侧的负压将漏入填料室的空气和灰一同导入烟气侧。

9. 过渡烟风道

过渡烟风道位于转子热端和冷端的烟气侧及空气侧，其作用是将气流导入和引出转子。三分仓布置的风道又被进一步分为二次风道和一次风道。过渡烟风道连接在转子外壳平板以及顶底结构上，其法兰口大小和形式根据用户烟风道设计并与其相配。为保证空气预热器结构合理受力，所有过渡烟风道内均设置内撑管。

10. 端柱

端柱支撑着包括转子导向轴承在内的顶部结构，每一端柱上都含有轴向密封板，轴向密封板与上下扇形板连为一体，端柱与底部结构的扇形板支板相连，并通过铰链将载荷直接传递到底梁和用户钢架上。

11. 吹灰器

空气预热器配有两台吹灰器，一台半伸缩式吹灰器位于烟气入口，另一台全伸缩式吹灰器位于烟气出口。

（三）管式空气预热器的结构及布置

1. 管式空气预热器的结构

管式空气预热器烟气自上而下在管内纵向流过，空气在管外横向冲刷，烟气的热量通过管壁连续地传给空气，所以又称为传热式空气预热器。为了能使空气多次交叉流动，实现逆流传热，可在管箱内加装中间管板。中间管板采用夹环固定在个别管子上。若管箱沿高度方向分几层布置，相邻管箱上下管板形成一体，同样能起到中间管板的作用，空气在其中自下而上地完成三次交叉流动过程。

管式空气预热器一般采用立管式（另有极少横管式），它由若干个标准尺寸的立方体管道、连通风罩以及密封装置组成，其结构如图 4-28 所示。管道一般由许多平行直立的有缝薄壁钢管和上、下管板组成。管子两端分别焊接在上、下管板上。管子通常为 $\phi40$ 和 $\phi51$（以 $\phi40$ 为主），壁厚为 1.5 mm。为使结构紧凑和增强传热，管子常采用小节距错列布置，其横向相对节距 $s_1/d=1.50\sim1.75$，纵向相对节距 $s_2/d=1\sim1.25$。管板厚度根据强度要求确认，上管板为 10~20 mm；下管板由于承重，通常为 20~30 mm。每个管箱的高度不易过大，否则管箱的刚性较差，也不便于管子内部的清灰。管箱高度取决于管径，当管子为 $\phi40$ 时，管箱的高度应小于 5 m；当管子为 $\phi51$ 时，管箱的高度应小于 8 m。在安装时把管箱拼在一起焊牢并在其外面装上密封墙板和连通风罩，就组成了一个整体的空气预热器。

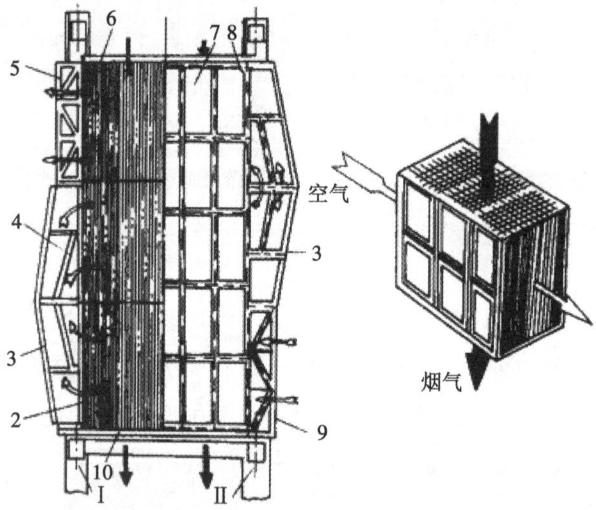

（a）空气预热器组纵剖面图　　（b）管箱

图 4-28　管式空气预热器结构图

1—锅炉钢架；2—空气预热器管子；3—空气连通罩；4—导流板；5—热风道的连接法兰；6—上管板；7—预热器墙板；8—膨胀节；9—冷风道的连接法兰；10—下管板

空气预热器的重量通过下管板支撑在框架上，框架再支撑在锅炉的钢架上。在锅炉运行时，空气预热器的管箱、外壳及锅炉钢架由于温度和材料等不同，膨胀量亦不相同。管箱的温度最高，膨胀量最大；外壳温度比管箱温度低，膨胀量次之；锅炉钢架的温度最低，膨胀量最小。为了保证各部件相对移动，在上管板和外壳之间、外壳与锅炉钢架之间都装有用薄钢板制成的波形膨胀节，膨胀补偿器不但允许管箱和外壳有少量的膨胀移动，还起到密封作用，防止在连接处漏风。若空气漏到烟气侧，将增大烟气容积，使引风机电耗增加以及排烟热损失增大，降低锅炉效率。

为了防止空气预热器的低温段受热面腐蚀，有的低温段采用玻璃管，管子一般为 $\phi38$ 或 $\phi40$，厚度一般为 2.0~2.5 mm（质量较好的玻璃管也可以采用 1.5 mm），管群中一般有 10%的钢管作为支撑。玻璃管预热器的主要特点是玻璃管的耐腐蚀性能较钢管好，积灰也较轻，但其强度较差，热阻较大。

2. 管式空气预热器的布置

管式空气预热器的布置与空气流速、传热效果及流动阻力有很大关系。其布置方式按进风方式分为单面进风和双面进风，显然双面进风要比单面进风的空气速度降低一半。按照空气流程分为单道和多道。管式空气预热器布置方式如图 4-29 所示，当受热面面积不变时，通道数越多，空气与烟气的交叉次数越多，就越接近逆流传热，可以得到较大的传热温差，但也会造成流动阻力的增大。

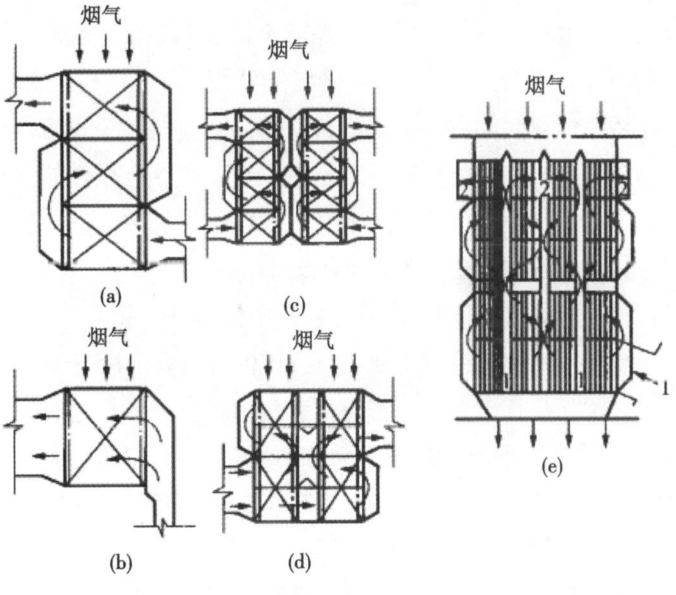

图 4-29　管式空气预热器布置方式图

四、锅炉风烟系统密封及防堵改造技术

（一）回转式空气预热器密封改造

目前，国内各大发电集团将控制空气预热器漏风率、空气预热器换热效率作为考核

所属电厂的主要节能指标之一，各发电企业纷纷进行空气预热器改造，将空气预热器改造作为提高锅炉效率、降低能耗的主要手段之一。

根据数据对比，进行空气预热器改造后，将大大降低厂用电率，提高锅炉效率。一台30万千瓦机组，节煤和电的费用为每年200万元以上，如果再加上出力增加而提高的发电收益，改造一台机组的空气预热器，每年可增加的收益非常显著。正因为如此，近年来，各发电企业纷纷投入资金进行空气预热器改造。同时，由于国家对环保的要求越来越高，电厂上脱硝也是必然趋势。火电厂脱硝的改造必须同时对空气预热器进行改造，否则无法正常运行。

目前，国内从事与空气预热器有关的企业主要包括豪顿华公司、哈尔滨锅炉厂、上海锅炉厂等。其中，可调式密封和固定式密封技术占据了大部分市场份额，其他公司也拥有自己的技术。

对于可调式密封，这是最早由几大锅炉厂引进的国外技术，也是国内最常见的一种密封方式。扇形板和弧形板是可以通过自动或手动调整的，其中顶部扇形板大多可以自动调整。在回转式空气预热器上安装有扇形板调整执行机构，并且在扇形板附近装有间隙监测装置，当热态下间隙发生改变时，将间隙变化信号反馈至执行机构，执行机构动作，根据反馈信息调整扇形板，从而使间隙达到最佳状态。这种密封方式的原理应该是不错的，有部分电厂也能正常运行多年，且性能不错。但是，其缺点是结构复杂，对运行要求高，可靠性不好，维护费用高。国内很多电厂对设备了解不透，运行经验不足，加上维护不好，在运行一段时间后，漏风率普遍偏高，有些甚至在运行初期即出现漏风偏高的现象。哈尔滨锅炉厂、上海锅炉厂、东方锅炉厂等企业生产的空气预热器主要采用这种技术，但由于维护要求高，调节部分存在漏风，这种密封技术很少在改造上使用，主要应用于与锅炉配套的新空气预热器上。

对于固定式密封（VN密封），该技术为豪顿华公司拥有技术专利。其主要特点是：① 双密封，即密封片在扇形板处形成两道密封；② 精确设定冷态间隙，根据回转式空气预热器运行参数，预先计算出热态下密封片和扇形板、弧形板之间的膨胀间隙，在安装时预留出来，以保证热态运行时膨胀以后达到最佳的密封状态。由于转子上的密封片与扇形板、弧形板之间的冷态间隙是转子与扇形板、空气预热器顶底结构之间的“热膨胀差”，计算和调整方法复杂，施工要求严格。

目前，回转式空气预热器密封改造技术主要包括以下几项内容。

（1）空气预热器柔性接触式密封技术。

将扇形板固定在某一合理位置，柔性接触式密封系统安装在径向转子隔仓板上，在未进入扇形板时，柔性接触式密封滑块高出扇形板5~8 mm。当柔性接触式密封滑块运动到扇形板下面时，合页式弹簧发生形变。密封滑块与扇形板接触，形成严密无间隙的密封系统。当该密封滑块离开扇形板后，合页式弹簧将密封滑块自动弹起，以此循环进行。采用柔性接触式密封技术，不会形成密封间隙。由于扇形板与径向密封滑块之间没有间隙，没有气流通过，避免了冲刷磨损的问题，密封系统能长期运行。图 4-30 为柔性接触式密封技术改造示意图，图 4-31 为柔性接触式密封技术弹簧及铰链位置示意图。

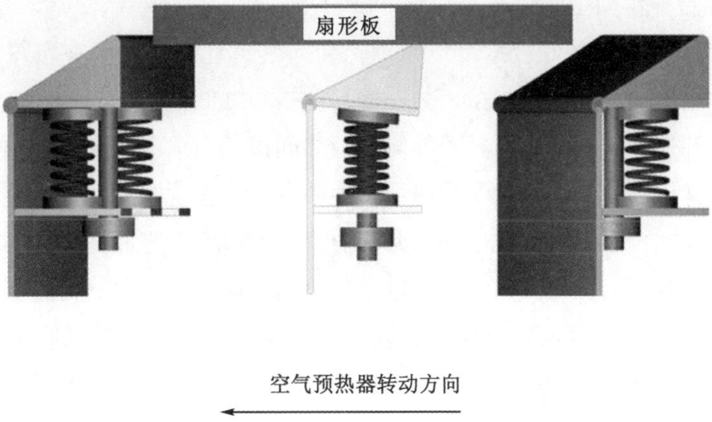

图 4-30　柔性接触式密封技术改造示意图

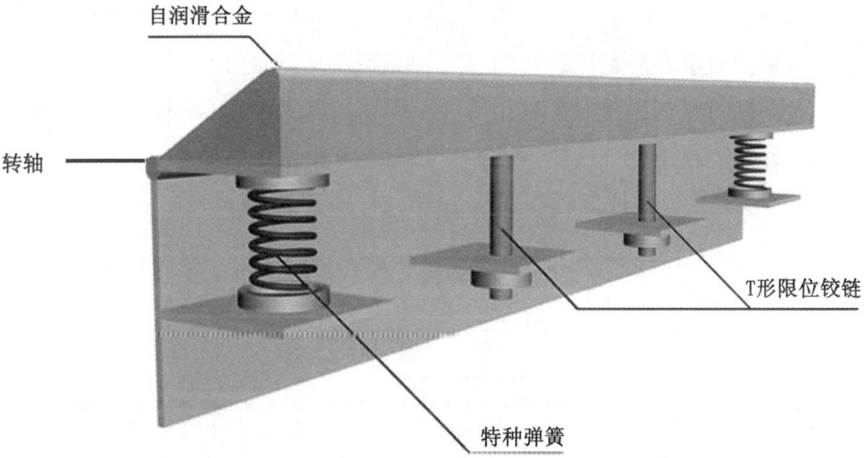

图 4-31　柔性接触式密封技术弹簧及铰链位置示意图

柔性接触式密封技术施工范围包括：更换热端径向、冷端径向固定密封片，热端径向隔仓安装柔性接触式密封装置，冷端径向隔仓安装柔性接触式密封装置，更换磨损严重的轴向密封片，空气预热器其他漏风处理（包括伸缩节、隔仓板、静密封、壳体等）。

柔性接触式密封技术特色包括：滑块采用自润滑合金，此种材料在高温无润滑脂的条件下，摩擦系数仅为 0.09~0.11；T 形铰链采用耐腐蚀的不锈钢材料，利用一次成型技术制造而成；转轴为双层相套合金结构，内层轴套材料为陶瓷合金，外层为碳钢；弹簧材料为 inconel X-750，合金在 900 ℃以上仍具有良好的强度和抗腐蚀性。柔性接触式密封在空气预热器上的应用，弥补了非接触式密封组件的不足。改造后的空气预热器在运行过程中，整套密封装置不会对空气预热器的正常运行造成任何不良影响，密封装置不会发生碰、卡现象。

（2）间隙自补偿固定密封技术。

① 间隙自补偿漏风控制技术工作原理：径向密封片组件安装在空气预热器径向仓格板上，组件内侧与径向隔板焊接，另一端与仓格板之间搭接，靠托架夹紧块来导向固定，密封片组件呈悬臂状态，与转子外侧隔板之间可相对滑动。在空气预热器热态运行时，密封片组件依靠自身的刚性不随转子发生蘑菇状变形，密封片与扇形板之间在冷态时形成的无间隙配合不因转子发生的蘑菇状热变形而改变，进而消除了传统预热器结构因转子热变形所产生的径向三角漏风通道，有效地控制了空气预热器的直接漏风。

② 空气预热器冷端径向导流阻尼装置工作原理：该技术结构减小了空气预热器冷端风侧和烟气侧的压差，进而控制了空气预热器风侧漏入烟气侧的漏风量。这是一种新型的减小空气预热器漏风、提升空气预热器经济运行指标的方法，尤其在全负荷（包括低负荷）状态下均可有效控制空气预热器漏风率。

在传统结构中，空气预热器密封片与扇形板形成密封配合，存在一定的动静密封间隙，如图 4-32 所示，而密封片的两侧存在着正压风侧与负压烟气侧之间的压差，产生较大的介质泄漏。由于冷端扇形板侧增设了导流减压装置，强化了导流板外侧的风介质流速，而在导流板内侧则形成了区域负压，使得密封片两侧的烟风压差与传统结构相比大幅降低，有效地控制了空气预热器的冷端径向直接漏风。

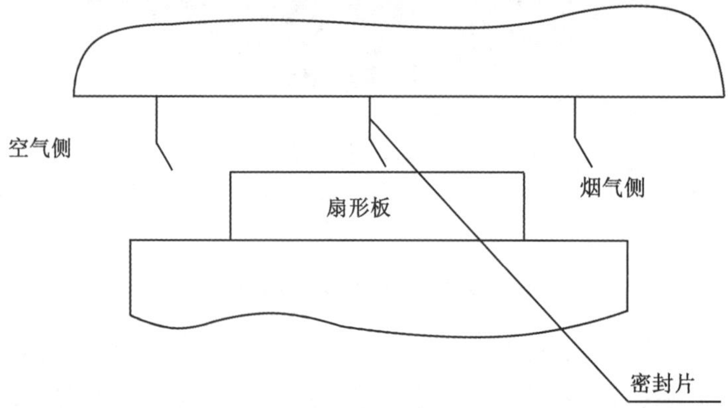

图 4-32　空气预热器密封片与扇形板示意图

（3）自适应式密封技术。

机械的动态件和静态件之间的密封间隙减小时，密封组件因受到挤压，发生位移或变形，直到最佳的刚好接触状态，并保持在此状态下运行，这种密封方式称为自适应式密封，其原理如图 4-33 所示。实现自适应密封通常有两种方式，一种是采用独特的密封结构，另一种是采用高塑性材料。

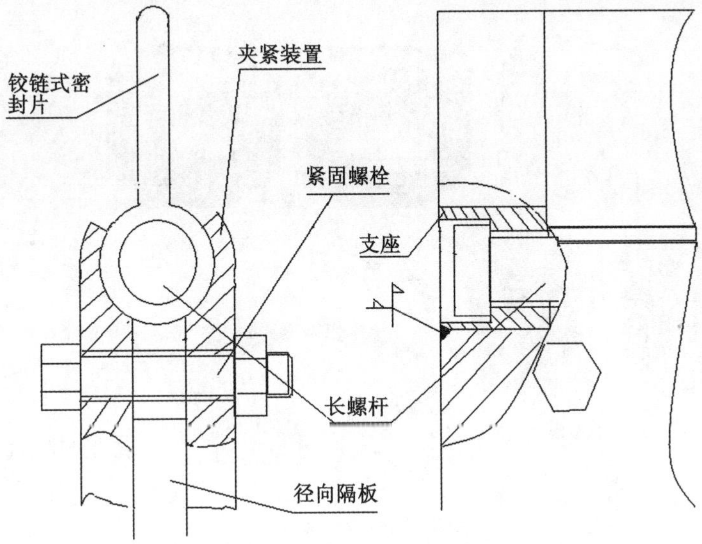

图 4-33　自适应式密封技术原理图

该密封方式适合温度升高，热膨胀发生变化，导致机械动态件和静态件之间间隙减小的场合。这种密封方式有别于传统的盘根密封、弹性密封、碳环密封等密封方式，其特点是：① 可以根据间隙的变化调整到最佳密封状态；② 只是在首次运行时，因间隙的变化进行自适应调整从而保持在最佳密封状态；③ 由于密封间隙处于刚好接触或仅保持很小的间隙，固定在此状态，密封件没有碳环或弹性密封那样的磨损，不需经常更换；④ 由于其独特的结构和材料特性，可以做得更厚实，寿命更长。

回转式空气预热器密封改造技术类型较多，柔性接触式密封技术、间隙自补偿固定密封技术及自适应式密封技术在国内燃煤电厂都有应用，各种技术都宣传自身具备的诸多优点，但这些技术的优劣性还需要更多时间进行检验。

（二）回转式空气预热器防堵改造

1. 四分仓防堵改造技术

空气预热器四分仓防堵改造的思路是：调整扇形板和仓格分布，在转子进入烟气侧之前设置循环风仓；二次风烟道的位置微调，循环风仓冷热两端用风道闭合连通，风道中加装循环风机作为驱动风机，风道中空气由热端到冷端流动，转子内空气由冷端到热端流动；当蓄热板上的灰分积累到一定程度后，在循环风道中加入磨料，以循环风携带的方式对蓄热板进行冲刷清扫。

回收吸热区中冷端烟气排挤二次风携带的漏风，抽漏风机直接回收携带的漏风，同时完成空气吸热；防堵灰分仓中约 300 ℃的热风逆流，形成高温、高流速区，防止堵灰；携带放热区中热端一次风直接漏风排挤携带的烟气，通过携带作用回收漏风，同时完成烟气放热。如图 4-34 所示。

具体实施过程中，在空气预热器本体上隔出一个循环风分仓，并安装循环风道，利

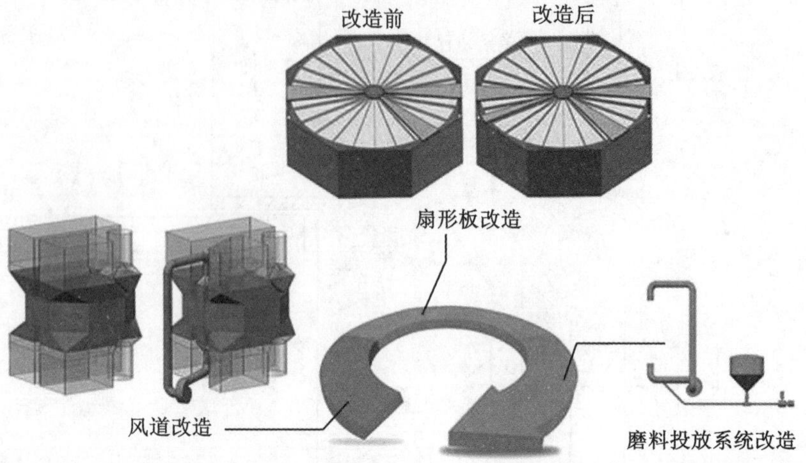

图 4-34　四分仓防堵改造技术

用循环风机带动风道内的空气循环，空气在循环风道中不断循环，循环风在空气预热器热端吸热，生成 300 ℃左右的热风，热风从下端进入空气预热器冷端，对冷端进行加热，放出热量，每循环一次完成一次吸放热，相当于利用空气预热器热端热量来加热冷端，不需外来热源。图 4-35 为风量分切防堵灰改造效果示意图。

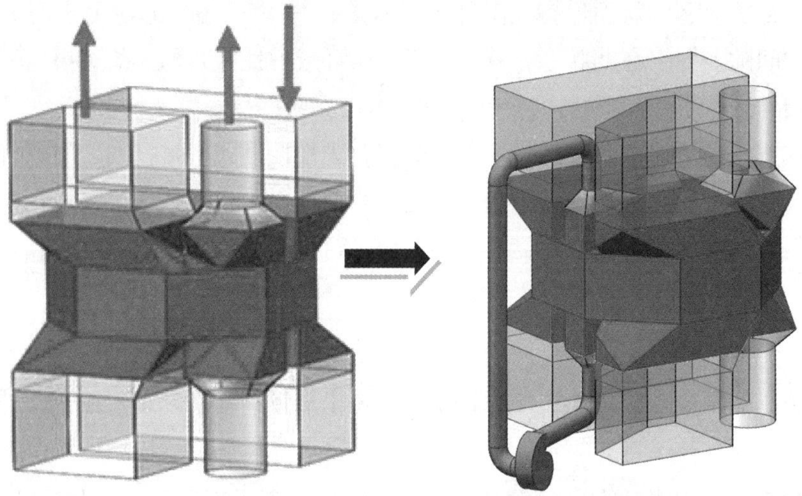

图 4-35　风量分切防堵灰改造效果示意图

由于某些原因，空气预热器冷端会有少许结露或硫酸氢氨凝结，当该位置的蓄热元件重新转至循环风侧时，热风的热量可以将液体蒸发，而且循环风在空气预热器内的高流速可以进一步起到清扫的作用。

循环风防堵灰技术的优势在于：循环风对进入烟气侧蓄热板单独加热的方式可以使冷端温度提升幅度更大；由于循环风在循环过程中先放热后吸热，相当于既不放热也不吸热，对排烟温度影响较小；循环风在循环分仓内闭式流通，不影响一、二次风。以某电厂为例，技术改造包括以下内容。

（1）扇形板改造。

为实现分切风的循环，在空气预热器中须设置循环风分仓，机组空气预热器转向为烟气侧→二次风侧→一次风侧。因此，循环风分仓设置在一次风侧分仓内，需要对空气预热器的扇形板进行改造。扇形板改造方案示意图如图 4-36 所示。

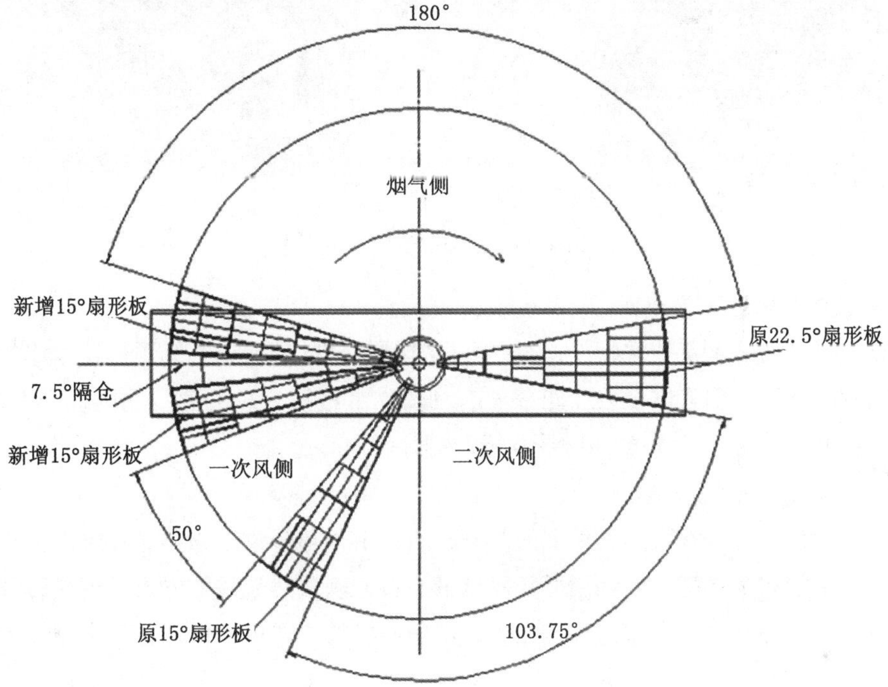

图 4-36　扇形板改造方案示意图

原烟气侧与二次风之间 22.5°扇形板，一、二次风之间 15°扇形板位置及角度保持不变；拆除原烟气侧与一次风之间 22.5°扇形板，增加一块 15°扇形板。在烟气侧方向，距此 15°扇形板 7.5°位置新增一块 15°扇形板，占用烟气侧通流面积 7.5°面积。分仓与一次风间安装一块 15°扇形板，两块 15°扇形板中间 7.5°位置即风量分切分仓。对于改动的扇形板，原有一次风与烟气侧扇形板自动跟踪系统进行改造后利旧，新增的分仓与一次风间扇形板新增扇形板自动跟踪系统，以及相应控制系统的改造。

综上，每台空气预热器冷、热端扇形板改造，新增 8 件 15°扇形板，扇形板对应位置增设弧形板。原二次风保持不变，烟气侧面积减小约 11°面积，一次风侧通道面积减小各 4°面积。

（2）风道改造。

在空气预热器内部改造时，循环风仓的位置也会发生变化，在增设的扇形板上方增加隔板，隔板设计为碳钢板，增设过渡段和变径。为实现循环风的闭式循环，在循环风仓上下两端用风道连接，并在循环风道中安装高温防磨循环风机作为循环的动力。同时，在风道中靠近空气预热器循环风分仓进出口处安装调节蝶阀，用来保证防堵灰系统可隔离。图 4-37 为风道改造示意图。

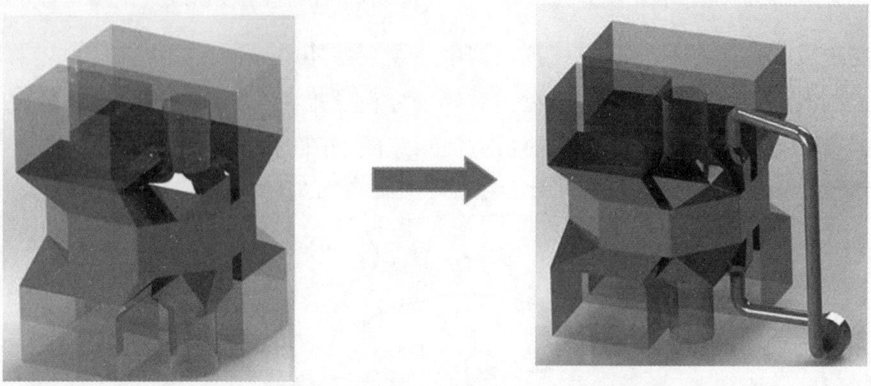

图 4-37　风道改造示意图

（3）风机及循环风管布置。

根据风量分切防堵灰技术特点，再结合空气预热器的转向、空气预热器本体的改造位置和风管的布置等因素以及安全可靠、有利操作、经济合理的建设原则综合考虑后，一般将两台循环风机布置在 A、B 侧空气预热器两侧 0 m。

（4）磨料清扫系统改造。

为了及时清扫附着在蓄热元件上的灰分，防止由于灰分过度积累导致难以清理，可以在循环风中加入少量磨料，利用循环风携带磨料冲刷蓄热元件的方式对蓄热元件上的积灰进行定期清扫。这一方式的优势在于，携带磨料的方式可以保证在整个循环风仓里磨料和空气的速度一致，这样磨料对蓄热元件的冲扫效果相同，无论低温区还是中温区都能达到良好的清扫效果，而且干燥的磨料对蓄热元件表面凝结的液体有吸附作用，在清扫的同时可以将表面的液体带走，进一步防止积灰。

（5）电气系统改造。

单台机组 A、B 侧空气预热器各增加一台循环风机，电压等级为 6 kV，循环风机风量调节采用磁力耦合器来实现调速功能。新增 2 面 6 kV 开关柜，作为防堵灰风机用电源，开关柜安装在业主指定位置。新增 2 台循环风机，在现场设置急停按钮，以供现场人员发现故障时及时停止设备运行，保障现场人员、设备安全。

（6）控制系统改造。

控制系统主要改造内容为将新增的设备监控测点并入现有的 DCS 系统中，新增 I/O 扩展柜，实现由 DCS 对防堵灰系统进行监视和控制，操作站使用现有操作站，增设组态画面，由运行人员通过屏幕监控新增防堵灰系统的设备及数据。

2. *高压水在线清洗技术*

回转式空气预热器高压水在线清洗装置安装在空气预热器冷端的过渡烟道上，以高压水为介质，可在锅炉机组运行时对空气预热器的换热元件进行在线清洗。喷嘴设有机械式防尘盖组件，防止高压水喷嘴被灰尘堵塞。枪管在空气预热器内部由导轨支撑，由丝杠驱动前进，可以实现在线检修和回装，比现有的蒸汽吹灰器能量高，而且可以在线使用，能及时、有效处理空气预热器堵灰问题，降低风机能耗，提高锅炉机组的可用率和安全运行水平。

回转式空气预热器的半伸缩式清灰装置包括壳体和在壳体中做伸缩运动的枪管，该壳体安装在空气预热器冷端的过渡烟道外侧，壳体中的枪管与外界的高压水源相连，枪管的前端伸入空气预热器内部，由导轨支撑，枪管上面布置有一组高压水喷嘴，高压水经枪管从高压水喷嘴以射流形式喷出，壳体上还安装有枪管驱动机构。枪管驱动机构包括电机、减速机、丝杠和丝杠螺母，丝杠螺母用紧固件与壳体中的枪管连接，丝杠转动带动枪管前进和后退，松开紧固件后，枪管可以与驱动机构分离。枪管旁边设有机械传动式防尘盖组件，在不实施清洗时，防尘盖组件经机械传动盖在喷嘴上，防止喷嘴被灰尘堵塞。导轨由两根平行的型钢构成，两根型钢将枪管夹在中间，型钢下面布置一系列的滚轮，形成多点支撑。机械传动式防尘盖组件包括轴、轴上的盖板、轴末端的锥体和弹簧，轴上盖板的位置与枪管上的喷嘴一一对应。枪管末端也有一个锥体，当枪管的锥体压在轴的锥体上时，防尘盖组件的盖板盖在喷嘴上；当枪管的锥体脱离轴的锥体时，盖板在弹簧的拉力下打开。采用压力为 20 MPa 以上的高压水作为清灰介质。高压水喷嘴在枪管上的布置方式和数量根据锅炉机组的参数设置。如图 4-38 所示。

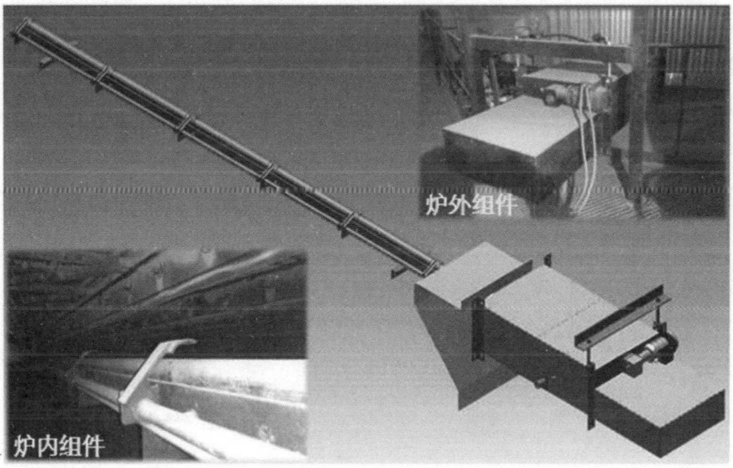

图 4-38　高压水在线清洗技术

3. 脱硝系统流场和浓度场均匀性改造

通过脱硝系统流场和浓度场均匀性改造，减少硫酸氢氨生成量，达到防止空气预热器堵塞的目的。已建成的燃煤机组 SCR 脱硝系统若出现下列情况，宜进行流场和浓度场均匀性改造：若催化剂性能完好，且经锅炉燃烧调整和脱硝系统喷氨优化调整后，反应器出口 NO_x 和 NH_3 分布仍不均匀，SCR 出口 NO_x 浓度分布偏差大于 25%；机组实际燃用煤质显著偏离设计煤质，烟气流量和飞灰浓度与设计值偏差较大；机组 SCR 脱硝系统反应器烟道和催化剂层出现明显积灰、堵塞或磨损情况。

脱硝系统流场和浓度场均匀性改造，应采用数值模拟和实物流场模型试验的方法，对 SCR 脱硝反应器内导流板、整流装置、氨喷嘴及混合器的布置方式和数量进行优化，要求如下：开展数值模拟前，应在机组 BMCR 工况和最低连续运行负荷工况之间，通过现场测试和实验室分析获得入炉煤元素分析、工业分析、灰成分分析等参数；省煤器出口烟道烟气流速分布、脱硝系统入口烟气流速、烟气温度、NO_x浓度、飞灰浓度和粒度分布；脱硝系统整流装置前后、催化剂层间的流场分布；脱硝系统出口烟气流速、烟气温度、NO_x浓度、NH_3逃逸浓度分布；应在机组 BMCR 工况和最低连续运行负荷工况之间，以实测入口烟气条件为边界进行模拟，结合现场测试数据，对原氨喷射、混合、导流、整流等系统进行评估，确定导流板位置、型式、数量，混合器和喷嘴的布置方式等优化设计和改造方案。优化后的脱硝系统流场数值模拟结果中，催化剂入口速度分布、氨氮摩尔比分布、系统压损等应满足 DL/T 1418—2015 的要求。应在机组 BMCR 工况和最低连续运行负荷工况之间，进行实物流场模型试验，测量流速分布、还原剂浓度分布、烟气入射角、系统阻力，开展积灰试验等。

改造设计中，应从以下几个方面进行综合考虑：脱硝系统入口膨胀节之前转向段对下游流场的影响；对流通面积较小、支撑结构复杂的静态混合器进行阻力评估时，应考虑支撑结构对整体阻力产生的影响；对反应器结构进行优化，反应器入口、出口烟道转向处不宜设计为易堵灰的直角结构，内部加强板、支架及出口倾斜烟道应设计为不易积灰的型式；在烟道转弯处烟气冲刷面、混合器迎风面、烟道内喷氨管的迎风面等反应器内部易于磨损的部位设计必要的防磨措施；在针对 SCR 脱硝系统进行流场优化的同时，宜对空气预热器入口流场进行评估，必要时应增设导流板等流场调节装置；对改造引起的烟气系统附加阻力和引风机工作点进行评估；喷氨系统无法满足混合要求时，应进行氨喷射系统改造；氨喷射系统宜采用格栅式，喷嘴宜采用高效防堵式，当脱硝效率大于85%时，宜增设静态混合器；催化剂层因大颗粒灰堵塞严重的燃煤机组，应在 SCR 入口烟道装设大颗粒灰拦截装置。

【能力训练】

（1）网上搜索了解各电厂的燃烧器形式和点火方式。

（2）设计一台燃用无烟煤的锅炉，与相同容量、相同参数燃用烟煤的锅炉相比，炉膛横截面积、炉膛容积、炉膛高度各应如何变化？试写出分析过程。（与固态排渣煤粉炉比较）

【综合练习】

（1）什么是煤粉燃烧器？其作用是什么？

（2）一个性能良好的煤粉燃烧器应具备哪些条件？

（3）什么是直流燃烧器？有何特点？

（4）直流燃烧器有哪几种配风方式？各有何特点？

（5）什么是周界风、夹心风及十字风？它们的作用是什么？

（6）什么是旋流燃烧器？举例说明其特点。

（7）W 形火焰锅炉有什么优缺点？

（8）什么是等离子点火？

（9）炉膛的作用是什么？应具备哪些条件？

（10）什么是炉膛容积热负荷？其大小对锅炉有何影响？

（11）什么是炉膛断面热负荷？其大小对锅炉工作有何影响？

（12）与直流燃烧器射流比较，旋流燃烧器射流有何特点？

（13）点火油枪布置在燃烧器哪一个风口内？为什么？

（14）为什么三次风总是布置在燃烧器的最上层？

（15）直流燃烧器部分喷口为什么设计为可调式？

（16）直流燃烧器为什么要采用四角布置的方式？

（17）锅炉通风系统的任务是什么？通风的基本方式有哪些？

（18）对固态排渣煤粉炉，直流燃烧器，四角布置切圆燃烧低挥发分无烟煤时，如何保证其正常着火和稳定燃烧？

（19）对固态排渣煤粉炉，直流燃烧器，四角布置切圆燃烧高挥发分烟煤时，如何防止炉膛结渣和喷口烧坏？

（20）说出三种低负荷稳燃型燃烧器名称，并解释其稳燃机理。

（21）影响炉膛结渣的主要因素有哪些？如何防止？

（22）空气预热器有几种形式？大型锅炉常用什么形式的空气预热器？为什么？

（23）带冷一次风机的正压直吹式制粉系统，应采用何种形式的回转式空气预热器？为什么？

项目五　汽水循环

【学习目标】

（1）掌握自然循环原理及可靠性指标；

（2）了解自然循环的常见故障；

（3）了解强制循环的不同形式及工作原理。

【能力目标】

（1）能根据自然循环的运动压头公式分析水循环的可靠性；

（2）学会直流锅炉的工作特点；

（3）学会复合循环锅炉的工作特点。

【思政目标】

（1）培养正确的“三观”、社会责任感、团队精神；

（2）树立良好的职业道德，培养专业精神和工匠精神；

（3）培养自我学习、自我管理能力。

任务一　自然循环锅炉水系统及可靠性

【知识点描述】

（1）自然循环原理、运动压头公式；

（2）循环倍率概念、自补偿原理；

（3）自然循环常见故障原因及防止措施。

【能力目标】

（1）通过学习，了解自然循环锅炉的适用条件；

（2）通过学习理论知识，能分析自然循环锅炉出现故障的原因。

一、水循环概述

水和汽水混合物在锅炉蒸发设备的循环回路中连续流动的过程，称为锅炉的水循环。为使锅炉安全、可靠地运行，必须保持蒸发设备的水循环正常进行。

锅炉的蒸发受热面周围的温度很高。如果管壁温度超过了管子材料的极限允许温度，管子就很容易损坏。

管壁温度的高低，主要取决于管内汽水混合物的流动情况。汽水混合物在垂直圆管中的流动状态主要有汽泡状、汽弹状、汽柱状和雾状四种，如图 5-1 所示。

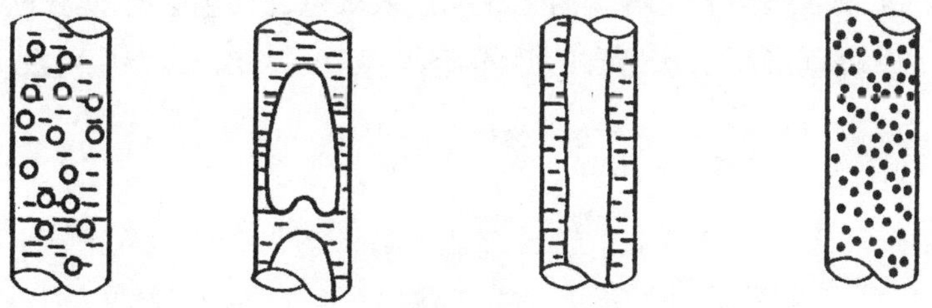

(a) 汽泡状　(b) 汽弹状　(c) 汽柱状　(d) 雾状

图 5-1　蒸发管中汽水流动的四种状态

当受热面的热负荷不大时，汽水混合物中蒸汽含量较少，只是在管壁上产生一些小汽泡。这些小汽泡被水流冲刷到管子中心，随着水流一起向上流动。这就是汽泡状流动，如图 5-1（a）所示。

随着受热面热负荷的增加，产生的蒸汽量增多，小汽泡就会合并成大汽泡，占据了管子的大部分截面。由于密度不同，在管子中汽水混合物向上流动时，汽的流速大于水的流速，因而水对汽泡有阻力，将汽泡逼迫成炮弹形状，这就是汽弹状流动，如图 5-1（b）所示。

当受热面热负荷再加大时，蒸汽含量更多，汽弹状汽泡的长度不断增长，各弹状汽泡之间的水柱则逐渐缩短。最后各汽弹状汽泡汇合成一个蒸汽柱沿管子中心向上流动，而水在蒸汽与管壁之间呈环状沿管壁向上流动。这就是汽柱状流动，如图 5-1（c）所示。

当受热面热负荷进一步增加时，蒸汽含量和汽水流速都很大。这时管壁的水膜已完全被蒸发，即出现“蒸干”的情况，这种流动状态称为雾状流动，如图 5-1（d）所示。虽然这时汽流中仍会有不少小水滴，但由于管壁的连续水膜已被破坏，蒸汽与壁面直接接触，传热开始恶化，壁温急剧升高，很容易使管壁过热而被烧坏。

从上述汽水混合物的流动状况可知，要保证受热蒸发面安全、可靠地工作，应保证工质连续流动，即保证有良好的水循环，使管子内壁有一层连续的水膜，并使汽水混合物在向上流动过程中具有一定流速，防止形成雾状流动。

二、自然水循环原理

锅炉蒸发设备的水循环，分为自然循环和强制循环两种。依靠工质的密度差而产生的循环流动，称为自然循环；借助水泵压力使工质循环流动，称为强制循环。

为了进一步理解自然循环原理，现以水循环为例，说明如下。

图 5-2 为简化的自然循环示意图，其中由汽包、下降管、下联箱和上升管（即水冷壁）组成一个循环回路。由于上升管在炉内吸收辐射热，部分水变成了蒸汽，汽水混合物的密度小，而下降管在炉外不受热，管中是水，工质的密度大，两者密度差就产生了推动力，使汽水混合物沿着上升管向上流动进入汽包，汽包中的水经下降管流入下联箱进入水冷壁，从而就形成了水的自然循环流动。

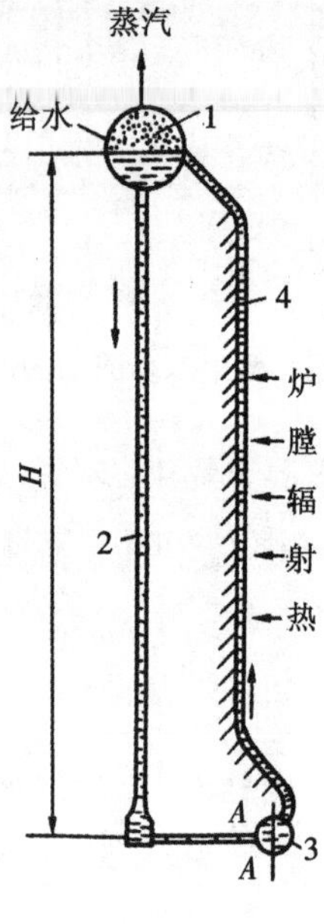

图 5-2 自然循环示意图

1—汽包；2—下降管；3—下联箱；4—上升管

对于自然循环原理，可以用压差公式进一步说明、分析。

1. 上升管受热，循环回路中工质开始流动前

下降管侧工质作用在下联箱中心线 A-A 的静压为

$$p_1 = p_{qb} + \bar{\rho}_{xj} g H \tag{5-1}$$

上升管侧工质作用在下联箱中心线 A-A 的静压为

$$p_2 = p_{qb} + \bar{\rho}_s g H \tag{5-2}$$

式中，p_{qb} ——汽包压力，Pa；

$\bar{\rho}_{xj}$，$\bar{\rho}_s$ ——下降管、上升管内工质的平均密度，kg/m^3；

H——循环回路的高度，m；

g——重力加速度，9.8m/s^2。

由于$\bar{\rho}_{xj} > \bar{\rho}_s$，所以$p_1 > p_2$，此压力差将推动工质由下降管侧向上升管侧流动。

2. 工质开始流动

在下降管侧，水由汽包沿下降管自上而下流动，产生了流动阻力损失$(\Delta p_{ld})_{xj}$，降低了下联箱中心线处的压力，即

$$p_1 = p_{qb} + \bar{\rho}_{xj}gH - (\Delta p_{ld})_{xj} \tag{5-3}$$

在上升管侧，工质由联箱沿上升管自下而上流动，产生了阻力损失$(\Delta p_{ld})_s$，提高了下联箱中心线处的压力，即

$$p_2 = p_{qb} + \bar{\rho}_s gH + (\Delta p_{ld})_s \tag{5-4}$$

此时，$p_1 > p_2$，工质流动加速，循环水量增加。

3. 稳定流动

循环回路中有一稳定的工质流速和循环水量。此时，$p_1 = p_2$，即

$$p_{qb} + \bar{\rho}_{xj}gH - (\Delta p_{ld})_{xj} = p_{qb} + \bar{\rho}_s gH + (\Delta p_{ld})_s \tag{5-5}$$

消去等式两侧的汽包压力p_{qb}，则得

$$\bar{\rho}_{xj}gH - (\Delta p_{ld})_{xj} = \bar{\rho}_s gH + (\Delta p_{ld})_s \tag{5-6}$$

式（5-6）等号左侧为下联箱与汽包之间在下降管侧的总压差，用Δp_{xj}表示；右侧为下联箱与汽包之间在上升管处的总压差，用Δp_s表示。从而

$$\Delta p_{xj} = \bar{\rho}_{xj}gH - (\Delta p_{ld})_{xj} \tag{5-7}$$

$$\Delta p_s = \bar{\rho}_s gH + (\Delta p_{ld})_s \tag{5-8}$$

$$\Delta p_{xj} = \Delta p_s \tag{5-9}$$

式（5-6）和式（5-9）均称为自然循环回路的压差公式。压差公式说明，在稳定流动时，下降管侧的总压差等于上升管处的总压差。

自然循环回路除了用上述压差公式说明外，还可以用运动压头公式来阐述。将压差公式（5-6）移项并整理可得

$$H(\bar{\rho}_{xj} - \bar{\rho}_s)g = (\Delta p_{ld})_{xj} + (\Delta p_{ld})_s \tag{5-10}$$

式（5-10）的左端称为循环回路的运动压头，用S_{yd}表示；右端是循环回路的总阻力，用$\sum \Delta p_{ld}$表示。从而

$$S_{yd} = H(\bar{\rho}_{xj} - \bar{\rho}_s)g \tag{5-11}$$

$$\sum \Delta p_{ld} = (\Delta p_{ld})_{xj} + (\Delta p_{ld})_s \tag{5-12}$$

$$S_{yd} = \sum \Delta p_{ld} \tag{5-13}$$

运动压头是在一定高度的循环回路中，由下降管中水柱重与上升管内汽水混合物柱重之差产生的，它表示自然循环推动力。在稳定的自然循环流动时，运动压头正好用来克服循环回路的流动阻力。

运动压头越大，自然循环的推动力也越大，循环回路中工质的流速一般也越大，它可以克服更大的流动阻力，这有利于建立良好的循环。

运动压头的大小取决于循环回路的高度 H 和下降管与上升管之间工质的密度差（$\bar{\rho}_{xj}-\bar{\rho}_s$）。显然，当锅炉高度增加或上升管受热增强时，运动压头增大；如果下降管的水中夹带蒸汽，下降管内工质的平均密度减小，运动压头将减小。随着电厂锅炉的工作压力提高，汽水的密度差减小，运动压头减小。当运动压头小到一定程度时，将使自然循环趋于困难。理论和实践证明，自然循环锅炉汽包的最高工作压力为 19~20 MPa。压力再高就很难保证循环的稳定，这时必须采用强制流动，利用水泵的压头来推动工质流动。

三、自然循环的可靠性指标

反映自然循环可靠性的指标主要有循环流速和循环倍率。

1. 循环流速

循环流速是指在循环回路中，按工作压力下饱和水密度折算的上升管入口处的水流速，用 ω_0 表示：

$$\omega_0=\frac{q_m}{A\rho'}\quad \text{m/s} \tag{5-14}$$

式中，q_m——进入上升管的循环流量，kg/s；

A——水的流通面积，m^2；

ρ'——对应工作压力下饱和水密度，kg/m^3。

循环流速的大小，直接反映了管内流动的工质将管外传入热量和所产生汽泡带走的能力。流速越大，单位时间内进入水冷壁的水量越多，从管壁带走的热量及汽泡也越多，对管壁的冷却条件也越好。

循环流速的大小与锅炉的容量和压力有关，并取决于循环回路所能提供的运动压头和回路流动阻力的平衡关系。循环流速推荐范围见表 5-1。

表 5-1 自然循环锅炉循环流速推荐表

汽包压力/MPa		4~6	10~12	14~16	17~19
锅炉蒸发量/（$t\cdot h^{-1}$）		35~240	160~420	400~670	≥800
循环流速 ω_0/（$m\cdot s^{-1}$）	上升管直接引入汽包	0.5~1.0	1.0~1.5	1.0~1.5	1.5~2.5
	有上联箱	0.4~0.8	0.7~1.2	1.0~1.5	1.5~2.5
	双面受热的水冷壁	—	1.0~1.5	1.5~2.0	2.5~3.5

循环流速虽然反映了流经整个管子的水流快慢，但它是按上升管入口水量 G 进行计算的。对于热负荷不同的上升管，由于各管内产汽量不同，即使循环流速相同，在上升管出口处，水的流量也不相同。对热负荷较大的上升管，由于产汽量较多，出口的水流量少，难以在管壁上维持连续流动的水膜；同时，高速的汽水混合物可能撕破较薄的水

膜，而造成沸腾传热恶化，使金属超温。因此，仅靠循环流速并不能完全表明循环工作的安全性，需要引入另外一个循环可靠性指标——循环倍率。

2. 循环倍率

循环倍率是指在循环回路中，进入上升管的水量 G 与上升管出口产生的蒸汽量 D 之比，用 K 表示，即

$$K = \frac{G}{D} \tag{5-15}$$

循环倍率 K 的意义是：上升管中每产生 1 kg 的蒸汽，需要进入上升管的循环水量；或进入上升管的循环水量需要经过多少次循环才能全部变成蒸汽。

循环倍率 K 的倒数称为上升管出口处汽水混合物的质量含汽率或干度，以符号 x 表示。

循环倍率 K 越大，则含汽率 x 越小，表明上升管出口汽水混合物中水的份额越大，则管水膜越稳定，循环就越安全。

若循环倍率 K 值过大，上升管中产汽量太少，运动压头过小，将使循环流速减小，不利于循环的安全。若循环倍率 K 值过小，则含汽率 x 过大，上升管出口汽水混合物中蒸汽的份额过大，管壁水膜可能被破坏，造成管壁温度过高而被烧坏。因此，循环倍率 K 过大或过小，都对循环的安全不利。

3. 自补偿能力

在锅炉工作压力和循环回路高度一定时，运动压头的大小取决于上升管中的热负荷。当上升管受热增强时，其中产汽量多，x 增大，运动压头增加，但同时上升管的流动阻力也随着增大，而循环流速的变化取决于运动压头和流动阻力中变化较大的一个。在热负荷增加的开始阶段，质量含汽率 x 较小，运动压头的增加大于流动阻力的增加，因此，随着 x 的大，循环流速升高；当循环流速升至一个最大值后，继续增加热负荷，x 继续增大，由于汽水混合物的容积流量过大，将使流动阻力的增加大于运动压头的增加，这时随着上升管质量含汽率 x 的增大，循环流速反而降低。循环流速 ω_0 与质量含汽率 x 的关系如图 5-3 所示。

由图 5-3 可见，与最大循环流速对应的上升管质量含汽率称为界限含汽率 x_{jx}，界

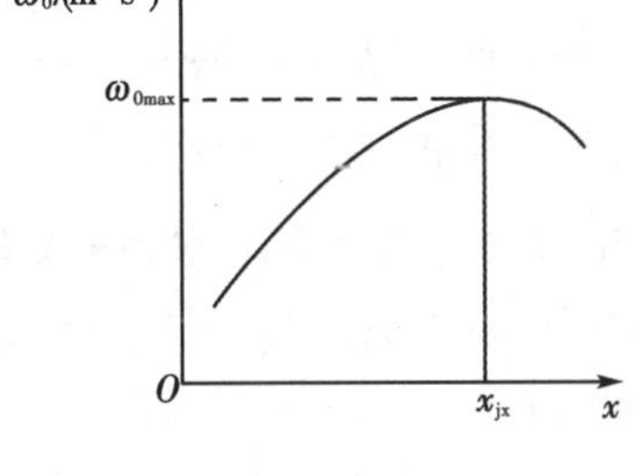

图 5-3　循环流速与上升管质量含汽率 x 的关系

限含汽率的倒数为界限循环倍率 K_{jx} 。

自然循环回路中，当 $x < x_{jx}$（或 $K > K_{jx}$ ）时，随着热负荷增大，上升管受热增强，循环流速和循环水量也增大；而当受热减弱时，循环流速和循环水量也相应减小。自然循环的这种特性称为自补偿能力，显然，自补偿能力对自然循环的安全工作有利。但是，若热负荷过大，上升管受热过强，当 $x > x_{jx}$（或 $K < K_{jx}$ ）时，随着受热面吸热增加，循环流速和循环水量反而减小，则失去自补偿能力，使工质对管壁的冷却变差，管子易超温被破坏。

为了保证自然循环工作的安全，锅炉应始终工作在自补偿能力的范围内，即必须使 $x < x_{jx}$（或 $K > K_{jx}$ ）。另外，对汽包压力大于 17 MPa 的锅炉，上升管出口的含汽率还应受到不发生“蒸干”传热恶化的限制。界限循环倍率和推荐循环倍率的范围见表 5-2。

表 5-2　自然循环锅炉界限循环倍率和推荐循环倍率

汽包压力/MPa		4~6	10~12	14~16	17~19
锅炉蒸发量/（$t \cdot h^{-1}$）		35~240	160~420	185~670	≥800
界限循环倍率 K_{jx}		10	5	3	≥2.5
推荐循环倍率 K	燃煤锅炉	15~25	7~15	5~8	4~6
	燃油锅炉	12~20	7~12	4~6	3.5~6

四、自然循环常见故障

在锅炉运行中，由于各种原因，比如结构设计上的差异和实际运行工况的变化，自然循环可能会出现一些不正常或不安全的情况。自然循环锅炉的主要故障是：上升管中工质产生循环停滞和循环倒流、汽水分层、下降管带汽等。对于亚临界自然循环锅炉，还可能出现沸腾传热恶化。

（一）循环停滞和循环倒流

1. 循环停滞

图 5-4 表示了锅炉的一个循环回路，它是由许多并列工作的上升管组成的。这些上升管有共同的下降管，根据 $\Delta p_{xj} = \Delta p_s$ ，每根上升管的压差都是一个共同值 Δp_s ，也就是下降管的压差 Δp_{xj} 。由于炉内火焰分布是不均匀的，各个上升管的吸热量有大有小，各管产生的蒸汽量就不一样，各管中汽水混合物的密度不相等，因此，各管中的运动压头和循环流速也不一样。假定图 5-4 中的 A 管是受热较弱的上升管，其 $\bar{\rho}_{xj} - \bar{\rho}_s$ 较小，则运动压头 S_{yd} 较小，该循环流量也小。当 A 管的吸热量弱到一定程度以至其重位压头 $\rho_s gH$ 接近于回路的共同压差 Δp_s 时，水在管内几乎是不流动的，所产生的少量汽泡在水中缓慢地向上浮动。这就是循环停滞。

当发生循环停滞时，流入该上升管的循环水量 G 仅可以补充生成汽量 D 失去的水的重量，即 $G=D$，$K=1$，这时流入的水量很少，水速极慢，而且越往上水的流速越慢，

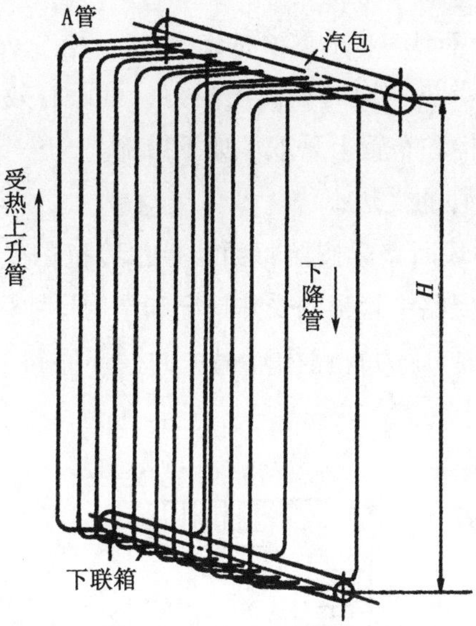

图 5-4　锅炉循环回路示意图

管内生成的少量汽泡穿过静止水层向上浮升。

结构不同的上升系统在发生循环停滞时，情况也不完全一样。当上升管直接引入汽包的水容积时，在出现循环停滞的上升管中，水几乎是不流动的，产生的汽泡穿过水层向上浮起。

当上升管直接引入汽包的汽空间时，水将停留在上升管一定的部位，水面上全部为蒸汽，由于管子上部只有蒸汽而无水的流动，在管内出现了清晰的汽水分界面。这就是自由水面。

当发生循环停滞时，由于上升管的水速较低，虽然此时的热负荷也较低，但是由于热量不能及时被带走，管壁仍会超温。在形成自由水面的管子里，由于水面以上的管段只有蒸汽缓慢地流动，其冷却效果较差，因此易造成管壁过热而被烧坏。同时由于水面的波动，自由水面附近的管壁温度不断变动，也容易使管壁疲劳损坏。

2. 循环倒流

并列上升的管组的受热不均不仅会造成循环停滞，还会造成循环倒流。所谓循环倒流，是指循环流速为负值时的流动情况。

当发生循环倒流时，水在上升管中向下流动，而蒸汽由于密度小总是在水中趋向于向上流动。如果水的流速大于汽在水中向上的流速，汽泡将被水带走。如果蒸汽在水中向上的流速大于水的流速，汽泡会向上蹿动进入汽包。这两种情况对管壁都没有直接的危险。如果蒸汽与水的流速相近或相等时，汽泡将停留在某一位置，并逐渐集聚增大，甚至占据管子整个截面，阻止汽包内的水流入管子，形成汽塞，易造成传热恶化。

受热弱的上升管引入汽包的汽空间，一般不会发生循环倒流。循环倒流一般发生在引入汽包的水空间的受热弱的上升管中。

3. 防止循环停滞和循环倒流应采取的措施

减小并列水冷壁管的受热不均匀和流动阻力，可以有效地防止循环停滞和循环倒流。为此，电厂锅炉在结构和布置上采取了如下措施。

（1）减小并列水冷壁管的受热不均。

① 按受热情况划分循环回路。按照每面墙上水冷壁的受热情况，将水冷壁划分成3~8个循环回路，使每个回路中管子的受热情况和结构尺寸尽可能相近。图5-5所示为DG1025/18.2—Ⅱ4型亚临界压力自然循环锅炉的循环回路，锅炉共分为24个循环回路，前、后、两侧墙各6个回路。

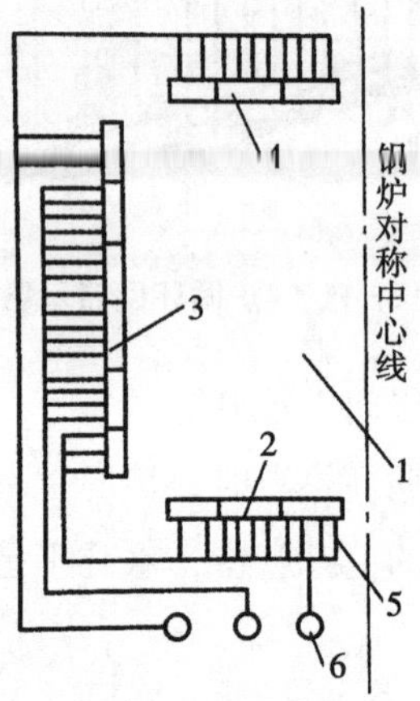

图5-5　DG1025/18.2—Ⅱ4型亚临界压力自然循环锅炉的循环回路示意图

1—炉膛；2，3，4—前墙、侧墙、后墙水冷壁；5—下降管分配支管；6—大直径集中下降管

② 改善炉角边管的受热情况。由于炉膛四角布置的管子受热最弱，因此可在四角不布置管子，或将炉角上3~4根水冷壁管节距的宽度切成斜角，形成所谓“八角炉膛”，如图5-6所示。

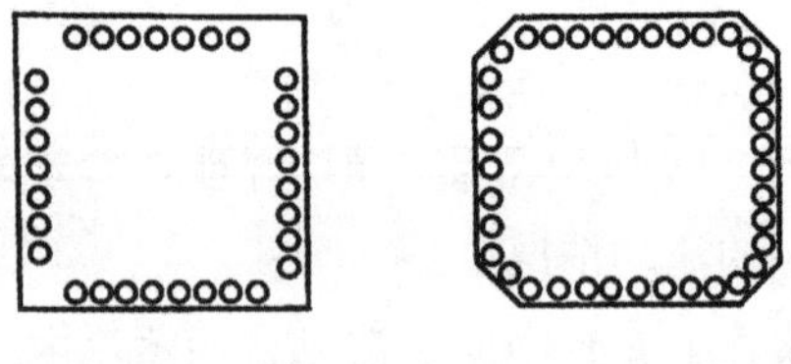

（a）炉角不布置管子　　（b）八角炉膛

图5-6　炉角结构和水冷壁布置示意图

③ 采用平炉顶结构。取消前斜壁，采用平炉顶结构，使两侧墙水冷壁受热区段的高度尽量相等，减少并列上升管受热不均的情况。

（2）降低循环回路的流动阻力。

① 采用大直径集中下降管。在保持下降管总截面积不变的条件下，采用大直径集中下降管，可以减少下降管的流动阻力，有利于循环正常。

② 增大下降管截面比 A_{xj}/A_s 或汽水引出管截面比 A_{yc}/A_s。增大截面比，表示下降管或汽水引出管总截面积增大，使下降管与汽水引出管的阻力减小，有利于循环正常。推荐的下降管和汽水引出管截面比见表 5-3。

表 5-3　下降管和汽水引出管截面比的推荐值

汽包压力/MPa		4~6	10~12	14~16	17~19
锅炉蒸发量/（$t \cdot h^{-1}$）		35~240	160~420	400~670	≥800
下降管截面比	大直径集中下降管	0. 2~0. 3	0. 3~0. 4	0. 4~0. 5	0. 5~0. 6
	小直径分散下降管	0. 2~0. 35	0. 35~0. 45	0. ~5 0. 6	0. 6~0. 7
汽水引出管截面比		0. 35~0. 45	0. 4~0. 5	0. 5~0. 7	0. 6~0. 8

（二）汽水分层

当汽水混合物在水平或微倾斜的管子中流动时，由于汽水密度不同，水在下面流，汽在上面流动。汽水之间会出现一个清晰的分界面，这种现象叫作汽水分层。

在垂直管里不会出现汽水分层现象。对水平或倾斜度小的管子，如果其中汽水混合物的流速较高，扰动作用大于重力作用时，汽和水混合得较好，也不会出现汽水分层现象。只有当汽水混合物的流速较小，汽和水的重力分离作用大于扰动作用时，才会出现汽水分层现象。

出现汽水分层现象时，上壁接触的是蒸汽，温度较高；下壁接触的是水，温度较低。上下壁之间产生了温差热应力。同时在汽和水的交界面处，由于水的起伏波动产生了交变热应力。另外，上部全部是蒸汽，连续的水膜被破坏，更容易使管壁温度超过其允许温度，发生传热恶化，使管壁遭到损坏。

防止汽水分层现象采取的措施是避免水平布置或倾斜度小于 15°的沸腾管。如果在结构上避免不了，那么要求管内汽水混合物必须具有最小允许流速。一般推荐不发生汽水分层的下限循环流速见表 5-4。

表 5-4　下限循环流速

汽包压力/MPa	2. 0	3. 0	5. 0	10. 0	17. 5
倾斜度小于 7°的管子汽水混合物的最小流速/（$m \cdot s^{-1}$）	4	3. 4	2. 6	2. 25	1. 6
倾斜度为 7°~15°管子汽水混合物的最小流速/（$m \cdot s^{-1}$）	1. 33	1. 1	0. 86	0. 75	0. 53

（三）下降管含汽

自然循环锅炉的下降管内工质如果含汽，会使下降管内工质的平均密度减小，有效压头下降，循环推动力减小。同时由于下降管内有蒸汽存在，平均容积流量要增加，下降管的流速就会增加，因而流动阻力也增加。因此，下降管含汽会使运动压头变小，对水循环不利。它的后果将使水循环流速降低，进而增大出现循环停滞、倒流、自由水面等不正常流动现象的可能，因而下降管含汽应设法减少。

下降管产生蒸汽的原因有：下降管进口处锅水自汽化现象、旋涡斗带汽、汽包内锅水含汽。

（1）下降管进口处锅水自汽化现象。

下降管入口处的压力若低于当时水的饱和压力，将有部分水自汽化，而生成的蒸汽就会被带入下降管中。

当锅水从汽包进入下降管时，由于流通截面突然缩小，发生加速流动（产生一个动压），同时下降管进口处又有局部阻力。这两个因素将会使下降管进口处的压力下降 Δp。另外，从汽包水面到下降管进口处有一段水柱高度，它所产生的重位压头将使下降管进口处的压力增加 ρgh（h 是这段水柱的高度，ρ 为水的密度）。当 $\Delta p > \rho gh$ 时，下降管进口处的压力将低于汽包压力，而下降管进口处的锅水会因饱和温度的降低而自行汽化。但实践结果证明，因下降管进口处的自汽化而产生的蒸汽量是很少的，一般不会造成危害。

此外，在锅炉运行中当汽压急剧降低时，将可能使下降管内的锅水产生自汽化。因为汽压急剧降低时，会使水的饱和温度迅速降低，但下降管中锅水的实际温度还较高，炉水处于过热状态。这多余的热量将使下降管中的部分锅水迅速汽化，从而使下降管中含有蒸汽。

（2）旋涡斗带汽。

水在汽包里沿着水平方向有一定的流速，当水进入下降管时，水是垂直向下流的，由于水流方向发生突然改变，流速增大，造成管口四周流速分布不均，阻力损失不等，因而造成管口四周压力不平衡，迫使水在进口处产生了旋转的涡流。在涡流中心是一个低压区，所以水面降低，呈漏斗状，当斗底很深甚至进入下降管时，蒸汽就会由旋涡斗中心被吸入下降管，如图 5-7 所示。

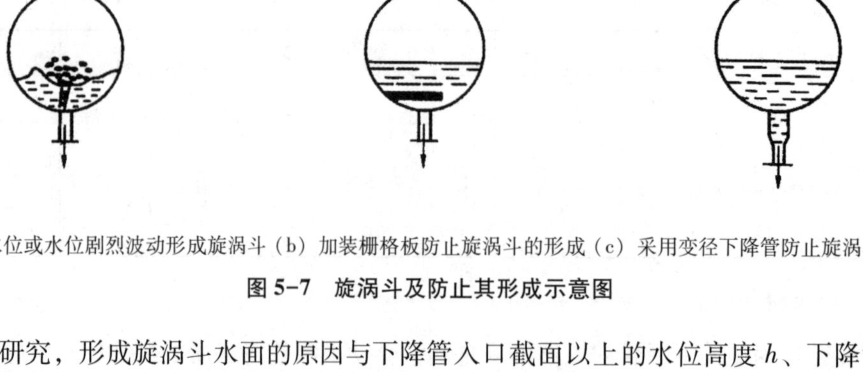

(a) 低水位或水位剧烈波动形成旋涡斗 (b) 加装栅格板防止旋涡斗的形成 (c) 采用变径下降管防止旋涡斗的形成

图 5-7　旋涡斗及防止其形成示意图

据研究，形成旋涡斗水面的原因与下降管入口截面以上的水位高度 h、下降管的管

径 d、水在汽包内的水平流速及下降管内的流速等因素有关。

如汽包水位太低，下降管入口流速过高，下管管径太大，汽包内水平流速很低时，水将呈涡流，易形成旋涡斗。

为了消除旋涡斗，可以在下降管进口处加装栅格［见图 5-7（b）］或十字板，有的采用变径下降管，见图 5-7（c），以加大下降管入口截面，降低入口流速，同时要保证一定的下降管与上升管的截面比。此外，在运行中应注意保持汽包正常水位，防止水位过低和水位剧烈波动等。

（3）汽包内锅水含汽。

汽包水容积中或多或少总是含有蒸汽的，当蒸汽的上浮速度小于汽包中水的下降速度时，蒸汽就很可能被带入下降管，这是下降管含汽中最普遍的问题。特别是当汽包上升管口与下降管口离得太近时，更容易将蒸汽带入下降管。为了避免这种现象，可以在下降管口与上升管口之间安装分离隔板，并且使下降管口位置低于上升管口的位置。下降管带汽量的多少与下降管水速、炉水欠焓以及汽水分离器的型式和性能等有关。

（四）沸腾传热恶化

1. 沸腾传热恶化的类型

沸腾传热恶化分为第一类沸腾传热恶化和第二类沸腾传热恶化两类。

（1）第一类沸腾传热恶化。

当热负荷很高时，在核态沸腾区汽化中心密集，汽泡集合在管壁上形成了汽膜，放热系数 α_2 急剧下降，管壁温度迅速上升，多数情况下管壁过热而被烧坏。这种传热恶化发生在质量含汽率较低处，是由热负荷过高，核态沸腾转变为膜态沸腾造成的。

开始发生第一类沸腾传热恶化时所对应的热负荷称为临界热负荷。自然循环锅炉正常运行中水冷壁局部最高热负荷远小于临界热负荷，一般不会发生第一类沸腾传热恶化。

（2）第二类沸腾传热恶化。

第二类沸腾传热恶化发生在含汽率较高的液体欠缺的对流传热区。该区的水膜很薄，它可能被蒸干，也可能被速度较高的汽流撕破，管壁得不到水冷却，其放热系数 α_2 明显下降，这类传热恶化是由含水欠缺造成的，所以又称为“蒸干”传热恶化。

开始发生第二类沸腾传热恶化对应的含汽率称为临界含汽率，临界含汽率随着工作压力的上升而下降。对于超高压以下锅炉，水冷壁出口工质含汽率都低于临界含汽率，所以也不会发生第二类沸腾传热恶化。而对于亚临界压力锅炉，水冷壁出口工质含汽率也相对较大，接近临界含汽率，所以有可能发生第二类沸腾传热恶化。

2. 防止沸腾传热恶化的措施

（1）保证较高的质量流速。

通过增大下降管和汽水引出管的管径及管数，减小流动阻力，可以提高水冷壁管内工质质量流速。较高的质量流速，可减小管内工质的质量含汽率 x，从而有效地推迟和防止出现沸腾传热恶化。

（2）降低受热面的局部热负荷。

在炉上部布置屏式过热器，可降低炉膛较高区域的水冷壁吸收的火焰辐射传热强度，从而使蒸汽含量较高的上升管的热负荷下降，避免管内壁水膜被“蒸干”。

（3）采用特殊的水冷壁管内结构。

使用内螺纹管或扰流子管，使流体在管内产生旋转扰动，增加边界层的水量，以增大临界含汽率，传热恶化位置向后推移。

内螺纹管的管子内壁具有螺旋状槽道，如图 5-8 所示。亚临界压力自然循环锅炉的水冷壁管，大都在高热负荷区使用内螺纹管。

扰流子管内有扭成螺旋状的金属片，称为扰流子。其两端固定在管壁上，并且每隔一段长度上有定位小凸缘，如图 5-9 所示。扰流子管与内螺纹管相比，加工工艺简单，技术要求低，美国福斯特惠勒公司制造的锅炉上常采用扰流子管。

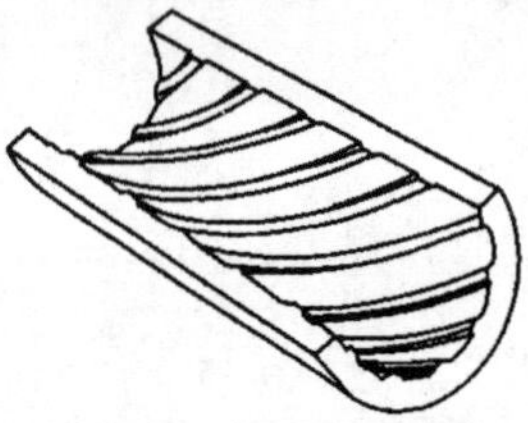

图 5-8　内螺纹管示意图

图 5-9　扰流子管示意图

任务二　强制流动锅炉水系统及可靠性

【知识点描述】

（1）直流锅炉的工作原理、特性及蒸发受热面的形式；

（2）控制循环锅炉原理及结构特点；

（3）复合循环锅炉的工作原理。

【能力目标】

（1）能掌握直流锅炉的适用范围和优越性；

（2）熟悉超临界和超超临界机组。

强制循环锅炉是大型锅炉发展的主要形式之一，强制流动锅炉有控制循环锅炉、直流锅炉和复合循环锅炉三种基本形式。

一、控制循环锅炉

控制循环锅炉通常指控制循环汽包锅炉和低循环倍率锅炉两类，是由自然循环锅炉发展而成的，它在循环回路的下降管上装置循环泵，因而其循环动力得到大大提高，控制循环回路能克服较大的流动阻力。

(一) 控制循环汽包锅炉

1. 控制循环汽包锅炉的工作原理

在自然循环锅炉中，工质在循环回路中的流动，是依靠下降管中的水与受热上升管中汽水混合物的密度差来进行的。它的工作特点是：在受热上升管组中，受热强的管子产汽量多，汽水混合物的密度小，运动压头加大，因此流过该管的循环水量也多，可以保证对受热管的足够冷却。

随着锅炉压力的提高，水与水蒸气间的密度差越来越小，当工作压力高到 16~19 MPa 时，水的自然循环就不够可靠了。此外，随着锅炉压力和容量的提高，希望采用管径较小的蒸发受热面，以提高管内工质的质量流速，加强换热，但管径小，流速高，则流动阻力增大，自然循环的安全性就将进一步降低。为解决这个矛盾，可以在循环回路中串接一个专门的循环泵，以增加循环回路中的循环推动力，并可人为地控制锅炉中工质的流动，因此称这种锅炉为控制循环锅炉。控制循环锅炉有控制循环汽包锅炉和低循环倍率锅炉两种。控制循环汽包锅炉有时也称为多次强制循环锅炉，其作原理如图 5-10 所示。

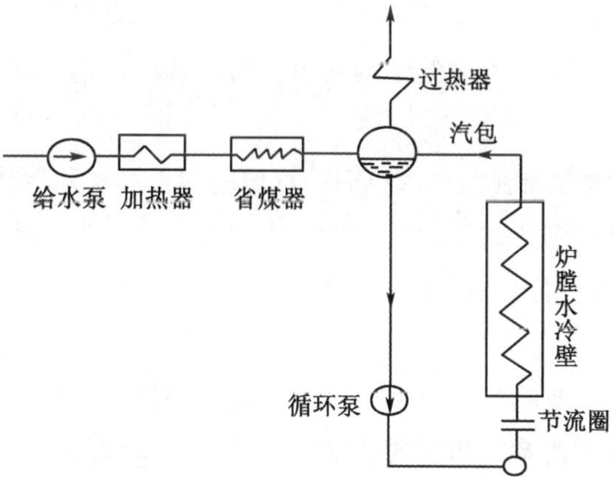

图 5-10　控制循环汽包锅炉工作原理示意图

控制循环汽包锅炉是在自然循环锅炉的基础上发展而来的。在工作原理上，它们之间的主要差别在于控制循环汽包锅炉主要依靠循环泵使工质在蒸发管中作强制流动，而自然循环则靠汽水密度差使工质在循环回路中进行自然循环。在控制循环汽包锅炉的循环系统中，除了有自然循环回路中由于下降管和上升管工质密度差所形成的运动压头之外，还有循环泵所提供的压头。自然循环所产生的运动压头一般只有 0.05~0.10 MPa，循环泵可提供的压头在 0.25~0.50 MPa。由此可见，控制循环汽包锅炉的运动压头比自然循环锅炉大 4 倍左右，因而，控制循环能克服较大的流动阻力。

循环倍率 K 的大小对蒸发管的工作安全有很大影响。当 K 值较小时，由于管子内壁的冷却不够，管壁温度会随热负荷的升高而显著提高。为保证管子能得到足够的冷却，还要求管内工质有一定的质量流速。目前大容量控制循环汽包锅炉的循环倍率 K 值在 3~8，一般为 4 左右；质量流速为 1000~1500 kg/(m^2·s)。

控制循环汽包锅炉与自然循环锅炉在结构上的最大差异就是控制循环锅炉在循环回路中装置了循环泵。大容量控制循环汽包锅炉一般装有 3~4 台循环泵，其中 1 台备用，循环泵通常垂直装置在下降管的汇总管道上。由于循环回路中装置了循环泵，控制循环汽包锅炉与自然循环锅炉相比具有许多特点。

2. 控制循环汽包锅炉的特点

（1）结构特点。

① 水冷壁方面。控制循环汽包锅炉的循环推动力要比自然循环锅炉大许多倍，可以采用较小管径的蒸发受热面，而强制流动又使管壁得到足够的冷却，壁温较低，管壁也可减薄，因此锅炉的金属耗量减少。另外，可更自由地布置蒸发受热面，锅炉的形状和蒸发受热面都能采用较好的布置方案，不必受到垂直布置的限制。水冷壁管进口一般装置节流孔板，用以分配各并联管的工质流量，改善工质流动的水动力特性和热偏差。

② 汽包方面。由于控制循环汽包锅炉的循环倍率低、循环水量少以及采用循环泵的压头来克服汽水分离元件的阻力，可以充分利用离心分离的效果，因而分离元件的直径可以缩小。在保持同样分离效果的条件下，能提高单个旋风分离器的蒸汽负荷，因此汽包直径可以缩小，而且整个汽包的结构和布置与自然循环锅炉的结构和布置相比也有很大差异。

图 5-11 为亚临界压力控制循环汽包锅炉汽包的内部装置示意图。采用流动阻力大、分离效率高的轴向进口带内置螺旋形叶片的轴流式分离器作为一次分离，然后蒸汽经波形板百叶窗分离器分离后引出。因采用的给水品质好，可以不用蒸汽清洗装置，给水直接送至下降管入口附近。

与超高压锅炉相比，亚临界压力控制循环汽包锅炉汽包内部装置的主要特点为：除可以采用轴流式旋风分离器和不用蒸汽清洗装置外，汽包内装有弧形衬板，与汽包内壁间形成一环形通道，构成汽水混合物汇流箱。汽水混合物从汽包上部引入，沿环形通道自上而下流动，最后进入旋风分离器。汽包内壁只与汽水混合物接触这种结构，避免了汽包壁受锅水冲击，减小了汽包上下壁温差和壁温波动幅度，从而使汽包热应力减小，对汽包有较好的保护作用。

（2）运行特点。

由于控制循环汽包锅炉在低负荷或启动时可以靠水的强制流动，所以各受压部件能

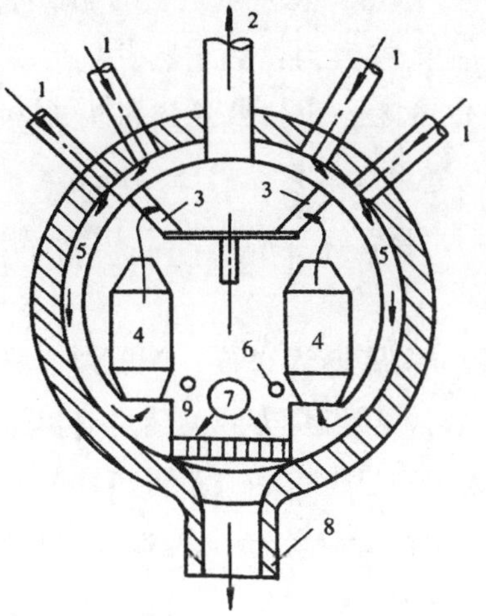

图 5-11　亚临界压力控制循环汽包锅炉的汽包内部装置示意图

1—汽水混合物引入管；2—饱和蒸汽引出管；3—百叶窗；4—旋风分离器；
5—环形通道；6—加药管；7—给水管；8—下降管；9—排污管

得到均匀的冷却，并且这种锅炉的汽包结构也有利于锅炉在启动、停运及变负荷过程中减小汽包热应力，因此可以大大提高启动及升降负荷的速度。由于采用了循环泵，除增加了设备的制造费用外，锅炉的运行及维护费用也相应增加。此外，循环泵的压头（扬程）虽然不高，一般为 0.3～0.5 MPa，但需要长期在高压、高温（250～330 ℃）下运行，需用特殊结构，其运行的安全可靠性相应地影响着整个锅炉运行的可靠性。

（3）循环特点。

水冷壁管内工质质量流速较大，$\rho\omega$ = 900～1500 kg/(m^2·s)，对管子的冷却条件较好，流动阻力较大。为了尽量减小锅水循环泵的体积，必须限制锅水循环泵的流量，在蒸发流量一定的条件下，只能减少蒸发回路的循环流量，因此控制循环锅炉的循环倍率比较小，一般 K=2～4。

3. 控制循环汽包锅炉的应用

（1）适用范围。

对中压和高压锅炉来说，采用控制循环在水冷壁受热面的布置上并未显示出有多大的好处。一般说来，汽压低于 16 MPa 时，采用自然循环方式完全能保证水循环的安全可靠性。因此，此时采用自然循环可以避免因增加循环泵而带来的一系列问题。在 16～19 MPa 的压力内，尤其对大容量锅炉，采用控制循环更为有利。当锅炉容量超过 500 MW 时，则应在更低的压力范围内就考虑采用控制循环方式。

（2）应用实例。

我国制造的控制循环汽包锅炉有 1000，2000 t/h 两个等级的容量，都是采用亚临界压力参数。

哈尔滨锅炉厂制造的配 600 MW 汽轮发电机组的亚临界压力控制循环汽包锅炉的型号为 HG-2008/186-M。锅炉主要参数为：额定蒸发量为 2008 t/h，额定主蒸汽压力为 18.24 MPa，主蒸汽温度为 540.6 ℃；再热蒸汽流量为 1634 t/h，再热蒸汽进出口压力为 3.86/3.64 MPa，再热蒸汽进出口温度为 315/540.6 ℃；设计给水温度（省煤器出口）为 278.3 ℃；空气预热器出口二次风温度为 314 ℃；锅炉排烟温度为 128 ℃；锅炉效率为 91.5%。

锅炉的整体结构为单炉膛Ⅱ型半露天布置，炉顶为平炉顶结构，并配以后墙上部的折焰角来改变炉内气流的流动；锅炉燃烧方式为四角双切圆燃烧，燃烧器为摆动式直流煤粉燃烧器，用以改变炉内火焰中心位置和调节再热汽温。汽包布置在炉膛顶部，材料为碳钢，汽包内径 1778 mm，身长 25760 mm，两端采用球形封头，总长 27700 mm，为了减少上下壁温差，汽包内设有内夹层，与汽包内壁形成环形汽水混合物通道。

如图 5-12 所示为国产 2008 t/h 亚临界压力控制循环汽包锅炉的循环回路示意图。循环回路中工质的流程为：锅水经下降管、循环泵、连接管、环形集箱进入水冷壁，在水冷壁中上升、受热、蒸发形成汽水混合物，通过出口联箱经导汽管引入汽包，在汽包内沿环形通道进入汽水分离器；分离出的蒸汽通过汽包顶部连接管送入过热系统进行过热；分离出来的水与给水混合后进入下降管进行再循环。

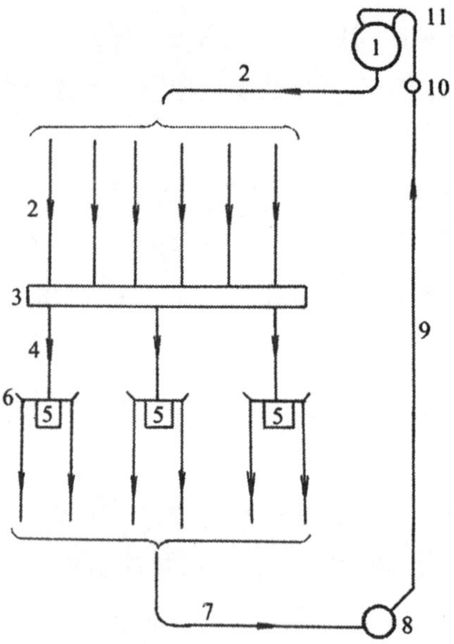

图 5-12　HG-2008/186-M 锅炉循环回路示意图

1—汽包；2—下降管；3—循环泵入口汇集箱；4—进水管；5—循环泵；6—排放阀；7—出水管；8—水冷壁进口联箱；9—水冷壁；10—水冷壁出口联箱；11—导气管

该锅炉炉膛采用气密式结构，由炉膛水冷壁、折焰角及延伸水冷壁组成。在高热负荷区的水冷壁采用内螺纹管，以防止出现偏离核态沸腾。过热器系统由顶棚管、尾部包覆管、延伸侧包覆管、悬吊管、卧式低温过热器、立式低温过热器、分隔屏、后屏过热器和高温过热器组成。过热器、再热器各级之间全部采用大口径连接管，以减小汽侧阻力，简化炉顶布置，在分隔屏之前设置一级混合式减温器。

（二）低循环倍率锅炉

1. 低循环倍率锅炉的工作原理

循环倍率 $K=1.5$ 左右的控制循环锅炉称为低循环倍率锅炉。低循环倍率锅炉与控制循环汽包锅炉相比，工作原理基本相似，但在结构上它没有大直径的汽包，只有置于炉外的汽水分离器，而且循环倍率较低。图 5-13 是低循环倍率锅炉循环系统简图。其工质的流程为：给水经省煤器与从汽水分离器分离出的饱和水在混合器内混合后，再经过过滤器，进入循环泵，升压后再把水送入分配器，由分配器用连接管分别引到水冷壁各回路的下联箱；每个回路接一根连接管，连接管的入口都装有节流圈；水经过蒸发受热面引入汽水分离器，分离出来的水引到混合器，进行再循环，而分离出来的蒸汽引向过热器系统进行过热。

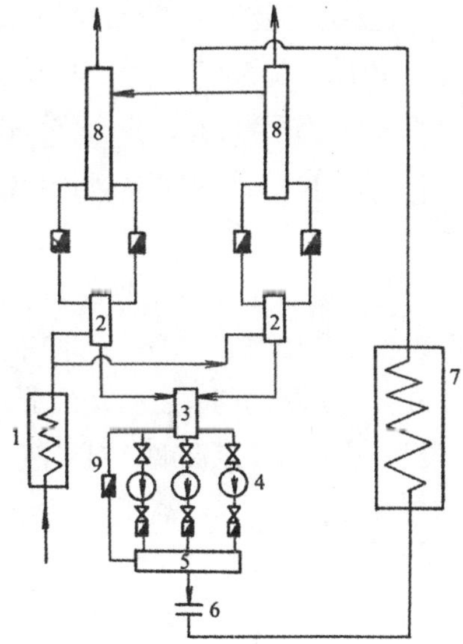

图 5-13　低循环倍率锅炉循环系统简图

1—省煤器；2—混合器；3—过滤器；4—循环泵；5—分配器；
6—节流圈；7—水冷壁；8—汽水分离器；9—备用管路

在循环泵前装设过滤器是为了滤去管路中的杂质，使循环泵和水冷壁等能安全运行。设节流圈是为了调整各回路的流量，使各回路的流量能与水冷壁热负荷的分布相适应，防止管壁超温。循环泵共 3 台，2 台运行，1 台备用，布置在给水主流程上（即与给水泵是串联的），这样可以保证引到循环泵的水温总是低于饱和温度。当运行的循环泵发生故障时，备用泵立即投入运行。在切换过程中，给水通过备用管路进入分配器，不影响锅炉安全工作。

2. 低循环倍率锅炉的特点

这种锅炉中，当锅炉负荷变化时，由于循环泵的特性，水冷壁管中工质流量变化不大，如图 5-13 所示，因此质量流速变化亦小。蒸发受热面可以采用一次上升膜式水冷壁，而且不需要用很小管径的水冷壁管来保证质量流速。由于循环流量随锅炉负荷变化不大，因此在锅炉负荷降低时循环倍率增加，流动较稳定，管壁也得到了较好的冷却。另外，水冷壁受热面布置比较自由。

低循环倍率锅炉因循环泵产生的压头高，循环倍率低，循环水量少，可以采用直径小的汽水分离器取代汽包。由于循环水量少，锅炉负荷变动时水位波动较小，取消汽包成为可能，节省了钢材，减轻了汽包制造、运输的难度。由于低循环倍率锅炉循环倍率大于 1，水冷壁出口为汽水混合物，与一次上升直流锅炉相比，膜态沸腾传热恶化的影响程度可大为减轻。因水冷壁中工质的质量流速可根据需要选择，所以炉膛蒸发受热面可采用一次垂直上升且无中间混合联箱的膜式水冷壁。垂直上升管屏中，锅炉循环倍率为 1.3~1.8，而且水冷壁流动阻力不大，因而受热强的管子中工质流量也会相应有所增加，即有一定的自补偿特性，因此一般不必在每根水冷壁管中加装节流圈，只需按管屏装节流圈即可。此外，低循环倍率锅炉的启动流量小，启动系统简化，启动时工质和热量的损失小。这种锅炉与自然循环汽包锅炉相比，没有汽包而只有汽水分离器，锅炉的启动和停运的速度可加快。与控制循环汽包锅炉相比，循环倍率要低得多，控制循环汽包锅炉的循环倍率为 3~8，而低循环倍率锅炉的循环倍率在 1.5 左右，因此循环泵的功率较小。低循环倍率锅炉便于滑压运行，适于亚临界压力锅炉。由于以上一系列特点，低循环倍率锅炉在国外有较好发展，我国也有一些机组采用了这种锅炉。

但是低循环倍率锅炉也存在两个方面的问题：一是汽水分离器的分离效率低于自然循环锅炉和控制循环锅炉，其出口蒸汽有一定湿度，对受热面的布置影响大，而且水位和汽温调节较为复杂；二是需要解决长期在高温高压下运行的循环泵的安全问题。

二、直流锅炉

（一）直流锅炉的工作原理

直流锅炉没有汽包，给水在给水泵压头的作用下依次通过加热、蒸发、过热各个受热面，完成水加热、汽化和蒸汽过热过程，最后蒸汽过热到所给定的温度，各受热面之间并没有固定的界限。在直流锅炉的蒸发受热面中，水将一次全部蒸发完毕，成为干饱和蒸汽。按照循环倍率的定义，直流锅炉的循环倍率 $K=1$，即在稳定流动时给水流量应等于蒸发量。由于工质的流动是靠给水泵的压头来推动的，因此，在直流锅炉的所有受热面中，工质都是强制流动的。

图 5-14 给示出了直流锅炉的工质状态和参数的变化规律。由于存在流动阻力，沿受热管子长度工质的压力逐渐降低，由于工质不断吸热，工质的焓逐渐增大、比体积逐渐增加，温度在加热段和过热段也逐渐升高。只有在蒸发段，工质的温度才等于该处压力下的饱和温度，但因为压力是逐渐降低的，所以饱和温度在这个阶段略有下降。

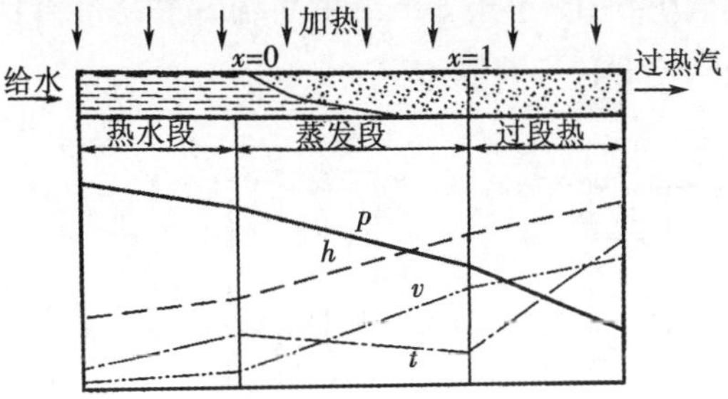

图 5-14　直流锅炉受热面内工质状态和参数变化示意图

（二）直流锅炉的特点

由于直流锅炉取消了汽包，且工质在给水泵压头的作用下一次性通过各受热面，因此其特点如下。

（1）由于没有汽包，金属耗量少，同时制造、安装及运输方便。与汽包锅炉相比，同容量同参数的直流锅炉一般可节约 20%~25%的钢材，压力愈高，节约的金属愈多。

（2）由于没有汽包，直流锅炉的水容量及相应的蓄热能力大为降低，一般为同参数汽包锅炉的 25%~50%。因此当负荷发生变化时，直流锅炉压力变化速度也比较快，对外界负荷变化较敏感，这就要求直流锅炉具有更灵敏的调节控制技术。

（3）由于没有汽包和汽水分离装置，直流锅炉不能连续排污，给水带入的盐类除了蒸汽带走一部分外，其余部分都将沉积在锅炉的受热面中，因此直流锅炉对给水品质的要求很高。

（4）启、停速度快。由于直流锅炉没有厚壁的汽包，在启动和停炉过程中，锅炉各部分的加热和冷却都容易达到均匀，所以启动和停炉快。冷炉点火 40~45 min 即可供给额定温度和压力的蒸汽，停炉约需 25 min，一般汽包锅炉的启动时间需要 2~5 h，停炉则需要 18~24 h。但在直流锅炉中则有专门的启动旁路系统，以便在启动时有足够的水量通过蒸发受热面，保护受热面管壁不致被烧坏。

（5）适用于任何压力的锅炉。直流锅炉原则上适用于任何压力的锅炉，但在超高压以上的锅炉更能显示出其优越性，而且在锅炉压力接近或超过临界压力时，由于汽水密度差很小或完全无差别，则不能产生自然循环，只能采用直流锅炉。

（6）受热面可自由布置。由于直流锅炉各受热面内工质的流动全部是强制流动，因而蒸发受热面可以较自由地布置，不必受自然循环所必需的上升管、下降管直立布置的限制，因而容易满足炉腔结构的要求。

（7）给水泵功率消耗大。工质在直流锅炉汽水受热面中的阻力损失都是由给水泵来克服的，因此直流锅炉要有较高的水泵压头，能耗大。

（三）直流锅炉的类型

直流锅炉常按水冷壁系统的布置形式进行分类。因为直流锅炉的水冷壁管布置较自由，所以结构形式很多。图 5-15 给出了传统的直流锅炉水冷壁的基本形式，它们是水平围绕管圈型、垂直管屏型和迂回管圈型三种。

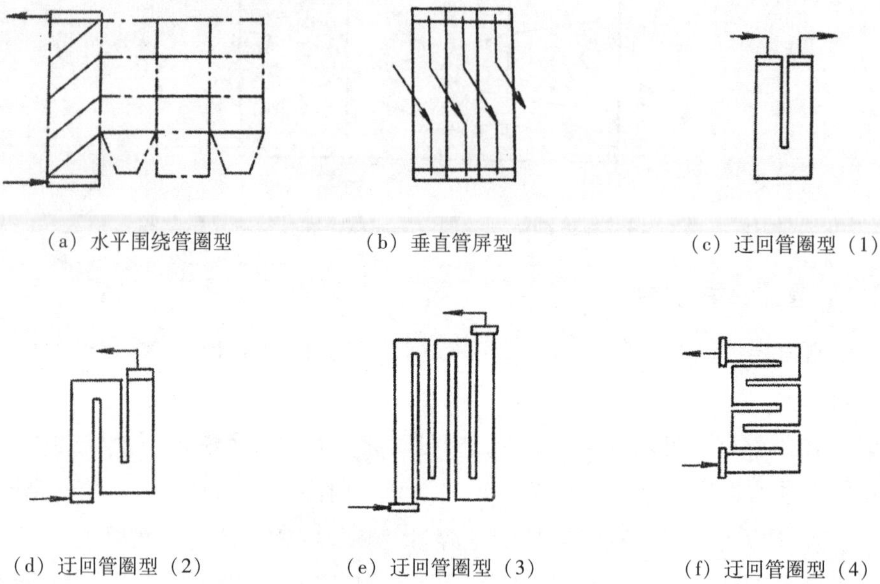

图 5-15　传统的直流锅炉水冷壁的基本形式

水平围绕管圈型（拉姆辛型）的结构如图 5-15（a）所示，它是由多根平行的管子组成的管圈，沿炉膛四壁盘旋围绕上升，三面水平，一面微倾斜；或两对面水平，两对面微倾斜。早期国产 SG400/140 型直流锅炉的水冷壁就是这种形式。

垂直管屏型（本生型）结构如图 5-15（b）所示，它是在炉四周布置多个垂直管屏，管屏之间用炉外管子连接。整台锅炉的水冷壁可串联成一组或几组，工质顺序流过一组内的各管屏，组与组之间并联连接。元宝山电厂 1832 t/h 亚临界压力直流锅炉就是这种形式。

迂回管圈型（苏尔寿型）结构如图 5-15（c）~（f）所示，它由若干平行的管子组成的管带沿炉膛内壁上下迂回或水平迂回。这种管圈型结构因安全性较差，已逐渐被淘汰。

现代直流的水冷壁形式有很大发展，主要有螺旋管圈型和垂直管屏型两大类。螺旋管圈型是在水平围绕管圈型基本结构的基础上发展起来的。在垂直管屏型的基础上发展了适合大容量锅炉的一次垂直上升管屏型直流锅（UP 型）和两段垂直上升管屏型（FW 型）。如图 5-16 和图 5-17 所示。

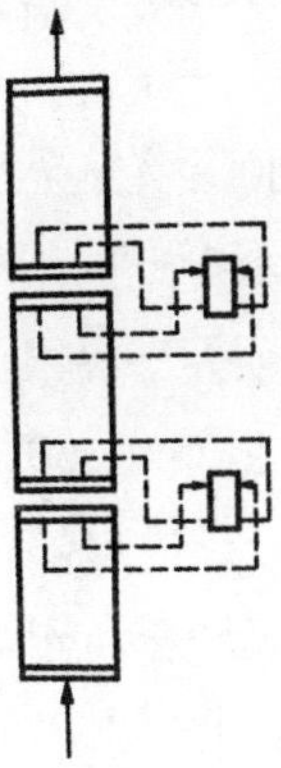

图 5-16 一次垂直上升管屏结构

图 5-17 两段垂直上升管屏结构

(四) 螺旋管圈型直流锅炉

螺旋管圈型直流锅炉是20世纪70年代以来发展较快的一种锅炉类型，如图5-18所示。水冷壁管组成管带，沿炉膛周界倾斜螺旋上升。它无水平围绕管圈型中的水平段，管带中的管数也增多了。螺旋管状水冷壁适用于滑压运行，能适用超临界和亚临界压力，平行偏差小，燃料适应性广泛，还可采用整体焊接膜式水冷壁。它的缺点是水冷壁支吊结构复杂，制造、安装工艺要求高。

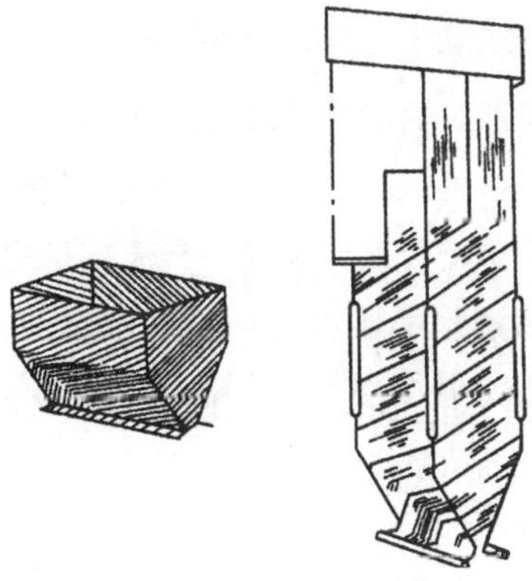

（a）螺旋管圈型冷灰斗　（b）螺旋管圈型水冷壁

图 5-18 螺旋管圈型冷灰斗和水冷壁

下面就螺旋管圈型直流锅炉的水冷壁及其系统进行分析。

（1）水冷壁的组成及结构。水冷壁的布置与支吊螺旋管圈型直流锅炉的水冷壁一般都由螺旋管圈和垂直管屏两部分组成。炉膛下部热负荷高，布置螺旋管圈；炉膛上部热负荷低，布置螺旋管与垂直管。螺旋管与垂直管之间的连接方式有两种类型：一种是通过联箱连接，螺旋管出口接至联箱，垂直管由联箱接出；另一种是分叉管连接。

螺旋管支吊采用均匀受载型支吊结构，这种支吊方式支吊点分散、均匀，避免了应力集中。

（2）水冷壁的工质质量流速。水冷壁的工质质量流速是水冷壁安全工作的重要指标。水冷壁安全工作的最低质量流速称为界限质量流速，它与水冷壁的结构、热负荷大小等有关。为使水冷壁安全工作，水冷壁中的实际质量流速必须大于界限值，但是在全负荷范围内都要满足是不合理的，故实际上锅炉给水流量不低于 25%~30% MCR。

（3）汽水分离器。螺旋管圈型直流锅炉在直流负荷以下运行或启停过程中，水冷壁的最低质量流速是由汽水分离器及其疏水系统实现的。疏水系统是机组启动系统的组成部分，它主要考虑在启动与停运过程中对排放工质和热量的回收。

螺旋管圈型直流锅炉采用内置式圆形立式旋风分离器，它在系统中位于水冷壁与过热器之间，锅炉运行时承受锅炉运行压力。在启动和低于直流最低负荷运行时，水冷壁出口为汽水混合物，在汽水分离器中进行汽水分离，分离出的蒸汽直接进入过热器，水由分离器下部疏水排出。这时，锅炉的汽温特性与汽包锅炉相同，即水冷壁产生蒸汽、过热器过热蒸汽受热面固定不变。当进入直流负荷运行时，汽水分离器入口已是过热蒸汽，汽水分离器处于干式运行状态，只起到通道的作用。

（五）直流锅炉的启动旁路系统

带直流锅炉的单元机组的启动系统由锅炉旁路系统、汽轮机旁路系统两大部分组成。汽轮机旁路系统和汽包锅炉单元机组相同。锅炉旁路系统是针对直流锅炉一系列启动特点而专门设置的启动旁路，其主要作用是建立启动流量、汽水分离和控制工质膨胀等，它的关键设备是启动分离器。启动分离器的作用是在启动过程中分离汽水以维持水冷壁启动流量，同时向过热器系统提供蒸汽并回收疏水的热量和工质。

按照直流锅炉运行时分离器是否退出系统，直流锅炉启动旁路系统分为外置式和内置式两种。外置分离器在启动过程中要进行切除，内置分离器则由湿态转换到干态运行。我国 300 MW UP 型直流锅炉配置外置式分离器启动系统，600 MW 超临界螺旋管圈型直流锅炉配置内置式分离器启动系统。

1. 外置式分离器启动系统

旁路在 300 MW UP 型直流锅炉单元机组的启动系统中，锅炉旁路系统为外置式启动系统，汽轮机为两级串联旁路系统。图 5-19 所示为 1000 t/h 亚临界压力直流锅炉外置式启动旁路系统的示意图。外置式启动旁路系统的分离器布置在低温过热器与高温过热器之间，能对锅炉的整个过热器系统或者单独对低温过热器与高温过热器进行保护，具有相当的灵活性。在高、低温过热器之间同时并列串接低温过热器出口阀门及其旁路调节阀门。低温过热器进口和出口各有一管路通至外置式分离器。在高温过热器进口（即低温过热器出口阀门之后）有一管路与外置式分离器汽侧连接。

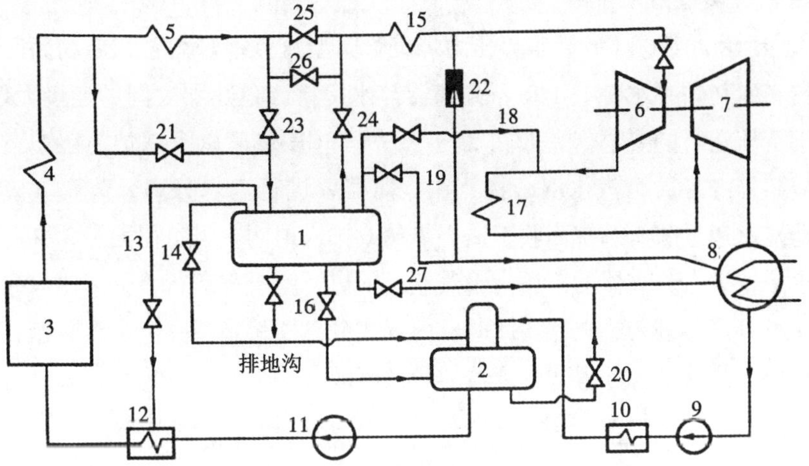

图 5-19　1000 t/h 亚临界压力直流锅炉外置式启动旁路系统示意图

1—启动分离器；2—除氧器；3—锅炉；4—水冷壁、顶棚过热器、包覆墙过热器；5—低温过热器；6—汽轮机高压缸；7—汽轮机中低压缸；8—凝汽器；9—凝结水泵；10—低压加热器；11—给水泵；12—高压加热器；13—分离器至高压加热器的汽管路；14—分离器至除氧器的汽管路；15—高温过热器；16—分离器至除氧器的水管路；17—再热器；18—分离器至再热器的汽管路；19—分离器至凝汽器的汽管路；20—除氧器至凝汽器的放水门；21—启动调节门；22—大旁路；23—低温过热器出口入分离器的调节门；24—分离器出口入高温过热器的通汽门；25—低温过热器出口门；26—低温过热器出口门的旁路门；27—分离器至凝汽器的水管路

启动中，使用调节门 21 或 23 进行节流，可使分离器的压力低于其流程前锅炉汽水受热面的压力，有利于这些受热面的水动力稳定并减小工质的膨胀量。分离器内的压力（即输出蒸汽的压力）可以灵活地根据汽轮机进汽参数要求和工质排放能力加以调节。

在分离器中工质进行汽水分离后，汽的输出管路有去高温过热器、去再热器、去高压加热器、去除氧器、去凝汽器等几路，其中，至除氧器、凝汽器和高压加热器的管路用于回收蒸汽及其热量；水的输出管路有去除氧器、去凝汽器、去地沟等几路，用于回收水及其热量。水的回收途径与水质指标有关，一般有下列几种情况：① 当水中含铁量小于 80 μg/L 时，可回收入除氧器的水箱，回收水及其热量；② 当水中含铁量大于 80 μg/L 时，可回收入凝汽器，只能回收水，同时给水泵电耗比去除氧器要大；③ 当水中含铁量大于 100 μg/L 时，应排入地沟，无法回收。

外置式分离器启动系统解决了锅炉汽轮机启动工况不同要求的矛盾，它既能保证锅炉的启动压力和启动流量，又能保证汽轮机需要的一定流量、压力与温度的蒸汽，还能回收启动中排放的工质和热量。

由于外置式分离器只是在启动初期投入运行，待发展到一定阶段就要从系统中切除，故又称为“启动分离器”。

2. 内置式分离器启动系统

图 5-20 所示为 1900 t/h 超临界压力螺旋管圈型直流锅炉内置式启动旁路系统示意图。分离器布置在炉膛水冷壁出口，分离器与水冷壁、过热器之间的连接无任何阀门，以适应锅炉变压运行的要求。一般在 35%～37% MCR 负荷以下锅炉为湿态运行，由水冷壁进入分离器的工质为汽水混合物，在分离器中进行汽水分离，蒸汽直接进入过热器，分离器疏水通过疏水系统回收工质、热量或排入地沟。当负荷大于 35%～37% MCR 时，由于水冷壁进入分离器的工质为干蒸汽，锅炉转为干态运行，分离器只起通道的作用，蒸汽通过分离器进入过热器。此时，内置式分离器相当于一个蒸汽联箱，必须能够承受锅炉全压，这是其与外置式分离器的最大不同点。

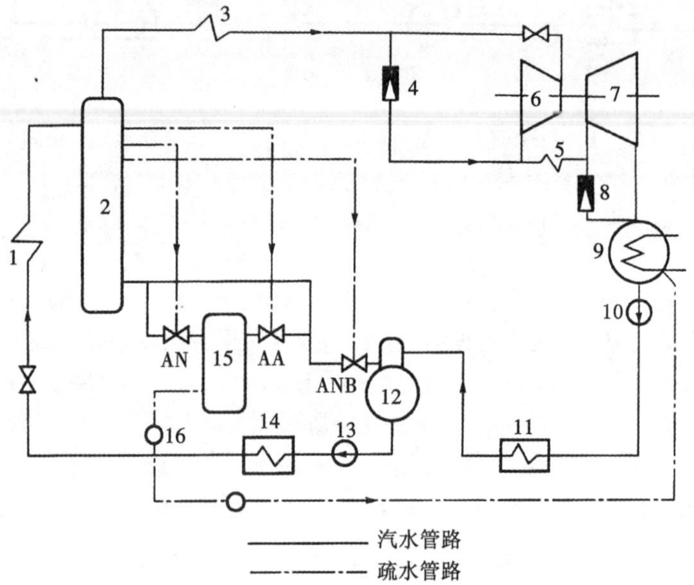

图 5-20　1900 t/h 超临界压力螺旋管圈型直流锅炉内置式启动旁路系统示意图

1—水冷壁；2—启动分离器；3—过热器；4—高压旁路减温减压阀；5—再热器；6—汽轮机高压缸；7—汽轮机中低压缸；8—低压旁路减温减压阀；9—凝汽器；10—凝结水泵；11—低压加热器；12—除氧器；13—给水泵；14—高压加热器；15—疏水扩容器；16—疏水箱

系统中的疏水阀（AA、AN、ANB 阀）用于控制分离器的水位和疏水的流向。锅炉湿态运行时，分离器水位由 ANB 阀自动维持，当水位高于 ANB 阀的调节范围时（如工质膨胀阶段），再相继投入 AA、AN 阀参与水位调节。AA 阀的通流量设计可保证工质膨胀峰值流量的排放。

我国第一台 600 MW 超临界螺旋管圈型直流锅炉就配用了内置式分离器启动旁路系统，100% MCR 汽轮机高压旁路和 65% MCR 汽轮机低压旁路，过热器出口不装安全阀门，再热器进出口装置 100% MCR 安全阀门。该锅炉启动系统能保证冷热态启动工况所要求的汽轮机冲转参数，能满足各种事故工况的处理，并能在较低负荷下运行。

（六）直流锅炉应用实例

图 5-21 所示为哈尔滨锅炉厂与三井巴布科克公司合作制造的超临界压力本生直流锅炉，其型号为 HG-1890/25. 4YM4，一次中间再热、带内置式再循环泵启动系统、固态排渣、单炉膛平衡通风、Ⅱ型布置、全钢构架悬吊结构、露天布置。

炉膛为单炉膛，断面尺寸 22. 18 m×15. 63 m，设计煤种为神府东胜煤，校核煤种为大同塔山煤，最大连续蒸发量为 1890 t/h，过热器蒸汽出口温度为 571 ℃，再热器蒸汽出口温度为 569 ℃，给水温度为 283 ℃。

锅炉汽水流程以内置式汽水分离器为界双流程设计。下部水冷壁采用膜式螺旋管圈 436 根，管子 ϕ38 × 6. 5 mm，逆时针螺旋，倾角 17. 893°，材质为 SA-213T12。上部水冷壁为膜式垂直管屏，1312 根，管子 ϕ31. 8 × 5. 5 mm，材质为 15CrMoG。锅炉给水系统配置一台 30%容量的电动给水泵和两台 50%容量的汽动给水泵。

锅炉启动系统由内置汽水分离器、储水箱、水位控制阀和循环泵等组成。共 4 只 ϕ610 × 65 mm 的启动分离器，高 8. 36 m，材质为 WB36，壁厚较薄，温度变化时热应力小，水冷壁吸热均匀，水动力特性稳定，具有良好的变压、调峰和启动性能。

汽水分离器出来的蒸汽引至顶棚（ ϕ63. 5 × 9 mm ，材质为 15CrMoG）和包墙系统（侧包墙 ϕ 63. 5×9 mm，材质为 15CrMoG），再进入低温对流过热器（上部管子 ϕ 57× 8 mm,12Cr1MoVG；中下部管子 ϕ 57 ×8 mm，材质为 15CrMoG），然后流经屏式过热器（管径 ϕ38 × 5. 6 mm ，材质为 SA213-T91 和 SA213TP347H，屏间节距 690 mm）和末级过热器（屏式，管子 ϕ 44. 5×7. 5 mm，材质为 SA213-T91）。锅炉过热蒸汽汽温控制主要靠调节“煤水比”和一、二级喷水减温水量。

再热器分为低温再热器和高温再热器两段布置，低温再热器布置在尾部双烟道中的前部烟道，上部管子 ϕ57 × 4. 3 mm，中下部段管子 ϕ63. 5 × 4 mm，材质为 15CrMoG；末级再热器布置在水平烟道，管子 ϕ 51 ×4. 0 mm，入口段材质为 12Cr1MoVG，中间段材质为 SA-213T91，出口段材质为 SA-213TP347H。再热蒸汽温度控制主要靠尾部烟道挡板调节，用装在再热器入口管道的事故喷水减温器辅助调整。

制粉系统为中速磨直吹系统，配置 6 台 HP1003 型中速磨煤机，燃烧设计煤种时，BMCR 工况下五台运行，一台备用。燃烧方式为前后墙对冲燃烧，采用 30 只低 NO_x 轴向旋流燃烧器，前后墙各 15 只，分 3 层对称布置。每台燃烧器配一支油枪，油枪采用机械雾化嘴，油枪的最大出力按 30% BMCR 工况设计。

烟气依次流经炉膛的屏式过热器、末级过热器、水平烟道中的高温再热器，然后至尾部双烟道中烟气分成两路，一路流经前部烟道中的水平低温再热器、省煤器，另一路流经后部烟道的水平低温过热器、省煤器，最后流经布置在下方的两台二分仓回转式空气预热器。

锅炉装设蒸汽吹灰器 166 只，其中，98 只 V92 型炉膛吹灰器；炉膛上部及尾部烟

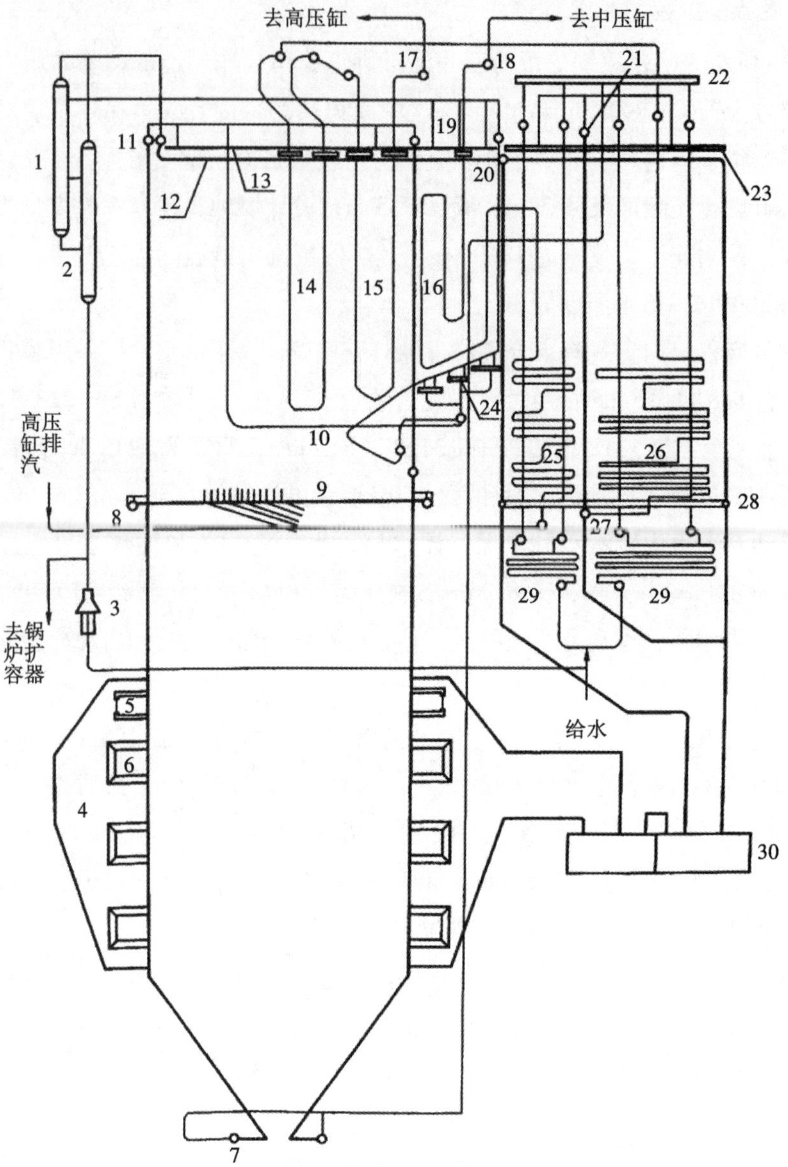

图 5-21　超临界压力本生直流锅炉整体结构示意图

1—汽水分离器；2—储水箱；3—循环泵；4—炉膛风箱；5—过燃风喷口；6—燃烧器喷口；7—水冷壁入口联箱；8—螺旋管出口联箱；9—压力平衡管；10—折焰角；11—前墙出口管屏出口联箱；12—顶棚管；13—侧墙出口管屏出口联箱；14—屏式过热器；15—末级过热器；16—高温再热器；17—末级过热器出口汇集箱；18—末级再热器出口汇集箱；19—水平烟道侧包墙出口联箱；20—顶棚管出口联箱；21—后烟道中间隔墙入口联箱；22—省煤器出口联箱；23—后烟道侧包墙出口联箱；24—水平烟道侧包墙入口联箱；25—低温再热器；26—低温过热器；27—后烟道中间隔墙出口联箱；28—后烟道环形联箱；29—省煤器；30—空气预热器

道布置 56 只 PS-SL 型长伸缩式吹灰器；在省煤器管组前布置 8 只 PS-SB 型半伸缩式吹灰器；空气预热器装设 4 只 PS-AT 型伸缩式吹灰器，每台上下各装设 1 只。

除渣方式为固态连续除渣，采用一台刮板式捞渣机，装于炉膛冷灰斗下部。

三、复合循环锅炉

（一）复合循环锅炉的工作原理

复合循环锅炉是由直流锅炉和控制循环锅炉联合发展起来的一种新型锅炉。图 5-22 所示为复合循环锅炉的再循环系统示意图。它与直流锅炉的基本区别是在省煤器和水冷壁之间连接循环泵、混合器、止回阀、分配器和再循环管。它可使部分工质在水冷壁中进行再循环。按工质循环的负荷范围不同，复合循环锅炉分为全负荷复合循环锅炉和部分负荷复合循环锅炉两种。部分负荷循环就是在低负荷时进行再循环，高负荷时转入直流运行，故又称复合循环锅炉。对全负荷范围内进行再循环的锅炉，额定负荷时，循环倍率 $K=1.25\sim2.00$，随着负荷的降低，循环倍率有所增大，这种锅炉称为低循环倍率锅炉，它是负荷循环锅炉的一种特例。

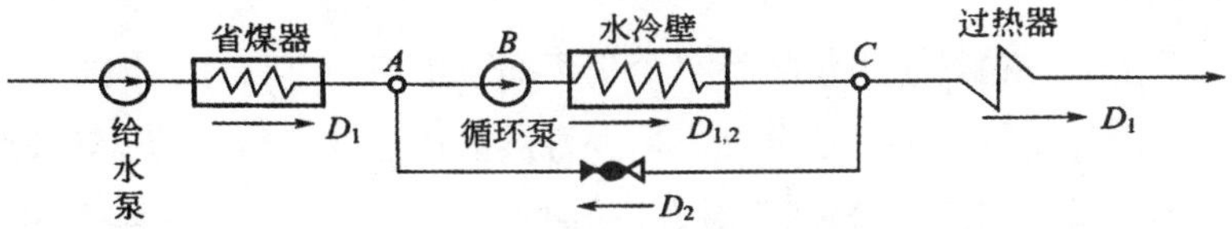

图 5-22　复合循环锅炉的再循环系统示意图

（二）复合循环锅炉的工作特点

与直流锅炉相比，复合循环锅炉有如下特点。

（1）由于水冷壁管壁温度工况由再循环得到可靠的保证，可选用较大直径的水冷壁管和采用垂直一次上升管屏而不必装中间混合联箱，也不需在局部热负荷较高的区域采用加工难度大和流动阻力大的内螺纹管，因此结构简单可靠。

（2）由于再循环使流经水冷壁管的工质流量增大，因此额定负荷时的质量流速可选得低些，以减小流动阻力和水泵能耗。

（3）锅炉的最低负荷可降到额定负荷的 5%左右，启动旁路系统可按额定负荷的 5%~10%设计，既减小设备投资，又减少启动时的工质和热量损失。

（4）再循环工质使水冷壁进口工质的焓提高，工质在蒸发管内焓增减少，有利于减少热偏差和提高管内工质流动的稳定性。

（5）循环泵长期在高温高压下工作，制造工艺复杂，且技术性能要求高。另外，循环泵要消耗一定量的电能，致使机组运行费用提高。

（6）锅炉在低负荷范围内运行时，工质流量变化小，温度变化幅度小，减小了热应力，有利于改善锅炉低负荷运行时的条件。

（7）不仅应用于超临界压力锅炉，而且应用在亚临界压力锅炉上。亚临界压力复合循环锅炉的汽水系统除有混合器外，还应设有汽水分离器。汽水分离器断面不大，水位波动大，所以给水调节比较困难。

四、直流锅炉的流动特性

在省煤器和过热器中，工质为单相的水和蒸汽。单相流体的水动力学问题比较简单，因为在工质和烟气的热交换过程中，只有温度的升高而无状态的变化。但在蒸发受热面（水冷壁）中，工质为两相流体，它的水动力特性较为复杂，在热交换过程的同时，还伴随着工质状态的不断变化（如进口为饱和水或未饱和水，随着加热的进行逐渐被汽化，至出口变为饱和蒸汽）。从水动力工作的角度看，直流锅炉与自然循环汽包锅炉的本质区别就在于炉膛蒸发受热面内工质的流动特性不同。直流锅炉炉膛蒸发受热面的流动特性包括两相流体的水动力不稳定性、并联管圈的流体脉动现象和蒸发受热面的热偏差。

（一）水动力特性

锅炉受热面是由许多根平行管子（圈）组成的，各管的热负荷及工质流量可能有所不同，只要其中有一根管子被烧坏，整个受热面就不能正常工作。因此，必须从结构方面和运行方面消除受热不均工质分配不均。直流锅炉蒸发受热面的受热不均与自然循环汽包锅炉并无差异，但工质分配不均由各种因素引起，其中一个重要因素就是蒸发受热面的水动力不稳定性（又称水动力多值性）。

水动力特性是指在一定的热负荷下，强制流动受热管圈中工质质量流量 G 与流动压降 Δp 之间的关系，如图 5-23 所示。

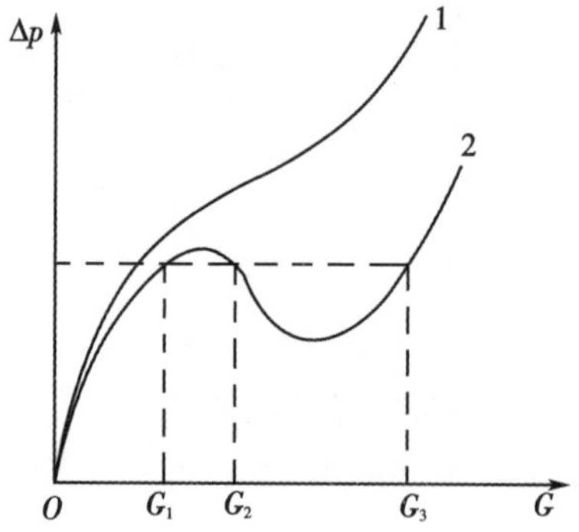

图 5-23 水动力特性曲线

1—单值特性曲线；2—多值特性曲线

如果对应一个压降只有一个流量 G，这样的水动力特性就是稳定的，或者说是单值的，如图 5-23 所示的曲线 1 就是稳定的水动力特性曲线。但若水动力特性曲线如图 5-23

所示的曲线 2 那样，则对应一个压降可能有两个甚至三个流量，即在并联工作的各管子中，虽然两端压差是相等的，但却可以具有不相等的流量，则称为水动力不稳定性。与此同时，在管组总的流量不变的情况下，某一根管子中的流量却可以时大时小（非周期性变化，显然，同管组中其他管子的流量也相应发生非周期性变化）。这样的水动力特性会导致并联各管子出口的工质状态参数不均匀，有的出口是汽水混合物，有的出口是过热蒸汽，有的可能是未饱和水。对一根管子来说，又会产生有时出口是汽水混合物，有时是过热蒸汽或水的情况，显然是很不安全的工况。

1. 水动力不稳定性产生的原因

（1）水平蒸发受热面中的水动力特性。

对于螺旋管圈水冷壁的水动力特性，可按水平布置管圈来分析影响水动力不稳定性的因素。

管圈进口为未饱和水，并假定沿管子长度的热负荷分布均匀并且保持不变。当进入管圈的流量 G 增加时，由于加热区段长度增加，蒸发区段长度减小，因此蒸汽产量下降，并且管圈中汽水混合物的平均比体积减小。可见，在流量 G 增加的同时引起了工质平均比体积 $\overline{V}$ 的减小。压降 Δp 随流量 G 的变化，要看 G 与 $\overline{V}$ 的变化幅度，如图 5-24 所示。图 5-24 中，上部所示为水动力特性曲线，下部为相应各流量时管圈出口工质的状态参数（干度 x）的变化曲线。由图 5-24 可见：

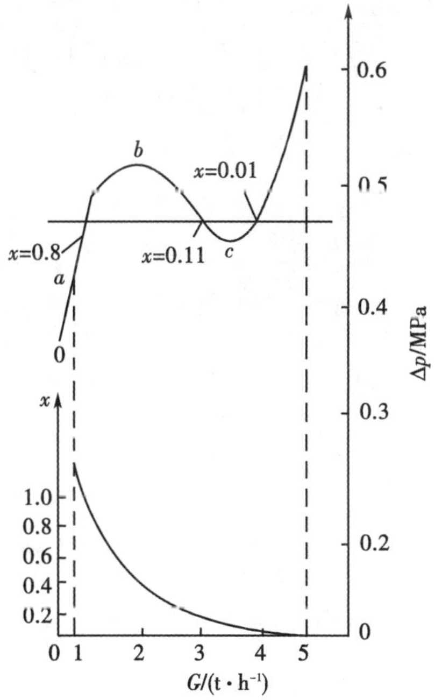

图 5-24　水平管圈的水动力不稳定曲线

在 a 段中，工质流量较小，管子出口为过热蒸汽。此时流量增加，汽水混合物的平均比体积变化较小，因此压降 Δp 总是随着流量的增加而增加。

在 ab 段中，当流量 G 继续增加时，由于管外热负荷未变化，蒸汽产量因蒸发段长度的减少而有所下降，平均比体积 $\overline{V}$ 也随之减小，这样，压降 Δp 的增加就要逐渐缓慢一些。

在 bc 段中，流量已相当大，随着流量 G 的进一步增加，管内蒸汽量更少，且逐渐趋近于 0，工质的平均比体积 $\overline{V}$ 急剧减小。此时，平均比体积 $\overline{V}$ 较流量对压降的影响更大，压降 Δp 随流量 G 的增加而下降。

在 c 点以后，管内产汽量为 0，即管子出口为单相水，这时流量 G 的增加对工质比体积已无多大影响，因而压降 Δp 又随流量 G 的增加而增加。这样，水动力特性曲线表明，即使管圈的热负荷不变，在强制流动的蒸发受热面中，当管圈进口为未饱和水时，在同一压差 Δp 下，各并联工作的管子的流量可能有三个值，出口工质的蒸汽干度也相应不同。由以上分析可知，强制流动蒸发受热面中产生这种多值性（即不稳定性）流动的根本原因是蒸汽和水的比体积或密度不同所引起的，发生在既有加热段又有蒸发段的受热蒸发管内。影响水动力多值性的因素主要有三个。

① 工作压力。锅炉蒸发受热面内工作压力高时，蒸汽与水的密度或比体积的差减小，则在流量 G 增加时工质平均比体积 $\overline{V}$ 的减小要少，水动力特性便趋向单值，图 5-25 所示为水动力特性曲线与压力的关系图。由此可以看出，工作压力越高，水动力特性越稳定。不过，即使是亚临界压力的直流锅炉，在启动时若选取的启动压力低，仍会存在流动的不稳定性。但是超临界压力直流锅炉也可能发生水动力多值性，这是因为超临界压力的相变区内，比体积随温度的上升而急剧增大。

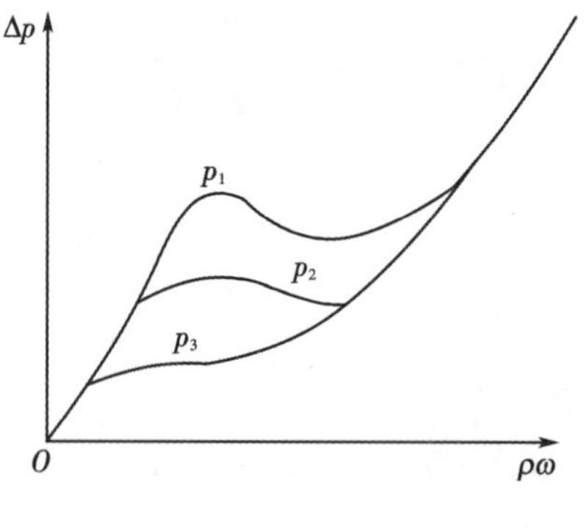

图 5-25 水动力特性曲线与压力的关系图（$p_3>p_2>p_1$）

② 入口焓值。当管圈进口工质为饱和水，即进口工质欠焓（工质焓低于饱和水焓的数值）为 0 时，在热负荷一定的情况下，蒸汽产量不随流量变化而改变。压降 Δp 随 G 的增加单值地增加。因此可以说，管圈进口工质的状态越接近饱和水，欠焓越小，或管进口工质的温度越接近于对应管圈进口压力下的饱和温度，则水动力特性越趋向稳

定。图 5-26 给出了压力一定时，在管圈进口工质温度不同情况下的水动力特性曲线。从图 5-26 可以看出，管圈进口工质温度（或焓值）越高，水动力特性越趋向稳定。

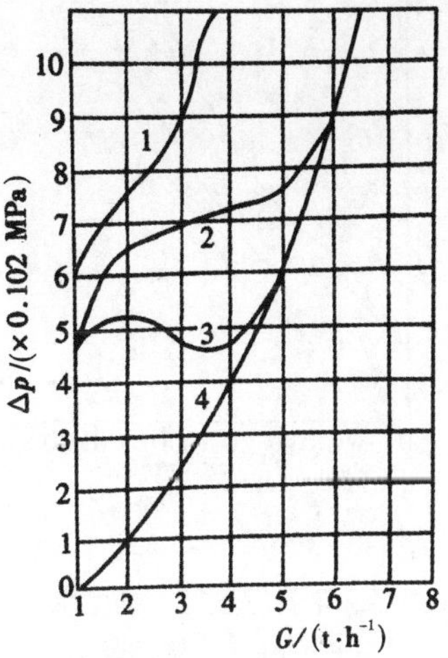

图 5-26　工质进口温度对水动力特性的影响

1—工质进口温度为 210 ℃；2—工质进口温度为 180 ℃；3—工质进口温度为 150 ℃；4—管子未被加热

在超临界压力下，由于沿管圈长度工质焓变化时，工质比体积也发生变化，尤其在最大比热容区的变化很大，因此，与低于临界压力时的情况一样，管圈进口工质的焓值对水动力多值性也有影响。图 5-27 所示为超临界压力下水平管圈进口工质焓值对水动力特性的影响。由图 5-27 可见，要保持特性曲线具有足够的陡度，必须使进口工质的焓值大于 1250 kJ/kg。这对正常运行工况是容易达到的，但若运行中由于高压加热器解列，也可能出现值小于 850 kJ/kg 的情况。因此，设计时必须保持锅炉启动时的最低质量流速大于 600~700 kg/（m^2·s），提高启动压力，从而避免水动力多值性的影响。

③ 管圈热负荷和锅炉负荷。除工质压力和进口工质焓值对水动力特性有影响外，管圈热负荷和锅炉负荷对水动力特性也有影响。当管圈热负荷增加时，水动力特性趋于稳定。这是因为热负荷高时，缩短了加热区段的长度，即相当于减少了工质欠焓的影响，且在高热负荷时，管圈中产生的蒸汽量多，阻力上升也快，水动力特性曲线上升得也要陡一些，即水动力特性趋于稳定一些。螺旋管圈水冷壁的水动力特性在锅炉负荷高时比负荷低时具有较高的稳定性。这是因为锅炉负荷高时，压力和热负荷都相应提高，水动力特性较稳定；锅炉负荷低（变压运行或启动）时，锅炉压力和热负荷都较低，特性曲线可能会出现不稳定性。因此，在进行水平蒸发管圈的设计和调整时，更应注意锅炉在低负荷时的水动力特性。尤其在启动和低负荷运行时，若高压加热器未投入运行，给水欠焓较大，则将对水动力特性带来不利影响。

（2）垂直布置蒸发受热面中的水动力特性。

直流锅炉垂直布置的蒸发受热面包括多次上升管屏和一次上升管屏。由于垂直布置

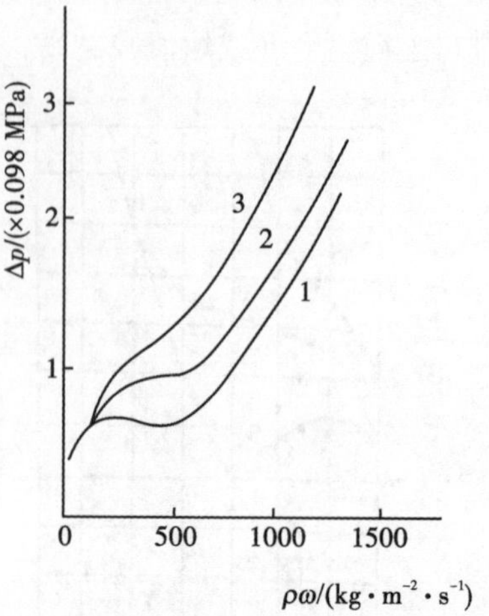

图 5-27　超临界压力下水平管圈进口工质焓值对水动力特性的影响

1—进口工质焓 850 kJ/kg；2—进口工质焓 1050 kJ/kg；3—进口工质焓 1250 kJ/kg

的管屏的高度相对较高，接近于管子长度，重位压降对水动力特性的影响很大，有时成为压降的主要部分。

在垂直一次上升管屏中，重位压力降 Δp 对水动力特性的影响如图 5-28 所示。重位压力降 Δp 总是单值性地随 G 一起增加，也就是说，重位压力降 Δp 的水动力特性是单值的，因此对总的水动力特性能起稳定作用。在垂直上升管中，如重位压力降对压降的影响占主导地位，则其水动力特性一般是单值的。如重位压力降还不足以使水动力特性达到稳定，则必须在管子进口处装节流圈，以保证水动力特性的稳定。

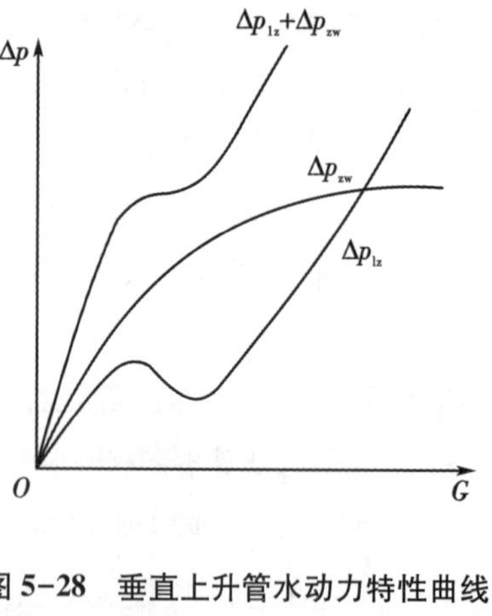

图 5-28　垂直上升管水动力特性曲线

在垂直下降流动蒸发管屏中，流动阻力使上端进口压力大于下端出口压力，但重位压力降在此的作用是推动工质的流动，因此，在下降流动的蒸发受热面中，重位压力降对水动力特性的作用正好与垂直上升流动相反，水动力的不稳定性更严重。多流程回带管圈型管屏的水动力特性是垂直上升和垂直下降管屏水动力特性的综合结果。

由上述分析可知，垂直一次上升管屏的水动力特性一般是稳定的，但各管受热总是不均匀的，受热弱的管子中工质平均含汽率必然较小，则该管内工质的平均比体积就要小于管屏中其他各管的平均比体积。这样，受热弱的管子的重位压力降就大于管屏中其他各管的平均重位压力降。当受热弱的管子的热负荷低致使其重位压力降 Δp 增加到恰好等于管屏总压降时，此管中会出现流动停滞，这时流动阻力等于 0；热负荷进一步降低时，甚至发生倒流。因此，这种管屏同自然循环锅炉的垂直上升管屏一样，也会出现停滞甚至倒流现象。

2. 消除或减小水动力不稳定性的措施

（1）提高工作压力。引起强制流动水动力不稳定的根本原因是蒸汽与水的比体积（或密度）有差别。但随着压力的提高，蒸汽与水的比体积（或密度）差将减小，因而水动力特性趋于稳定。

（2）适当减小蒸发区段进口水的欠焓。当管圈进口水的欠焓为 0 时，管圈中没有加热区段，在一定热负荷下，管圈内蒸汽产量不随工质流量而变化，而流动阻力总是随工质流量的增加而增加的。所以，进口水的欠焓越小，水动力特性越趋向稳定。但进口水的欠焓过小也是不合适的，因为这时工况稍有变动，管圈进口处就有可能产生蒸汽，会引起进口联箱至各管的工质流量分配不均，使热偏差加剧。

（3）增加加热区段阻力。增加加热区段阻力的方法，一般是在管圈进口处加装节流圈。加装节流圈对水动力特性的影响如图 5-29 所示。图 5-29 中，曲线 1 表示节流圈的阻力特性，曲线 2 表示未加节流圈的水动力特性，曲线 3 表示加节流圈后的水动力特性。可见，加装节流圈后管圈的总流动阻力增加，但能使水动力特性稳定。另一种方法是在管圈进口采用小管径，然后再逐级扩大，同样起着节流圈的作用。

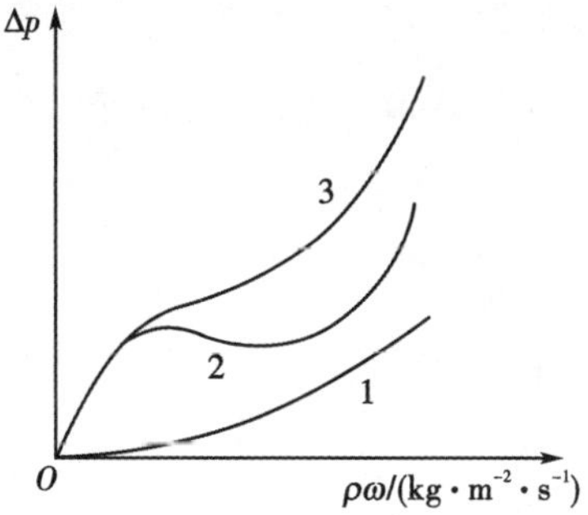

图 5-29　节流圈对水动力特性的影响

1—节流圈的阻力特性；2—未加节流圈的水动力特性；3—加节流圈后的水动力特性

（4）加装呼吸联箱。当蒸发管中产生不稳定流动时，由于各并列管子间的流量不同，沿各管子长度的压力分布也就不同。这是因为并列管子的进、出口端连接在其进口联箱上，具有相同的进口压力和出口压力，但在管子中部，由于各管工质流量互不相同，因此流动阻力就不同。流量大的管子加热段阻力增大，故管子中部的压力较低；而流量小的管子加热段阻力较小，则中部压力较高。若将各并列蒸发管的中部连接至一公共联箱、一呼吸联箱，如图 5-30 所示，则各管的中部压力趋于均匀，因而可减小流动的不稳定性。

呼吸联箱应设置在并列管间压差较大的位置，一般装在相当于蒸汽干度 0.1～0.2 的地方，效果比较显著。

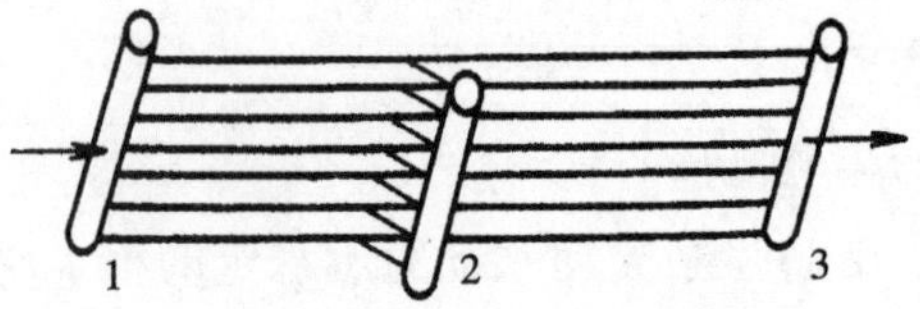

图 5-30　呼吸联箱装置示意图

1—入口联箱；2—呼吸联箱；3—出口联箱

（二）脉动现象

在强制流动蒸发管中，流量随时间发生周期性变化，称为脉动，如图 5-31 所示。

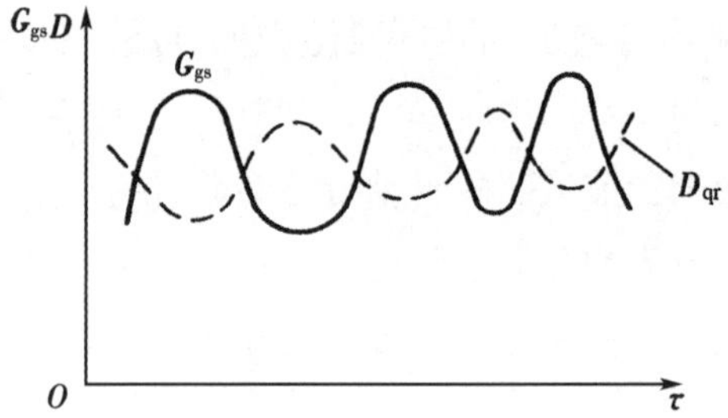

图 5-31　脉动现象示意图

1. 脉动的类型

水冷壁管的脉动有三种类型：管间脉动、管屏间脉动和整体脉动。

（1）管间脉动。

管间脉动是指在蒸发管进、出口联箱的压力和总流量基本不变的情况下，各管中流量发生周期性的变化。当一部分管子水流量增大时，另一部分管子的水流量减小。与此同时，这些管子进口水量和出口蒸汽流量的脉动有 180°相位差，进水流量最大时出口蒸汽流量最小。管间脉动一旦发生，就会自动以一定频率继续下去。脉动频率大小与管子结构、受热以及工质参数有关。

（2）管屏间脉动。

在并联管屏之间也会出现与管间脉动相似的脉动现象。在发生脉动时，进出口总流量和总压头并无明显变化，只是各管屏间的流量发生变化。

(3) 整体脉动。

蒸发管同期发生脉动的现象称为整体脉动。当发生整体脉动时，各并联蒸发管入口处水流量发生同方向的周期性波动，蒸汽流量也发生相应的波动，与此同时，汽压、汽温也发生波动。整体脉动通常都是在外部因素作用下发生的，如蒸汽流量、给水流量发生变化，给水泵的工作特性不稳定等。这种脉动可通过自动调节系统很快消除，一般不会引起锅炉故障和受热面破坏。

脉动现象与水动力不稳定的区别在于，前者是周期性的波动，后者是非周期性的波动。当发生脉动时，热水段、蒸发段、过热段长度发生周期性变化。在热水段、蒸发段、过热段的交界处，交替接触不同状态的工质，使管壁温度发生周期性变化，引起金属管子的疲劳破坏。脉动严重时，由于受工质脉动性流动的冲击作用和工质汽水比体积变化引起管内局部压力波周期性变化的作用，还会造成管屏的机械振动，引起管屏的机械应力破坏。

2. 脉动原因

在一个并联管组内，当某根或几根管子的吸热量偶然增大时，加热水段缩短，原来的热水段变成了汽水混合物段，使产汽量增加，流动阻力增大，管内的压力升高。但是进口联箱压力并未改变，故进水流量减少。由于出口联箱压力也未改变，这些管子的排出流量增大。上述过程的结果是使管子输入输出能量失去平衡，管内压力下降到低于正常值，流量开始向反方向变化。在上述管内压力升高期间，工质的饱和温度也升高，管壁金属温度也随着升高，蓄热增大。当管内压力下降时，工质饱和温度也下降，较高温度的管壁金属向工质放热即释放蓄热，这相当于吸热量的增大。上述过程重复进行，脉动继续下去。

由此可知，产生脉动的外因是某些管子在蒸发开始段受到外界热负荷变动的扰动，而其内因则是该区段工质及金属的蓄热量发生周期性变化。因为在开始蒸发段附近交替地被水或汽水混合物所占据，又由于工质温度、局部压力以及放热系数（工质速度的改变）的变动，就改变了其中工质和金属的蓄热量。当该处局部压力升高时，从炉内得到的热量部分储蓄在管子金属及水中，蒸发量减少；当压力降低时，这些储蓄在管子金属与水中的热量又重新释放给了工质，蒸发量增加。这就是脉动得以持续进行的内在因素。

3. 防止脉动产生的措施。

(1) 在管子的入口端加装节流圈。

增加蒸发管圈加热段的阻力和降低蒸发段阻力可减小脉动现象的产生。因为此时在开始蒸发点附近局部压力升高对进口工质流量影响较小，且可加快地把工质推向出口，压力恢复。此外，增加加热段进口工质欠焓，使热水段长度增加，从而增加热水段阻力，对减少脉动现象也是有利的。减小蒸发段的长度即减小进入管圈出口联箱的工质的干度值，亦可减少脉动现象的产生。

采用节流圈可使管内蒸发造成的局部压力升高值远低于进口压力，从而减小流量波动，直至消除。另外，节流圈还可增加热水段的阻力，提高热水段的压差，保证进口水量的稳定性。

（2）提高质量流速。

质量流速大，汽泡很快被带走而不会在管内变大，阻滞工质流动的局部蒸汽容积增大现象就不易发生，管内就不会形成较高的局部压力，可以保持稳定的进口流量。

（3）提高进口压力。

归根到底，脉动现象总是由于汽与水的两相流动所引起的。压力越高，汽、水的比体积越接近，管内局部压力升高的现象越不容易发生。当 $p \geqslant 14$ MPa 时，基本不发生脉动现象。但是，对于直流锅炉仍应注意启动及低负荷时可能产生脉动现象。

（4）降低蒸发点热负荷和热偏差。

热负荷对脉动的产生也有影响，开始时蒸发点附近若热负荷高，容易发生局部压力升高的可能性。把蒸发点移到负荷低的区域，汽泡产生量相对减少，能避免管内局部压力较大的变化。减小热偏差，可减小流量偏差，防止个别管中流量降低导致比热容发生剧烈变化。

（5）合适的给水泵。

离心式给水泵的流量随压头的增加而减小，当锅炉蒸发区段由于短期热负荷升高压力上升时，离心泵送给蒸发管的给水流量减少，同时蒸汽流量增大，随着短期热负荷增值的消失，蒸发区段压力下降，给水流量上升，蒸汽流量下降。离心泵特性曲线越平坦，流量波动越大。足够陡的水泵特性可使锅炉蒸发管内压力波动时，流量变化不大，有利于消除整体脉动。

（6）锅炉启停和运行方面的措施。

为了防止产生脉动，直流锅炉在运行时应注意保持燃烧工况稳定和炉内温度场尽可能均匀，以减小各并列管的受热不均；在启动时应保持足够的启动流量及一定的启动压力。

（三）蒸发受热面的热偏差

本书项目六中介绍的管内工质为单相流体的过热器热偏差，其基本内容原则上也适用于直流锅炉的蒸发受热面。

1. 影响热偏差的因素

热偏差与热力（吸热）不均、水力（流量）不均及结构不均等因素有关。对于蒸发受热面，不考虑结构不均的影响，其热偏差主要是由于热力不均和水力不均两者的共同作用造成的。

（1）吸热不均。

炉膛内烟气温度不论从宽度、深度或高度来看分布都是不均匀的。锅炉的结构特点、燃烧方式和燃料种类不同，则热负荷不均匀程度不同。一般来说，垂直管屏的吸热不均匀程度大于水平管圈，燃油锅炉的吸热不均匀程度大于燃煤锅炉。锅炉运行时，如火焰偏斜、炉膛结渣等，会产生很大的热偏差。

除一次垂直上升管屏在低负荷下运行的情况之外，直流锅炉均没有自补偿能力，这与自然循环锅炉不同。在直流锅炉蒸发受热面中，吸热多的管子，由于管内工质比体积大、流速高，以至阻力大，因而管内工质流量减少；而流量的减少反过来又促使工质的焓增更大，比体积更大，这会导致热偏差达到相当严重的程度。由此可见，直流锅炉的吸热不均，还会影响流量不均，从而扩大了热偏差，这对管壁的安全不利。

（2）流量不均。

流量不均是由并联各管的流动阻力不同、重位压头不同及沿进口或出口联箱长度上压力分布特性的影响而引起的。另外，水动力不稳定和脉动也是引起流量不均的原因。

① 流动阻力的影响。对于螺旋管圈，由于本身流动阻力很大，远超过重位压头和联箱中压力变化对流量不均的影响。因此，对于这种形式的受热面，只需考虑流动阻力对流量不均的影响。

工质流量与管圈阻力系数及管内工质的平均比体积有关。吸热多的个别管圈的阻力系数及工质平均比体积比同组各管圈相应的平均值大时，将引起该管圈中的流量降低，从而致使热偏差增大。

阻力系数的大小决定于管圈的结构和安装质量。管子的长度不同、管内的粗糙度不同、管子的弯曲度不同以及管内焊瘤等，都会造成各管阻力系数不同。

工质平均比体积的不同，是由吸热不同引起的。在流动阻力起主要作用的水平管圈中，平均比体积较大的管子内工质流量必然较小。在两相流体的比体积随焓值的增加而剧烈增加的情况下，因吸热不同而引起的流量偏差很大，即使阻力系数是均匀的，也将导致很大的热偏差。

② 重位压力降的影响。在垂直上升的蒸发管屏中，重位压力降在总压降中的作用不能忽略，必须考虑重位压力降对热偏差的影响。

垂直上升蒸发管屏中，如果流动阻力损失所占份额相当大（如锅炉高负荷时），当个别管圈热负荷偏高时，因偏差管中工质平均比体积的增大将引起流动阻力增大，并导致其流量降低。但与此同时，因偏差管中工质密度减小而使其重位压力降低，又促使其流量回升。因此，在垂直上升管屏中，重位压力降有助于减小流量偏差。但是，如果管屏总压力降中流动阻力损失所占份额较小（低负荷时），重位压力降占总压力降的主要部分，则重位压力降将引起不利影响。此时，受热弱的偏差管中由于平均密度很大，重位压力降很大，致使该管中可能流动停滞。

2. 减轻与防止热偏差的措施

为减小热偏差，在锅炉结构上应使并联各管的长度及管径等尽可能均匀，燃烧器的布置和燃烧工况要考虑炉膛受热面热负荷均匀。另外，在锅炉的设计布置上应采取一些相应的措施。

（1）加装节流圈。

在并联各管进口加装节流圈或在管屏进口加装节流圈可以减小热偏差。相应于各管屏的热负荷，在各管屏入口前装设不同节流程度的节流阀或节流圈，在锅炉投运时加以调整，使热负荷高的管屏中具有较高的质量流速，以便使各管屏得到几乎相近的出口工质值。还应指出，在具体设计和调整节流圈时，必须同时考虑水动力稳定、消除脉动和减小热偏差。

（2）减小管屏或管带宽度。

减小管屏或管带宽度，即减小同一管屏或管带中的并联管圈根数，则在相同的炉膛温度分布和结构尺寸情况下，可减少同屏或同管带各管间的吸热不均匀性和流量不均匀性，从而使热偏差减小。

（3）装设中间联箱和混合器。

在蒸发系统中装设中间联箱和混合器，可使工质在其中进行充分混合，然后进入下级受热面，这样前一级的热偏差不会延续到下一级，工质进入下一级的焓值趋于均匀，因而可减小热偏差。

（4）采用较高的工质质量流速。

采用较高的工质质量流速可以降低管壁温度，使受热多的管子不致过热。对于垂直管屏，由于其重位压力降较大，若质量流速过低，则在低负荷运行时容易因吸热不均而引起不正常的情况，因而额定负荷时工质质量流速采用了较大的数值，一般为2000~2500 kg/（m^2·s）。

（5）合理组织炉内燃烧工况。

一般认为，四角切圆燃烧方式具有较好的炉膛火焰充满度，炉内热负荷较均匀，火焰中心温度和炉膛局部最高热负荷也较低，因而蒸发受热面吸热不均匀性较小。运行中应尽可能减少产生热偏差的各种因素。如燃烧中心的位置要调整好，不使火焰中心偏斜；各个燃烧器的给粉量应尽可能均匀，燃烧器的投入和停运要力求对称均匀，防止炉内结渣和积灰等。

此外，还要严格监督锅炉的给水品质，防止蒸发管内结垢或腐蚀，从而避免引起管内工质流动阻力的变化。

【能力训练】

（1）画自然循环、直流锅炉和复合循环锅炉水循环图。

（2）查找自然循环锅炉和直流锅炉的典型事例并作介绍。

【综合练习】

（1）什么叫水循环？水循环分为哪几种？说明自然水循环的原理。

（2）自然水循环锅炉为什么会发生循环停滞？锅炉在结构上采取了哪些防止措施？

（3）自然循环锅炉在结构上考虑哪些措施来保证水循环的可靠性？

（4）下降管含汽是怎样造成的？锅炉在结构上采取了哪些防止措施？

（5）何谓沸腾传热恶化？沸腾传热恶化分为几类？沸腾传热恶化是如何发生的？

（6）防止沸腾传热恶化的措施有哪些？

（7）说明循环流速、循环倍率、自补偿能力、界限循环倍率的意义。它们彼此之间的关系如何？对水循环工作各有何影响？

（8）写出自然循环回路的运动压头表达式，并说明式中符号的含义。分析影响运动压头的主要因素。

（9）试说明直流锅炉的工作原理。与汽包锅炉相比，直流锅炉有哪些特点？

（10）直流锅炉水冷壁有哪几种基本形式？其结构特点是什么？各自有何优缺点？

（11）与自然循环锅炉比较，控制循环锅炉有哪些特点？

（12）复合循环锅炉与直流锅炉构成上有什么差别？

项目六　汽水系统设备及其受热面

【学习目标】

（1）学习汽水系统各受热面的作用、类型、结构及特点；
（2）学习汽水系统各设备的工作原理；
（3）学习锅炉的型号和分类。

【能力目标】

（1）会分辨汽水系统各设备，并掌握各设备的作用；
（2）能掌握提高蒸汽品质的方法；
（3）能掌握调节蒸汽温度的方法。

【思政目标】

（1）培养正确的“三观”、社会责任感、团队精神；
（2）树立良好的职业道德，培养质量意识、绿色环保意识、安全意识；
（3）培养自我学习、自我管理能力、解决问题能力。

任务一　给水加热设备及系统

【知识点描述】

（1）省煤器的作用、结构及布置；
（2）省煤器的类型；
（3）省煤器的启动保护。

【能力目标】

（1）能叙述省煤器的作用；
（2）会辨别省煤器的类型；

(3) 能说明省煤器启动保护的方法。

超临界以下的锅炉，给水加热成过热蒸汽要经过加热、蒸发、过热三个阶段，因此，汽水系统可分为给水加热系统、蒸发系统、过热系统。锅炉给水加热系统是利用省煤器将给水加热到一定温度（额定给水温度），送到蒸发系统中，确保蒸发量满足需求。给水加热系统的主要设备是省煤器。

一、省煤器的作用

省煤器是现代电厂锅炉不可缺少的低温受热面，由于它一般布置在过热器或再热器受热面之后的尾部对流烟道中，又称为尾部受热面。省煤器是利用锅炉尾部烟气热量加热锅炉给水的热交换设备。其工作原理是：烟气在管外自上而下冲刷管束，将热量传递给管壁；水在管内自下而上流动，吸收管壁放出的热量，使水的温度升高。

省煤器是锅炉给水系统中的承压部件，其主要作用如下。

(1) 节省燃料。现代锅炉的炉内温度高达 1600 ℃左右，高温烟气经水冷壁、过热器、再热器吸热后温度仍在 400~600 ℃，如果直接排到大气，将造成很大的热量损失。省煤器装设在尾部烟道靠近末端，利用烟气与蒸汽换热后的余热加热给水，提高给水温度，使进入锅炉水冷壁的水温升高，炉膛水冷壁吸热减少，节省燃料。同时，省煤器回收了烟气的余热，可降低锅炉排烟温度，减少排烟热损失，提高锅炉效率。省煤器的名称也就由此而得来。

(2) 降低锅炉造价。由于采用了省煤器，给水在进入蒸发受热面之前，先在省煤器内加热，这样就可以减少水在蒸发受热面内的吸热量，水冷壁布置数量减少，取而代之布置省煤器受热面。省煤器与水冷壁相比，它布置在烟气低温区，管径小、管壁薄、价格低廉，从而降低了锅炉造价。

(3) 改善了汽包的工作条件，延长其使用寿命。由于采用了省煤器，将进入汽包的水提前加热，使进入汽包的给水温度升高，因而减小了运行时因给水温度低于汽包温度而产生的给水管与汽包壁之间的温差热应力，从而改善了汽包的工作条件，延长了汽包的使用寿命。

二、省煤器的类型、结构及布置

1. 省煤器的类型

省煤器的分类方法如图 6-1 所示。

(1) 省煤器按出口工质状态分为沸腾式省煤器和非沸腾式省煤器。

若省煤器出口水温达到饱和温度，并有部分水汽化时称为沸腾式省煤器。汽化水量占给水量的百分数称为省煤器的沸腾率（或沸腾度），沸腾率一般为 10%~15%，最多不超过 20%，以免因工质容积流量过大使流动阻力过大，同时避免发生汽水分层。

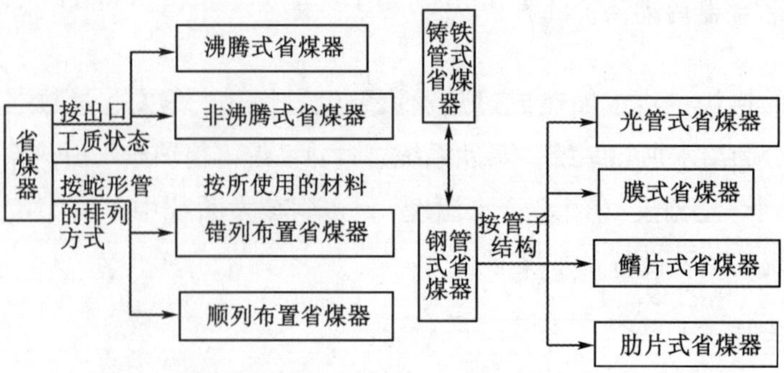

图 6-1　省煤器的分类

当省煤器出口水温低于其压力下的饱和温度时，则称为非沸腾式省煤器，出口水温一般比饱和温度低 20~25 ℃。

中低压锅炉多采用沸腾式省煤器。因中低压锅炉的水在汽化过程中需要的加热热少，蒸发热大，若在炉内布置较多的水冷壁吸热，炉温会降低，影响燃烧，故将一部分蒸发任务由水冷壁转移到省煤器中完成。这样可以防止因炉膛温度低引起燃烧不稳定和炉膛出口烟温过低造成过热器等受热面金属用量增加，同时也能充分发挥省煤器的作用。随着蒸汽参数的提高，水的加热热增大，蒸发热减小。为了防止因炉膛温度和炉膛出口温度过高而引起的炉内及炉膛出口处受热面的结渣，故将部分加热水的任务由省煤器转移到水冷壁来完成。因此，现代超高压及以上锅炉普遍采用非沸腾式省煤器。

（2）省煤器按所使用的材料分为铸铁管式省煤器和钢管式省煤器两类。

铸铁管式省煤器耐磨损、耐腐蚀，但强度不高，笨重且不能承受高压及较大的水击，故多用于中低压小容量锅炉的非沸腾式省煤器。

目前大容量锅炉广泛采用钢管式省煤器，其优点是强度高，能承受高压及较大的冲击，工作可靠；同时其传热性能好，且体积小、重量轻、布置自由、价格低廉。缺点是耐腐蚀性和耐磨损性较差，给水必须除氧，不过现代锅炉给水都已经过严格处理，管内腐蚀的问题得到了基本解决。

2. 省煤器的结构及布置

钢管式省煤器按照管子结构还可分为光管式省煤器、膜式省煤器、鳍片式省煤器、肋片式省煤器。

钢（光）管式省煤器的结构如图 6-2 所示。它由许多并列的蛇形管和进、出口联箱组成。蛇形管采用焊接的方法与联箱连接在一起。蛇形管一般用管子 $\phi25 \sim \phi51$、壁厚为 3~5 mm 的无缝钢管弯制而成。管子的横向相对节距为 $s_1/d=2 \sim 3$，纵向相对节距为 $s_2/d \geqslant 1.5 \sim 2.0$。为便于检修，沿烟气流程，整个省煤器管组高度每隔 1.0~1.5 m 需留有 600~800 mm 高度的空间，设置检修孔，省煤器与其相邻的空气预热器应大于 800 mm，以便进行检修和清除受热面上的积灰。联箱可根据情况布置在烟道内或烟道外。

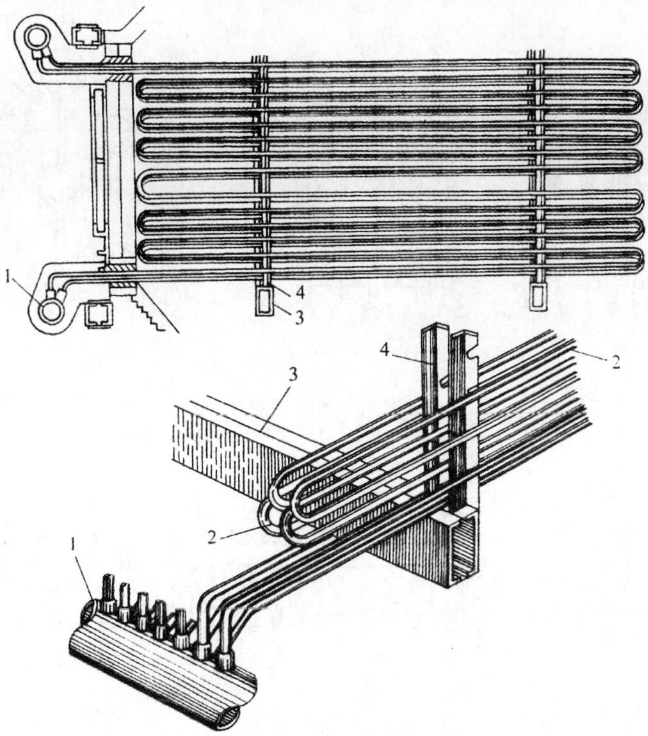

图 6-2　钢（光）管式省煤器的结构示意图

1—联箱；2—蛇形管；3—空心支撑梁；4—支架

为了增强传热，同时使省煤器的结构紧凑以减小烟气的流动阻力，近年来开始采用其他形式的省煤器。

图 6-3（a）所示为在省煤器蛇形管上焊接矩形鳍片的鳍片式省煤器，图 6-3（b）为轧制鳍片式省煤器。膜式省煤器如图 6-3（c）所示，它是在蛇形管直段部分加焊扁钢制作而成的，扁钢条的厚度为 2～3 mm。在金属用量相等、通风电耗也相等的情况下，鳍片管式和膜式省煤器体积要比光管式受热面的体积小 30%左右，且传热量也有所增加。鳍片式和膜式省煤器因其体积较小，在烟道截面不变的情况下，可采用较大的横向节距，使烟气流通截面增大，烟气速度降低，减轻了磨损。

肋片式省煤器如图 6-3（d）所示。它是用带横向肋片（环状或螺旋状）的管子制成的。其优点是：热交换面积大（可增大 4~5 倍），体积小，节省金属；缺点是积灰较严重。

省煤器一般采用卧式（水平）布置在尾部垂直烟道中。这种方式既可以形成逆流传热，获得较大的平均传热温差，增大传热效果，节约金属用量，也便于疏水和排气，以减轻腐蚀。另外，烟气自上而下流动，还有利于吹灰。

省煤器按蛇形管的排列方式可分为错列布置和顺列布置两种（如图 6-4 所示）。错列布置传热效果好、结构紧凑并能减少积灰，但磨损严重；顺列布置传热效果较差，但磨损较轻。现代大型锅炉为了减轻磨损，多采用顺列布置。

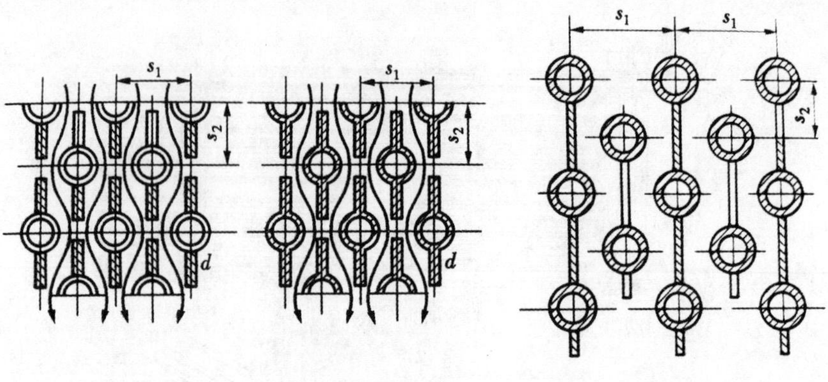

（a）焊接鳍片式省煤器　（b）轧制鳍片式省煤器　（c）膜式省煤器

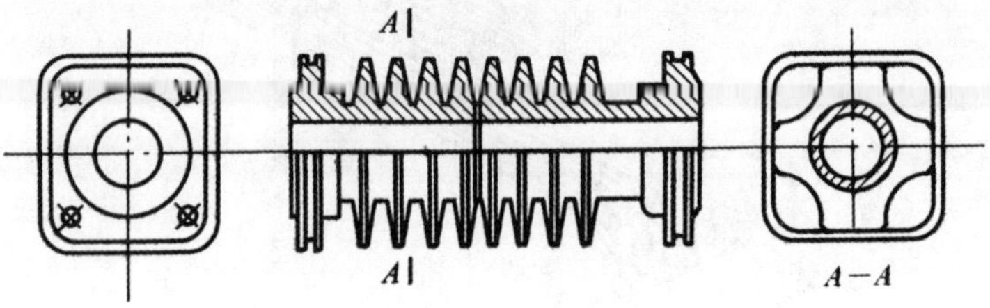

（d）肋片式省煤器

图 6-3　鳍片式、膜式、肋片式省煤器

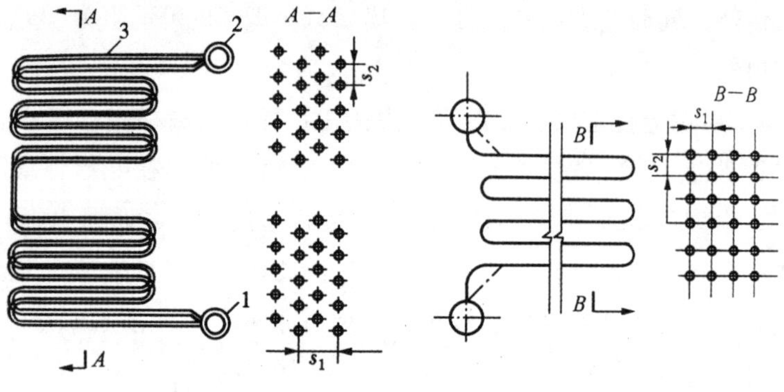

（a）错列布置结构　（b）顺列布置结构

图 6-4　省煤器的布置

1—进口联箱；2—出口联箱；3—蛇形管；s_1—横向节距；s_2—纵向节距

省煤器按蛇形管在烟道中的放置方式分为纵向布置和横向布置两种。当蛇形管垂直于炉膛后墙时称为纵向布置，如图 6-5（a）所示。当蛇形管平行于炉膛后墙时称为横向布置，如图 6-5（b）（c）所示。烟气从水平烟道流入尾部竖井烟道时转弯 90°，大部分飞灰受离心力的作用集中在尾部烟道后墙。横向布置时，只有靠近后墙的少数几排管子磨损严重，更换磨损件的工作量不大。纵向布置时，所有蛇形管均在后墙转弯，弯头的磨损增加了检修工作量。由于尾部烟道的宽度大于深度，纵向布置并列蛇形管排数目较多，管子较短，支吊较简单，管内水的流速较低。横向布置并列蛇形管排数目较少，管子较长，支吊比较复杂，且管内水速较高。若水速过高，使流动阻力过大，造成省煤器的压降过大，给水泵的电耗增大，运行不经济；若水速过低，不仅管壁得不到良好的冷却，而且给水受热后析出的残余氧气不能被水流带走，它们将附着在管内壁上造成局部氧化腐蚀。另外，沸腾式省煤器还可能出现汽水分层。

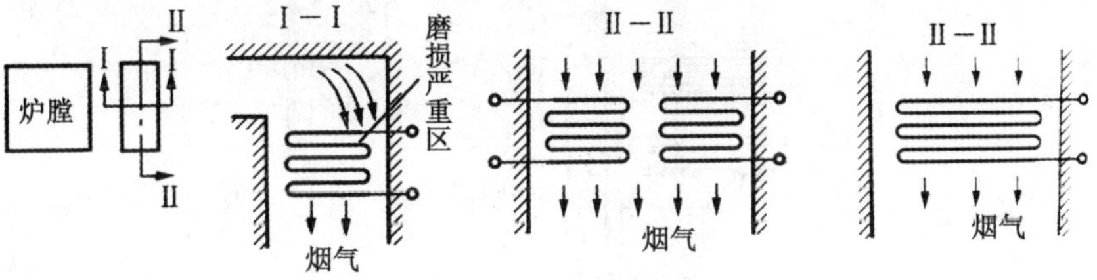

（a）纵向布置　（b）横向布置双面进水　（c）横向布置单面进水

图 6-5　省煤器蛇形管在烟道中的放置方式

省煤器的支吊方式有支撑结构与悬吊结构。支撑结构如图 6-6 所示。省煤器蛇形管通过固定支架（又叫支杆）支撑在支持梁上，再支撑在锅炉钢架上。为防止支持梁变形和烧坏，将其内部通冷空气冷却，外部用绝热保温材料包裹。

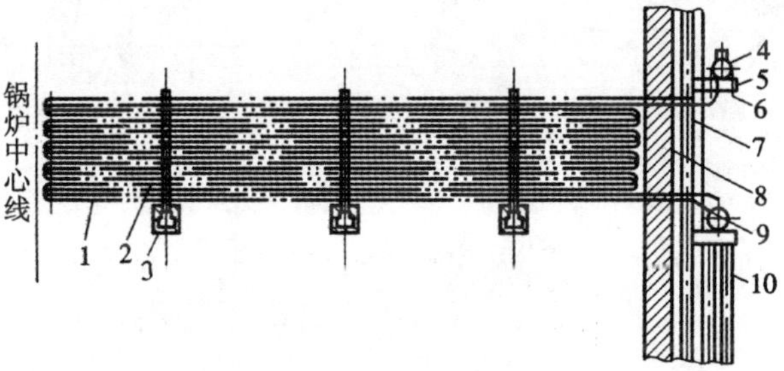

图 6-6　省煤器的支撑结构

1—蛇形管；2—固定支架；3—支持梁；4—省煤器出口联箱；5—托架；
6—U 形螺栓；7—立柱；8—烟道侧墙；9—省煤器进口联箱；10—进口联箱连接管

现代大型电厂锅炉省煤器的支吊通常采用悬吊结构，如图 6-7 所示。此时省煤器出口联箱的引出管就是悬吊管。另外，省煤器的悬吊管同时是垂直烟道中再热器和低温对流过热器的悬吊管，从而使锅炉的悬吊结构得以简化。而省煤器的联箱放在烟道内的最大优点是大大减少了因蛇形管穿墙造成的漏风，但这也给检修带来了不便。

非沸腾式省煤器的出口水温低于汽包中的饱和温度，特别是在锅炉工况变动时，省煤器出口水温可能发生剧烈变化。若省煤器的出水管直接与汽包连接，就会在连接处产生温差热应力或交变应力引起金属疲劳，长时间将导致汽包壁产生裂纹，危及汽包安全。为此，可在省煤器出水管与汽包连接处加装保护套管，如图 6-8 所示。这样在汽包

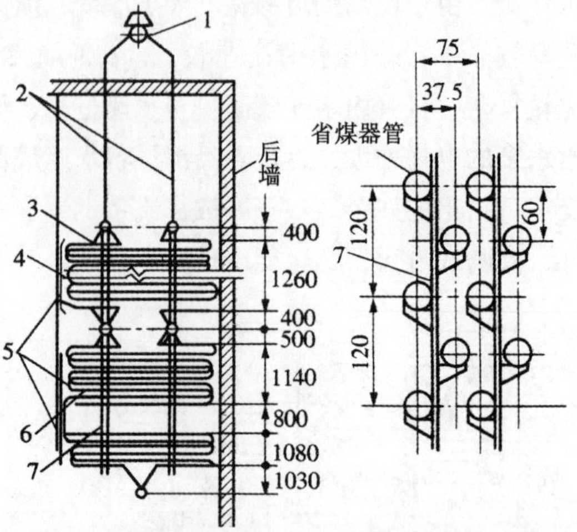

图 6-7　省煤器的悬吊结构（单位：mm）

1—出口联箱；2—省煤器悬吊管；3，6—省煤器；4，7—吊架；5—防磨装置

壁与进水管之间有饱和水或饱和蒸汽作中间介质，进水管与汽包壁不再直接接触，从而改善了汽包的工作条件。

（a）给水引入汽包水空间时的内部套管　　（b）给水引入汽包汽空间时的外部套管

图 6-8　省煤器出水管与汽包的连接示意图

1—给水；2—汽包壁

三、省煤器的启动保护

锅炉在启动初期，在尚未建立正常水循环之前，常常是间断进水。当停止进水时，省煤器中的水处于不流动状态。而此时炉内燃烧已经开始，由于高温烟气的不断加热，会使省煤器内的部分水汽化。由于水不流动，生成的蒸汽会附着在管壁上或集结在省煤器上段，造成局部管壁超温而损坏，因而应在启动初期对省煤器进行保护。

省煤器的保护方法是，在省煤器进口与汽包下部之间装设不受热的再循环管，其上装有再循环门，如图 6-9 所示。当锅炉在启动期间停止上水时，开启再循环门，这时汽包、再循环管、省煤器之间形成自然水循环回路，依靠再循环管与省煤器中工质的密度差而产生推动力，使省煤器内的工质循环流动，对省煤器进行了保护。在锅炉上水或正常运行时，应及时关闭省煤器再循环门，以免给水经再循环管短路进入汽包，导致省煤器缺水而被烧坏。

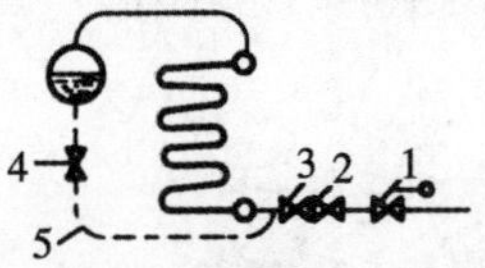

图 6-9　省煤器的再循环管示意图

1—自动调节阀；2—止回阀；3—进口阀；4—再循环门；5—再循环管

由于工质的密度差较小，循环回路高度较低，循环推动力较小，不易建立良好的流动工况，因而会影响对省煤器的保护。

对省煤器进行启动保护，还可以采用在省煤器出口与除氧器或疏水箱之间装一根带有阀门的回水管，如图 6-10 所示。当汽包不进水时，使流经省煤器的水通过回水管回到除氧器或疏水箱。这样在整个启动过程中，省煤器中的水依靠给水泵的推动连续强制流动，从而达到保护省煤器的作用。

启动过程中常采用不间断的连续小流量进水，同样可以达到保护省煤器安全的目的。

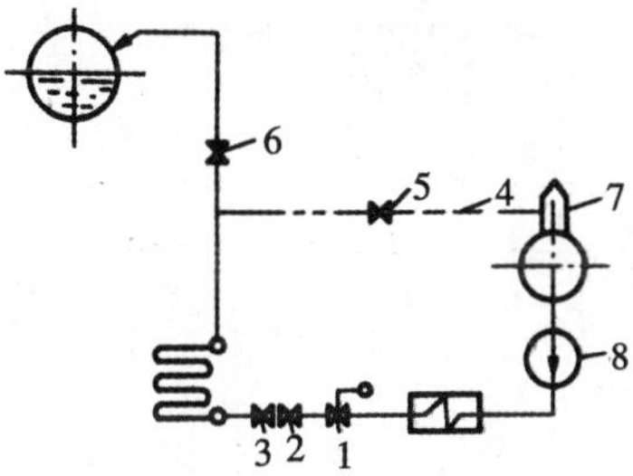

图 6-10　省煤器与除氧器之间的回水管示意图

1—自动调节阀；2—止回阀；3—进口阀；4—回水管；5—截止阀；6—出口阀；7—除氧器；8—给水泵

四、600 MW 超临界锅炉省煤器系统举例

600 MW 超临界锅炉省煤器位于尾部竖井后烟道下部的低烟温区，由两个与烟气成逆流布置的水平管组和悬吊管组成。水平管组横向节距 112.5 mm，两管圈并绕，沿炉宽布置 194 片。由水平管延伸成的两排悬吊管，既悬吊一级过热器管组，也悬吊省煤器水平管组，悬吊管横向节距 225 mm，沿炉宽方向共有 97 片，穿过顶棚后进入省煤器出口联箱。其悬吊结构可参考图 6-11。

为减轻磨损，省煤器采用顺列布置，在水平管组弯头的上下方均设有防止形成烟气走廊（即局部烟速和灰浓度均高的部位）的防磨衬板和挡板装置，省煤器区域设计平均烟速小于 10 m/s。

给水由给水管道从锅炉左侧引入省煤器进口联箱，经水平管组和悬吊管后进入省煤器出口联箱。通过90°弯头和三通使两根上联箱出口连到一起，经由锅炉左侧一根下降管导入水冷壁下联箱。

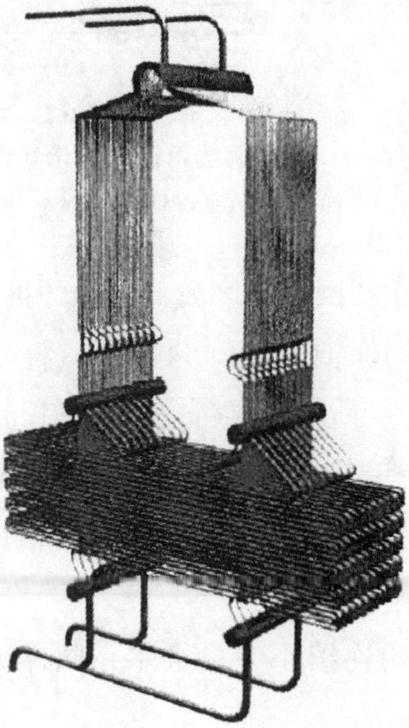

图 6-11　600 MW 超临界锅炉省煤器结构图

任务二　蒸发设备

【知识点描述】

（1）蒸发设备的作用；
（2）蒸发设备的结构；
（3）蒸发系统的构成。

【能力目标】

（1）能说明蒸发设备的组成及各设备的作用；
（2）会辨识各蒸发设备的类型并说明其特点。

一、蒸发系统的组成

由蒸发设备组成的系统称为蒸发系统，如图 6-12 所示。自然循环锅炉的蒸发系统是由汽包、下降管、水冷壁、联箱及连接管道组成的。其作用是吸收炉内燃料燃烧放出的热量，把锅水加热成饱和蒸汽。

给水通过省煤器加热后送入汽包，汽包内的水经下降管、下联箱送入水冷壁，水在

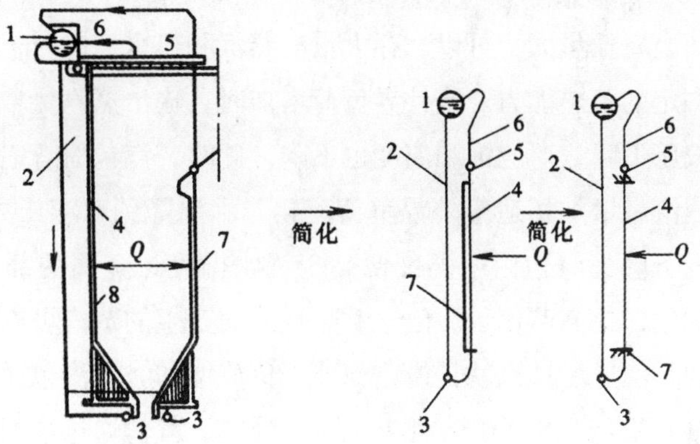

图 6-12　自然循环锅炉蒸发系统示意图

1—汽包；2—下降管；3—下联箱；4—水冷壁；5—上联箱；

6—汽水混合物引出管；7—炉墙；8—炉膛

水冷壁内吸收炉内高温烟气的热量，将部分水加热成饱和蒸汽，形成汽水混合物。汽水混合物进入上联箱汇合后，经汽水混合物引出管进入汽包进行汽水分离。分离出的饱和蒸汽由汽包顶部引出，直接进入过热器，饱和水则回到汽包水空间进入下降管再次循环。

二、汽包

汽包是锅炉的重要部件。汽包布置在炉外顶部，不受火焰和高温烟气的加热，外面包有保温材料。

（一）汽包的作用

1. 汽包是加热、蒸发、过热三个过程的连接枢纽和大致分界点

如图 6-13 所示，省煤器出口与汽包连接；水冷壁、下降管分别连接于汽包，形成了自然循环回路；汽包的蒸汽出口与过热器连接。汽包成为省煤器、水冷壁、过热器的连接中心，也就是加热、蒸发、过热三个过程的中心。

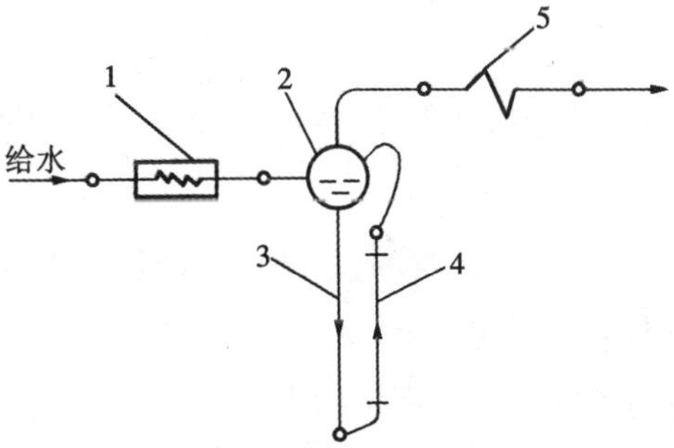

图 6-13　受热面管子和管道与汽包的连接示意图

1—省煤器；2—汽包；3—下降管；4—水冷壁；5—过热器

2. 汽包具有一定的蓄热能力，能较快地适应外界负荷变化

汽包体积庞大，金属耗量大，可以贮存大量的蒸汽和热水，同时，大量金属可以蓄热，因此汽包具有一定的蓄热能力。当外界负荷增加时，输出蒸汽量增加，但燃烧未能及时跟上，则锅炉汽压下降，对应饱和温度也下降，此时，汽包原有锅水便超过饱和温度，部分水汽化使蒸汽量增加，适应外界负荷变化，水温降到对应压力下的饱和温度；同时，由于锅水温度下降，汽包内壁温度便高于锅水温度，金属的部分蓄热向锅水释放，进一步使锅水汽化，提高蒸汽量。由于蓄热释放而产生的蒸汽可以弥补炉膛蒸发量的不足，缓解汽压的下降速度。也就是说，当外界负荷增加时，汽包通过自发释放部分蓄热量弥补输入热量的不足；相反，当外界负荷下降时，汽包通过增加部分蓄热量吸收多余的输入热量，快速地适应外界负荷的需要。

汽包贮水量越多，金属耗量越大，蓄热能力就越强，从而保证在运行中汽压的稳定，并能快速适应外界负荷的变化，具有较好的负荷调节特性。

3. 汽包内部装置可以提高蒸汽品质

蒸汽含有杂质会对机组的运行造成影响，严重时危害设备安全。汽水混合物由水冷壁进入汽包，因此，可在汽包空间布置蒸汽净化装置，利用汽包内部的蒸汽空间和汽水分离元件进行汽水分离，降低离开汽包的饱和蒸汽中的水分。对于超高压以上的锅炉，汽包内有时还装设蒸汽清洗装置，利用给水清洗蒸汽，减少蒸汽直接溶解的盐分。此外，布置在汽包内的锅内加药、排污装置通过控制锅水含盐量来提高蒸汽品质。

4. 汽包外接附件保证锅炉工作安全

汽包外接有压力表、水位计、安全阀等附件，汽包内还布置了事故放水管等，用来保证锅炉的安全运行。

（二）汽包的结构

汽包由筒身和两端的封头组成，其结构如图 6-14 所示。筒身由钢板卷制焊接制成，筒身两端焊接封头，封头用钢板模压制而成。在封头中部留有椭圆形或圆形人孔门，以备安装和检修时工作人员进出。在汽包上开有很多管孔，并焊上短管，称为管座，用以连接各种管子，如给水管、汽水混合物引入管、下降管、饱和蒸汽引出管、连续排污管等。

现代锅炉的汽包一般采用悬吊结构，吊在炉顶大梁上，如图 6-15 所示。悬吊结构有利于汽包受热温度升高后自由膨胀。

汽包的尺寸和材料与锅炉的参数、容量及汽包内部装置等因素有关。汽包的长度应适合锅炉的容量、宽度和连接管子的要求，汽包的内径由锅炉的容量和汽水分离装置的要求来决定，汽包壁厚由锅炉的压力、汽包的直径与结构以及钢材的强度来决定。锅炉压力越高，汽包直径越大，汽包壁越厚。但是汽包壁太厚，不仅制造困难，而且在运行中由于内外壁温差大会产生较大的热应力。因此为了限制汽包的壁厚，一方面限制汽包

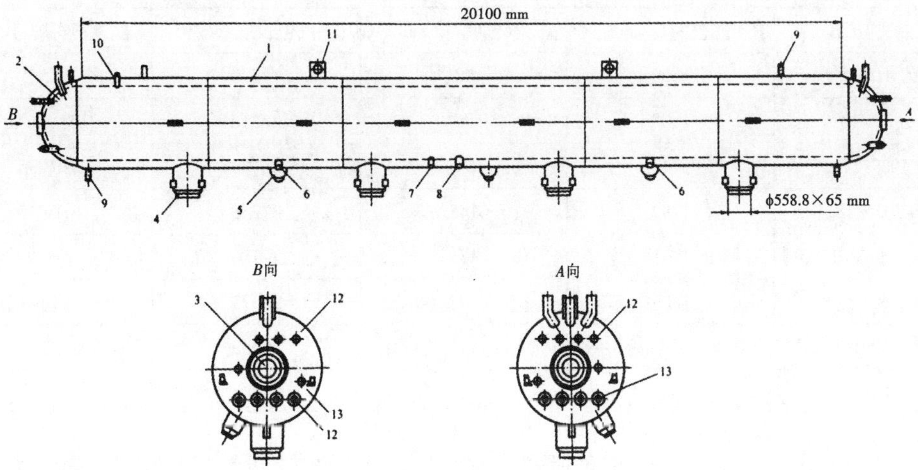

图 6-14　自然循环锅炉的汽包全图

1—筒身；2—封头；3—人孔门；4—下降管接头；5—给水管接头；6—再循环管接头；7—加药管；8—事故放水管座；9—管接头；10—辅助蒸汽管座；11—吊耳；12—水位计接头；13—连续排污接头

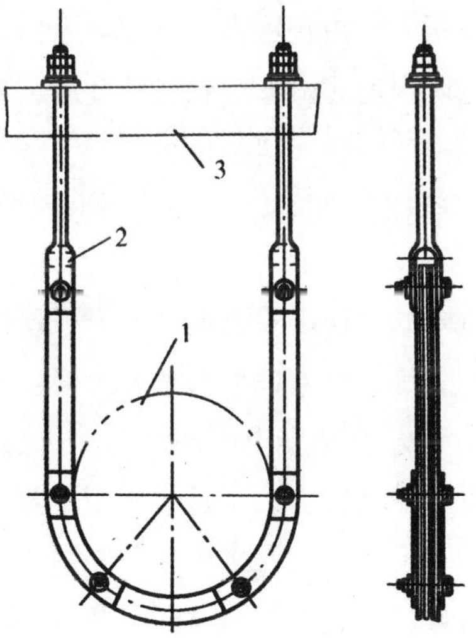

图 6-15　汽包的悬吊结构示意图

1—汽包；2—U 形吊杆；3—炉顶钢梁

直径，汽包内径一般为 1600～1800 mm；另一方面使用强度较高的材料，如中压锅炉一般采用 20 号或 22 号锅炉钢，高压锅炉采用 22 号锅炉钢或低合金钢，超高压以上的锅炉采用合金钢。表 6-1 列出了部分锅炉汽包的尺寸和钢材牌号。

表 6-1 部分锅炉汽包的尺寸和钢材牌号

锅炉型号	汽包内径/mm	汽包壁厚/mm	汽包长度/mm	钢材牌号
HG 410/9.8	1600	90	14570	22g
DG 670/13.7	1800	90	22210	18MnMoNb
SG 1025/17.53	1743	145	22100	BHW35
DG 1025/18.2	1792	145	22250	BHW35
B&BW 2020/17.5	1775	185	27786	SA-299
FWEC 2020/18.1	1829	204	28273	SA-516GR70
DG 2026/17.4	1792	145	26983	BHW35

（三）汽包的安全运行

在锅炉上水、启动、停运和负荷变化时，都可能在汽包上下、内外壁发生较大的温差，产生热应力。汽包是一个压力热容器，汽包的工作压力高、机械应力大。其机械应力和热应力的综合应力在局部区域的峰值将会接近或超过汽包材料的屈服极限。汽包的综合应力是低周期性的，每一个周期变化都会形成低周疲劳损耗，使工作寿命缩短。综合应力峰值越大，低周疲劳损耗越大。因此，在运行中必须限制汽包上下、内外壁温差。一般要求在锅炉启停和正常运行中汽包上下、内外壁温差不能大于 50 ℃。同时，汽包在运行中必须限制工作压力，防止压力超过允许限值。在汽包上和过热器出口装置安全阀，当工质压力超过允许限值时，安全阀自动开启，释放蒸汽，降低压力，保护汽包。

三、下降管

下降管的作用是把汽包内的水连续不断地通过下联箱供给水冷壁，以维持正常的循环。下降管布置在炉外，不受热，管外包覆有保温材料。

下降管有小直径分散型和大直径集中型两种。小直径分散型下降管的直径一般为 108～159 mm，它直接与各下联箱连接。大直径集中型下降管的管径一般为 325～762 mm，大直径下降管通过下部的小直径分配支管接至各下联箱，以达到均匀配水的目的。

小直径分散型下降管的管径小、管子数目多（40 根以上），流动阻力大，对循环不利。一般用在中、小容量锅炉上。大直径集中型下降管管径大、管子数目少（4～6 根），流动阻力小，并能节约钢材，简化布置，广泛用于高压以上锅炉上，见表 6-2。

下降管材料一般采用碳钢或低合金钢。

表 6-2　部分锅炉大直径集中型下降管数量及材料

锅炉型号	大直径管		分配支管		材料
	根数	规格/mm	根数	规格/mm	
HG 410/9.8	6	ϕ377×25	48	ϕ133×10	20g
DG 670/13.7	6	ϕ426×50	56	ϕ159×16	20g
SG 1025/17.53	4	ϕ558.8×65	96	ϕ159×22	BHW35
B&WB 1025/17.4	4	ϕ508×45	110	ϕ133×12	25MnG
FWEC 2020/18.1	1 4	ϕ426×50	155	ϕ141×16	MWSA-210C
DG 2026/17.4	4	ϕ609.6×60	56	ϕ141.3×16	SA-106C

四、联箱

联箱一般布置在炉外，不受热，由无缝钢管两端焊上弧形封头构成，在联箱上有若干管头与管子焊接相连。水冷壁下联箱底部还设有定期排污装置、蒸汽加热装置。

联箱的作用是汇集、混合、分配工质。

联箱材料一般采用碳钢或低合金钢，如 20g 钢、12Cr1MoV 等。

五、水冷壁

水冷壁由许多并列的上升管组成，紧贴炉墙形成炉膛四周内壁或布置在炉膛中部以吸收辐射热为主。常用的水冷壁管材为碳钢或低合金钢，如 20g 钢、15CrMo 等。水冷壁是锅炉中的主要蒸发受热面。

（一）水冷壁的作用

（1）水冷壁最初的作用是保护炉墙，使炉墙温度大大下降，因而可以使炉墙结构简化，减轻炉墙的重量。

（2）吸收炉膛中高温火焰和烟气的辐射热量，将水部分变成饱和蒸汽。水冷壁布置在炉膛四壁，以吸收辐射热为主，由于辐射传热量与温度的四次方成正比，如果吸收相同的热量，那么辐射受热面比对流受热面布置得要少一些，可以节省部分钢材。

（3）降低炉膛出口处的烟气温度，防止或减少对流受热面结渣。

（二）水冷壁的类型

水冷壁的主要形式有光管式、销钉式、膜式三种。

1. 光管式水冷壁

光管式水冷壁是用外形光滑的管子连续排列成平面形成水冷壁。水冷壁的结构要素有管子外径 d、管壁厚度 δ、管中心节距 s 及管中心与炉墙内表面之间的距离 e，如图 6-16 所示。

水冷壁管排列的疏密程度用管间相对节距 s/d 表示，一般光管式水冷壁 s/d=1.05~

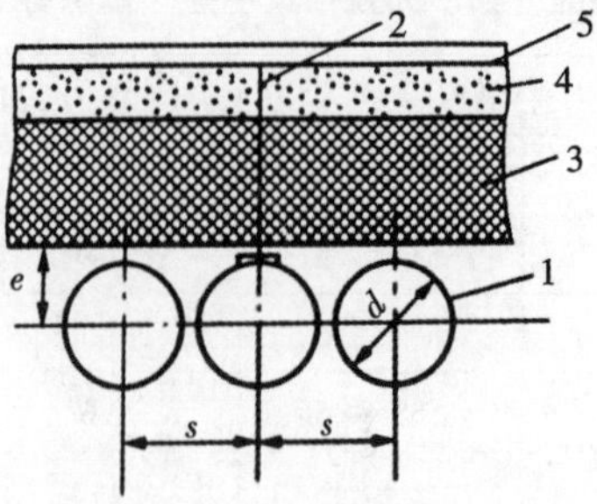

图 6-16　水冷壁结构要素

1—上升管；2—拉杆；3—耐火材料；4—绝缘材料；5—外壳

1.25。s/d 较小时，管子排列紧密，炉膛壁面单位面积的吸热量增多（但每根管子的吸热量减少），对炉墙的保护作用也好；s/d 较大时恰好相反。随着锅炉容量的增大，炉膛容积成正比增大，但炉壁面积的增长较少，要保证炉膛温度不致过高造成结渣，必须增加水冷壁管的紧密程度，即选择较小的 s/d 值。当锅炉容量增加到一定程度后，炉壁面积有可能不能满足水冷壁管的敷设，则在炉膛中间，沿宽度方向布置 1~3 排双面曝光水冷壁。

管中心与炉墙内表面之间的相对距离 e/d 对水冷壁的吸热量与保护炉墙作用也有影响。e/d 较大时，炉墙内表面对管子背火面的辐射热增多，但对炉墙和固定水冷壁的拉杆的保护作用下降；e/d 较小时，情况则相反。

现代锅炉水冷壁多采用敷管式炉墙，如图 6-17 所示。

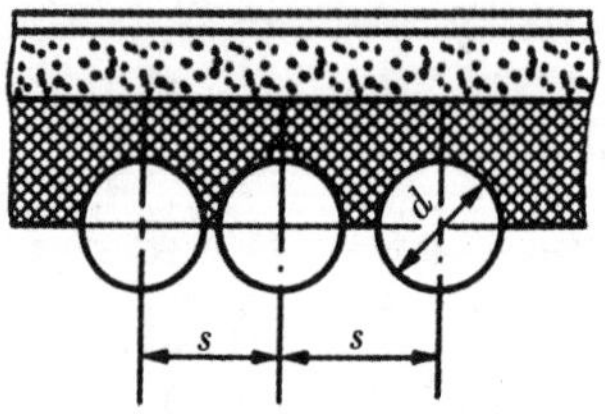

图 6-17　敷管式炉墙结构示意图

水冷壁管的一半被埋在炉墙里，与炉墙浇成一体。敷管式炉墙结构进一步加强了水冷壁与炉墙的换热，使炉墙温度更低，所以炉墙做得较薄，既节省了材料，又减轻了重量，还便于悬吊。

2. 销钉式水冷壁

在水冷壁光管的外侧焊接上很多直径为 9~12 mm、长为 20~25 mm 的圆钢，就构成了销钉式水冷壁。销钉式水冷壁一般用在固态排渣煤粉炉的卫燃带、液态排渣煤粉炉的熔渣池、旋风炉的旋风筒等特殊区域。在销钉上可敷设耐火材料，使水冷壁吸热减少，提高炉温。如图 6-18 所示。

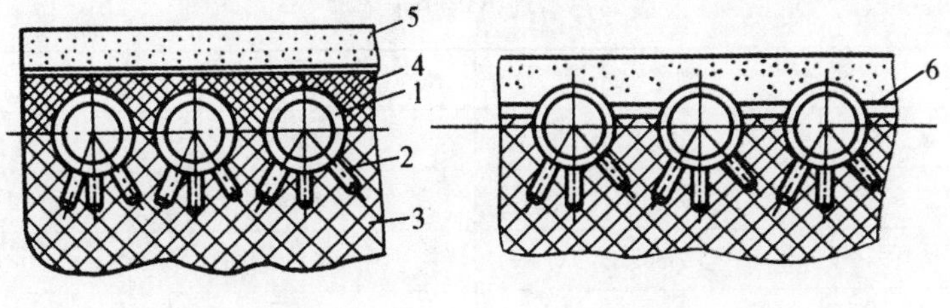

（a）带销钉的光管式水冷壁　　（b）带销钉的膜式水冷壁

图 6-18　销钉式水冷壁结构示意图

1—水冷壁管；2—销钉；3—耐火塑料层；4—铬矿砂材料；5—绝热材料；6—扁钢

3. 膜式水冷壁

大容量锅炉广泛采用膜式水冷壁。膜式水冷壁是由许多鳍片管沿纵向依次焊接起来，构成整体的受热面，使炉膛内壁四周被一层整块的水冷壁膜严密包围。如图 6-19 所示。

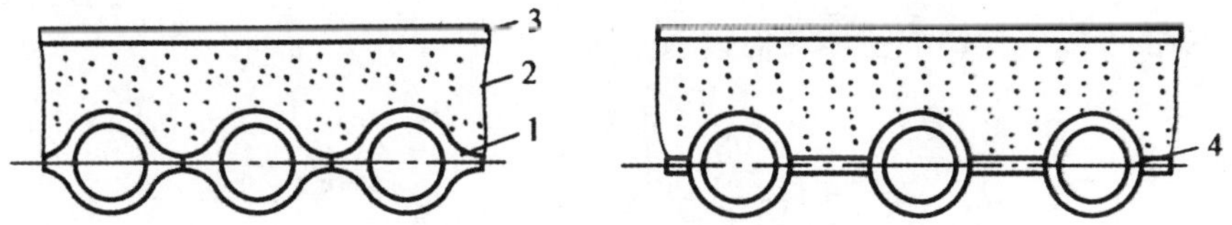

（a）轧制鳍片管　　（b）光管扁钢焊接鳍片管

图 6-19　膜式水冷壁结构示意图

1—轧制鳍片管；2—绝热材料；3—外壳；4—扁钢

鳍片管有两种类型：一种是轧制而成的，称为轧制鳍片管，如图 6-19（a）所示；另一种是在光管之间焊接扁钢制成，称为焊接鳍片管，如图 6-19（b）所示。国产超高压锅炉多采用轧制鳍片管焊接而成的膜式水冷壁，国产亚临界压力锅炉多采用焊接鳍片管膜式水冷壁。焊接鳍片管膜式水冷壁结构简单，没有轧制鳍片管的制作工艺复杂，但是焊接工作量大，每根扁钢有两条焊缝，焊接工艺要求高。

膜式水冷壁的优点是：膜式水冷壁把炉墙与炉膛完全隔离开来，只要保温材料，不用耐火材料，大大减少了炉墙的厚度和重量；炉墙蓄热量减少，加快了锅炉启动速度；由于炉墙重量减轻，也简化了悬吊结构；膜式水冷壁的炉膛严密性良好，对于负压炉膛还能大大降低漏风系数，改善炉膛燃烧工况；膜式水冷壁能承受较大的侧向力，增强了炉膛抗爆炸的能力；在相同的炉壁面积下，膜式水冷壁的辐射传热面积比一般光管式水冷壁大，因而膜式水冷壁可节约钢材。主要缺点是制造、检修工艺较复杂，另外在运行过程中为了防止管间产生过大的热应力，一般要求相邻管间温差不大于 50 ℃。常用锅炉水冷壁管见表 6-3。

表 6-3　常用锅炉水冷壁管

锅炉型号	规格/mm	根数	材料
HG 410/9.8	ϕ60×5	496	20g
DG 670/13.7	ϕ60×6	546	20g
SG 1025/17.53	ϕ60×8	648	20g
DG 1025/18.2	ϕ63.5×7.5	662	20g
B&WB 1025/17.4	ϕ60×6.5	680	25MnG
FWEC 2020/18.1	ϕ76.2×8.9	814	MWSA-210C
DG 2026/17.4	ϕ66.7×7.5	818	SA-210C

（三）折焰角

为了提高火焰在炉内的充满程度，将锅炉后墙上部水冷壁的部分管子弯制形成折焰角，如图 6-20 所示。采用折焰角既提高了火焰在炉内的充满程度，改善了炉内燃烧工况，又增加了屏式过热器的横向冲刷作用；同时延长了水平烟道的长度，便于对流过热器和再热器的布置，使锅炉整体结构紧凑。

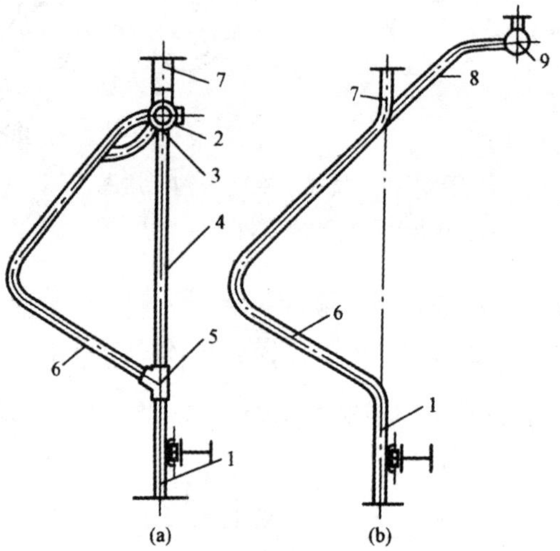

图 6-20　折焰角结构示意图

1—后墙水冷壁；2—中间联箱；3—节流孔板；4—垂直短管；5—分叉管；6—折焰角；7—悬吊管；8—水平烟道底部包墙管；9—水平烟道底部包墙管联箱

图 6-20（a）所示为早期折焰角结构，后墙水冷壁上部通过分叉管分为两路，一路是弯形管构成折焰角，另一路垂直向上，然后在中间联箱汇合。在垂直短管上装有节流孔板，以使大部分汽水混合物能从受热较强的折焰角通过。图 6-20（b）所示为新型锅炉的折焰角结构，它取消了中间联箱，后墙水冷壁自折焰角后分开，每三根中有一根作后墙水冷壁的悬吊管，其余两根向后延伸形成水平烟道斜底，以简化水平烟道底部的炉

墙结构。

（四）水冷壁的固定及刚性梁

水冷壁是通过上联箱上的吊杆将其悬吊在炉顶钢梁上的。运行中，水冷壁受热可以向下自由膨胀，但要限制向水平方向移动，以免造成结构变形。水冷壁穿墙管处要留出膨胀空间，在间隙内填充石棉绳等材料以防止漏风。对于敷管式炉墙，炉墙贴附在水冷壁管外面形成一个整体，穿墙处可不留间隙。

对于敷管式炉墙，沿炉膛高度每隔一定距离布置一层围绕炉膛周界的腰带形横梁，称为刚性梁。它能加固水冷壁炉墙，使其能承受炉膛内可能产生的爆燃压力和炉内正负压变化时对于水冷壁和炉墙产生的较大推力，不致凸起和出现裂缝。

刚性梁固定在水冷壁上，水冷壁受热向下膨胀时，刚性梁和水冷壁一起位移。刚性梁在炉外不受热，水冷壁温度较高，两者存在着较大的温差，所以要考虑刚性梁与水冷壁之间的连接相对滑动的自由。图 6-21 为一种常用的刚性梁结构。炉膛四角处的水冷壁与刚性梁之间用铰接板连接，沿水冷壁宽度方向每隔一定的距离，水冷壁与刚性梁之间用销子与椭圆孔连接，这样既可允许刚性梁与水冷壁间相对移动，又可承受水冷壁的侧向推力。

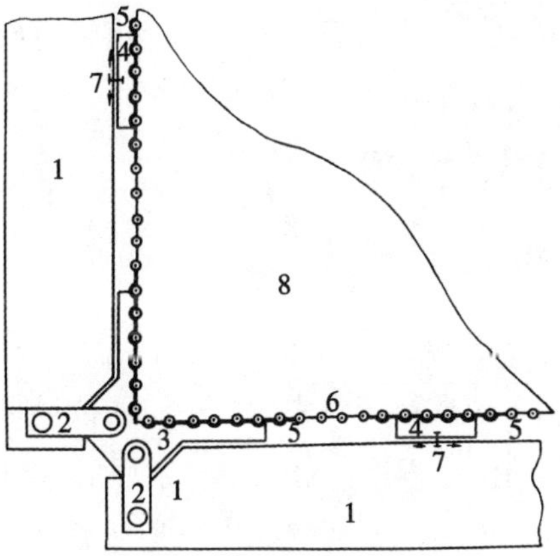

图 6-21　刚性梁结构图

1—刚性板梁；2—搭板；3—角板；4—横板；5—加强板；6—水冷壁管；7—销子与板梁上的椭圆孔；8—炉膛

（五）水冷壁的安全工作

炉膛内燃烧中心温度可达 1500 ℃左右，水冷壁长期处于高温环境工作，要使水冷壁长期安全工作，水冷壁管的金属温度不应超过其材料的许用温度。

水冷壁在正常情况下，管内壁处于核态沸腾传热，放热系数大，换热强，很大程度上降低了管壁金属温度，水冷壁的工作是安全的。要保证水冷壁的工作安全，必须保持管内工质一定的流速，控制产汽量份额在一定的限度内。管子内壁产生水垢也将使管壁金属温度大幅度上升，超过其材料的许用温度。所以，水冷壁管内清洁无水垢也是保证水冷壁安全工作的必要条件。

任务三　蒸汽净化

【知识点描述】

（1）蒸汽净化的意义；
（2）蒸汽污染的原因；
（3）蒸汽净化的方法。

【能力目标】

（1）会分析蒸汽污染的原因、蒸汽带水的原因；会进行排污率的计算；
（2）能辨识蒸汽净化的装置及原理；
（3）会辨识汽包内结构及不同汽包的特点。

蒸汽品质对汽轮机、锅炉等热力设备的安全、经济运行有很大影响，尤其是高参数及以上的热力设备，对蒸汽品质提出了极为严格的要求。为此，自然循环锅炉采取了各种蒸汽净化措施，以保证蒸汽品质合格。

一、蒸汽质量与蒸汽净化

锅炉的任务是生产一定数量和质量的蒸汽。其中，蒸汽的质量包括蒸汽参数和蒸汽的品质。蒸汽的品质一般用单位质量蒸汽中所含杂质的数量来衡量，其单位用 μg/kg 或 mg/kg 表示，它反映了蒸汽的洁净程度。蒸汽中含杂质的数量越少，蒸汽的洁净程度越高，蒸汽品质越好。蒸汽中所含有的杂质绝大部分是盐类物质，所以用蒸汽含盐量来表示蒸汽的洁净程度。

蒸汽净化的目的是使锅炉生产的蒸汽具有一定的纯洁度，即蒸汽中含有的杂质符合电厂安全生产的要求。蒸汽含盐特别是含盐过多时，饱和蒸汽携带的盐分会在饱和蒸汽继续流动过程中沉积，将给锅炉和汽轮机等热力设备的安全、经济运行带来危害。由于蒸汽中的水分蒸干和蒸汽过热，蒸汽携带的部分盐分将沉积在过热器管壁上，使管子流通截面减小，流动阻力增大，蒸汽流量减少，管子得不到充分冷却；同时，管子内表面附着一层盐垢，将使管子的热阻增大，传热减弱，从而使管壁温度升高，严重时将造成管子过热损坏。蒸汽中的盐分若沉积在蒸汽管道的阀门处，则可能造成阀门漏汽和卡涩。在汽轮机中，由于做功，蒸汽压力降低，密度减小，溶解在蒸汽中的盐分将沉积在汽轮机的通流部分，使流动阻力增加，轴向推力和叶片应力增大，甚至引起汽轮机振动；且沉积在喷嘴和动叶上的盐分会改变其型线，使汽轮机效率降低。

电厂锅炉的蒸汽质量标准见表6-4。

表6-4　蒸汽质量标准

型炉	压力/MPa	钠/($\mu g \cdot kg^{-1}$)		二氧化硅/($\mu g \cdot kg^{-1}$)
		磷酸盐处理①	挥发性处理②	
汽包炉	3.82~5.78	凝汽式发电厂≤15 热电厂≤20		≤20
	5.88~18.62	≤10	≤10*	
直流炉	5.88~18.62	≤10*		

注：① 磷酸盐处理指向锅水中加入磷酸盐。

② 挥发性处理指向给水中加入挥发性的氨或联氨。

* 争取标准为“≤5 μg/kg”。

由于蒸汽中的盐类主要为钠盐，同时，硅酸的溶解度最大，且形成的二氧化硅沉积物难溶于水，难以用湿蒸汽清除，从而对汽轮机的安全、经济运行有很大影响，因此，蒸汽监督的主要项目是钠和硅的含量。

蒸汽压力升高，蒸汽的比体积将减小，汽轮机通流部分的流通截面减小，盐质沉积的危害性越大，对蒸汽品质要求也就越高。

为了防止在汽轮机中沉积金属氧化物，对蒸汽中铜和铁的含量也作出了规定，见表6-5。

表6-5　蒸汽中铜和铁的最大含量

压力/MPa	铁/($\mu g \cdot kg^{-1}$)		铜/($\mu g \cdot kg^{-1}$)	
	汽包炉	直流炉	汽包炉	直流炉
12.7~18.3	≤20	≤10	≤5	≤5*

注：* 争取标准为≤3 μg/kg。

二、蒸汽污染的原因

进入锅炉的给水，虽经过锅炉化学水处理，但仍含有一定的盐分。当给水进入锅炉汽包以后，在蒸发受热面中不断蒸发产生蒸汽，给水中的盐分就会浓缩在锅水中，使锅水含盐浓度大大超过给水的含盐浓度。锅水中的盐分是以两种方式进入蒸汽中的：一种是蒸汽中有含盐的小液滴，蒸汽带水，水中含盐，从而使蒸汽污染；另一种是随着压力升高，蒸汽密度增大，性质越来越接近水，蒸汽便可以直接溶解盐分，使蒸汽污染。由此可见，给水含盐是蒸汽污染的根源，蒸汽带水和蒸汽溶盐是蒸汽污染的途径。

由于蒸汽带水使蒸汽污染的现象称为蒸汽的机械携带。由于饱和蒸汽溶盐而使蒸汽污染的现象称为蒸汽的溶解性携带。蒸汽污染的原因，对中低压蒸汽，只有机械携带；对高压及以上压力的蒸汽，既有机械携带，又有溶解性携带。

（一）饱和蒸汽的机械携带

蒸汽机械携带的盐量决定于蒸汽的湿度和锅水含盐量，它们的关系是

$$S_q^j = \frac{\omega}{100} S_{gs} \tag{6-1}$$

式中，S_q^j——机械携带的盐量，mg/kg；

ω——蒸汽湿度，即蒸汽中所带水分的质量占湿蒸汽质量的百分数，%；

S_{gs}——锅水含盐量，mg/kg。

影响蒸汽带水的主要因素有锅炉负荷、蒸汽压力、蒸汽空间高度、锅水含盐量，下面分别对这几个因素加以分析。

1. 锅炉负荷的影响

锅炉负荷增加时，由于产汽量增加，一方面，进入汽包的汽水混合物动能增大，从而导致大量的锅水飞溅，使生成的细小水滴增多；另一方面，汽包蒸汽空间的汽流速度增大，带水能力增强，这些都会使蒸汽湿度增大，蒸汽品质随之恶化。

在锅水含盐量一定的情况下，锅炉负荷与蒸汽湿度的关系可用如下公式表示：

$$\omega = AD^n \tag{6-2}$$

式中，A——与压力和汽水分离装置有关的系数；

n——与锅炉负荷有关的指数。

式（6-2）的关系如图 6-22 所示。

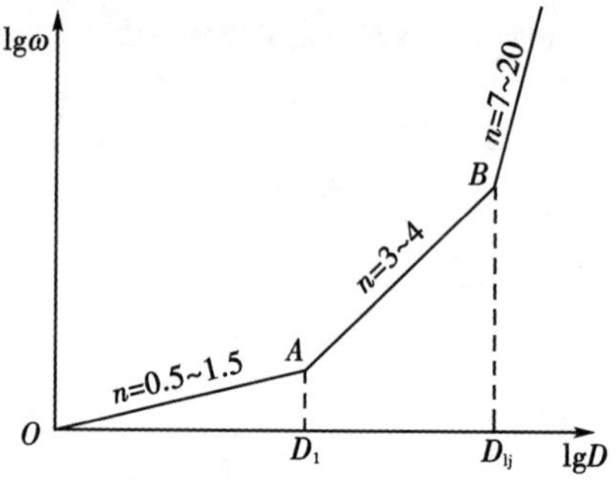

图 6-22　锅炉负荷与蒸汽湿度的关系

从图 6-22 中可以看出，随着锅炉负荷的增加，蒸汽的湿度增加。但蒸汽湿度的增加存在着三种不同的情况：在 A 点以前，蒸汽湿度随负荷增加而变化的数值较小，蒸汽只携带细微的水滴；在 A 点以后，蒸汽湿度增加较快；到 B 点以后，蒸汽湿度急剧增加。B 点对应的蒸汽负荷称为临界负荷，用 D_{lj} 表示。显然，如果锅炉在运行中的负荷 D 超过了临界负荷，那么蒸汽湿度将迅速增加，蒸汽品质将得不到保证。因此，对于一切正常运行的锅炉，为了保证蒸汽品质符合要求，均应满足 $D < D_{lj}$ 的条件。对于现代汽包锅炉，蒸汽湿度一般不允许超过 0.1%，而第二负荷区域（即 A—B 负荷区域）内

对应的蒸汽湿度为0.03%~0.2%，故锅炉一般应在第二负荷区域前半段工作。锅炉临界负荷及允许的工作负荷（即$\omega \leqslant 0.1\%$的工作负荷）可由热化学试验来确定。

2. 蒸汽压力的影响

蒸汽压力越高，汽、水的密度差越小，使汽水分离越困难，导致蒸汽带水能力增加；同时，蒸汽压力升高，饱和温度相应升高，水分子的热运动增强，分子相互间的引力减小，使饱和水的表面张力减小，汽泡容易破碎成细小的水滴。可见，蒸汽压力越高，蒸汽越容易带水。因此，对于高压锅炉，蒸汽空间负荷应比中压锅炉低。不同蒸汽压力下的蒸汽空间负荷推荐值见表6-6。

表6-6　蒸汽空间负荷R_k推荐值

汽包压力/MPa	4.22	10.78	14.7
蒸汽空间负荷R_k/($m^3 \cdot m^{-3} \cdot h^{-1}$)	700~1100	250~300	150~200

锅炉在运行中，当压力急剧降低时，也会影响蒸汽带水。因为压力急剧降低时，相应的饱和温度也降低，水冷壁和汽包中的水以及其管壁金属都会放出热量，产生附加蒸汽，使汽包水容积膨胀，水位升高；同时，穿过水面的蒸汽量也增多，造成蒸汽大量带水，蒸汽湿度急剧增大，蒸汽品质恶化。

3. 蒸汽空间高度的影响

蒸汽空间高度是指汽包水位面到饱和蒸汽引出管间的距离。蒸汽空间高度在一定范围内对蒸汽湿度的影响较大，当蒸汽空间高度较小时，不但小水滴容易被蒸汽带走，而且部分飞溅的水滴（包括直径较大的水滴）也能进入饱和蒸汽引出管，所以蒸汽湿度很大。随着蒸汽空间高度的增加，飞溅起的大水滴在未到达蒸汽引出管高度时，就由于自身动能耗尽，在重力的作用下落回蒸发面上，蒸汽湿度减小。但是，当蒸汽空间高度增加到大于水滴的最大上升高度时，即使继续增加蒸汽空间高度，对蒸汽湿度的影响也很小，这时蒸汽依靠上升速度携带的只是一些细小的水滴，因这些细小水滴的重力小于蒸汽的推力，而与蒸汽空间高度无关。当蒸汽空间高度达到0.6 m以上时，蒸汽湿度的变化的已经很平缓了；而当蒸汽空间高度达到1.0~1.2 m时，蒸汽湿度就不再变化了。所以，采用过大的汽包尺寸来减少蒸汽湿度，只会增加金属的用量并增加汽包壁厚。

为了保证汽包有一定的蒸汽空间高度，运行中应严格控制汽包水位，水位过高，蒸汽空间高度降低；负荷突然升高或压力突然降低，会引起水容积膨胀，水位升高，这些都将引起蒸汽带水量增加。若汽包水位超过最高水位，将造成蒸汽大量带水。一般来说，汽包正常水位应在汽包中心线以下100~200 mm处，允许波动范围为±(50~75)mm。运行人员必须监视汽包水位。

4. 锅水含盐量的影响

蒸汽湿度与锅水含盐量的关系如图6-23所示。锅水含盐量在最初的一定范围内增加时，蒸汽湿度不变。但是，机械携带的盐量却随锅水含盐量的增加成正比地增大。当锅水含盐量增大到某一数值时，蒸汽湿度会突然增大，从而使蒸汽含盐量急剧增大，蒸汽品质恶化。这时的锅水含盐量称为临界锅水含盐量 S_{lj} 。出现临界锅水含盐量的原因是：① 由于锅水含盐量增加，特别是锅水碱度增加，将使锅水的黏性增大，汽泡在水容积中的上升速度减慢，水容积中的汽泡数量增多，水容积膨胀；② 锅水碱度增加，黏性增大，使锅水的表面张力减小，起泡能力增强；③ 锅水黏度增大，水分子结合力增强，小汽泡不易结合成大汽泡；④ 汽泡间的黏度增大，沿汽泡表面水层的流动摩擦阻力增大，水面上汽泡不易破裂，容易在水面上形成稳定的泡沫层；⑤ 当锅水中含有有机物、油脂、磷酸盐水渣、苛性钠时，汽泡的稳定性增加。

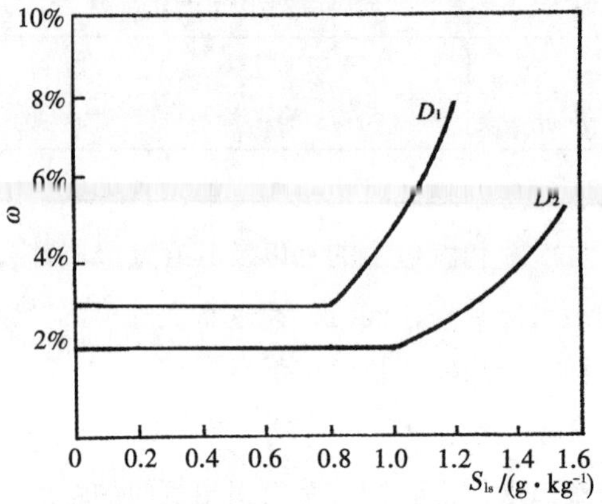

图 6-23　蒸汽湿度与锅水含盐量的关系

D_1，D_2—锅炉负荷（$D_1>D_2$）

上述因素都将使水面上形成的泡沫层增加，当锅水含盐量达到临界含盐量时，泡沫层急剧膨胀而产生汽水共腾，使蒸汽空间高度迅速减小，蒸汽湿度急剧上升，蒸汽品质恶化。

对于不同的负荷，锅水临界含盐量不同。负荷越高，水容积中的汽泡数量越多，水容积膨胀加剧，因此锅水临界含盐量越低。锅水临界含盐量除与锅炉负荷有关外，还与蒸汽压力、蒸汽空间高度、锅水中的盐质成分以及汽水分离装置等因素有关。由于影响因素较多，故对具体锅炉的临界含盐量应通过热化学试验确定，并应使实际锅水含盐量远低于锅水临界含盐量。

（二）蒸汽溶解性携带

蒸汽溶解性携带是指高压及以上压力的蒸汽能直接溶解某些盐分而造成蒸汽污染的现象。这是高压及以上压力蒸汽不同于中低压蒸汽的一个很重要的性质。

高压及以上压力的蒸汽之所以能直接溶解盐类，主要是因为随着压力的提高，蒸汽的密度不断增大；同时，饱和水的密度则相应降低，蒸汽的密度逐渐接近于水的密度，因而蒸汽的性质也越接近水的性质，水能溶解盐类，蒸汽也能直接溶解盐类。

1. 蒸汽溶解携带的特点

（1）蒸汽溶盐能力随压力的升高而增强。随着蒸汽压力的升高，饱和蒸汽和饱和水的密度差减小，汽与水的性质越来越接近，水能溶解盐类，则蒸汽也能直接溶解某些盐类。同时和水一样，蒸汽对各种盐类的溶解能力也是不同的。

（2）蒸汽溶盐具有选择性。由于蒸汽溶盐具有选择性，在不同的压力下蒸汽中溶解的盐分不同，主要有三类：第一类盐分为硅酸（H_2SiO_3、SiO_2），在 6.0~14.0 MPa，硅酸的溶解系数最大；第二类盐分为 NaOH、NaCl、$CaCl_2$ 等，这类盐分的溶解系数比硅酸低得多，但当压力超过 14 MPa 时，其溶解系数也能达到一个相当大的数值；第三类盐分为 Na_2SO_4、Na_2SiO_3 等，这是一些难溶的盐分，其溶解系数很低，在压力超过 20.0 MPa 时才能溶解。由此可知，蒸汽中溶解的主要是硅酸。

（3）过热蒸汽也能溶解盐分。能够溶于饱和蒸汽中的盐，也能溶于过热蒸汽中。

2. 硅酸在蒸汽中的溶解特性

硅酸在蒸汽中的溶解有两个重要特性：一是硅酸在蒸汽中的溶解度最大，二是硅酸以分子形式溶解在蒸汽中。

在锅水中同时存在硅酸和硅酸盐，它们在蒸汽中的溶解能力相差很大。硅酸属于第一类盐分，易溶于蒸汽中；而硅酸盐属于第三类盐分，难溶于蒸汽中。锅水中的硅酸和硅酸盐在不同的条件下，能够相互转化，硅酸和强碱作用形成硅酸盐，而硅酸盐又可以水解成为硅酸，如

$$Na_2SiO_3+2H_2O \leftrightarrow 2NaOH+H_2SiO_3$$

$$Na_2Si_2O_3+3H_2O \leftrightarrow 2NaOH+2H_2SiO_3$$

上述反应究竟是朝着硅酸方向进行，还是朝着硅酸盐方向进行，取决于锅水的碱度（即 pH 值）大小。提高锅水碱度（即增大 pH 值），反应向左移动，有利于将硅酸转变成难溶的硅酸盐，从而使蒸汽中的硅酸含量减少，提高了蒸汽品质；反之，降低锅水碱度（即减小 pH 值），反应向右移动，则蒸汽中的硅酸含量增多，蒸汽品质下降。由此可见，为了减少锅水中的硅酸含量，改善蒸汽品质，应使锅水中的 pH 值大些。但 pH 值也不能过大，因为 pH 值过大，不仅使锅水泡沫增多，蒸汽机械携带剧增，而且会引起金属的碱性腐蚀。此外，当 pH 值不小于 12 时，对硅酸的分配系数的影响逐渐减小。所以锅水的 pH 值应适当控制，一般 pH 值为 10~11。

3. 硅酸沉积的部位

硅酸易溶于高压蒸汽，因此一般不会沉积在过热器中，而是随蒸汽带入汽轮机，由于蒸汽膨胀做功，压力降低，蒸汽溶盐能力相应地降低，蒸汽中的硅酸就逐渐析出，形成难溶于水的 SiO_2，沉积在汽轮机低压部分叶片上。故很难用水和湿蒸汽将其清洗干净，严重时将迫使汽轮机停机，进行机械清理。可见，对于高压以上的锅炉，应严格控制硅酸在蒸汽中的含量。

三、提高蒸汽品质的途径

由以上分析可知，要获得清洁度很高的蒸汽，必须减少蒸汽携带的水分和降低蒸汽中的溶盐量，同时控制锅水的含盐量。减少蒸汽带水量，可采用高效的汽水分离装置；减少蒸汽溶解携带，可采用蒸汽清洗解决；控制锅水含盐量，应尽可能提高给水品质，而提高给水品质的方法是采用良好的化学水处理设备和系统，并采用锅炉排污和进行锅水校正处理。下面对获得清洁蒸汽的各种方法及设备进行说明。

（一）汽水分离

汽水分离是指利用各种分离原理（重力、离心力、惯性力、水膜等）分离汽水混合物并使饱和蒸汽达到一定干度的过程。

1. 汽水分离的基本原理

重力分离：利用汽和水的密度不同，在蒸汽向上流动时，一部分重力大的水滴会被分离出来。

离心力分离：利用汽水混合物做旋转运动时产生的离心力进行分离，水滴的密度大，离心力也大，这样水滴会脱离汽流而被分离出来。

惯性力分离：利用汽水混合物改变流向时产生的惯性力进行分离，密度大的水滴，惯性力也大，水滴会脱离汽流被分离出来。

水膜分离：汽水混合物中的水滴，能黏附在金属壁面，形成水膜流下而被分离。

在电厂锅炉实际应用的汽水分离装置中，一般都综合利用上述几种原理以达到汽水分离、降低蒸汽湿度的目的。汽包内的汽水分离的过程，一般分为两个阶段：第一阶段是粗分离阶段（又称为一次分离），其任务是消除进入汽包的汽水混合物的动能，并将蒸汽和水进行初步分离；第二阶段是细分离阶段（又称为二次分离），其任务是把蒸汽中携带的细小水滴分离出来，并使蒸汽从汽包上部均匀引出。

2. 汽水分离装置

现代电厂锅炉常用的汽水分离装置的型式很多，有进口挡板、旋风分离器、波形板分离器、顶部多孔板（均汽板）等。下面分别就其结构和工作原理作介绍。

（1）进口挡板。

当汽水混合物引入汽包汽空间时，可采用如图 6-24 所示的进口挡板，以消耗汽水混合物的动能，使汽水初步分离。汽水混合物以一定速度撞击挡板并在挡板间转弯时，动能被消耗，速度降低，同时利用惯性力和水膜作用，将蒸汽从大量的水中分离出来。分离出的水沿挡板下缘流入汽包锅水中，而分离出的蒸汽则顺着挡板下行至出口再转向进入汽空间。

为了防止汽水混合物直接冲击到挡板，以至于打碎水滴或撕破水膜，造成蒸汽二次携带，影响分离效果，装设挡板时应注意以下几点：汽流中心线与挡板间的夹角应小于 45°；管口到挡板的距离 s 应不小于 2 倍管径，即 $s \geqslant 2d$（d 为汽水混合物引入管的内

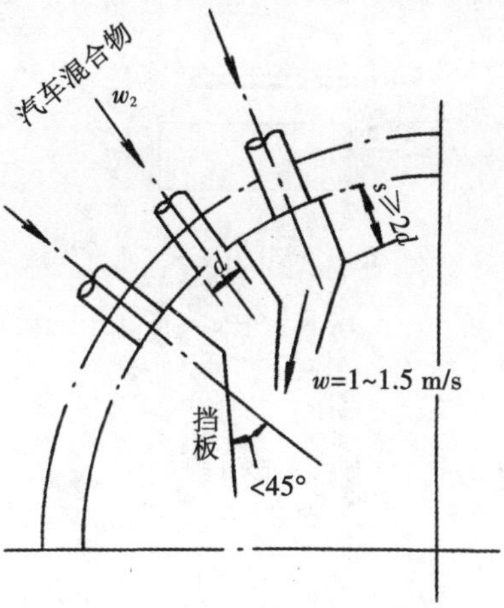

图 6-24　进口挡板示意图

径）；管子出口的汽水混合物的流速和挡板出口的汽流速度不能太高，对于中压锅炉，挡板出口汽流速度为 1.0~1.5 m/s，对于高压锅炉，出口汽流速度应小于 1 m/s。进口挡板由 4~5 mm 的钢板制成，其两端用端板或拉条加固，上部与汽包壁对接点焊固牢。

（2）旋风分离器。

旋风分离器是一种效果很好的粗分离装置，它被广泛应用于现代大、中型锅炉上。

旋风分离器有内置式和外置式两种，装置在汽包内的叫内置式旋风分离器，装置在汽包外的叫外置式旋风分离器，以内置式旋风分离器最为常用。

内置式旋风分离器的构造如图 6-25 所示，它由筒体、波形板分离器顶帽、底板、导向叶片和溢流环等部件组成。其工作原理是：汽水混合物由连接罩切向进入分离器筒体后，在其中产生旋转运动，依靠离心力作用进行汽水分离，分离出来的水分被抛向筒壁，并沿筒壁流下，由筒底导向叶片排入汽包水容积中，蒸汽则沿筒体旋转上升，经顶部的波形板分离器径向流出，进入汽包的蒸汽空间。蒸汽在筒体内向上流动的过程中，由于重力作用，有一部分水分从蒸汽中被分离出来，由筒体下部进入水容积中。此外，蒸汽通过波形板分离器时，也有一些水分被分离出来，经其出口落入水容积中。

由于汽水混合物的旋转，筒体内的水面将呈漏斗状，贴在上部筒壁的只是一层薄水膜，为了避免上升的蒸汽流从这层薄水膜中带出水分，在筒体顶部装有溢流环。溢流环与筒体的间隙既要保证水膜顺利溢出，又要防止蒸汽由此蹿出。

为了防止蒸汽从筒的下部蹿出并使水缓慢平稳地流入筒体下部水室，在筒体下部装有由圆形底板与导向叶片组成的筒底。

导向叶片虽能使水平稳注入汽包水空间，但不能消除水的旋转运动。为了得到稳定的汽包水位，在汽包内布置旋风分离器时常采用左旋与右旋交错布置，以互相消除旋转动能。

为了使筒体分离出来的蒸汽平稳地引入汽空间，在筒体顶部装有波形板分离器，用

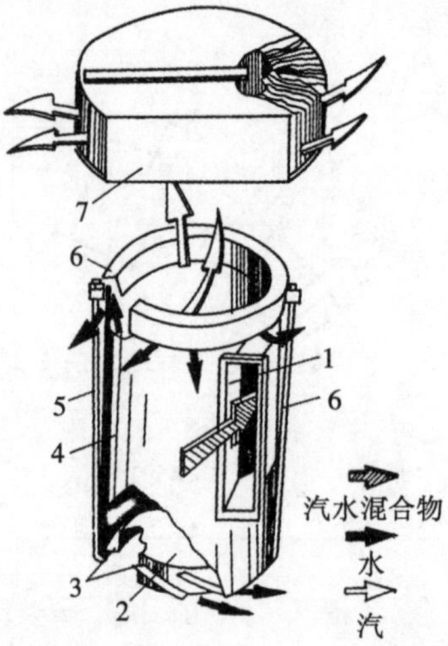

图 6-25 内置式旋风分离器构造图

1—连接罩；2—底板；3—导向叶片；4—筒体；5—拉杆；6—溢流环；7—波形板分离器顶帽

来增加分离器蒸汽端的阻力，以便蒸汽沿径向均匀引出并使各旋风分离器的蒸汽负荷分布比较均匀，同时蒸汽在曲折的波形板间通过时，使水分得到进一步分离。

为了提高内置式旋风分离器的分离效果，应采用较高的汽水混合物入口速度和较小的筒体直径。但过高的汽水混合物入口速度又会使阻力过大，对水循环不利，故一般推荐：中压锅炉为5~8 m/s，高压和超高压锅炉为4~6 m/s。而过小的筒体直径，会使布置的台数增多，安装检修不便，一般采用的筒体直径为260，290，315，350 mm。不同尺寸的内置式旋风分离器的允许出力推荐值见表6-7。

表 6-7 旋风分离器的允许出力推荐值　　单位：t/h

旋风分离器的直径/mm	汽包压力/MPa			
	4.3	10.78	14.7	18.73
260	2.5~3.0	4.0~5.0	—	—
290	3.0~3.5	5.0~6.0	7.0~7.5	—
315	3.5~4.0	6.0~7.0	8.0~9.0	10.0
350	4.0~4.5	7.0~8.0	9.0~11.0	12.0

内置式旋风分离器的主要优点如下。

① 消除并有效地利用汽水混合物的动能。

② 汽水混合物进入旋风分离器后，分离出来的蒸汽不从汽包水容积中通过，因此不致引起汽包水容积膨胀，故允许在炉水含盐浓度较高的情况下工作。

③ 沿汽包长度均匀布置，使汽流分布较均匀，避免局部蒸汽流速较高的现象发生。

④ 不承受内压力，因而可用薄钢板制成，加工容易，金属耗量小。

但是，内置式旋风分离器由于装在汽包内，其高度受到限制，因而它的分离效果不能得到充分发挥，故一般把它作为粗分离设备，与其他分离设备配合使用。同时，由于内置式旋风分离器的单只出力受汽水混合物入口流速和蒸汽在筒内上升速度的限制，故需旋风分离器的数量很多，给拆装、检修工作带来不便。

（3）波形板分离器。

波形板分离器又称波形百叶窗或波纹板干燥器，结构如图 6-26 所示。它由许多波形钢板平行组装而成。波形板厚 1~3 mm，相邻波形板之间的距离为 10 mm 左右，边框用 3 mm 的钢板制成，以固定波形板。平行组装的波形板能聚集并除去蒸汽中的细小水滴，是一种广泛采用的细分离（二次分离）元件。

（a）分离器

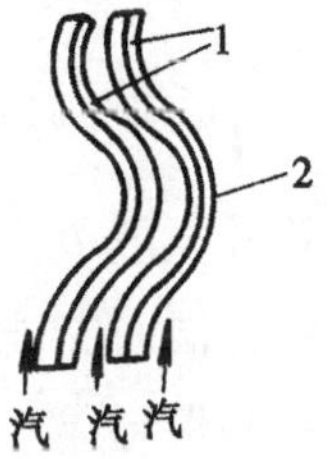

（b）波形板

图 6-26　波形板分离器结构图

1—波形板；2—水膜

经粗分离后的湿蒸汽，低速通过由波形板组成的弯曲通道时，在惯性力的作用下，将蒸汽中的水滴甩出来，并黏附在波形板表面上形成水膜，水膜靠自重缓慢向下流动，在波形板的下沿集聚成较大的水滴后坠落到汽包水面，使蒸汽的湿度进一步降低。

波形板分离器有水平式和立式两种布置方式，如图 6-27 所示。水平式布置波形板分离器中蒸汽和水膜平行相对流动，如图 6-27（a）所示。立式布置波形板分离器中蒸汽和水膜为垂直交叉流动，如同旋风分离器的圆形顶帽。立式布置波形板分离器因水、汽流向相互垂直，蒸汽流不易撕破水膜，故分离效果好，且蒸汽流速也可较高。图 6-27（b）是布置在汽包上部的立式波形板分离器，在其底部装有疏水盘和疏水管，疏水管一直插到汽包最低水位以下。这样，在波形板上形成的水膜沿板流下，集中在疏水盘里，再经疏水管引至汽包的水容积，从而避免了从波形板分离器分离出来的水滴直接落到汽包水面时造成锅水水滴飞溅。

为了防止波形板分离器的水膜被撕破造成二次带水，使分离效果降低，要限制波形板内的蒸汽流速。水平式布置波形板分离器的蒸汽流速大小如下：中压锅炉不大于 0.5 m/s，高压锅炉不大于 0.2 m/s，超高压锅炉不大于 0.1 m/s。立式布置波形板分离器的蒸汽流速可为水平式布置波形板分离器的 1.5~2.0 倍。

（4）顶部多孔板。

顶部多孔板又称均汽板，结构如图 6-28 所示，装在汽包顶部蒸汽引出口之前的蒸

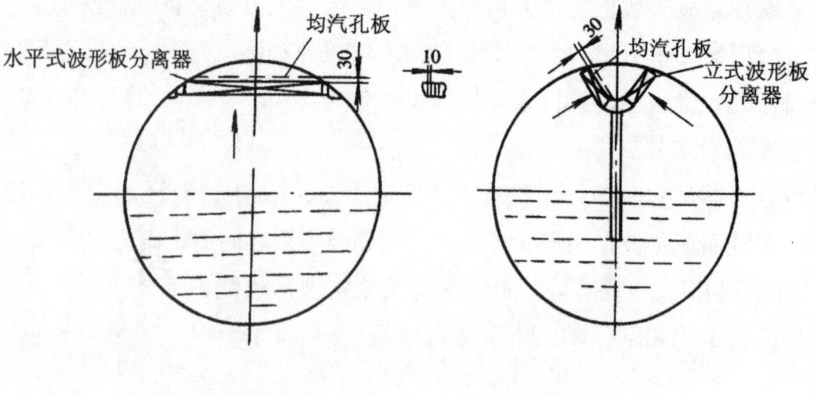

（a）水平式布置　　（b）立式布置

图 6-27　波形板分离器的布置方式（单位：mm）

汽空间。其作用是利用孔板的节流作用，使蒸汽沿汽包长度和宽度均匀引出，以防止蒸汽局部速度过高而带水；同时它能阻挡部分小水滴，起到一定的细分离作用。顶部多孔板一般由 3~4 mm 厚的钢板制成，孔板上的小孔均匀分布，孔径为 6~10 mm，孔间距不超过 50 mm，开孔的数目应根据穿孔蒸汽流速计算：中压锅炉为 8~12 m/s，高压锅炉为6~8 m/s,超高压锅炉为 4~6 m/s。

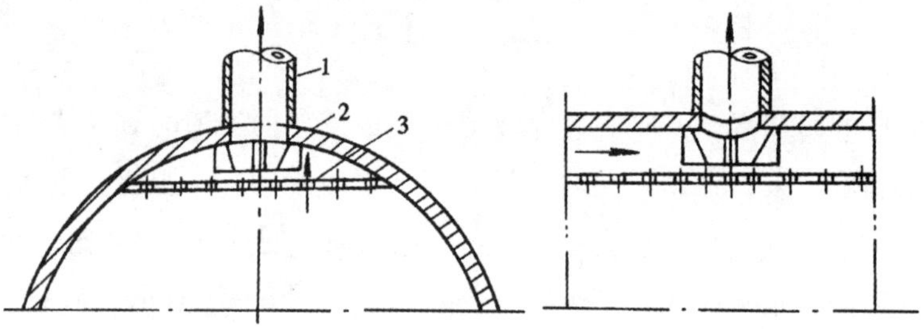

图 6-28　顶部多孔板结构示意图

1—蒸汽引出管；2—盲板；3—顶部多孔板

顶部多孔板一般要与波形板分离器配合使用，以使波形板前蒸汽负荷均匀，避免局部速度过高。蒸汽先经过波形板分离器再通过多孔板，为了防止流经多孔板的高速汽流将已分离出来的水分吸走，一般要求波形板上沿与多孔板之间留有 30~40 mm 的距离。

饱和蒸汽引出管的入口蒸汽速度应小于或等于蒸汽穿孔速度的 70%，以防抽出大量蒸汽而破坏多孔板的正常工作，影响蒸汽品质。若引出管口的蒸汽速度太高，则应在引出管入口下部加一盲板（见图 6-28）或正对引出管部位的孔板不开孔。

（二）蒸汽清洗

汽水分离只能降低蒸汽的湿度而不能减少蒸汽中溶解的盐分。因此，对高压锅炉和超高压锅炉来说，除采用汽水分离装置外，还得采用蒸汽清洗的方法减少溶解于蒸汽中的盐（特别是蒸汽中溶解的硅酸）。

1. 蒸汽清洗原理

饱和蒸汽对某种盐的溶解量，决定于该盐分的分配系数（指蒸汽中溶解的某种盐的盐量占溶于锅水中同种盐量的百分数，与蒸汽压力和盐的种类有关）和锅水中该盐分的含量。当压力一定时，分配系数为常数。因此，要减少蒸汽中溶解的盐量，就应设法减少与蒸汽接触的水的含盐量。

蒸汽清洗就是使饱和蒸汽穿过给水层和水雾，利用给水和锅水中盐类浓度不同而产生物质交换，以降低饱和蒸汽溶解性携带的过程。因此，蒸汽清洗使溶解于蒸汽中的盐分转移到给水中，从而减少蒸汽溶盐量，清洗后的蒸汽湿度虽有所增加，但因为给水较清洁，蒸汽机械携带的含盐量相应减少，所以清洗后蒸汽的总携带显著降低。

2. 蒸汽清洗装置

蒸汽清洗装置的形式较多，按蒸汽与给水的接触方式不同，分为起泡穿层式、雨淋式和水膜式等，其中以起泡穿层式为最好。它的具体结构又分为钟罩式和平孔板式两种。

钟罩式清洗装置的结构如图 6-29（a）所示。它由槽形底盘（又称槽形清洗板）和孔板顶罩组成。底盘上不开孔，顶罩上开有小孔。每一组件有两块槽形底盘和一块孔板顶罩。两块底盘之间的空隙被顶罩盖住，以防止蒸汽直通上部蒸汽空间。蒸汽从底盘两侧间隙进入清洗装置，在钟罩阻力的作用下，经两次转弯，均匀地穿过孔板和孔板上的清洗水层进行起泡清洗后流出。蒸汽流过进口缝隙的流速小于 0.8 m/s，穿过孔板和清洗水层的速度为 1.0~1.2 m/s。清洗水由配水装置均匀分配到底盘一侧，然后流到另一侧，通过挡板溢流到汽包水室。钟罩式清洗装置工作可靠有效，但因结构较复杂，而且阻力较大，所以较少使用。

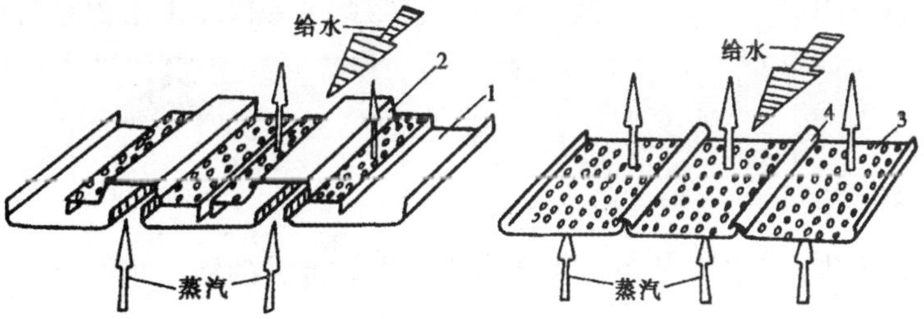

（a）钟罩式　　　　（b）平孔板式

图 6-29　起泡穿层式清洗装置示意图

1—槽形底盘；2—孔板顶罩；3—平孔板；4—U 形卡

平孔板式清洗装置的结构如图 6-29（b）所示。它由若干个平孔板槽组成，相邻的平孔板用 U 形卡连接。平孔板用 2~3 mm 厚的薄钢板制成，板上均匀地钻有直径为 5~6 mm 的小孔，板四周焊有溢流挡板。清洗水由配水装置均匀地分配在平孔板上，形成 30~50 mm 的水层，然后通过溢流挡板流到汽包水容积。蒸汽自下而上，经小孔穿过水层，进行起泡清洗。为了既能保证托住清洗水使之不致从小孔落下，又能防止因蒸汽速度太高而导致携带大量清洗水，蒸汽穿孔速度应为1.3~1.6 m/s。平孔板式清洗装置的结构简单，阻力小，清洗面积大，清洗效果好，因此应用广泛。平孔板式清洗装置的缺点是锅炉在低负荷下工作时，清洗水会从小孔漏下，造成干板。

清洗水的配水有单侧和双侧两种。单侧配水是指清洗水从清洗板的一端引入，流到另一端后，流入汽包水室；双侧配水是指清洗水从清洗板的中间引入，向两侧流动，然后从两端流入汽包水室。

3. 影响蒸汽清洗效果的因素

影响蒸汽清洗效果的因素主要有：清洗水量和清洗水品质、水层厚度、清洗前蒸汽的含盐量和蒸汽流速等。

清洗水量大，清洗效果好。但由于高压以上锅炉的给水是具有一定欠焓的未饱和水，所以清洗水量越大，凝结的蒸汽越多。为保证机组负荷的需要，锅炉实际产汽量就要增加，使蒸发面负荷增大，清洗前的蒸汽带水量增加，蒸汽含盐量增多，而不利于蒸汽清洗；同时，锅炉的燃煤量也要增多，热经济性降低。因此，一般用30%~50%的锅炉给水作清洗水，其余的给水通过旁路引到下降管入口附近，以防止下降管带汽。清洗水的品质越高，物质扩散作用越强，清洗效果越好。

清洗水层厚度太薄时，由于与蒸汽的接触时间短，清洗不充分，而使效果不好；若水层太厚，不但清洗效果不明显，反而会降低分离空间的高度，使蒸汽带水增加。因此，一般水层厚度为40~50 mm。

清洗前的蒸汽含盐量越多，清洗后的清洗水含盐量越高，清洗后的蒸汽含盐量也越高。由于各种因素的影响，目前所用的清洗装置实际清洗效率为60%~70%。

对亚临界压力的锅炉，蒸汽清洗效果较差，因此主要依靠采用较好的水处理方法来提高给水品质，使给水含盐量降到很低的程度，保证蒸汽品质，即可不用蒸汽清洗装置。

（三）锅炉排污

锅炉在运行中排走一部分含盐浓度大和含水渣浓度大的锅水叫作锅炉的排污。由于进入汽包的锅炉给水中带有盐分，同时对锅水进行加药处理时锅水中的结垢型物质要转变成水渣，此外锅水腐蚀锅炉金属也要产生一些腐蚀产物，因而使锅水中含有各种可溶性和不可溶性的杂质。随着锅水的不断蒸发、浓缩，锅水中的这些杂质的含量也逐渐增多，使锅水的含盐浓度不断增加，水渣浓度也越来越大，以至影响蒸汽品质和锅炉安全。

锅炉排污是提高蒸汽品质的重要方法之一。根据排污的目的不同，锅炉排污有连续排污和定期排污两种。

连续排污是指在运行过程中连续不断地排出部分锅水、悬浮物和油脂，以维持一定的锅水含盐量和碱度。连续排污的位置是在锅水含盐浓度最大的汽包蒸发面附近，即汽包正常水位线以下 200~300 mm 处。连续排污装置如图 6-30 所示。在连续排污主管上，沿长度方向均匀地开有一些小孔或槽口，或者是在主管上均匀地装置一些上端开口的排污支管。排污水经小孔或槽口或管口流进主管，然后通过引出管排走。

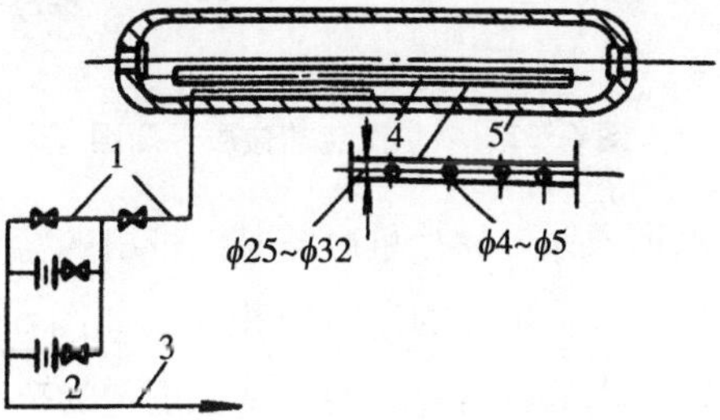

图 6-30　连续排污装置示意图

1—连续排污管；2—节流孔板；3—排污引出管；4—连续排污主管；5—汽包

定期排污是指在锅炉运行中，定期地排出锅水里的水渣等沉淀物。排污位置在沉淀物聚集最多的水冷壁下联箱底部，如图 6-31 所示。定期排污的排污量和排污时间，根据汽水品质的要求由化学人员确定。一般来说，对于热电厂，补给水量较大，给水品质较差，则定期排污量较大，排污间隔时间短；而对于凝汽式电厂，因给水主要是清洁的凝结水，这样定期排污量较小，间隔时间较长。

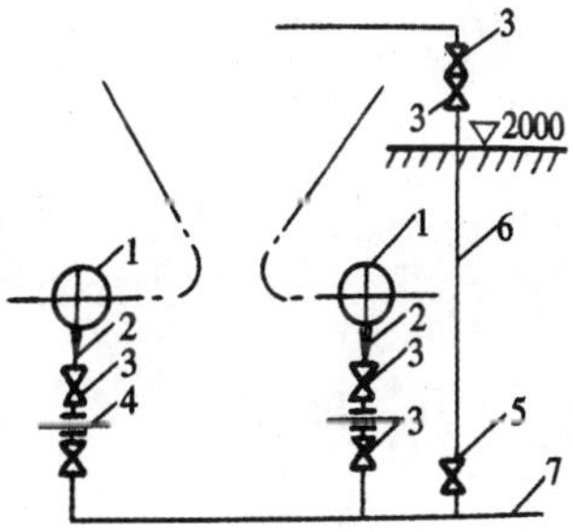

图 6-31　定期排污系统示意图

1—水冷壁下联箱；2—排污管；3—排污门；4—节流孔板；5—止回阀；6—汽包的事故放水管；7—排污母管

锅炉排污量一般用排污率 P 表示。排污率是指排污量占锅炉蒸发量的百分数，即

$$P = \frac{D_{pw}}{D} \times 100\% \qquad (6-3)$$

式中，D_{pw} ——锅炉排污量，kg/h；

D ——锅炉蒸发量，kg/h。

锅炉的排污量和排污率可根据汽包的盐质平衡关系求得。图 6-32 为锅炉汽包的盐质平衡图。

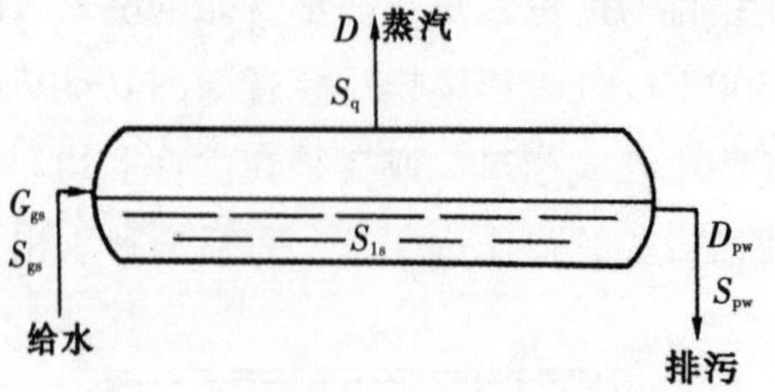

图 6-32　锅炉汽包的盐质平衡图

盐量平衡关系是指给水带入锅炉的盐量应与蒸汽带出的盐量和排污水带出的盐量相平衡，即带入锅炉的盐量与自锅炉带出的盐量应相等，如图 6-32 所示。锅炉的排污量只要能满足这一平衡关系，锅水的含盐量就能保持在规定的范围内。

根据盐量的平衡关系，可以确定排污量的大小。盐量平衡关系如下：

$$G_{gs}S_{gs} = DS_q + D_{pw}S_{pw} \tag{6-4}$$

式中，D，G_{gs}，D_{pw} ——锅炉的蒸发量、给水量、排污量，kg/h；

S_q，S_{gs}，S_{pw}，S_{ls} ——蒸汽、给水、排污水、锅水的含盐量，mg/kg。

因为

$$G_{gs} = D + D_{pw},\ S_{pw} = S_{ls} \tag{6-5}$$

所以

$$(D + D_{pw})S_{gs} = DS_q + D_{pw}S_{ls} \tag{6-6}$$

移项，得

$$D_{pw} = \frac{DS_{gs} - DS_q}{S_{ls} - S_{gs}} \tag{6-7}$$

一般来说，饱和蒸汽的含盐量 S_q 很小，可忽略不计，式（6-7）可简化得

$$D_{pw} = \frac{DS_{gs}}{S_{ls} - S_{gs}} \tag{6-8}$$

$$P = \frac{D_{pw}}{D} \times 100\% = \frac{S_{ps}}{S_{ls} - S_{gs}} \times 100\% \tag{6-9}$$

由式（6-9）可知，锅炉排污率的大小主要与给水品质和锅水品质有关。降低给水含盐量和提高排污水（锅水）含盐量，均可减小锅炉的排污率。为了保证蒸汽品质，排污率不能太小，但加大排污率将会增加热量和工质的损失，所以对排污率也要加以限制。不同条件下的排污率应符合有关规定，如对于化学除盐水作补给水的凝汽式电厂，其排污率不应大于 1%；用软化水作补给水的凝汽式电厂，其排污率不应大于 2%等。

（四）锅内水处理

锅炉的补充水虽然已经经过炉外水处理，除掉了大部分杂质，但还有少量的结垢物质存在。另外，由于系统的不严密亦可能漏入生水，使给水硬度增加，当锅水蒸发时，

就易生成水垢，因此，还必须进行锅内水处理。所谓锅内水处理，就是向锅内的水加药，使锅水中残余的钙、镁等杂质不生成水垢而是形成水渣。

锅内水处理常用的方法就是磷化法，如图 6-33 所示。磷化法就是将磷酸三钠溶液用加药泵连续地送入锅内，使之与锅水中的钙盐、镁盐发生反应，生成松软不黏结的水渣，然后利用排污方法排出炉外。为了使锅水经常处于不结水垢状态，锅水中的磷酸三钠应始终维持适当的裕量。在运行中要经常监督和控制锅水中的磷酸根，以防水垢生成。

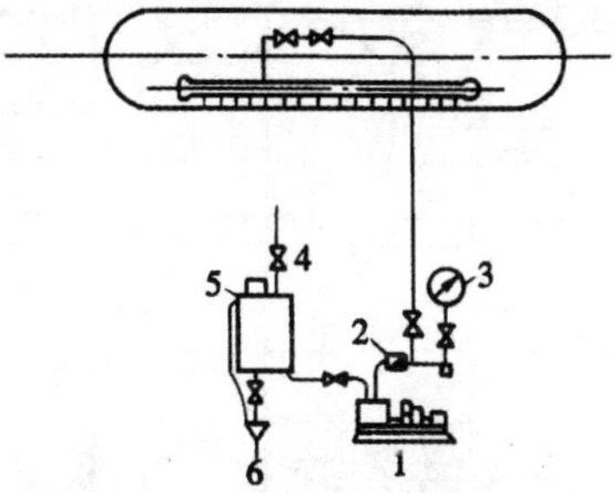

图 6-33　汽包加药系统图

1—加药泵；2—逆止阀；3—压力表；4—软化水管；5—药箱；6—排水

四、典型汽包内部装置示例

汽包内部装置的形式很多，对不同参数、不同容量的锅炉，汽包内部装置的形式、布置和组合方式也不尽相同。为了能比较全面地了解汽包内部装置和工作过程，下面介绍三个较典型的锅炉汽包内部装置。

(一) DG-670/13.7-1 型超高压自然循环锅炉汽包内部装置

DG-670/13.7-1 型超高压自然循环锅炉汽包内径为 1800 mm，壁厚 90 mm，总长度 22. 21 m，材料是 18MnMoNb。汽包为单段蒸发系统。其内部装置如图 6-34 所示。

汽包汽水分离装置采用 80 只直径为 315 mm 的锅内旋风分离器作为粗分离元件。旋风分离器沿汽包长度分两排布置。按水循环回路的划分采用了 40 组汇流箱，每组汇流箱与两个旋风分离器相连。相邻两个旋风分离器的旋转方向相反，以保持水位平稳。在旋风分离器下面装有托斗，用以防止分离器的排水将蒸汽带入下降管。汽包采用了水平波形板分离器和顶部多孔板作为细分离元件。

蒸汽清洗装置采用平孔板式，布置在旋风分离器之上。配水装置为双侧配水。从省煤器来的给水，约 50%作清洗水，其余给水通过旁路引到下降管入口上方，以增大锅水欠焓，防止下降管带汽。配水管外装有导向罩，以防水花飞溅；配水管下部装有配水挡板，以均匀配水。在清洗板两侧布置有溢水斗，溢水斗的作用是防止清洗水直接冲刷到汽包壁，而产生温差热应力。清洗水通过溢水斗排到汽包水容积中。汽包内沿长度方向

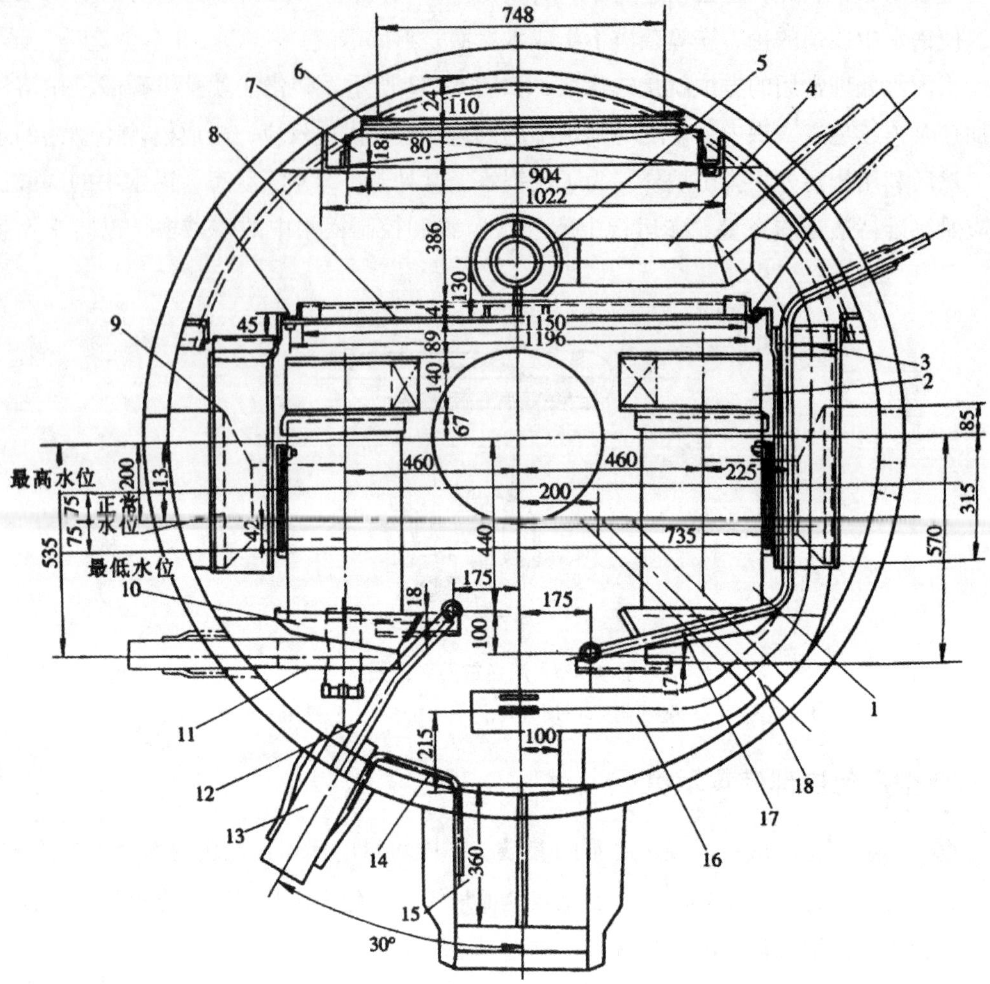

图 6-34　DG-670/13.7-1 型超高压自然循环锅炉汽包内部装置示意图（单位：mm）

1—旋风分离器；2—顶帽；3—溢水斗；4—清洗水；5—配水装置；6—顶部多孔板；7—波形板分离器；8—清洗孔板；9—汇流箱；10—托斗；11—防护罩；12—连续排污管；13—再循环管；14—虹吸管；15—下降管；16—给水管；17—加药管；18—事故放水管

装有连续排污管。

汽包中的蒸汽净化过程是：从水冷壁引出管来的汽水混合物分组送进汽包汇流箱中，经连接罩切向进入旋风分离器，进行汽水的粗分离。分离出来的水，通过筒底导叶进入托斗，再经托斗上的槽形孔排入汽包水容积。蒸汽则沿筒体上升，经立式波形板顶帽进一步分离后流出，然后均匀地通过平孔板蒸汽清洗装置，进行起泡清洗。清洗后的蒸汽依次通过波形板分离器和顶部多孔板，进行细分离。最后均匀地从汽包引出。含盐浓度大的锅水则通过连续排污管排出锅炉。此外，在汽包内还装有锅内加药管、事故放水管、再循环管、防护罩及虹吸管等。

锅内加药管的作用是沿汽包长度均匀加入磷酸三钠水溶液，与锅水中的钙、镁离子作用，生成不溶于水的磷酸钙和磷酸镁沉淀物，以防止水垢的形成。加药管由管径32×3 mm 的管子制成，沿管长均匀地开一些直径为 3~5 mm 且向下的小孔。加药管远离排污管，靠近给水管或下降管入口，使药剂能与给水混合，反应后生成的水渣可顺利地排到水冷壁下联箱，再由定期排污管排出。

对于介质温度低于锅水温度的汽包引入管，在与汽包连接处均装有保护套管（如给水管、加药管及再循环管等），以防止温度较低的介质与汽包壁直接接触，产生温差热应力。

事故放水管的作用是在锅炉水位过高时，迅速排放出部分锅水，以防造成事故。为了防止在事故放水管口处产生旋涡而影响放水，在管口处加装十字架板或在管口上部装设顶罩。

水位计防护罩是在水位波动较大时起缓冲作用，使水位计中的水位较平稳，以维持水位计正常工作。

虹吸管装在再循环管和下降管入口之间，其作用是吸出保护套管夹层中的积水。

（二）DG-1025/18.1-Ⅱ4 型亚临界压力自然循环锅炉汽包内部装置

DG-1025/18.1-Ⅱ4 型亚临界压力自然循环锅炉汽包内径为 1792 mm，壁厚145 mm，筒身直段长 20 m，总长 22. 25 m。汽包材料为 13MnNiMo54（BHW35）合金钢。汽包为单段蒸发，不采用蒸汽清洗装置，其内部装置如图 6-35 所示。

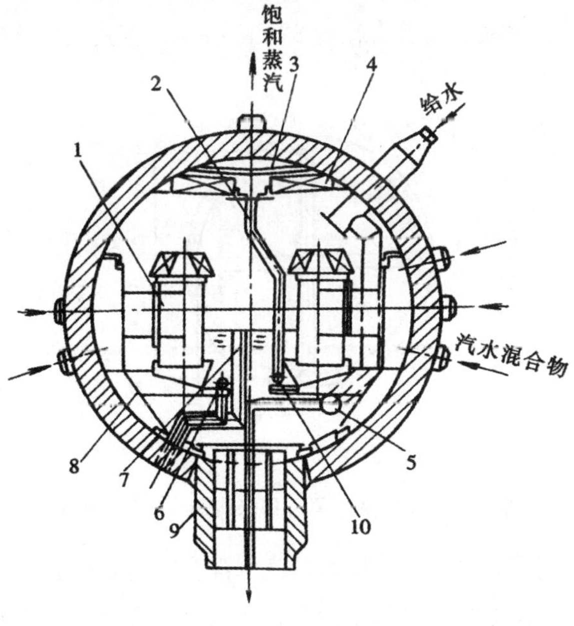

图 6-35　DG-1025/18. 2-Ⅱ4 型亚临界压力自然循环锅炉汽包内部装置示意图

1—旋风分离器；2—疏水管；3—顶部多孔板；4—波形板分离器；5—给水管；6—排污管；7—事故放水管；8—汽水夹套；9—下降管；10—加药管

汽包内汽水分离装置采用了108只直径为315 mm的导流式旋风分离器作为粗分离装置。细分离装置采用立式波形板分离器和顶部多孔板。波形板分离器共有104只，分前、后两组对称排列，其高度为80 mm，每只宽度为400 mm，与水平方向呈5°鸟翼状倾斜，波形板之间的距离约为10 mm。

在汽包下部采用内夹套结构，即在汽包下部装设与旋风分离器入口连通箱相连的密封夹层。夹层把锅水与汽包内壁分隔开，这样，在汽包内壁下部除下降管口部分外都与汽水混合物相接触，而在汽包内壁上部接触的是饱和蒸汽。因此减小了汽包上下壁温差热应力，有利于加快锅炉的启停速度。为了促使夹层内汽水混合物的流动，引入汽包前半部与后半部导汽管的产汽比率为0.35∶0.65，因而产生压差，使汽水混合物从后向汽包前半部流动，避免了夹层内介质的停滞，提高了汽包下部内壁侧的工质放热系数。

在汽包内还设置了给水管、连续排污管、加药管和事故放水管等。

省煤器来的给水，从汽包上部经12根给水管引入汽包水室给水总管，一部分给水通过总管上的椭圆形小孔喷入水中，另一部分给水通过支管直接引入下降管。给水管在与汽包连接处装有保护套管。

连续排污管装在汽包正常水位下300 mm处，自汽包下部靠近两端引出。排污内总管直径为76×4 mm，在内总管顶部开有排污孔105个，其孔距为170 mm。

加药管设置在汽包正常水位以下300 mm处，靠汽包后侧，离汽包垂直中分面距离175 mm，加药管直径为60×3 mm。

事故放水管进口设置于正常水位线处，即汽包中心线以下100 mm处，离汽包垂直中分面距离为80 mm，事故放水管直径为89×4.5 mm，在其入口处装有十字形隔板，用以防止旋涡斗产生。如图6-36所示。

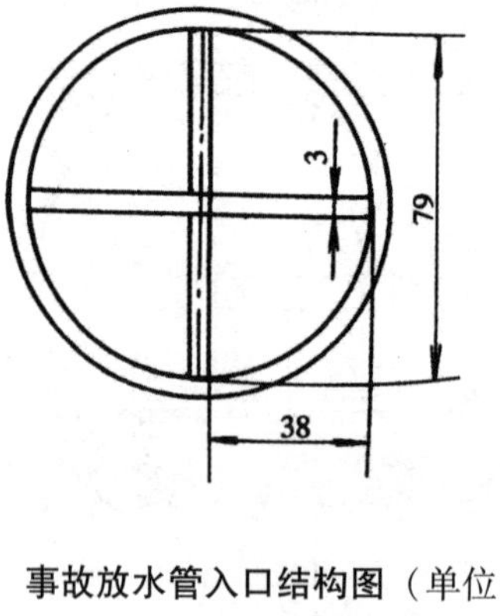

图6-36　事故放水管入口结构图（单位：mm）

汽包的汽水分离过程是：从水冷壁来的汽水混合物由导汽管分别引入汽包前后的旋风分离器入口连通箱内。有一部分汽水混合物通过内夹套由后半部流到前半部的旋风分离器入口。汽水混合物沿切向进入分离器中，进行一次分离。从顶帽出来经粗分离的蒸汽，进入汽包的汽空间，以较低的速度均匀通过立式波形板分离器和顶部多孔板，进行二次分离。经细分离后达到蒸汽质量标准的饱和蒸汽再由饱和蒸汽引出管引出。

（三）FWEC2020/18.1-1 型自然循环锅炉汽包结构特点

FWEC2020/18.1-1 型自然循环锅炉汽包内部装置如图 6-37 所示。

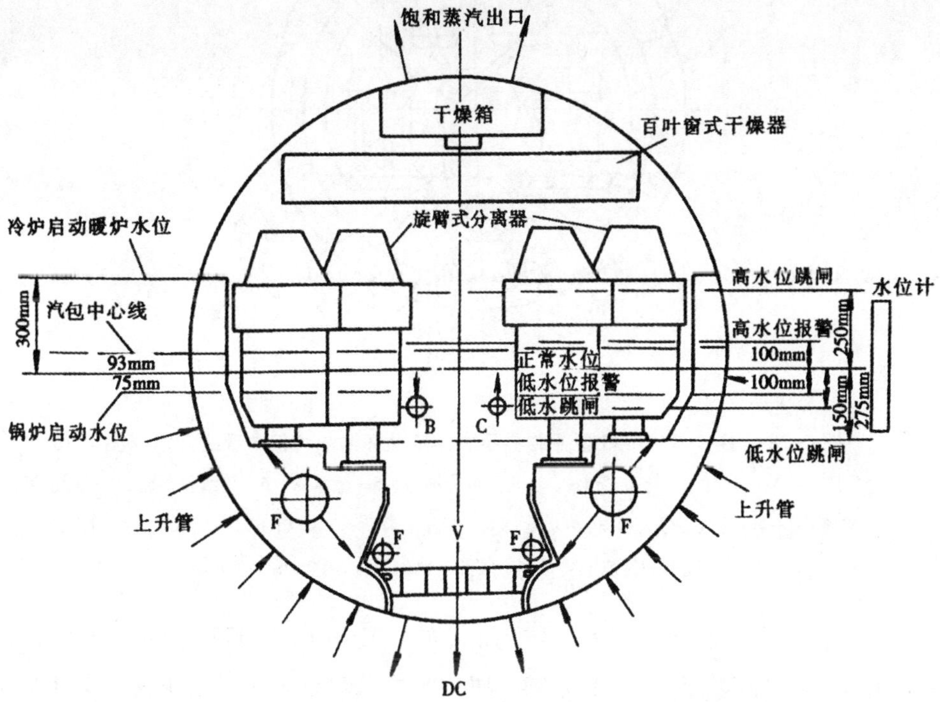

图 6-37　FWEC2020/18.1-1 型自然循环锅炉汽包内部装置示意图

B—连续排污管；C—化学加药管；F—给水管；V—抗涡流元件；DC—下降管

汽包内径为 1828.8 mm，总长 28273.8 mm，其中直段长 25244 mm，壁厚 204 mm，封头壁厚 168 mm，材质为 SA-516GR70 碳钢。

汽包内部共 224 只螺旋臂式分离器（一次分离元件），分别错列布置在前后两排，每排 112 只；二次分离元件为整体“人”字形百叶窗干燥器（波形板）；在汽包内还设有连续排污和化学加药管等。在汽包下半部沿整个长度布置的环形板形成了环形空间。来自水冷壁出口的汽水混合物和部分给水进入汽包的环形空间内，然后进入螺旋臂式分离器，完成一次分离任务后，蒸汽向上进入波形板分离器进一步分离，将蒸汽湿度降低到规定值以下后从汽包上部饱和蒸汽引出管引出；从螺旋臂式分离器分离出来的水则进入汽包水空间，经涡流消除器流进下降管；部分给水从环形空间外面直接流入下降管入口，以减少下降管含汽。

（四）SG-1025/18.3 型亚临界压力控制循环锅炉汽包内部装置

SG-1025/18.3 型亚临界压力控制循环锅炉汽包为单段蒸发，没有蒸汽清洗装置。汽包内部装置如图 6-38 所示。

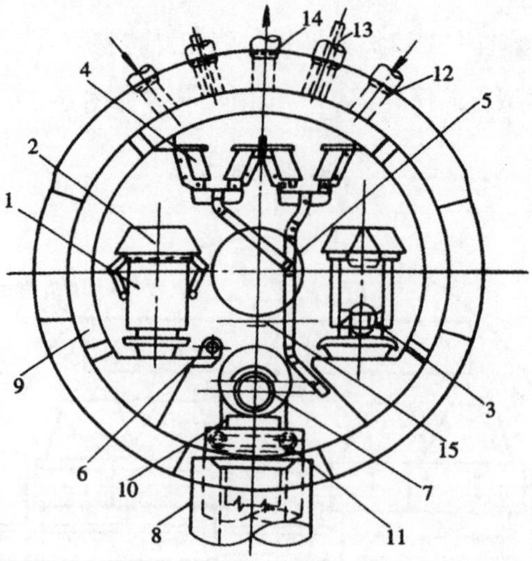

图 6-38　G-1025/18.3 型亚临界压力控制循环锅炉汽包内部装置示意图

1—涡轮分离器；2—顶帽；3—螺旋桨叶；4—波形板分离器；5—疏水管；6—连续排污管；7—给水管；8—下降管；9—环形汽水夹层；10—给水管支架；11—下降管进口集箱；12—汽水混合物引入管；13—吹扫和排放短管；14—饱和蒸汽引出管；15—推荐水位

汽包是由上下两半部分筒体焊接而成的。其内径为 1778 mm，筒身长度为 13108 mm，两端为球形封头。为了节省金属用量，汽包壁采用了上下两部分不同的厚度。其上半部壁厚为 201.6 mm，下半部壁厚为 166.7 mm（因下壁开孔少，相应强度高，则壁厚稍薄）；汽包材料采用 SA-299 碳钢。

汽包内部采用了环形夹层结构，即在汽包内壁与弧形衬板之间形成狭窄的环形通道，使汽包上下壁温均匀，有利于锅炉快速启停。

汽包汽水分离装置采用了 56 只直径为 254 mm 的涡轮分离器作为粗分离装置。涡轮分离器沿汽包长度方向分前、后两排均匀布置，每只分离器允许的最大负荷为 18.6 t/h。细分离装置采用了 4 组 72 只立式波形板分离器（波纹板干燥器）。每两组间装有疏水管。

在汽包内部还布置了给水管和连续排污管等。给水管位于下降管上方，沿汽包长度方向布置。给水管用 U 形轧头固定在支架上，支架再固定在汽包内壁上，给水管与汽包连接处装有保护套管。

汽包蒸汽净化过程是：来自水冷壁的汽水混合物通过引入管从汽包顶部引入汽包环形夹层内，并在夹层内由上向下流动，从汽包下部进入涡轮分离器进行汽水的粗分离。分离出来的水从分离器内外套筒之间的通道返回汽包水空间；分离出来的蒸汽经波形板顶帽进一步分离后，进入汽包的汽空间。蒸汽向上流动，并以较低的速度通过波纹板干燥器，进行汽水的细分离。分离出来的水流到疏水盘，再经疏水管引入汽包水容积中；

分离出来达到蒸汽质量标准的饱和蒸汽，由汽包顶部的饱和蒸汽引出管引出。

任务四　蒸汽系统及汽温调节

【知识点描述】

（1）过热器和再热器的型式、结构、作用及汽温特性；
（2）蒸汽温度调节的意义；
（3）调温设备的结构及原理。

【能力目标】

（1）会辨识过热器、再热器的类型；
（2）会识别锅炉的过热器和再热器系统及结构、型式；
（3）能说明过热器和再热器的汽温特性；
（4）会分析热偏差产生的原因及应采取的防止措施；
（5）会用基本方法调节蒸汽温度并知道其原理。

过热器与再热器是现代锅炉的重要组成部分，它们的作用是提高电厂循环热效率。提高蒸汽初温可提高电厂循环热效率，但蒸汽初温的进一步提高受到金属材料耐热性能的限制，过热器和再热器的受热面金属温度是锅炉各受热面中的最高值，其出口汽温对机组安全、经济运行有十分重要的影响。

一、过热器、再热器的作用及结构、型式

（一）过热器、再热器的作用及工作特性

1. 过热器与再热器的作用

提高蒸汽的初参数是提高电厂热经济性的重要途径。在提高蒸汽压力的同时，必须相应提高蒸汽的过热度，否则将使汽轮机末级湿度过大，从而影响汽轮机的安全、经济运行。过热器的作用就是将锅炉产生的饱和蒸汽加热成具有一定温度的过热蒸汽，送往汽轮机高压缸做功，如图 6-39 所示。

过热蒸汽温度的提高，对过热器金属材质的要求随之提高。受合金钢材高温强度的限制，通常过热蒸汽温度为 540~555 ℃。

随着过热蒸汽压力的进一步提高，当压力达到超高压及以上压力时，540~555 ℃的过热蒸汽温度已不能保证膨胀终点的蒸汽湿度在允许的范围内。为避免热力系统中的汽轮机末级湿度过大，超高压及以上压力机组都采用了再热器。再热器的作用就是将汽轮

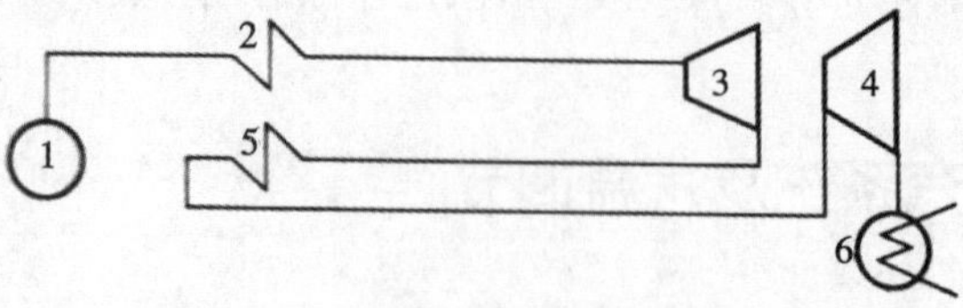

图 6-39　过热器与再热器在系统中的位置

1—汽包；2—过热器；3—汽轮机高压缸；4—汽轮机中、低压缸；5—再热器；6—凝汽器

机高压缸排出的蒸汽送回到锅炉再加热到与过热蒸汽相同温度的再热蒸汽后，然后送往汽轮机中、低压缸做功，如图 6-39 所示。采用蒸汽再热后，不但能将汽轮机末级湿度控制在允许的范围内，而且能进一步提高机组的循环热效率。蒸汽再热有一次再热和二次再热之分，一般一次再热可使电厂的热效率提高 4%~6%。二次再热就是蒸汽在汽轮机内做功过程中经过两次蒸汽再热。目前，我国超高压及以上压力的大容量机组都采用一次中间再热系统，再热蒸汽压力为过热蒸汽压力的 20%左右，再热蒸汽温度通常与过热蒸汽温度相同。

2. 过热器与再热器的工作特性

过热器管内流过的是高温蒸汽，管壁对蒸汽的对流放热系数较小，故其传热性能较差，对管壁的冷却能力较低。为了保证合理的传热温差，过热器一般布置在烟气温度较高、热负荷较大的炉膛出口附近，其管壁工作温度很高。另外，在运行中过热器并列各管之间还存在着热偏差，使个别管子的管壁温度非常高，因此，过热器的工作条件很差。

再热蒸汽是来自汽轮高压缸做了部分功的排汽，其压力为过热蒸汽压力的 20%~25%，再热后的温度一般与过热蒸汽温度相同，流量约为过热蒸汽流量的 80%。与过热器相比，再热器工作特点如下。

（1）再热器管内流过的是中压高温蒸汽，蒸汽的比体积大，为减小流动阻力，应采用较低的蒸汽流速，否则蒸汽压降过大，使汽轮机中、低压缸进汽压力降低，蒸汽的做功能力也降低，造成汽轮机热耗增加。再热系统的压降一般规定不超过再热蒸汽压力的 10%。

（2）再热蒸汽密度小，流速低，蒸汽对管壁的冷却能力更差。

（3）再热蒸汽的比热容小，对热偏差敏感，即在相同的热偏差条件下，再热器出口蒸汽的温度偏差比过热器大，容易引起管子超温。

（4）为了保证合理的传热温差，减少再热器耗用的钢材，再热器也通常布置在烟气温度较高、热负荷较大的区域。可见，再热器的工作条件比过热器更差，管壁更容易超温。

总之，过热器、再热器工作时的管壁温度都很高，已接近管子许用温度值；而且工作条件差，在运行中容易发生管壁温度超过金属材料极限耐热温度的现象。若壁温长时间超过钢材的极限耐热温度，则会造成管子胀粗以至爆管损坏。为了保证安全，应从结构、布置上选择最佳的过热器、再热器系统；采用可靠和灵敏的调温手段，在一定范围内保证汽温稳定；同时必须采用优质的耐热合金钢来制造。此外，在设计和运行中还应注意防止受热面烟气侧的高温腐蚀和高温积灰。

（二）过热器型式、布置和结构

根据传热方式不同，过热器分为对流式、辐射式和半辐射式三种基本型式。高压以上的大型锅炉大多采用辐射、半辐射与对流型多级布置的联合型过热器，如图 6-40 所示。过热器的蒸汽高温段采用对流型，低温段采用辐射型或半辐射型，以降低受热面管壁钢材温度。

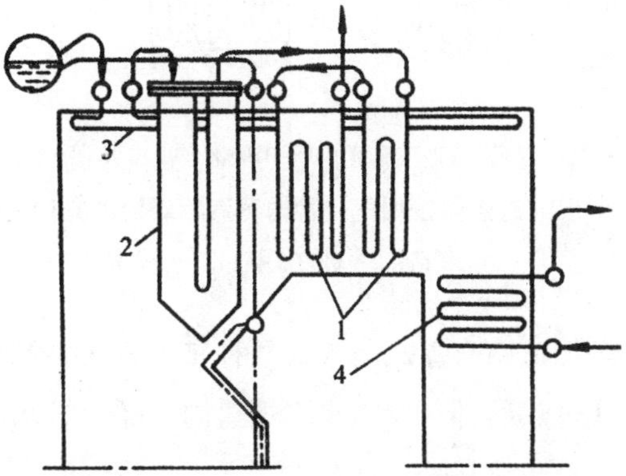

图 6-40 过热器与再热器的布置示意图

1—对流式过热器，2—屏式过热器，3—顶棚过热器；4—再热器

1. 对流式过热器

布置在锅炉对流烟道中，主要以对流传热方式吸收烟气热量的过热器称为对流式过热器。一般采用蛇形管式结构，即由进出口联箱连接许多并列蛇形管构成，如图 6-40 所示。蛇形管一般采用外径为 32.0~63.5 mm 的无缝钢管。300 MW 机组锅炉的过热器管径为 51~60 mm，其壁厚由强度计算确定，一般为 3~9 mm。管子选用的钢材取决于管壁温度，低温段过热器可用 20 号碳钢或低合金钢，高温段常用 15CrMo 或 12Cr1MoV，高温段出口甚至需用耐热性能良好的钢研 102 或Ⅱ11 等材料。

对流式过热器按烟气与管内蒸汽的相对流动方向可分为逆流、顺流、双逆流和混合流四种方式。顺流布置的对流过热器如图 6-41（a）所示，其蒸汽温度高的一端处在烟气的低温区，故管壁温度较低，管子安全性好。但顺流布置的对流过热器平均传热温差最小，传热性能较差，吸收同样的热量需要的受热面最大，不经济。因此，顺流布置常用在过热器的高温级。逆流布置的对流过热器如图 6-41（b）所示，其平均传热温差最大，传热性能最好，吸收同样的热量需要的受热面最小，经济性好。但蒸汽温度高的一端正处在烟气的高温区，故管壁温度较高，管子安全性差。因此，逆流布置常用在低温级。双逆流和混合流布置的对流式过热器如图 6-41（c）（d）所示，既利用了逆流布置传热性能好的优点，又将蒸汽温度的最高端避开了烟气的高温区，从而改善了蒸汽高温端管壁的工作条件。在现代高参数大容量锅炉中，高温对流式过热器作为整个过热器系统中的最后一级，有的还采用了如图 6-41（e）所示的两侧逆流、中间顺流的并联混合流布置方式。

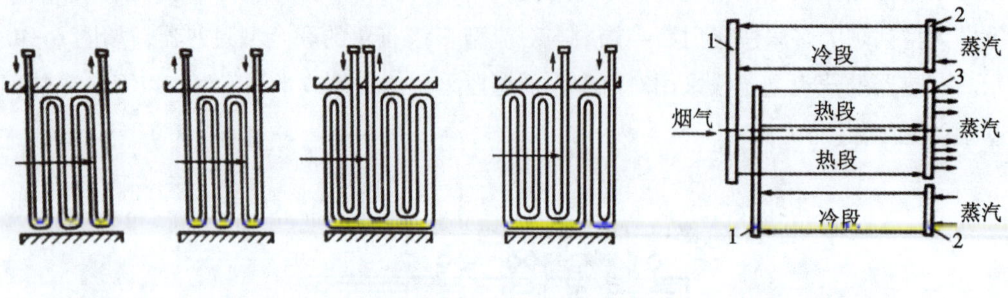

（a）顺流布置　（b）逆流布置　（c）双逆流布置（d）串联混合流布置　（e）并联混合流布置

图 6-41　对流式过热器按烟气与管内蒸汽相对流动方向的布置方式

1—中间联箱；2—进口联箱；3—出口联箱

对流式过热器在锅炉烟道内有立式与卧式两种布置方式。蛇形管垂直放置时称为立式布置，立式布置对流式过热器都布置在水平烟道内。蛇形管水平放置时称卧式布置方式，卧式布置对流式过热器布置在垂直烟道内。立式过热器的支吊结构比较简单，它用多个吊钩把蛇形管的上弯头钩起，整个过热器被吊挂在吊钩上，吊钩支撑在炉顶钢梁上，如图 6-42 所示，立式过热器通常布置在炉膛出口的水平烟道中。卧式过热器的支吊结构比较复杂，蛇形管支撑在定位板上，定位顶板与底板固定在有工质冷却的受热面（如省煤器出口联箱引出的悬吊管）上，悬吊管垂直穿出炉顶墙，通过吊杆吊在锅炉顶钢梁上，卧式过热器通常布置在尾部竖井烟道中。立式过热器的支吊结构不易烧坏，蛇形管不易积灰，但是停炉后管内存水较难排出，升温时由于通汽不畅，易导致管子过热。卧式过热器在停炉时蛇形管内存水排出简便，但是容易积灰。

对流式过热器受热面由很多并联蛇形管组成，这些蛇形管有顺列和错列两种排列方式。蛇形管在高参数大容量锅炉中采用较大的管径，有 51，54，57 mm 等规格。壁厚由强度计算决定，通常为 3~9 mm。在其他条件相同时，错列管的传热系数比顺列管的高，但管间易结渣，吹扫比较困难，同时支吊也不方便。国产锅炉的过热器一般在水平烟道中采用立式顺列布置，在尾部竖井中则采用卧式错列布置。目前，大容量锅炉的对流管束趋于全部采用顺列布置，以便于支吊，避免结渣和减轻磨损。

蛇形管的管径与并联管数应适合蒸汽质量流速要求。由于锅炉宽度不能随着锅炉容量成正比增大，大容量锅炉为了使对流过热器与再热器有合适的蒸汽流速，常做成双管

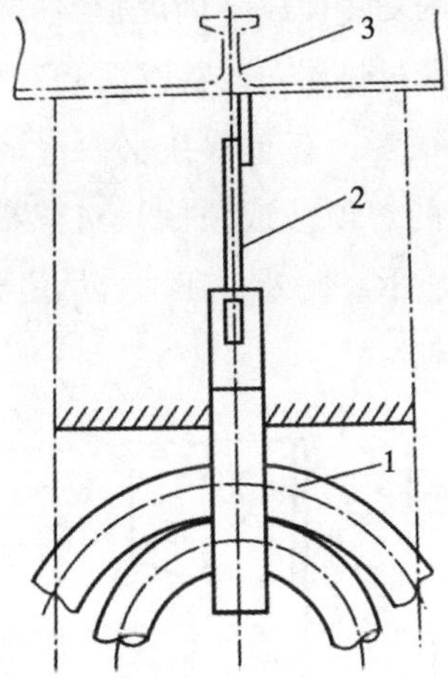

图 6-42　立式过热器的支吊结构示意图

1—过热器蛇形管上弯头；2—吊钩；3—炉顶横梁

圈、三管圈甚至更多的管圈，以增加并联管数，如图 6-43 所示。

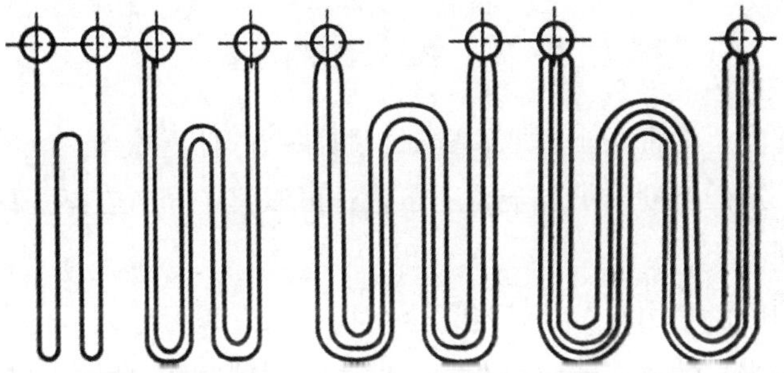

（a）单管圈（b）双管圈　（c）三管圈　（d）四管圈

图 6-43　蛇形管的管圈数

通过对流式过热器的烟气流速由防止受热面的积灰、磨损、传热效果和烟气流动压力降等诸因素决定。烟气流速与煤的灰分含量、灰的化学成分组成与颗粒物理特性等有关，还与锅炉型式、受热面结构有关。选取合理的烟气流速，既有较好的传热效果，又能防止受热面的磨损和积灰。为了防止管束积灰，额定负荷对流受热面的烟气流速不宜低于 6 m/s；为了防止磨损，应限制烟气流速的上限。在靠近炉膛出口烟道中，烟气温度较高，灰粒较软，受热面的磨损不明显，煤粉炉可采用 10~14 m/s 的流速，当烟气温度降至 600~700 ℃以下时，灰粒变硬，磨损加剧，烟气流速不宜高于 9 m/s。

2. 辐射式过热器

布置在炉膛内，以吸收炉膛辐射热为主的过热器称为辐射式过热器。在高参数大容量再热锅炉中，蒸汽过热及再热的吸热量占的比例很大，而蒸发吸热所占的比例较小。

因此，为了在炉膛中布置足够的受热面以降低炉膛出口烟气温度，就需要布置辐射式过热器。在大型锅炉中布置辐射式过热器对改善汽温调节特性和节省金属消耗是有利的。

辐射式过热器的布置方式很多，有布置在水冷壁墙壁上的墙式过热器，布置在炉膛、水平烟道和垂直烟道顶部的炉顶（或顶棚）过热器，布置在炉膛上部靠近前墙的前屏过热器，如图 6-44（a）所示。此外，在垂直烟道和水平烟道的侧墙上布置了大量贴墙的包墙管（包覆管）过热器。

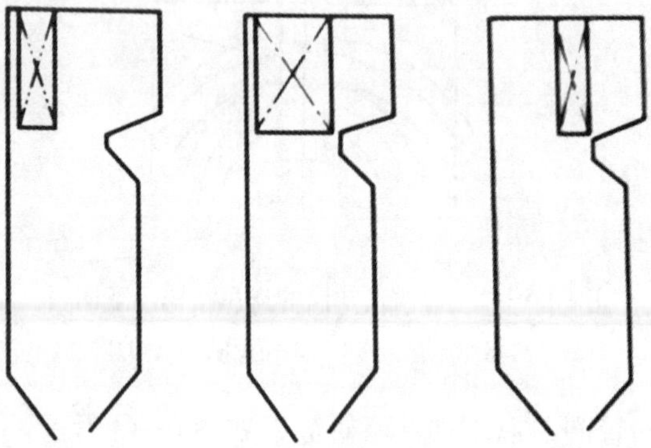

（a）前屏　　（b）大屏　　（c）后屏

图 6-44　屏式过热器的类型

墙式过热器的管子通常是垂直地布置在炉膛四壁的任一墙面上，可以仅在炉膛上部布置，也可以按一定的宽度沿炉膛全高度布置；可以集中布置在某一区域，也可以与水冷壁管子间隔排列。

现在大型锅炉广泛采用平炉顶结构，全炉顶上布置顶棚管式过热器，吸收炉膛及烟道内的辐射热量。水平烟道、转向室及垂直烟道的四周壁面也都布置包墙管过热器，又称包覆管。由于贴墙壁的烟气流速极低，包墙管过热器所吸收的对流热量很少，主要吸收辐射热，故亦属于辐射过热器。

墙式过热器、炉顶过热器及包覆管过热器一般都采用膜式受热面结构，使整个锅炉的炉膛、炉顶及烟道周壁都由膜式受热面包覆，简化了炉墙结构，减轻了炉墙重量，并减少了炉膛烟道的漏风量。过热器膜式受热面的管径、鳍片宽度及金属材料等由受热面的热负荷、蒸汽在管内流动的质量流速、管壁金属工作温度等通过计算选取。墙式过热器一般选用内径为 40 mm 左右的管子作受热面。

3. 半辐射式过热器

由图 6-44 可知，屏式过热器有前屏、大屏及后屏三种。大屏或前屏过热器布置在炉膛前部，屏间距较大，屏数较少，吸收炉膛内高温烟气的辐射传热量。后屏过热器布置在炉膛出口处，屏数相对较多，屏间距相对较小，它既吸收炉膛内的辐射传热量，又吸收烟气冲刷受热面时的对流传热量，故称半辐射式过热器。

半辐射式过热器的热负荷很高，特点是各并列的结构尺寸和受热条件差异较大，管间壁温可能相差 80~90 ℃，往往成为锅炉安全运行的薄弱环节，除采取与辐射式过热器相类似的安全措施外，同时烟气流速应控制在 5~6 m/s。

（三）再热器型式、布置和结构

与过热器一样，再热器按照传热方式分为对流式再热器、辐射式再热器和半辐射式再热器三种基本形式。

再热器实际上相当于中压蒸汽的过热器，但再热器温度实际上比中压蒸汽温度高很多。再热器以对流型为主，并位于高温对流型过热器之后烟气温度较低处，因为再热蒸汽压力较低，蒸汽密度小，放热系数较低，蒸汽比热容也较小，受热面管壁金属温度比过热器更高。但是有些锅炉的部分低温蒸汽段再热器采用辐射型，布置在炉膛上部吸收炉膛的辐射热。

对流式再热器的结构与对流式过热器的结构相似，也是由许多并列的蛇形管和进、出口联箱组成的。对流式再热器布置在高温对流过热器之后的烟道中。对流式再热器也有高温对流再热器和低温对流再热器两种。高温对流再热器一般采用立式、顺流布置在水平烟道内，低温对流再热器一般采用卧式、逆流布置在垂直烟道内。

辐射式再热器一般采用墙式布置，布置在炉膛上部的前墙和两侧墙的上前侧，由于受热面热负荷较大，因此多作为低温再热器。

半辐射式再热器则采用屏式，一般布置在后屏过热器之后。

在超高压锅炉上一般只采用对流式再热器，在亚临界及以上压力的锅炉中则多采用“墙式辐射再热器—屏式半辐射再热器—对流再热器”多级串联组合式再热器。图6-45所示为亚临界压力 2008 t/h 汽包锅炉的过热器、再热器系统结构及布置示意图。

（四）过热器、再热器的汽温特性

汽温特性是指过热器或再热器出口蒸汽温度与锅炉负荷之间的关系，即 $t=f(D)$。不同型式的过热器和再热器，其汽温特性也不同。

1. 过热器的汽温特性

对流式过热器的汽温特性是：出口汽温随锅炉负荷的增大而升高；反之，锅炉负荷减小，则出口汽温降低。如图 6-46 所示。

当锅炉负荷增大时，一方面，燃料量和空气量均增加，燃烧产生的烟气量随之增加，炉膛出口的烟气温度和烟气流速也相应升高，使对流式过热器的传热温差和传热系数都增大，对流传热量增加；另一方面，流经对流式过热器的蒸汽流量也相应增大。但对流传热量增加幅度大于蒸汽流量的增加幅度，故单位质量过热蒸汽的吸热量增大，出口汽温升高。从图 6-46 中曲线 a 可见，对流式过热器进口烟温越低，即离炉膛出口越远，辐射传热影响越小，汽温随负荷增加而升高的幅度也越大。

辐射式过热器的汽温特性与对流式过热器相反，即锅炉负荷增大时，出口汽温降低；反之，锅炉负荷减小时，出口汽温升高。如图 6-46 中曲线 b 所示。原因是：当锅

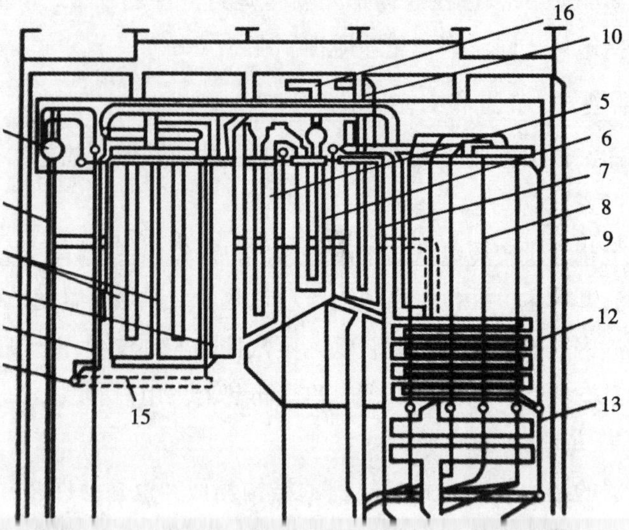

图 6-45　亚临界压力 2008 t/h 汽包锅炉的过热器、再热器系统结构及布置示意图

1—汽包；2—下降管；3—分隔屏过热器；4—后屏过热器；5—后屏再热器；6—高温再热器；7—高温过热器；8—悬吊管；9—包覆管；10—过热蒸汽出口；11—墙式辐射再热器；12—低温过热器；13—省煤器；14—再热蒸汽进口；15—侧墙辐射再热器；16—再热蒸汽出口

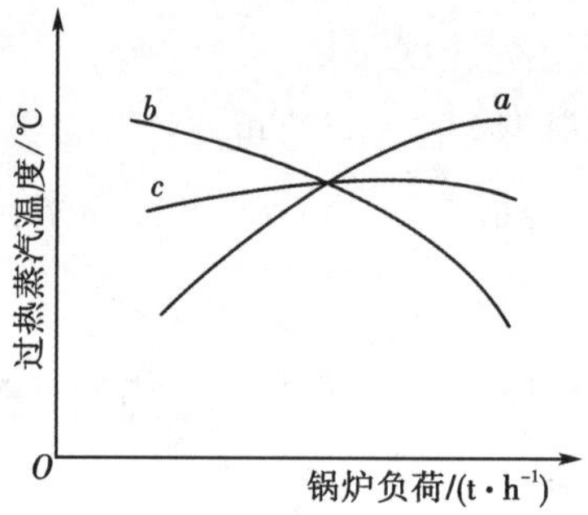

图 6-46　过热器的汽温特性

a—对流式过热器；*b*—辐射式过热器；*b*-*c*—半辐射式和组合式过热器

炉负荷增大时，一方面，燃料量增加后，炉膛内平均温度升高，使辐射传热量增加；另一方面，流经辐射过热器的蒸汽流量也相应增大，但蒸汽流量增大幅度大于辐射传热量增加的幅度，使单位质量的蒸汽吸热量减小，出口汽温降低。

半辐射式过热器由于兼有辐射和对流两种传热方式，因此其汽温特性比较平稳。一般情况下，半辐射式过热器中对流吸热的成分稍大些，故汽温特性近似于对流特性，如图 6-46 中曲线 *c* 所示。

对于“辐射-半辐射-对流”组合式过热器，若配合和布置恰当，就可以获得比较平稳的汽温特性。其汽温特性与半辐射式过热器相似。

2. 再热器的汽温特性

再热器的汽温特性与过热器的汽温特性基本相似，但再热器汽温随负荷变化的幅度比过热器汽温随负荷变化的幅度大。因为负荷变化时，再热器入口汽温也要发生变化。以对流式再热器为例，当负荷降低时，再热器入口汽温（高压缸的排汽温度）也要降低，这就使负荷降低时再热汽温的下降比对流式过热器出口汽温的下降严重。相反，辐射式再热器汽温随负荷降低而升高要平缓些。

对于“辐射-半辐射-对流”组合式再热器，同样可以得到平缓的汽温特性。例如300 MW亚临界压力锅炉采用“墙式辐射再热器、屏式半辐射再热器和高温对流再热器”组合式再热器系统，锅炉负荷在50%至额定负荷范围变化时，再热汽温都能维持在额定值。

上述汽温特性是机组在定压运行（即外界负荷变化时，蒸汽参数保持不变，机组负荷的改变依靠改变汽轮机的调节汽门的开度，以改变汽轮机进汽量的方法来调整）时的汽温特性。

运行中除了锅炉负荷变化会对过热蒸汽温度和再热蒸汽温度产生影响外，锅炉其他运行工况变化也会影响到过热器出口汽温和再热器出口汽温。如炉膛出口过量空气系数、锅炉各处漏风系数、燃料性质、燃烧器运行方式及配风、给水温度等参数变化都将影响到过热汽温和再热汽温。

二、热偏差

（一）热偏差的概念

过热器与再热器都是由许多并列管子组成的管组，而各根管子由于结构和运行条件不可能完全相同，造成各管子中蒸汽的焓增量不同，这样，各管的蒸汽温度和管壁温度就有高有低。这种在并列工作的管组中，部分管内蒸汽的焓增大于整个管组平均焓增的现象称为热偏差。这些焓增大、温度高的管子叫热偏差管。热偏差管中，蒸汽的焓增量$\Delta h_{\rm p}$与整个管组蒸汽的平均焓增量$\Delta h_{\rm pj}$之比，称为热偏差系数φ，即

$$\varphi=\frac{\Delta h_{\rm p}}{\Delta h_{\rm pj}} \tag{6-10}$$

热偏差系数（φ）反映了过热器、再热器的热偏差程度。φ越大，则热偏差程度越大，即热偏差管内蒸汽温度和管壁温度越高。严重的时候，热偏差管的壁温甚至超过管材的允许温度，造成高温损坏，从而严重威胁锅炉安全运行。因此，对热偏差问题必须予以足够的重视，应防止热偏差过大。

（二）热偏差产生的原因

过热器、再热器内工质的焓增等于每千克蒸汽的吸热量。其大小取决于受热面的热负荷、受热面面积和管内蒸汽流量，即

$$\Delta h = \frac{QA}{D} \quad \text{kJ/kg} \tag{6-11}$$

式中，Q ——受热面热负荷，$kJ/(m^2 \cdot s)$；

A ——每根管子的受热面面积，m^2；

D ——并列管子的工质流量，kg/s。

代入热偏差系数（φ）公式即式（6-10）中可得

$$\varphi = \frac{\Delta h_{p}}{\Delta h_{pj}} = \frac{\dfrac{Q_{p}A_{p}}{D_{p}}}{\dfrac{Q_{pj}A_{pj}}{D_{pj}}} = \frac{\dfrac{Q_{p}}{Q_{pj}}\dfrac{A_{p}}{A_{pj}}}{\dfrac{D_{p}}{D_{pj}}} = \frac{\eta_Q \eta_A}{\eta_D} \tag{6-12}$$

式中，η_Q ——热负荷不均匀系数；

η_A ——结构不均匀系数；

η_D ——流量不均匀系数。

可见，热偏差系数与热负荷不均匀系数和结构不均匀系数成正比，与流量不均匀系数成反比。

对于大多数过热器和再热器，并列工作的管子之间受热面积差异很小，即结构不均匀造成热偏差的影响很小。因此，产生热偏差的主要原因就是烟气侧的热负荷不均匀（受热不均）和蒸汽流量不均匀。显然，热负荷大的或蒸汽流量小的管子热偏差严重。

1. 烟气侧的热负荷不均匀

烟气侧的热负荷不均匀由炉内温度场与烟气速度场的不均匀造成，而在锅炉设计、安装和运行中均可能形成这种不均匀。

锅炉炉膛很宽，炉膛四壁通常都布置有水冷壁，烟气温度场与速度场存在不均匀，炉膛中部的烟温和烟速比炉壁附近的高，在炉膛出口处的对流换热沿宽度的热负荷不均匀系数一般达 1.2~1.3。烟道内沿宽度方向热负荷的分布如图 6-47 所示，烟气温度场和速度场均保持中间高、两侧低的分布情况。

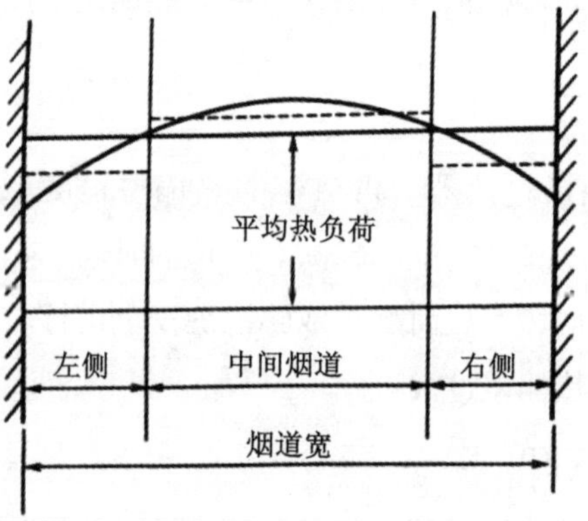

图 6-47　沿烟道宽度方向热负荷分布曲线

对流换热管排间的横向节距不均匀时，个别节距较大的管排间具有较大的烟气流通截面，称为烟气走廊。该处烟气流速快，加强了对流传热量；烟气走廊还具有较大的烟气辐射层厚度，加强了辐射传热量。因此，烟气走廊中的受热面热负荷不均匀系数较大。

屏式过热器在接受炉膛的辐射热中，同一屏的各排管子的角系数沿着管排的深度不断减小，如图 6-48 所示。因此，屏式过热器各排管子的热负荷有很大区别，面对炉膛的第一排管子角系数较大，热负荷最高。

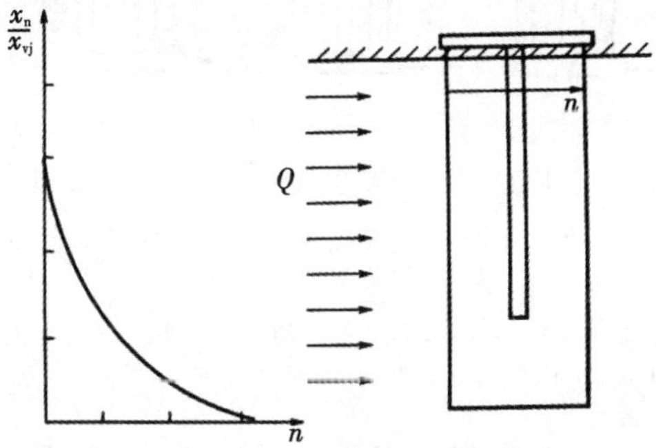

图 6-48　屏管沿管排的深度角系数的变化

在锅炉燃烧器采用四角布局时，在炉膛内会产生旋转的烟气流，在炉膛出口处，烟气仍有旋转，两侧的烟温与烟速存在较大区别，烟温差可达 100 ℃以上，即所谓“扭转残余”。烟气流的扭转残余也会引起烟气侧热负荷的不均匀。

此外，运行中炉膛的火焰偏斜、各燃烧器负荷不对称、煤粉与空气流量分布不均匀、炉膛结渣和积灰等，都会引起并联管壁面热负荷偏差。

2. 蒸汽流量不均匀

影响管内工质流量的主要因素是管圈进、出口压降，阻力特性，工质密度等。

（1）管圈进、出口压降。

在过热器进、出口联箱中，蒸汽引入、引出的方式不同，各并列管圈的进、出口压降就不一样。压降大的管圈蒸汽流量大，因而造成流量不均。

图 6-49 所示为过热器联箱采用不同连接方式对联箱中压力分布的影响。蒸汽从进口联箱左端引入，从出口联箱右端引出的连接方式，称为 Z 型连接。在进口联箱中，沿联箱长度，由于蒸汽不断分配给并列管圈而蒸汽流量逐渐减少，蒸汽流速逐渐减低，部分动压转变为静压，因此静压逐渐升高。在出口联箱中，沿着蒸汽流向，速度逐渐升高，部分静压转变为动压，因此静压逐渐降低。进、出口联箱中的压力分布如图 6-49（a）所示。

图 6-49（a）中，上下两根曲线分别表示进、出口联箱中压力的变化，两曲线之差即为各并列管圈进、出口压降。由图可以看出，各并列管圈进出口压降有很大差异，左

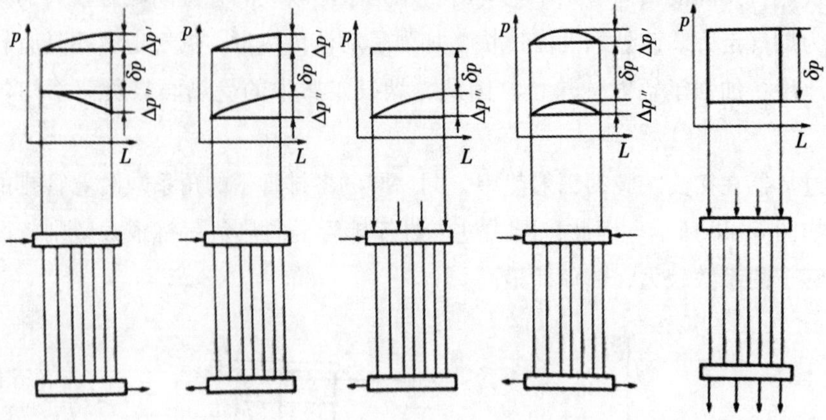

（a）Z 型　（b）Π 型　（c）多点引入型　（d）双 Π 型　（e）多点引入引出型

图 6-49　不同连接方式联箱的压力分布示意图

侧管圈压降小，流量也小；右侧管圈压降大，流量也大。Z 型连接方式各并列管圈的蒸汽流量偏差最大。

各种连接方式联箱的压力分布特性表明，图 6-49（b）所示的 Π 型连接各并列管圈的流量分配比 Z 型连接均匀得多；图 6-49（d）所示的双 Π 型又比 Π 型的好；流量分配最均匀的是图 6-49（e）所示的多点引入引出型，但这种连接系统耗钢材较多，布置比较困难。

（2）管圈的阻力特性。

管圈阻力特性常数 R 可用式（6-13）表示：

$$R=\left(\sum\xi+\frac{\lambda}{d}L\right)\frac{1}{2A^2} \tag{6-13}$$

式中，$\sum\xi$ ——管圈局部阻力系数总和；

λ ——沿程摩擦阻力系数；

d ——管子内径，m；

L ——管子长度，m；

A ——管内工质流通断面积，m^2。

可见，管圈阻力特性常数与管子的结构尺寸和安装检修质量有关，如管子的长度、内径、粗糙度、弯曲度、弯头数目不一样，或者管内有焊瘤等。管子越长、内径越小、管内越粗糙、弯头数目越多，管子的阻力越大。阻力大的管子，蒸汽流量小；阻力小的管子，蒸汽流量大。流量小的管子是热偏差管。

对于屏式过热器最外管圈，其管子长，阻力大，蒸汽流量小。因此，其最外管圈既是热负荷不均的热偏差管，又是蒸汽流量不均的热偏差管。

（3）工质密度。

工质密度越小，管内工质流量也越小。当热负荷不均匀时，还会引起蒸汽流量不均匀。因为热负荷高的管子吸热多，蒸汽温度高、密度小，蒸汽流动阻力增加，使流量减少，进一步加大了热偏差程度。

（三）减小热偏差的措施

现代大型锅炉由于几何尺寸较大，炉膛、烟道的烟气流通断面积大，不但烟气温度很难分布均匀，炉膛出口烟温偏差可达 200~300 ℃，而且烟气速度也很难分布均匀；而过热器、再热器并列管圈多，面积大，系统复杂；过热蒸汽、再热蒸汽的焓增大，个别管圈汽温偏差可达 50~70 ℃，严重时可达 100~150 ℃。从上述对热偏差产生的原因分析可知，要完全消除热偏差是不可能的。为了保证过热器、再热器的安全运行，应尽量减小热偏差程度，把壁温控制在允许的范围内。减小热偏差一般从设计结构和运行操作两方面采取措施。

1. 从设计结构方面采取减小热偏差的措施

（1）受热面分级、级间混合。

将整个过热器系统分成串联的几级，每级都有自己的进、出口联箱。这样在各级之间利用联箱使蒸汽充分混合，以消除上级产生的热偏差，从而使每一级的热偏差都被控制在规定的范围内，保证了受热面的安全。级分得越多，每级的热偏差就越小，但系统越复杂，阻力也越大。通常中压锅炉的过热器分成两级，级间混一次；高压锅炉将过热器分成三级或四级，级间混合两次或三次；超高压及以上压力锅炉将过热器分成四级、五级或更多。再热器一般分成两级或三级。将每级的焓增控制在 250~420 kJ/kg。末级过热器和再热器由于蒸汽温度高，比热容小，对热偏差敏感，因此焓增一般不超过 160~300 kJ/kg。

（2）两级间蒸汽进行左右交换流动。

利用蒸汽连接管或中间联箱将烟道两侧的蒸汽进行左右交换，可以减小沿烟道宽度热负荷不均匀造成的热偏差，如图 6-50 所示。

为了减小烟道中间和烟道两侧热负荷不均而产生的热偏差，可将烟道两侧受热面与中间受热面中的蒸汽进行交换。烟道两侧的受热面组成一级（冷段），中间的受热面组成一级（热段）。冷段左侧的蒸汽被送往热段右侧，冷段右侧的蒸汽被送往热段左侧。这样不仅两侧与中间的受热面进行了蒸汽交换，而且两级间左右侧的蒸汽也进行了交换。

（3）采用较好的联箱引入、引出管的连接方式。

由前面分析产生热偏差的原因可知，在进出口联箱的连接方式中，Z 型连接方式引起的并列管子的流量不均匀是最明显的，因此应避免采用此种连接方式，尽量采用流量分配均匀的 Π 型、双 Π 型以及多点引入引出型等连接方式。

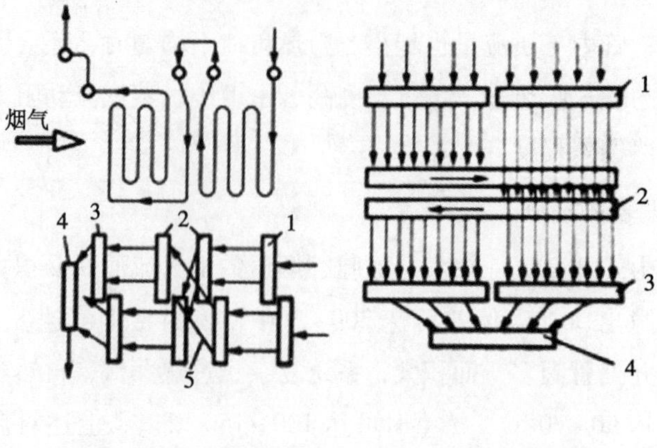

（a）利用蒸汽连接管进行交换　（b）利用中间联箱进行交换

图 6-50　蒸汽左右交换流动的连接系统示意图

1—进口联箱；2—中间联箱；3—出口联箱；4—集汽联箱；5—蒸汽连接管

（4）采用定距装置。

采用定距装置的目的是使屏间距离及管间横向节距相等，避免形成“烟气走廊”。

（5）减小屏式过热器的热偏差。

从前面分析热偏差产生的原因可知，屏式过热器最外管圈既是热负荷不均匀造成的热偏差管，又是流量不均匀产生的热偏差管，因此要特别注意改善外管圈的工作条件。屏式过热器除外管圈用耐高温钢材及采用中间混合和交换流动外，还可从屏本身结构上采取措施，以减小外管圈的流动阻力或改善其受热情况。如图 6-51 所示。

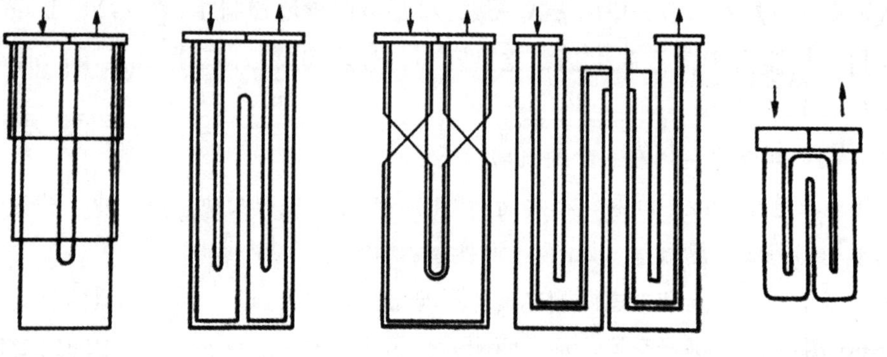

（a）外管圈截短　（b）外管圈短路（c）内外管圈交叉　（d）内外管圈屏交换　（e）W 形管屏

图 6-51　减小屏式过热器外圈管热偏差的方法

① 外管圈截短或短路，见图 6-51（a）（b）。目的是缩短外管圈的长度，减少流动阻力，以增加管内蒸汽流量。

② 外管圈与内管圈交换位置，见图 6-51（c）（d）。此方法可使各并列管的受热情况和流量分配趋于均匀，因而减小了热偏差。

③ 用双 U 形管屏取代 W 形管屏，见图 6-51（b）。与 W 形管屏相比较，双 U 形管

屏将管子分成两段，不但缩短了管子的长度，同时增加了一次中间混合，从而减小了热偏差。

2. 从运行操作方面采取减小热偏差的措施

在锅炉运行中应进行正确的调整操作，以减小烟气侧的热负荷不均匀，从而减小热偏差。

（1）正确地进行燃烧调整，保证燃烧稳定；燃烧器负荷均匀，尽量对称投入、切换合理；保持正常的火焰中心位置，防止火焰中心过分偏斜；保持良好的炉内动力工况。

（2）建立、健全吹灰制度。定时吹灰，及时打渣，减小因局部积灰或结渣引起的热负荷不均匀。

三、蒸汽温度调节

（一）蒸汽温度调节的意义及要求

蒸汽温度包括过热蒸汽温度和再热蒸汽温度，它是衡量蒸汽质量的重要指标之一，也是锅炉运行中监视和控制的主要参数之一。蒸汽温度偏离规定值或频繁大幅度波动，都将严重影响到锅炉和汽轮机的安全、经济运行。

当蒸汽温度过高，超过设备部件的允许工作温度时，将加速钢材的高温蠕变，使设备寿命缩短，例如12Cr1MoV合金钢壁温在585 ℃约有10万小时的持久强度；而温度达到593 ℃时，持久强度则不到3万h。若严重超温，将会因为材料的强度急剧下降导致过热器或再热器超温爆管。此外，严重超温时，还将使汽轮机的汽缸、主汽门、调节汽门以及前几级喷嘴和叶片等部件的机械强度降低，部件温差热应力、热变形增大，而导致设备损坏或使用寿命缩短。

当蒸汽温度过低时，将使电厂的循环热效率降低，汽耗率增大，例如蒸汽压力在12~25 MPa，过热蒸汽出口温度每降低10 ℃，循环热效率下降0.5%。此外，再热蒸汽温度的降低，还可能使汽轮机末几级叶片的蒸汽湿度增大，造成叶片冲蚀，影响其安全运行。蒸汽温度降低时，做功能力下降，此时若要维持机组功率不变，则必须增大蒸汽流量，汽轮机调节级理想焓降减少，末级理想焓降增大，这样，汽轮机末级叶片的弯应力将随蒸汽流量和理想焓降的增大而明显增大，严重时末级叶片的弯应力将超过允许值而造成损坏。如果蒸汽温度大幅度快速下降，将使汽轮机的金属部件产生过大的热应力、热变形，甚至造成动静部件摩擦。更严重时会发生汽轮机水击事故，使汽轮机轴向推力过大，推力轴承严重损坏。

蒸汽温度频繁地大幅度波动，将造成金属部件的疲劳损坏和汽轮机的汽缸与转子间的胀差增大，严重时会使汽轮机发生剧烈振动，威胁汽轮机的安全运行。

由上述分析可知，运行中必须维持过热蒸汽温度和再热蒸汽温度的稳定。正常情况下，允许波动范围是额定汽温的-10~5 ℃。

虽然锅炉在结构设计上尽可能采用合理方案以减少工况变动对蒸汽温度的影响，但运行工况变化复杂，影响蒸汽温度变化的因素很多，很难保证过热蒸汽和再热蒸汽温度稳定在额定值。因此，为了满足蒸汽温度的要求，保证锅炉、汽轮机等热力设备的安全、经济运行，锅炉必须有合理的汽温调节方法和装设可靠的汽温调节装置。

对汽温调节装置的基本要求是：在一定的负荷范围内（一般为60%~100%）保持额定的蒸汽温度；调节后的蒸汽温度稳定，波动小；蒸汽温度调节比较均匀，偏差小；对电厂热效率影响小；调节装置结构简单，运行可靠；设备调节灵敏，过程连续，便于实现自动控制；体积小，质量轻，价格便宜。

（二）蒸汽温度调节原理与调节设备

蒸汽温度的调节方法很多，可以分为蒸汽侧调节和烟气侧调节两大类。蒸汽侧调节是指通过改变蒸汽的焓值来调节蒸汽温度，烟气侧调节是指通过改变流经受热面的烟气量或通过改变炉内辐射受热面和对流受热面的吸收量份额来调节蒸汽温度。蒸汽侧调节方法有喷水减温器法、汽-汽热交换器法、蒸汽旁通法等，烟气侧调节方法有烟气再循环、烟气挡板、调节燃烧火焰中心位置等。下面分别介绍几种不同的蒸汽温度调节方法。

1. 蒸汽侧调节

现代锅炉蒸汽侧调温方法基本上都采用喷水减温法。其工作原理是将减温水直接喷入蒸汽中，通过减温水吸收蒸汽热量来改变其焓值，使蒸汽温度降低。调节喷水量即可调节蒸汽温度。喷水减温器具有结构简单、操作方便、调温灵敏、调温范围大、易于实现自动调节的优点，因此，它是电厂锅炉过热蒸汽的主要调温手段。由于喷水减温方法只能降温，不能升温，这样过热器受热面积应满足在规定的最低负荷就能保证汽温在额定值，当负荷超过最低限时，随着蒸汽温度的升高，则投入减温器将蒸汽温度降至额定值，如图6-52所示。可见，采用喷水减温的方法需要多敷设一些过热器受热面，而使金属消耗量增大。

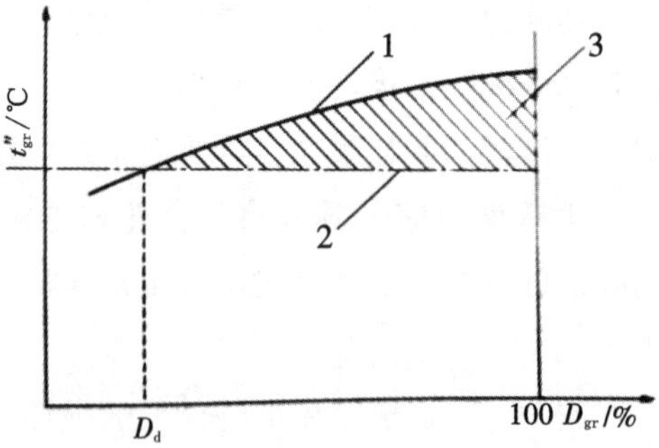

图6-52　减温器调节汽温原理图

1—汽温特性；2—额定汽温；3—减温器减温部分

喷水减温器布置在蒸汽联箱或某段蒸汽管道内。喷水减温器的结构形式很多，按喷水方式分为喷头式和管式减温器。目前常用的是多孔喷管式减温器和旋涡式喷嘴减温器。

（1）多孔喷管式减温器。

多孔喷管式减温器的结构如图 6-53 所示。减温器由外壳、多孔喷管、保护套管（汽水混合管）等组成，其安装在过热器联箱中或两级过热器之间的连接管道上。喷管形如“笛子”状，许多小孔（直径 5~7 mm，数目可多达 120 个）开在背向汽流方向的一侧。减温水从喷孔中以 3~5 m/s 的速度喷出（与汽流方向一致）并雾化，再与蒸汽混合。为了避免温度较低的减温水与高温联箱壁或管壁直接接触，引起局部热应力，在喷管出口后沿蒸汽流向安装了保护套管。由于其雾化质量较差，因此保护套管较长。为防止悬臂振动，喷管采用上下两端固定。多孔喷管式减温器结构简单，制造、安装方便，调温效果好，因此广泛用在国产大型锅炉上。

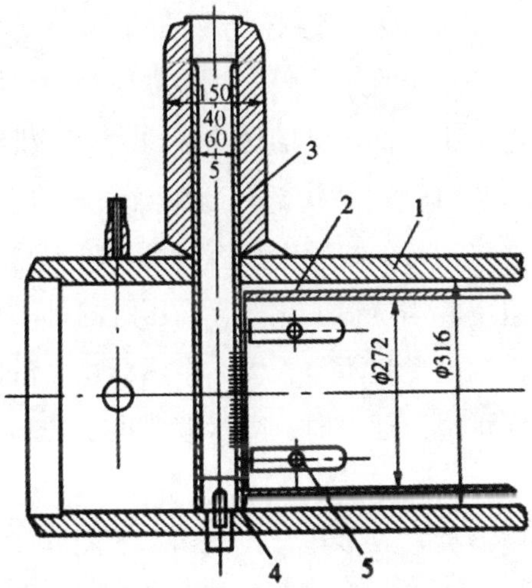

图 6-53　多孔喷管式减温器结构图（单位：mm）

1—外壳；2—混合管；3—多孔喷管；4—端盖；5—加强片

（2）旋涡式喷嘴减温器。

旋涡式喷嘴减温器结构如图 6-54 所示。主要由喷嘴、文丘里管和混合管组成。减温器多布置在两级过热器之间的连接管道上。减温水经旋涡喷嘴喷出雾化后顺汽流方向流动，在文丘里管喉部与高速（70~120 m/s）蒸汽混合，水滴很快汽化并过热，使过热蒸汽的温度降低。为延长减温水与过热蒸汽的混合时间，防止减温水直接喷射到蒸汽管道而造成热应力冲击，在文丘里管后为 4~5 m 长的混合管。在混合管与蒸汽管道之间留有 6~10 mm 的间隙。旋涡式喷嘴减温器中减温水雾化质量好，调温范围大，适应减温水量频繁变化的场合。

喷水减温器对减温水品质要求高，否则会污染蒸汽，使蒸汽品质降低。由于给水处

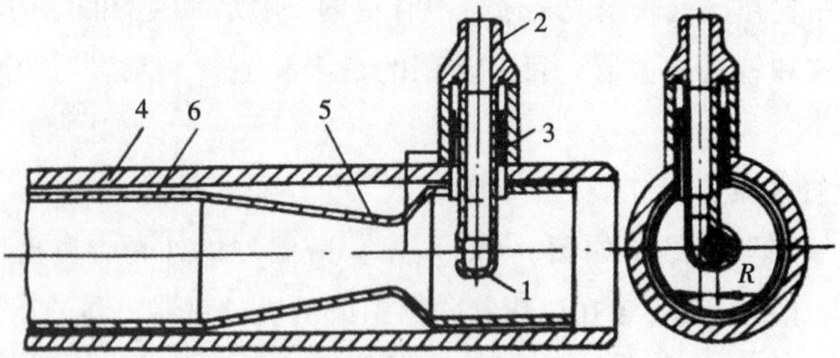

图 6-54　旋涡式喷嘴减温器结构图

1—旋涡式喷嘴；2—减温水管；3—支撑钢碗；4—蒸汽管道；5—文丘里管；6—混合管

理技术的发展，给水品质已经相当高了，所以现代大型电厂锅炉一般都采用给水作为减温水。从给水管路引一支管到减温器的减温点，利用给水与减温器的压差将喷水喷入减温器。一般设计喷水量为锅炉额定蒸发量的5%~8%，可使汽温下降50~60 ℃。

（3）微量喷水减温器和事故喷水减温器。

再热蒸汽温度的调节，一般不宜采用喷水减温器作为主要调节手段。因为喷水增加了再热蒸汽的流量，使汽轮机中、低压缸的做功量增大，若机组负荷一定，则必须减少高压缸的做功量，即用中压蒸汽做功替代部分高压蒸汽做功，降低机组的循环热效率。但这不是绝对的，例如在滑压运行的机组中，有时可用喷水减温作为再热蒸汽的主调手段。因为在滑压运行的机组中，当负荷变化时，高压缸的排汽温度几乎不变。因此，在正常负荷范围内，再热蒸汽温度变化不是很大，再热器喷水量比较少，对机组效率影响不大。在一定条件下，当锅炉滑压运行时，喷水减温也会是一种比较经济而又可靠的调温方式。

微量喷水减温器可采用喷嘴式或多孔管式结构。如图 6-55 所示的是采用莫诺克型喷嘴的微量喷水减温器结构，其主要由喷水装置和混合管组成。在背向汽流方向的一侧焊接两个莫诺克型喷嘴，使喷水方向与蒸汽流向一致。为了防止悬臂振动，喷嘴采用上下两端固定。混合管的作用是防止减温水直接与外壳接触而引起热应力。微量喷水减温器通常布置在高温再热器的连接管道内。由于再热蒸汽压力低，因此减温水一般来自给水泵的中间抽头。

事故喷水减温器布置在再热器进口管道上，当运行中发生再热汽温过高等情况时，投入事故喷水减温器，以降低再热蒸汽温度，对再热器进行保护。事故喷水减温器与微量喷水减温器的结构基本相同，但喷水量大。

（4）喷水减温器的布置。

喷水减温器不仅能调节蒸汽温度，还能使减温器后的受热面不超温。减温器布置在过热器系统中的不同位置，对调温的灵敏性和受热面的安全性影响就不同。

减温器在过热器系统中的位置，对过热器工作的影响如图 6-56 所示。当减温器布

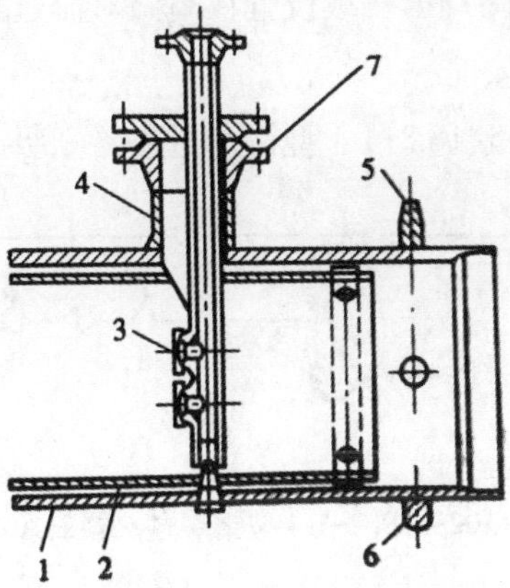

图 6-55　微量喷水减温器结构图

1—外壳；2—混合管；3—莫诺克型喷嘴；4，5，6—管接头；7—连接法兰

置在过热器进口端时，过热器内的蒸汽温度将沿着曲线 a—e—c—d 的方向逐渐升高。这种布置可以使整个过热器得到保护。但由于减温器后的过热器受热面很多，从减温水量变化到出口汽温改变需要的时间较长，调温的灵敏性差。而且喷水后饱和蒸汽变成湿蒸汽，湿蒸汽中的水滴很难均匀地分配到各并列管中，易产生较大的热偏差。当减温器布置在过热器出口端时，蒸汽温度将沿着曲线 a—b—f—d 的方向变化。此时虽然调温灵敏，但减温器前的汽温已大大超过额定温度，使部分受热面严重超温，过热器得不到保护。当减温器布置在过热器中间时，蒸汽温度将沿着曲线 a—b—c—d 的方向变化。此时既能保护高温段过热器，汽温调节也比较灵敏。

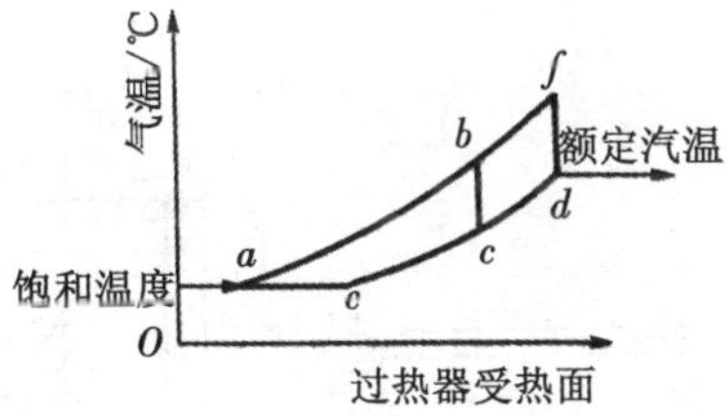

图 6-56　减温器位置的影响

综合上述分析，结合减温器的作用，减温器应布置在工作温度较高的受热面之前，以保证安全。同时在保证安全的前提下，减温器的位置应尽量靠近过热器出口，以减小汽温调节的时滞性。

现代大型锅炉的过热器系统复杂、分级较多，因此，减温器也采用两级或三级减温的布置方案。在两级减温布置方案中，一级减温器通常设置在后屏过热器之前，以保护后屏安全并对蒸汽温度进行粗调；二级减温器设置在高温对流过热器进口（或中间），作为细调，并保护高温对流过热器安全。在三级减温布置方案中，第一级设置在前屏过热器进口端，作为粗调，并保护前屏安全；第二级设置在前、后屏过热器之间，保护后屏安全并对蒸汽温度进行粗调；第三级设置在高温对流过热器进口，对蒸汽温度进行细调并保护高温对流过热器的安全。

图 6-57 所示为 DG-1025/18.2-II4 型锅炉过热器三级减温器布置情况。

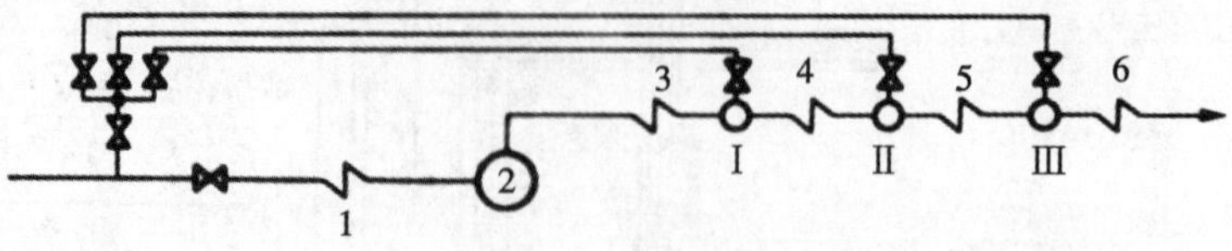

图 6-57　DG-1025/18. 2-II4 型锅炉过热器三级减温器布置情况

1—省煤器；2—汽包；3—低温对流过热器；4—前屏过热器；5—后屏过热器；6—高温对流过热器；
Ⅰ——级喷水减温器；Ⅱ—二级喷水减温器；Ⅲ—三级喷水减温器

（5）汽-汽热交换器。

汽-汽热交换器用于调节再热汽温，它通过使用过热蒸汽来加热再热蒸汽，从而达到调节再热汽温的目的。根据布置方式的不同，汽-汽热交换器有烟道外布置和烟道内布置两种类型。

布置在烟道外的汽-汽热交换器有管式和筒式两种，如图 6-58 所示。管式热交换器采用 U 形套管结构，过热蒸汽在小管内流动，再热蒸汽在管间流动。筒式热交换器是在 $\phi800 \sim \phi1000$ 的圆筒内设置了 U 形管，再热蒸汽在筒内多次横向迂回冲刷，具有更高的传热系数。例如 670 t/h 自然循环锅炉，采用筒式热交换器时只需 4 台，而采用管式热交换器时需要 48 台，金属耗量可减少 45%。

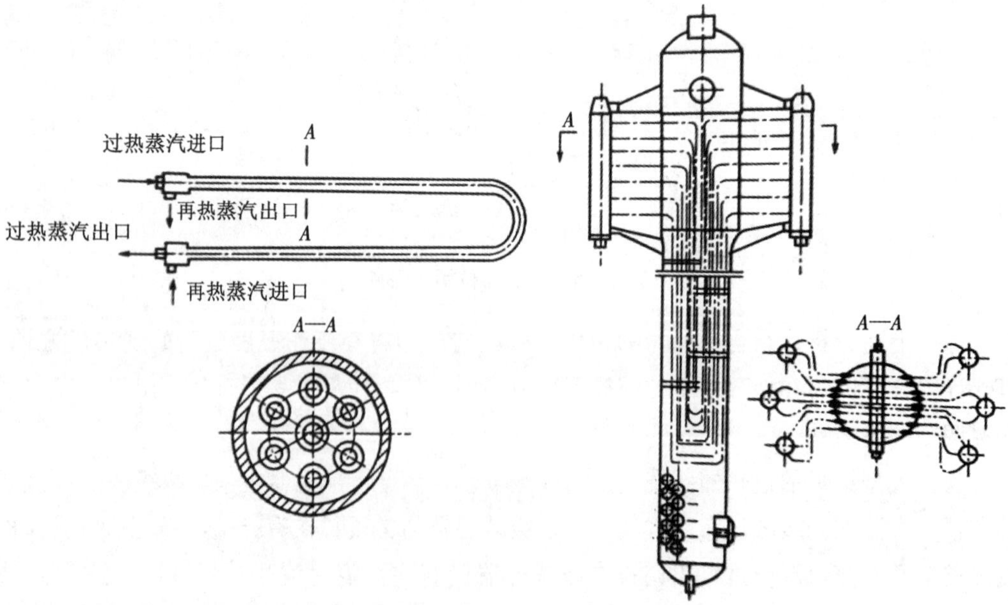

图 6-58　外置式汽-汽热交换器结构图

布置在烟道内的汽-汽热交换器采用管套管结构。过热蒸汽在内管中流动，再热蒸汽在管间流动，管外受烟气加热。这种热交换器的制造工艺较高，穿墙管的数量较多，锅炉气密性较差。

汽-汽热交换器适用于以辐射过热器为主的锅炉中，由于此时过热蒸汽温度随负荷降低而升高，可用多余的热量来加热再热蒸汽。

2. 烟气侧调节

烟气侧调温原理是通过改变流经过热器、再热器的烟气流量或烟气温度，以改变烟气的放热量，从而改变蒸汽吸热量，来达到调节蒸汽温度的目的。烟气侧的调节虽然既可调节过热蒸汽温度，也可调节再热蒸汽温度，但一般作为调节再热蒸汽温度的主要手段。

（1）改变燃烧器倾角的汽温调节。

改变燃烧器倾角的汽温调节必须采用摆动式燃烧器。燃烧器的倾角在运行中可上下调节。倾角向上时，火焰中心位置上移，炉膛出口烟气温度升高；倾角向下时，火焰中心位置下移，炉膛出口烟气温度下降。炉膛出口烟气温度的变化改变了炉膛辐射传热量和烟道对流传热量的分配比例。由于再热器与过热器都是以对流传热为主的受热面，因而在调节倾角时，它们的吸热量发生了相应变化，出口汽温也随着改变。在相同的燃烧器倾角改变幅度下，受热面吸热量变化的大小主要取决于其布置位置，越靠近炉膛出口的受热面，其吸热量变化越大。

现代大型锅炉一般都用改变燃烧器倾角来调节再热蒸汽温度，在调节过程中，对过热蒸汽温度的影响用改变减温器的喷水量来修正。为了达到理想的蒸汽温度调节效果，在锅炉设计中应注意以下两点：一是再热器的主要受热面应尽可能布置在靠近炉膛出口处；二是燃烧器摆动角度与再热蒸汽温度的关系尽可能与再热器及过热器的负荷汽温特性匹配，以减少过热器的减温喷水量。

此外，改变燃烧器的倾角将会直接影响炉膛内的燃烧工况。燃烧器倾角向上摆动时，煤粉在炉内燃烧时间缩短，飞灰中炭量增加，还可能在炉膛出口处发生结渣；燃烧器向下摆动时，可能发生炉底冷灰斗结渣。一般燃烧器的倾角改变范围为±30°，在运行中应该根据燃烧工况确定倾角上限与下限值。

改变燃烧器倾角调节再热蒸汽温度的优点是调节方便、灵敏度高；缺点是锅炉热效率下降，炉膛出口可能发生结渣。

（2）烟气挡板调节。

烟气挡板调节蒸汽温度主要用于对再热蒸汽温度的控制，有旁通烟道和平行烟道两种，平行烟道又可分为再热器与省煤器并联和再热器与过热器并联两种。如图 6-59 所示。

烟气挡板调节蒸汽温度装置的原理是通过挡板改变流经再热器的烟气流量，使烟气侧的放热系数变化，从而改变其传热量，使其出口汽温随之变化。

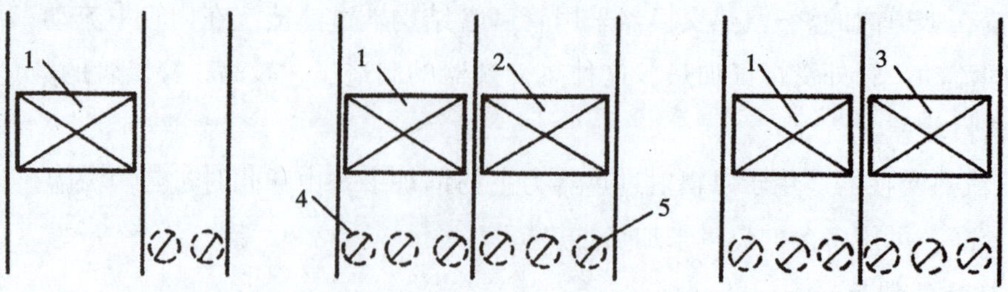

（a）旁通烟道　（b）再热器与过热器并联的平行烟道　（c）再热器与省煤器并联的平行烟道

图 6-59　烟气挡板调节蒸汽温度装置

1—再热器；2—过热器；3—省煤器；4，5—烟气挡板

对于旁通烟道式，当锅炉负荷降低时，烟气挡板开度关小，再热器烟气流量增多，再热蒸汽温度上升至额定值。由于旁通烟道气流通量减少，进入省煤器的烟气温度下降，省煤器吸热量减少，使过热蒸汽温度升高。旁通烟道方式的缺点是烟气挡板温度高，进入省煤器的烟气温度不均匀，有较大的烟温偏差。

再热器与省煤器并联方式的调节汽温原理与旁通烟道方式相似。再热汽温升高的同时，过热汽温也有所升高。但是它没有了旁通烟道的缺点，挡板位于烟温较低处，下级省煤器的进口烟温比较均匀。

再热器与过热器并联方式挡板调节汽温的原理如图 6-60 所示。锅炉负荷降低时，再热器侧挡板开大，过热器侧挡板关小，再热器烟气流量增加，过热器的烟气流量减小，前者使再热蒸汽温度升高，后者使过热蒸汽温度下降，形成反相调节。在调节负荷范围内过热蒸汽温度都高于额定值，再用减温器降低其温度至额定值。

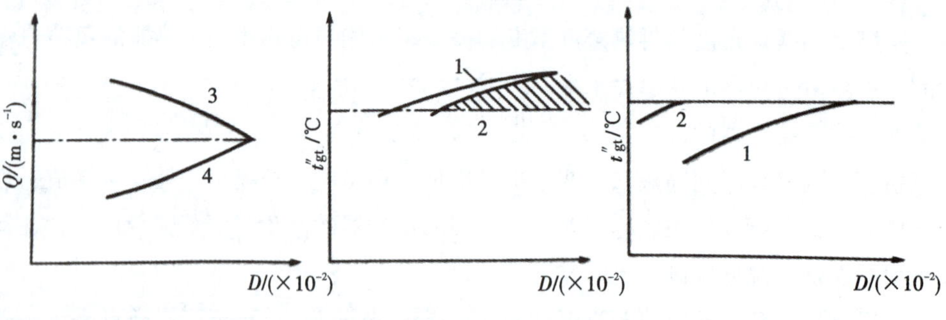

（a）再热器与过热器烟气流量变化　（b）过热汽温特性　（c）再热汽温特性

图 6-60　再热器与过热器并联方式挡板调节汽温原理

1—调节前汽温；2—调节后汽温；3—再热器烟气流通量；4—过热器烟气流通量

（3）烟气再循环。

烟气再循环是利用再循环风机将省煤器后的部分烟气（为 250~350 ℃）抽出，再从冷灰斗下部或靠近炉膛出口处送入炉膛，以改变锅炉辐射和对流受热面的吸热量，从而达到调节汽温的目的，如图 6-61 所示。

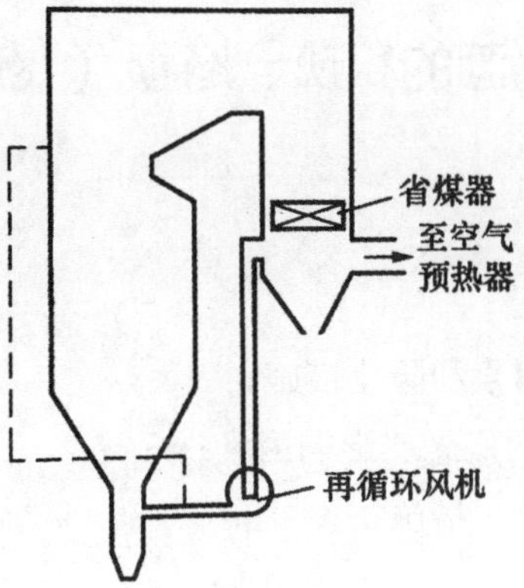

图 6-61　烟气再循环调温示意图

在低负荷运行时，烟气从炉膛下部入口送入，起调温的作用。当低温再循环烟气从炉膛下部送入炉膛后，炉膛内的温度水平会降低，使炉内辐射吸热量减少，而炉膛出口烟温变化不大。在对流受热面中，因为烟气量增加，对流吸热量将增加，使蒸汽温度升高。而且离炉膛出口越远，对流吸热量增加就越显著。这是因为在炉膛出口附近的高温对流受热面中，只是烟气量增加了（使传热系数增加），但传热温压基本不变（有时还降低些）。而在后面的对流受热面，不但烟气量增大（使传热系数增加），而且传热温压也增大了。一般再循环率每增加 1%，再热蒸汽温度可升高约 2 ℃，当再循环率为 20%～25%时，再热蒸汽温度能升高 40～50 ℃。

在高负荷运行时，烟气从靠近炉膛上部入口送入，炉膛吸热量变化很小，但炉膛出口烟气温度明显降低，有利于防止炉膛出口受热面结渣和高温腐蚀，因此起着保护受热面的作用。

烟气再循环调温方式的优点是：调温幅度大、灵敏；能降低炉膛热负荷，降低水冷壁温度，防止水冷壁传热恶化，同时烟气温度的降低，抑制了烟气中 NO_x 的形成，减轻了对大气的污染。缺点是：增加了再循环风机及相应电耗；再循环风机的工作温度高，磨损严重，可靠性差；烟气从炉膛上部送入时对炉膛工作影响不大，但烟气从炉膛下部送入时，会影响燃烧的稳定性，使不完全燃烧损失增大；排烟温度升高，排烟热损失增大，锅炉效率降低；对流受热面的磨损加剧等。

在实际运行中，锅炉汽温的调节应综合采用多种方法，以求调温的灵敏性、可靠性和运行的经济性。

任务五 尾部受热面的积灰、磨损（飞灰磨损）和低温腐蚀

【知识点描述】

（1）积灰的概念、影响因素和防止措施；
（2）磨损（飞灰磨损）的概念、影响因素；
（3）低温腐蚀的概念、防止措施。

【能力目标】

（1）会分析受热面的积灰形态；
（2）掌握减轻受热面积灰与磨损（飞灰磨损）的基本方法。

一、受热面的积灰

（一）受热面积灰及其危害

烟气中的灰分沉积在受热面上的现象称为积灰。积灰分为高温烧结性积灰、松散性积灰和低温黏结性积灰。

在高温段过热器与再热器的烟气侧表面，有时会牢固地黏附一层密实的沉积物，称为高温烧结性积灰。尾部受热面积灰包括松散性积灰和低温黏结性积灰两种。低温黏结性积灰往往会加速低温腐蚀，所以低温受热面只讨论松散性积灰。

受热面积灰时，由于灰的传热系数很小，使受热面的热阻增大，吸热量减少，以至于排烟温度升高，排烟热损失增加，锅炉热效率降低。过热器或再热器管外壁上的高温积灰会导致其出口蒸汽温度下降，与未积灰的管排相比，管排间的吸热不均匀，以至于产生较大的热偏差，严重时会导致受热面爆管。积灰严重而堵塞部分烟气通道时，将使烟气流动阻力增大，导致引风机电耗增大甚至出力不足，造成锅炉出力降低或被迫停炉清灰。由于积灰使烟气温度升高，还会影响以后受热面的安全运行。另外，过热器或再热器管外壁上的积灰中含有熔点较低的硫酸盐，从而产生熔融硫酸盐型高温腐蚀，情况严重时将引起爆管。

（二）积灰的机理

1. 高温烧结性积灰的机理

高温烧结性积灰主要是由复合硫酸盐引起的。固体燃料煤灰中的碱金属钠（Na）、钾（K）等在燃烧过程中生成碱金属氧化物（Na_2O 和 K_2O 等），其熔点较低，一般为 700~800 ℃，在炉内高温条件下升华为气态，并随烟气一起流向烟道。当钠、钾等气态碱金属氧化物遇到温度相对较低的过热器与再热器时，即凝结在管壁上，形成白色薄灰

层。烟气中的三氧化硫（SO_3）与冷凝在管壁上的碱金属氧化物发生反应生成硫酸盐（Na_2SO_4、K_2SO_4等）。

该硫酸盐熔点较低，在一定范围内呈液态，因此会黏附烟气中的飞灰而形成一层积灰。硫酸盐与飞灰中的氧化铁（Fe_2O_3）、氧化铝（Al_2O_3）等发生反应，在管壁上形成白色密实烧结性碱金属复合硫酸盐（焦硫酸盐），如 $Na_3Fe(SO_4)_3$、$K_3Fe(SO_4)_3$、$Na_3Al(SO_4)_3$、$K_3Al(SO_4)_3$等。

复合硫酸盐的熔点较低，在 550~710 ℃呈熔融状态，会继续黏结飞灰并使灰层迅速增厚。当燃煤的钠（Na）、钾（K）、硫（S）等成分含量较多时，高温过热器或再热器上的积灰就会越严重。在较高烟温下，管壁上的熔融灰渣层会形成具有较高机械强度的紧密结实的积灰，即烧结性积灰，而且烟温越高，烧结时间越长，灰渣层的强度就越高，清除起来就越困难。

另外，对于氧化钙含量大于 40%的灰，开始时在管外壁上聚积成松散的灰层，然而在烟气温度大于 600 ℃的高温条件下，与烟气中的三氧化硫长期作用也会烧结成坚实的灰层。

2. 低温受热面积灰的机理

烟气中的飞灰颗粒一般都小于 200 μm，其中多数为 10~30 μm。当携带飞灰的烟气横向冲刷管束时，在管子背风面产生旋涡区，如图 6-62 所示。小于 30 μm 的灰粒会被卷入旋涡区，在分子间引力和静电力的主要作用下，一些细灰被吸附在管壁上造成积灰。积灰是细灰粒积聚与粗灰粒冲击同时作用的过程。开始飞灰聚集速度较快，随后逐渐减慢，当聚积的灰粒与被粗灰冲刷掉的灰量相等，即处于动态平衡状态时，积灰程度相对稳定在一定厚度，不再增加。只有当条件（如烟气流速）改变时，动态平衡才被打破，积灰程度改变，直到建立起新的平衡。应该说明的是，积灰程度与飞灰浓度的关系不大，飞灰浓度越大，只能加快达到动态平衡的速度。

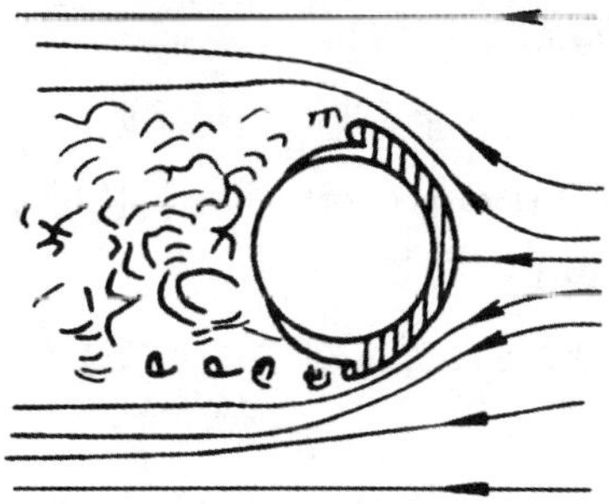

图 6-62　烟气流横向冲刷管子的流动情况

（三）影响积灰的因素

高温烧结性积灰主要发生在燃用含有碱金属的燃料锅炉中，同时与管壁温度、烟气速度等有关。

低温受热面积灰程度与烟气流速、飞灰颗粒度、管束结构特性等因素有关。

（1）烟气流速。烟气流速对积灰程度影响很大。烟气流速越高，灰粒的动能越大，灰粒冲击作用也就越强，积灰程度越轻；反之，则积灰越多。如图 6-63 所示。当烟气流速大于 8~10 m/s 时，背风面积灰较轻，迎风面则一般不积灰；当烟气流速为 2.5~3.0 m/s 时，不仅背风面积灰较重，而且在迎风面也会积灰，甚至会发生堵灰。

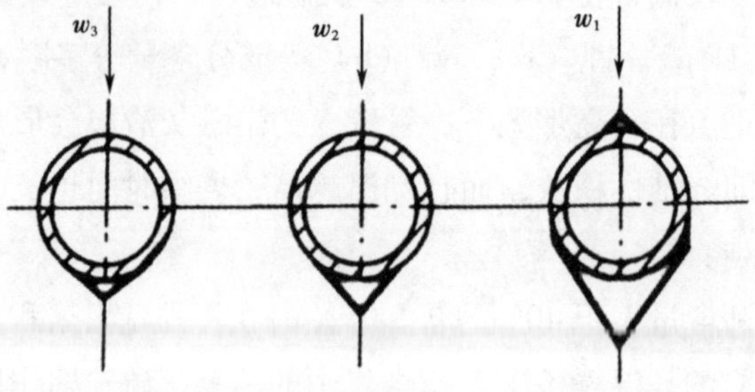

图 6-63　烟气流速对积灰的影响

（2）飞灰颗粒度。烟气中粗灰多、细灰少时，冲刷作用大，积灰减少；反之，细灰多、粗灰少时，则积灰增多。液态排渣煤粉炉烟气中的飞灰比固态排渣煤粉炉的飞灰细，因此积灰严重。

（3）管束结构特性。错列布置管束比顺列布置管束的积灰轻。因为错列布置的管束不仅迎风面受到冲刷，而且背风面也较容易受到冲刷，故积灰较轻；而顺列布置的管束除第一排管子外，其余的管子不仅背风面受到的冲刷少，而且迎风面也不能直接受冲刷，所以积灰较严重。烟气纵向冲刷管子因冲刷作用强，故比横向冲刷管子的积灰轻。管径较小时，管子背面的旋涡区小，飞灰冲击机会增加，积灰减轻。

（四）减轻和防止积灰的措施

为减轻受热面积灰，在结构、布置及运行上可采取以下措施。

（1）选择合理的烟气速度。在额定负荷时，烟气速度不应低于 6 m/s，一般可保持在 8~10 m/s，过大则会加剧磨损。

（2）正确设计和布置高效吹灰装置，制定合理的吹灰制度。运行时应按要求定期吹灰。

（3）采用小管径、小节距、错列布置的管束。可以增强烟气气流的冲刷和扰动，使积灰减轻。对省煤器可采用 $\phi25\sim\phi32$ 的管子，管束相对节距为 $s_1/d=2.0\sim2.5$，$s_2/d=1.0\sim1.5$。

二、受热面的磨损（飞灰磨损）

（一）磨损（飞灰磨损）及其危害

燃煤锅炉尾部受热面飞灰磨损是一种常发生的现象。当携带大量固态飞灰的烟气以一定速度流过受热面时，灰粒撞击受热面，在冲击力的作用下会削去管壁微小金属屑而造成磨损。磨损使受热面管壁逐渐变薄，强度降低，最终将导致泄漏或爆管事故，直接威胁锅炉安全运行，使设备的可用率降低。停炉更换磨损部件还要耗费大量的工时和钢材，从而造成经济损失。锅炉过热器、再热器、省煤器和空气预热器都会发生不同程度的磨损，尤其以省煤器最为严重。

（二）飞灰磨损的机理

烟气对管子表面的冲击有垂直冲击和斜向冲击两种。当冲击角（气流方向与管子表面切线之间的夹角）为90°时为垂直冲击，如图6-64（a）所示；当冲击角小于90°时为斜向冲击，如图6-64（b）所示。垂直冲击引起的磨损叫冲击磨损，垂直冲击时，灰粒对管了作用力的方向是管子表面的法线方向，因此其现象是在正对气流方向的管子表面有明显的麻点。斜向冲击时，灰粒对管子的作用力可分解为切向分力和法向分力。法向分力产生冲击磨损；切向分力对管壁起切削作用，称为切削磨损。也就是说，灰粒斜向冲击受热面管子时，管子表面既受到冲击磨损，又受到切削磨损，两者的大小取决于灰粒对管子的冲击角度。

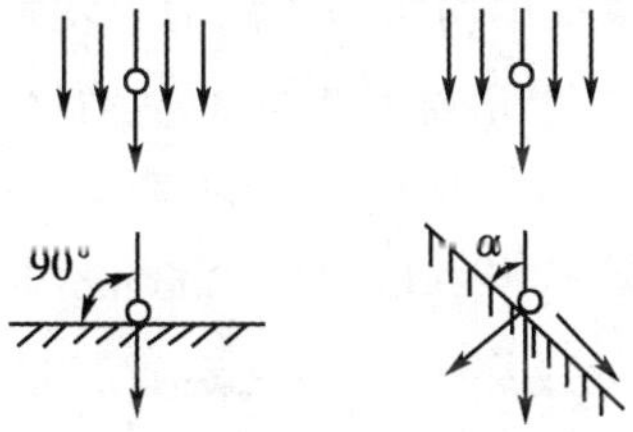

（a）垂直冲击　　（b）斜向冲击

图6-64　灰粒对管子表面的冲击

（三）影响飞灰磨损的主要因素

影响飞灰磨损的主要因素有烟气流速、飞灰浓度、灰粒特性、管束结构特性、飞灰撞击率、管壁温度等。

（1）烟气流速。受热面金属表面的磨损与冲击管壁的灰粒动能和冲击次数成正比。研究结果表明，金属磨损与烟气速度的3.0~3.5次方成正比。可见烟气速度对受热面磨损的影响很大。在“烟气走廊”区域，因烟气流速大，管子的磨损严重。

（2）飞灰浓度。飞灰浓度大，灰粒冲击受热面的次数多，磨损加剧。如锅炉中烟气由水平烟道转向竖井烟道时，烟道外侧的飞灰浓度较大，该处管子的磨损严重。对燃用高灰分煤的锅炉，烟气中的飞灰浓度大，磨损严重。

（3）灰粒特性。灰粒越粗、越硬，冲击与切削作用越强，磨损越严重。另外，灰粒形状对磨损也有影响，具有锐利棱角的灰粒比球形灰粒磨损严重。如沿烟气流向，烟气温度逐渐降低，灰粒变硬，磨损加重。因此，省煤器的磨损一般比过热器、再热器严重。又如燃烧工况恶化，灰中未燃尽的残碳增多，由于焦炭的硬度大，也会加剧受热面的磨损。

（4）管束结构特性。烟气纵向冲刷时，因灰粒的运动与管子平行，冲击管子的机会少，故比横向冲刷磨损轻。烟气横向冲刷时，错列管束因烟气扰动强烈，灰粒对管子的冲击机会多，则比顺列管束磨损重。在错列管束中，第二排的管子磨损最严重，这是因为烟气进入管束后，流速增加，动能增大。经过第二排管子以后，由于动能被消耗，磨损又轻了。在顺列管束中，第五排及以后管子的磨损严重，因为烟气进入管束后有加速过程，到第五排管子时达到全速。

（5）飞灰撞击率。飞灰撞击率是指飞灰撞击受热面管壁的概率，它与多种因素有关。研究结果表明，飞灰粒径越大，飞灰密度越大，烟气流速越高，烟气黏性越小，则飞灰撞击率越大。这是因为含灰烟气绕过管子流动时，粒径大、密度大、速度高的灰粒产生的惯性力大于烟气的黏性力，使灰粒容易从烟气中分离出来，而撞击在管壁上。

（6）管壁温度。由于管壁表面存在一层氧化膜，其硬度大于管子金属的硬度，且随着温度的升高，氧化膜增大。因此，管壁温度越高，磨损量越低。

综上所述，受热面磨损是不均匀的，不仅在烟道截面不同部位受热面的磨损量不均匀，而且沿管子周界的磨损量也是不均匀的，锅炉中发生的飞灰磨损绝大多数属于局部磨损。磨损最严重的部位有：当烟气横向冲刷时，错列布置的管束是在管子迎风面两侧30°~50°内，如图6-65（a）所示，顺列布置的管束是在60°处；当烟气纵向冲刷时（如管式空气预热器），是发生在管子进口150~200 mm长的不稳定流动区域的一段管子内，如图6-65（b）所示；邻近或穿过“烟气走廊”的受热面管子，如管子的弯头，省煤器引入、引出管，省煤器靠近后墙处的管子或部位等。

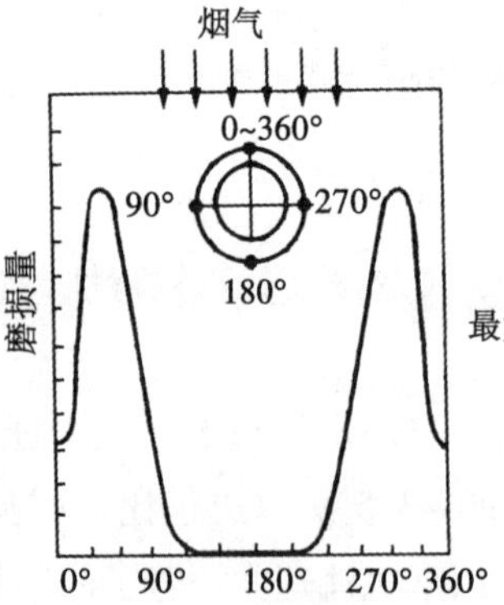

（a）烟气在管外横向冲刷

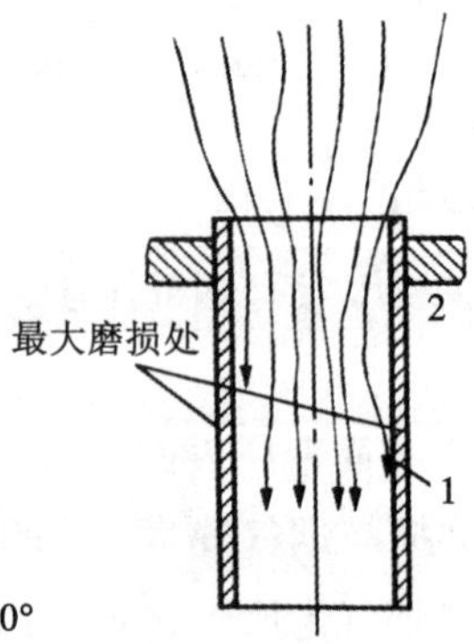

（b）烟气在管内纵向冲刷

图6-65　受热面管子的磨损情况示意图

1—空气预热器管子；2—上管板

（四）减轻飞灰磨损的措施

（1）合理地选择烟气流速。降低烟气流速是减轻磨损的最有效方法。但烟气流速的降低，不仅会影响传热，同时会增大受热面的积灰和堵灰，因此，应合理地选择烟气流速。根据国内外调查资料，省煤器中烟气流速最大不宜超过 9 m/s，否则会引起较严重的磨损。

（2）采用合理的结构和布置。对飞灰磨损严重的受热面，可用顺列代替错列，以减轻烟气中飞灰对管子的冲刷。避免因管间节距不均匀以及减小受热面与炉墙之间的间隙，而出现“烟气走廊”。

（3）加装防磨装置。运行中，由于种种原因，烟气的速度和飞灰浓度不可能分布均匀，在局部区域出现烟气流速过高或飞灰浓度过大的现象不可避免，因此受热面磨损也必然存在。为防止受热面局部磨损严重，在受热面管子易发生磨损的部位加装防磨装置，这样被磨损的就不是管子，而是保护部件，检修时只需更换这些部件即可。

省煤器的防磨装置如图 6-66 所示。图 6-66 中，（a）是在弯头处加装护瓦和护帘；（b）是在“烟气走廊”区加装护瓦，以增大“烟气走廊”区的阻力，使烟气流速降低；（c）是在弯头处加装护瓦；（d）是在磨损最严重部位焊接圆钢等局部防磨装置。

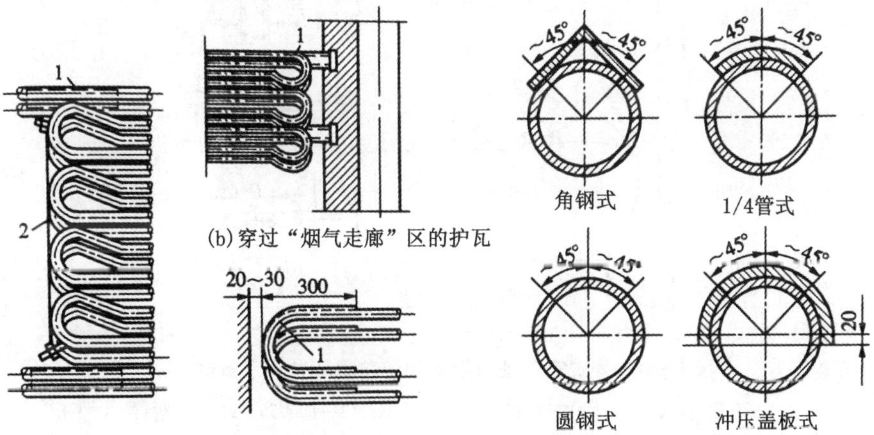

（a）弯头处的护瓦和护帘　（c）弯头护瓦　（d）局部防磨装置

图 6-66　省煤器的防磨装置示意图（单位：mm）

1—护瓦；2—护帘

管式空气预热器的防磨装置是加装防磨短管（如图 6-67 所示）或防磨环。加装防磨短管是在管子入口段内套或外部焊接一段保护短管，该保护短管磨损后，在检修时可以更换。

加装防磨环的结构见图 6-68 中的Ⅱ型。防磨环的孔径为管内径的 1.26 倍，高度为管内径的 0.26 倍。当烟气流经大直径的防磨环时，气流逐渐收缩，从而消除了管子入口附近的收缩区，使气流变得平滑，同时将使部分灰粒在进入管子前的相互碰撞消除，动能减小。因此，加装防磨环能使磨损减轻，其最大磨损量仅为平均磨损量的 1.1 倍。

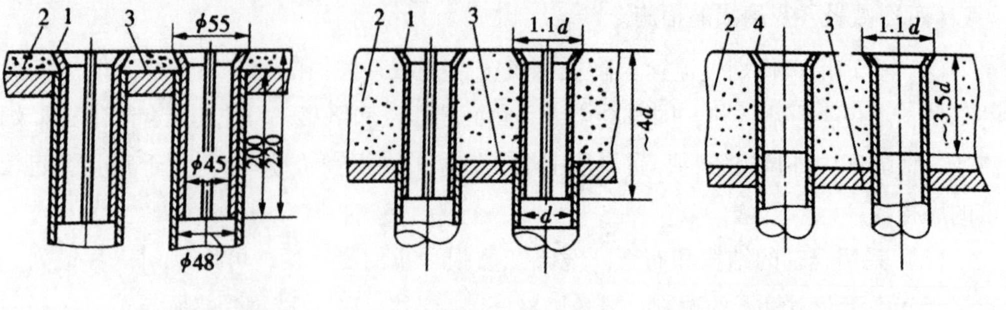

（a）磨损和防磨原理　　（b）内部套管　　（c）内部套管

图 6-67　管式空气预热器的加装防磨短管装置示意图

1—内套管；2—耐火混凝土；3—管板；4—焊接短管

（4）搪瓷或涂防磨涂料。在管子外表面搪瓷，厚度为 0. 15～0. 30 mm，一般可延长寿命 1～2 倍。在管子外表面上涂防磨涂料或渗铝，也可有效地防止磨损。

（5）采用膜式省煤器。由于管子和扁钢条的绕流作用，使灰粒向气流中心集中，因此减轻了磨损和积灰。

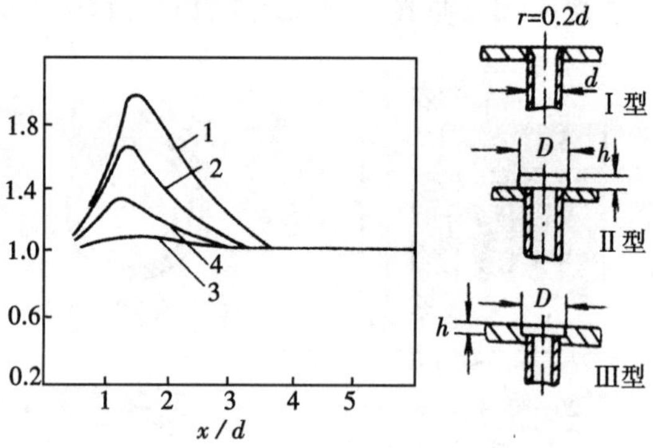

图 6-68　管式空气预热器的加装防磨环装置示意图

1—直角进口；2—圆角进口（Ⅰ型），$r=0.2d$；3—加装防磨环（Ⅱ型），$D=1.26d$，$h=0.26d$；4—环形孔管板（Ⅲ型），$D=1.26d$，$h=0.26d$

三、受热面的低温腐蚀

（一）低温腐蚀及其危害

当受热面壁温低于烟气露点时，烟气中的硫酸蒸气在受热面上凝结所造成的腐蚀称为低温腐蚀。低温腐蚀常发生在低温空气预热器的冷段（冷空气进口段），甚至会扩展到烟道、除尘器和引风机。其主要危害有：导致空气预热器穿孔，使大量空气漏入烟气，一方面，引风机的负荷增大，电耗增加；另一方面，炉内空气不足，燃烧恶化，锅炉效率降低。腐蚀严重时，将会更换大量受热面，造成经济损失。在低温腐蚀的同时，烟气中的灰粒黏附在潮湿的受热面上，并与硫酸发生化学反应，导致积灰硬化生成硬质灰层，称为低温黏结性积灰。低温黏结性积灰不仅影响传热，使排烟温度升高，而且严重时将堵塞烟气通道，使流动阻力增大，风机过载，造成锅炉出力降低，甚至被迫停炉清灰。低温腐蚀与低温黏结性积灰是相互促进的，积灰使传热减弱，受热面壁温降低，促使硫酸凝结得更多，加剧腐蚀与积灰的进程。

（二）低温腐蚀的机理

当燃用含硫燃料时，硫燃烧后生成二氧化硫（SO_2），其中少部分 SO_2（0.5%~5%）在一定条件下会进一步氧化成三氧化硫（SO_3）；SO_3与烟气中的水蒸气（H_2O）结合成硫酸蒸气；当受热面壁温低于烟气露点（硫酸蒸气开始凝结的温度）时，硫酸蒸气会凝结在受热面上造成酸腐蚀。目前对于烟气中 SO_3的形成原因还没有一致的看法，但多数研究资料认为主要有以下两种方式。

（1）燃烧反应。在炉膛燃烧中心区，部分氧分子会离解成氧原子，氧原子［O］与二氧化硫（SO_2）反应生成三氧化硫 SO_3，即 $SO_2+[O]\rightarrow SO_3$。炉膛中火焰温度越高，氧分子越容易分解成氧原子，且过量空气系数过大也会增加氧的浓度。原子氧越多，烟气中形成的三氧化硫（SO_3）越多。

（2）催化反应。烟气中的二氧化硫（SO_2）在流经高温对流受热面，遇到氧化铁（Fe_2O_3）或氧化钒（V_2O_5）等催化剂时，将与烟气中的剩余氧（O_2）反应生成三氧化硫（SO_3），催化反应进行下列过程：

$$V_2O_5+SO_2\rightarrow V_2O_4+SO_3$$

$$2SO_2+O_2+V_2O_4\rightarrow 2VOSO_4$$

$$2VOSO_4\rightarrow V_2O_5+SO_3+SO_2$$

试验结果表明，催化剂的催化能力与壁温有很大关系，具有催化作用的温度为425~625 ℃，到 550 ℃时达到最大值。因此，在高温对流过热器（或再热器）区域生成的三氧化硫（SO_3）最多。但当受热面被积灰覆盖时，氧化铁的催化能力将减弱。

烟气中的 SO_3与水蒸气结合形成硫酸蒸气，即 $SO_3+H_2O\rightarrow H_2SO_4$。虽然烟气中只有极少量的硫酸蒸气，但也会使烟气露点升高到很高的程度。如硫酸蒸气的含量为0.005%时，烟气露点可达 130~150 ℃。

（三）影响低温腐蚀速度的主要因素

研究结果表明，低温腐蚀速度与受热面上凝结的硫酸量、硫酸浓度和管壁温度等因素有关。凝结的硫酸量越多，腐蚀速度越快，但当凝结的硫酸量多到一定程度时，对腐蚀的影响减弱，即使再增加硫酸的凝结量，对腐蚀的速度影响也很小。

腐蚀处金属壁温越高，化学反应速度越快，低温腐蚀速度也越快；反之，壁温越低，化学反应速度越慢，腐蚀速度也越慢。如图 6-69 所示。

硫酸浓度对腐蚀速度的影响比较复杂。试验结果表明，随着硫酸浓度的增大，腐蚀

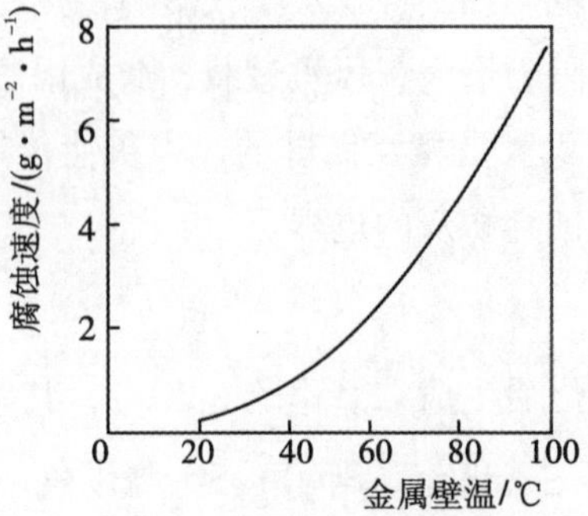

图 6-69　腐蚀速度与金属壁温的关系

速度先是增加，当浓度达到56%左右时，腐蚀速度达到最大值，超过这一浓度后，腐蚀速度急剧下降，当浓度超过60%时，腐蚀速度基本保持不变并保持在一个相对较低的数值。图6-70所示为含碳量为0.19%的碳钢腐蚀速度与硫酸浓度的关系。对于其他钢材，可能数值上会有所不同，但规律是一致的。

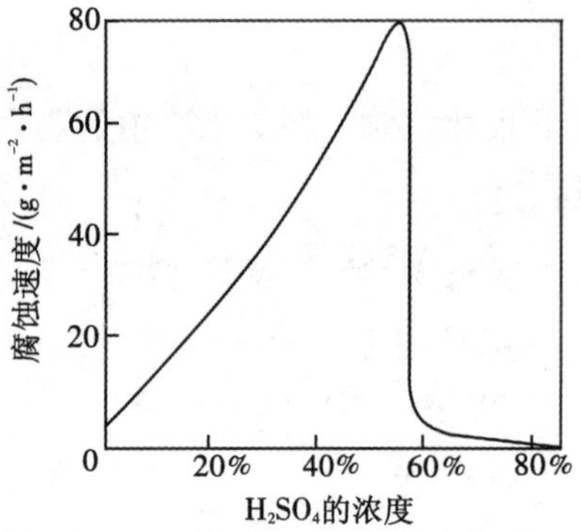

图 6-70　腐蚀速度与硫酸浓度的关系

（温度一定，碳钢 $C=0.19\%$）

实际上，当尾部低温受热面发生低温腐蚀时，腐蚀速度将同时受到金属壁温、硫酸凝结量和硫酸浓度以及其他因素的共同影响。因此，沿烟气流向，腐蚀速度的变化比较复杂。图6-71所示为沿烟气流向的受热面腐蚀速度变化情况。

当受热面金属壁温达到烟气露点（酸露点）a 附近时，烟气中的硫酸蒸气开始凝结并发生腐蚀。但由于此处凝结下来的硫酸浓度很高（80%以上），且硫酸凝结量少，虽然金属壁温较高，但腐蚀速度却较低。沿着烟气流向，随着金属壁温的逐渐降低，凝结的硫酸量逐渐增多，此时的硫酸浓度仍然较高（大于60%），但硫酸凝结量增多对腐蚀速度的影响超过了金属壁温下降的影响，使腐蚀速度很快上升，到 b 点时达到最大值。此后，硫酸的浓度仍然较高，腐蚀速度主要受到金属壁温的影响，故随着金属壁温的降

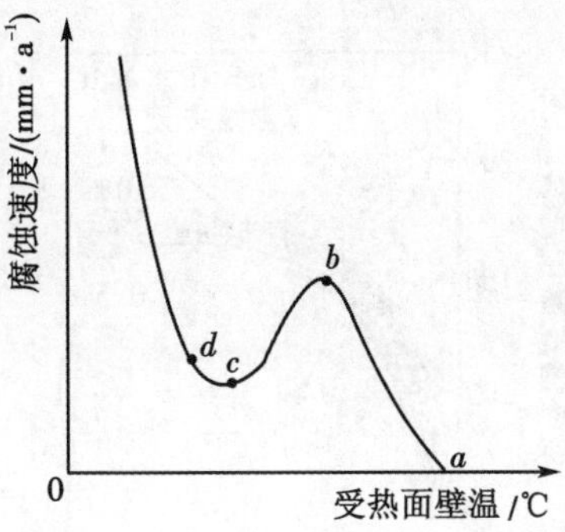

图 6-71　受热面金属沿烟气流向的低温腐蚀速度变化情况

低，腐蚀速度也逐渐下降，直到 c 点时达到最低值。沿烟气流向再往后，金属壁温继续下降，但硫酸浓度也逐渐下降并逐渐接近 56%，因此腐蚀速度又开始上升。到 d 点时金属壁温达到水蒸气露点（简称水露点），烟气中的水蒸气大量凝结成水，烟气中的二氧化硫（SO_2）直接溶于水膜中，生成亚硫酸（H_2SO_3）溶液，亚硫酸（H_2SO_3）对金属的腐蚀也很严重。此外，烟气中的 HCl 也会溶于水膜中，并对金属造成腐蚀，故在 d 点后，腐蚀速度急剧上升。

图 6-71 中的 a、b、c、d 点的金属壁温值及相应的腐蚀速度，随着具体条件的不同而各不相同。通常最大腐蚀点的壁温比烟气露点低 20~50 ℃。

在锅炉实际运行中，受热面的金属壁温不可能低于水露点，但可能低于硫酸露点，因此，为了防止尾部受热面发生严重的低温腐蚀，金属壁温应避开酸露点以下的腐蚀速度高的区域。

（四）影响低温腐蚀的因素

从低温腐蚀发生的过程来看，发生低温腐蚀的条件是管壁温度低于烟气露点。若烟气露点很低，则不易发生腐蚀；若烟气露点很高，则腐蚀严重。而烟气露点的高低又与烟气中硫酸蒸气的含量有很大关系，如图 6-72 所示。随着烟气中硫酸蒸气含量的增加，烟气露点急剧升高，但硫酸蒸气含量达到 0.01%以上时，烟气露点基本不再变化。

烟气中的硫酸蒸气是三氧化硫与水蒸气反应而来的，因此，影响低温腐蚀的主要因素是烟气中三氧化硫的含量。

烟气中三氧化硫的含量与燃料中的硫分、火焰温度、过量空气系数、飞灰性质及数量、催化剂等有关。① 燃料中的硫分越多，反应生成的三氧化硫（SO_3）也就越多；② 火焰温度越高，过量空气系数越大，烟气中的原子氧越多，三氧化硫（SO_3）的生成量越多；③ 飞灰中氧化铁（Fe_2O_3）或氧化钒（V_2O_5）等催化剂的含量增加时，烟气中生成的三氧化硫（SO_3）增加；④ 飞灰中的钙镁氧化物和磁性氧化铁以及未燃尽的焦炭粒等能吸收烟气中的二氧化硫（SO_2）和三氧化硫（SO_3），故烟气中的飞灰含量越多且飞灰中含上述成分又较多时，则烟气中三氧化硫（SO_3）的含量往往越少。

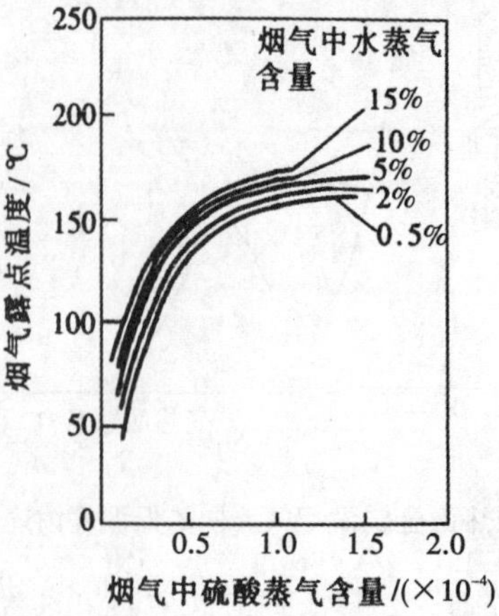

图 6-72　烟气露点与烟气中硫酸蒸汽含量的关系

由上述分析可知，锅炉燃油时的低温腐蚀严重。因为油中的钒氧化物多，且燃烧强度大，飞灰少，含硫量高，所以生成的 SO_3 较多，烟气露点高，腐蚀严重。

（五）减轻低温腐蚀的措施

减轻低温腐蚀的主要途径是：减少烟气中 SO_3 的生成量，这样不但能降低烟气露点温度，而且能减少硫酸蒸气的凝结量；提高空气预热器冷段壁温，使之高于烟气露点温度；采用耐腐蚀材料。具体措施如下。

（1）减少烟气中 SO_3 的生成量。① 燃料脱硫是减少 SO_3 的最根本办法，煤中的黄铁矿可利用重力分离方法分离出一部分，但去除有机硫目前尚无经济、合理的技术方案。② 采用低氧燃烧。在保证完全燃烧或不降低锅炉燃烧效率的条件下，适当降低燃烧所用的空气量，即低过量空气系数的燃烧，这可使烟气中的剩余氧减少，从而减少 SO_3 的生成量。减少锅炉各处的漏风也是减少烟气中剩余氧的重要措施。

（2）采用降低露点或抑制腐蚀的添加剂。用粉状石灰石或白云石混入燃料中直接吹入炉内燃烧，使烟气中的 SO_3 与石粉（$MgCO_3$ 或 $CaCO_3$）发生反应生成 $MgSO_4$ 或 $CaSO_4$，从而减少烟气中三氧化硫（SO_3）的含量。但反应生成的硫酸盐为松散粉尘，会使受热面污染加重，应采取相应的吹灰和防磨措施。

（3）提高空气预热器冷段壁温。① 在空气预热器和送风机之间加装暖风器作为前置式空气预热器，如图 6-73（a）所示。暖风器是利用汽轮机抽汽来加热空气的面式加热器，蒸汽在管内流过，空气在管外横向冲刷管束。一般来说，暖风器可将冷空气加热到 70～80 ℃。采用暖风器后，将使锅炉排烟温度升高，锅炉效率降低，但由于利用了汽轮机低压抽汽，减少了凝汽器中蒸汽冷凝损失，提高了循环热效率。综合比较，总的热经济性下降不多。② 将空气预热器出口部分的热空气通过管道送回空气预热器入口，以提高其入口风温，从而提高预热器冷段壁温。实现热风再循环有两种方式：一是利用送风机再循环［见图 6-77（b）］，二是利用再循环风机再循环［见图 6-77（c）］。此方法可使冷空气温度达到 50~65 ℃。无论采用暖风器还是采用热风再循环，均会使送风机的电耗增加。

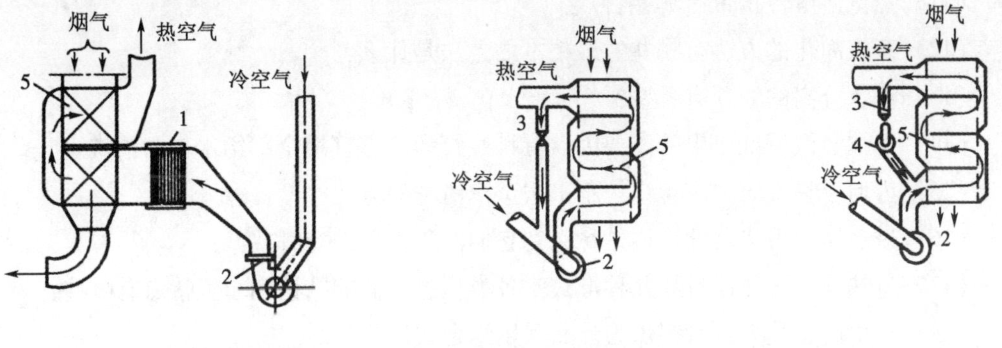

（a）加装暖风器　　（b）利用送风机再循环　　（c）利用再循环风机再循环

图 6-73　加装暖风器和热风再循环系统

1—蒸汽暖风器；2—送风机；3—调节挡板；4—再循环风机；5—空气预热器

（4）选用回转式空气预热器。在相同条件（烟气温度和冷空气温度）下，回转式空气预热器比管式空气预热器壁温高 10~15 ℃。

（5）空气预热器冷段采用耐腐蚀材料。在燃用高硫分燃料的锅炉中，管式空气预热器的低温置换段可用耐腐蚀的玻璃管、搪瓷管、09 铜钢管或其他耐腐蚀材料制作的管子。回转式空气预热器的冷端受热面可采用耐腐蚀的搪瓷、蜂窝陶瓷砖等。采用引进技术制造的回转式空气预热器大多采用耐腐蚀的低合金钢材 CORTEN 钢制造冷端受热面，并将底部框架制成可拆除式，以便于更换或检修冷端受热面。采用耐腐蚀材料，虽可减轻低温腐蚀，但不能防止低温黏结性积灰，因而必须加强吹灰。

【能力训练】

（1）试分析当锅炉负荷增加时，对流式过热器和辐射式过热器中的汽温变化特性。

（2）锅炉正常运行中，为什么将省煤器再循环门关闭？

【综合练习】

（1）省煤器的作用是什么？

（2）大型锅炉常用什么形式的省煤器？为什么？

（3）锅炉启动时，保护省煤器的方法有哪几种？

（4）蒸发设备主要包括哪些部件？它们的作用是什么？

（5）下降管有几种类型？现代大容量锅炉采用哪一种？为什么？

（6）水冷壁有几种形式？大型锅炉的水冷壁主要采用什么形式？为什么？

（7）什么是折焰角？它有什么作用？

（8）蒸汽被污染的主要原因是什么？

（9）蒸汽品质不良对机炉设备的安全、经济运行有何影响？

（10）分析饱和蒸汽带水受哪些因素的影响？

（11）蒸汽溶解性携带有哪些特点？

（12）蒸汽净化的方法有哪些？最根本的方法是什么？

（13）汽水分离的原理有哪些？

（14）影响蒸汽清洗效果的主要因素有哪些？为何不宜用全部给水作为清洗水？

（15）为何亚临界压力汽包锅炉不采用蒸汽清洗的方法？

（16）过热器和再热器的作用是什么？它们的工作条件有哪些？

（17）过热器、再热器有哪几种形式？各类型过热器的结构和布置特点有哪些？

（18）分析高参数大容量锅炉为什么采用组合式过热器。

（19）试分析过热器，再热器的汽温特性。

（20）什么是热偏差？热偏差产生的原因以及减小热偏差的措施有哪些？

（21）为什么要调节蒸汽温度？调节蒸汽温度的方法及其特点有哪些？

（22）为什么再热蒸汽一般不采用喷水减温作为主要调节手段？

（23）受热面的积灰有何危害？积灰是如何产生的？影响积灰的主要因素有哪些？如何减轻或防止积灰？

（24）受热面的磨损有何危害？说明磨损的机理。影响磨损的主要因素有哪些？如何减轻或防止磨损？

（25）受热面低温腐蚀有何危害？影响因素主要有哪些？为减轻低温腐蚀，应采取什么措施？

项目七　电厂锅炉运行

【学习目标】

（1）学习锅炉的启动和停运；
（2）学习锅炉运行调节的基本理论和基本方法；
（3）学习锅炉运行中常见事故的原因分析及处理方法。

【能力目标】

（1）能掌握锅炉启、停过程中的主要问题和锅炉启、停的一般步骤；
（2）能掌握锅炉运行参数的调节方法；
（3）能掌握锅炉运行中常见事故的原因分析及处理方法。

【思政目标】

（1）培养正确的世界观、人生观、价值观；
（2）树立社会公德和职业道德意识，培养社会责任感、团队精神、专业精神和工匠精神；
（3）培养自我学习、自我管理能力。

任务一　汽包锅炉的启动

【知识点描述】

（1）汽包锅炉启动概述；
（2）滑参数启动；
（3）锅炉启动过程中主要设备的保护与监视。

【能力目标】

（1）能掌握汽包锅炉的启动流程；

（2）能掌握汽包锅炉启动过程中如何对设备进行保护和监视。

一、汽包锅炉启动概述

锅炉由停止状态转变为运行状态的过程称为锅炉启动。包括汽包锅炉的上水或直流锅炉建立启动流量，炉膛吹扫和点火，升温升压直到蒸汽参数达到额定值的过程。

锅炉启动的实质就是投入燃料对锅炉进行加热，使工质建立循环，产生蒸汽并使其参数不断升高。在启动过程中，锅炉受热面金属的温度不断升高，锅炉各部件的受热不均匀，金属内部存在温差，因而产生了热应力，特别是厚壁部件，严重时甚至导致部件损坏。启动初期，特别是自然循环锅炉，受热面内部工质的流动尚不正常，对受热面金属的冷却作用较差。如水冷壁、过热器管、再热器管以及暂停供水的省煤器管等均有可能超温。锅炉点火后，投入的燃料少，炉内温度低，炉膛热负荷分布不均匀，易导致燃烧不完全、不稳定。所以，原则上应在确保安全的条件下，尽可能缩短启动时间，节约燃料和工质，使锅炉尽早投入运行。锅炉启动方式如下。

1. *冷态启动和热态启动*

根据机组的状态可分为冷态启动和热态启动。冷态启动是指锅炉启动时没有压力，是锅炉温度与所处环境温度相接近条件下的启动。一般新建锅炉、检修后的锅炉和长期备用后的锅炉属于冷态启动。锅炉较短时间内停用，内部保持一定压力和温度状态下的启动称为热态启动。热态启动又可以进一步划分为温态启动、热态启动和极热态启动三种。对于单元制机组而言，锅炉的冷、热态启动主要是根据汽轮机的冷、热态启动来划分的。若制造厂没有特殊规定，一般以汽轮机调节级高压内缸的金属温度划分：200 ℃以下为冷态启动，200~370 ℃为温态启动，370~450 ℃为热态启动，450 ℃以上为极热态启动。也有根据机组停机时间长短划分的。锅炉启动的分类见表 7-1。

表 7-1　锅炉启动的分类

状态	停炉时间	汽包工作状态
冷态	48 h 以上	压力 $p<0.5$ MPa，炉水温度 $t<150$ ℃
温态	48 h 以内	压力 $p>0.5$ MPa，炉水温度 $t>150$ ℃
热态	8 h 以内	压力 $p>2$ MPa，炉水温度 $t>211$ ℃
极热态	2 h 以内	压力 $p>4$ MPa，炉水温度 $t>211$ ℃

冷态启动和热态启动的内容、步骤基本上是相同的，只不过热态启动是在冷态启动已经进行了若干过程基础之上的启动。因此，熟悉了冷态启动的过程，自然就掌握了热态启动。

2. *额定参数启动和滑参数启动*

根据机组中锅炉和汽轮机的启动顺序或启动时的蒸汽参数，可以把机组的启动分为额定参数启动（又称顺序启动）和滑参数启动（又称联合启动）。额定参数启动常用于母管制系统，在额定参数启动时，先启动锅炉，待锅炉参数达到或接近额定值时再进行汽轮机冲转、暖机、升速、并列带负荷、升负荷直至满负荷。由于额定参数启动时，采用高参数的蒸汽加热管道和汽轮机，容易使金属部件产生很大的热应力和热变形，且冲转时蒸汽存在很大的节流损失，因而现代大容量单元制机组不采用这种方式，一般采用滑参数启动。图 7-1 所示为单元制机炉配合。

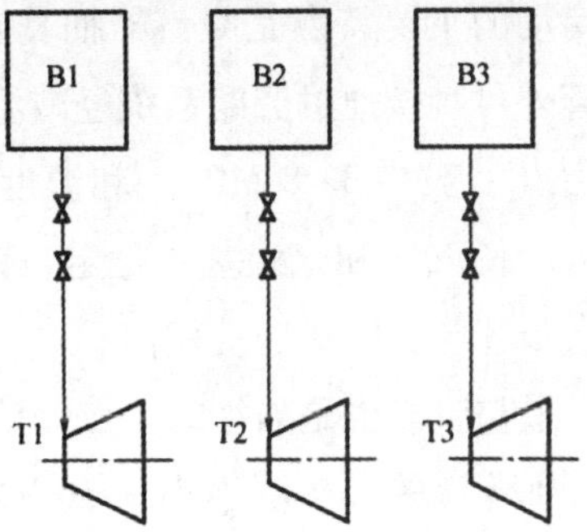

图 7-1　单元制机炉配合

滑参数启动又称机炉联合启动，就是在启动锅炉的同时启动汽轮机，汽轮机在蒸汽参数逐渐升高的情况下完成暖管、冲转、暖机、升速和带负荷，当锅炉出口蒸汽参数达到额定状态时，发电机也达到额定出力，因此称为滑参数启动。同时，由于汽轮机冲转和带负荷是在蒸汽参数较低的情况下进行的，又称为低参数启动。

二、滑参数启动

滑参数启动分为真空法滑参数启动和压力法滑参数启动两种。

（一）真空法滑参数启动

采用真空法滑参数启动时，先将锅炉与汽轮机之间主蒸汽管道上的阀门全部打开，包括汽轮机的主汽阀和调节阀，而空气阀和直通疏水阀全部关闭，包括汽包和过热器上的空气阀。然后用盘车装置转动汽轮机转子，再投用抽气器。当真空达到 40～53 kPa 时，锅炉开始点火，产生的蒸汽即进入汽轮机。当主蒸汽管道内压力呈正压时，开启管道最低点的几个疏水阀进行疏水，同时切断过热器至凝汽器的疏水。因为汽轮机已用盘车装置带动，所以在汽压不到 0.1 MPa 时转子就能由蒸汽驱动升速。当汽轮机转速接近临界值时，可关小主蒸汽管道上的一个阀门，等阀门前汽压适当升高后再把它开大，其目的是使汽轮机很快越过临界转速。当汽轮机达到全速时，汽轮机前的压力可能只有 0.5～0.6 MPa。在升压过程中，逐渐关闭管道上的疏水阀。当汽轮机带初始负荷（额定负荷的 5%～10%）时，新蒸汽温度最好在 250 ℃左右。此后按照汽轮机要求，锅炉继续增加负荷和升温升压，直到正常运行。采用真空法滑参数启动操作简单，启动热损失小。但是汽轮机冲转后的升速是通过调节锅炉燃烧来控制的，而启动初期的燃烧控制比较困难，所以该启动方式不利于机组的升速控制。另外，由于启动初期汽轮机的高压缸排汽温度较低，也不利于提高再热汽温。真空法滑参数启动多用于中小容量的单元制机组，而现代大型单元制机组通常采用压力法滑参数启动。

（二）压力法滑参数启动

1. 压力法滑参数启动概述

与真空法相比，压力法启动的主要特点是凝汽器抽真空时汽轮机主汽阀是关闭的。锅炉点火后产生的蒸汽除暖管外可直接通过旁路系统经减温减压后进入凝汽器，等汽轮机主汽阀前参数高至一定压力（一般为3~8 MPa）和温度时，才开启主汽阀冲转汽轮机。在汽轮机升速过程中，为了使汽压和汽温基本稳定，锅炉燃烧不宜作过大的调整。在汽轮机主汽阀全开后，其余步骤与真空法启动相似。

热态启动时，机炉之间在最初阶段也是隔绝的。点火后锅炉产生的蒸汽可经旁路系统送入凝汽器或排入大气，直到蒸汽的过热度不小于50 ℃，并且比汽轮机进汽端最热部件的温度还要高时才能开启主汽阀冲转汽轮机，并用低压微过热蒸汽冲转汽轮机。这是因为在流速相同时，低压微过热蒸汽的放热系数仅是高压蒸汽和湿蒸汽的1/20~1/10,因而可减小汽轮机各部件的温度差，有利于振动、差胀及大轴弯曲度的控制。因此，在热态启动中，汽轮机冲转时的蒸汽参数主要决定于汽轮机金属部件的温度。对于锅炉来说，一般采取的措施是提高炉内火焰中心位置、加大炉内空气量、排放饱和蒸汽等，以快速提高锅炉出口汽温，而压力增加得不多。热态启动时，汽轮机从冲转到全速、并网的时间一般很短。此后继续增加负荷，汽压最好保持基本不变，汽轮机进口阀门及早全开，整套机组进入滑参数增加负荷。

采用压力法滑参数启动，冲转时蒸汽压力和温度较高，且具有一定的过热度，因而有利于机组的升速控制，同时有利于再热汽温的提高，特别是对于高、中压合缸结构的汽轮机，由于再热汽温和过热汽温接近，可大大减小汽缸的热应力，但是由于启动前锅炉出口的不合格蒸汽需经旁路系统排入凝汽器以调节蒸汽参数，增加了启动过程的热量损失。

2. 启动基本程序

自然循环汽包锅炉压力法滑参数冷态联合启动的基本程序如下。

（1）准备工作。准备阶段应对锅炉各系统和设备进行全面检查，并使其处于启动状态；为确保启动过程中的设备安全，所有检测仪表、联锁保护装置（主要是MFT功能、重要辅机联锁跳闸条件）及控制系统［主要包括炉膛安全监控系统（FSSS）和协调控制系统（cooperating control system，CCS）］均经过检查、试验，并全部投入，其他准备工作包括：① 用电送电；② 机组设备及其系统位于准备启动状态，投入遥控、程控、联锁和其他热工保护；③ 制备存储化学除盐水，水系统启动；④ 除氧器、凝汽器、水箱等进行水冲洗，直至水质合格，然后灌满除盐水，启动凝结水泵，启动循环水泵，然后建立循环水虹吸；⑤ 汽轮机、发电机启动准备。

(2) 锅炉上水。锅炉检查和试验完毕，确认具备启动条件后，启动给水泵或补水泵向锅炉上水，一般用经过除氧器除过氧的热水。上水时使用带有节流装置的给水旁路进行，以防止给水主调节阀的磨损和便于流量控制。在上水开始时，稍开上水阀门，进行排气暖管，并注意给水压力的变化情况和防止水冲击。当给水压力正常后，可逐渐开大上水阀门。

由于点火后锅水将受热膨胀和汽化，水位会逐渐上升。对于自然循环汽包锅炉，点火前汽包进水高度一般只需加到水位计的最低可见水位，以免启动过程中由于水位太高而大量放水。锅炉上水完毕后，应检查汽包水位有无变化。若汽包水位继续上升，则说明进水阀门未关严；若水位下降，则说明有漏泄的地方（如放水阀、排污阀漏泄或未关），应查明原因并采取措施及时消除。进水过程中还应注意汽包上、下壁温差和受热面的膨胀情况是否正常。进水前后均应记录各部件的膨胀指示值。若发现异常情况，应查明原因并予以消除。锅炉上水时，省煤器再循环阀应处于关闭状态，停止上水时应开启。

为了保护汽包，应该控制上水温度和上水速度。因为锅炉汽包为承压厚壁部件，进水时，温水与汽包壁接触而加热汽包，使汽包壁受热不均而形成汽包内、外壁温差和上、下壁温差。内、外壁温差使汽包内壁受压缩应力、外壁受拉伸应力，上、下壁温差使汽包上部受拉伸应力、下部受压缩应力。过大的热应力易于使汽包发生弯曲、变形或焊缝裂纹现象，影响汽包寿命。因此锅炉上水时，应严格控制进水温度，一般规定冷炉进水温度不得超过 90 ℃，但也不应低于 30 ℃，一般采用 104 ℃除氧水，由给水旁路上水。当水流经省煤器和连接管道进入汽包时，最初的温度为 70 ℃左右。进水速度也要严格控制，不能太快，夏天不少于 2 h，冬天不少于 4 h。

对于自然循环锅炉，为迅速建立稳定可靠的水循环，缩短冷炉启动时间，在上水完毕后应投用炉底蒸汽加热，使受热面金属和炉墙构件得到预热。通常利用辅助蒸汽联箱来的蒸汽（压力为 0.8~1.2 MPa）通入水冷壁下联箱来加热锅水，使其升至一定温度和压力时再点火。投用炉底蒸汽加热时，应维持锅炉汽包水位低于正常水位，这是因为在加热过程中，炉内水空间含汽量不断增加，造成汽包水位不断上升。此外，还应控制锅水温升率，使加热过程缓慢进行，以防升压过程中锅炉汽包壁各点温差过大，保证锅炉各受热部件均匀膨胀。为此，加热过程中应严格监视锅炉汽包壁的温差和水冷壁下联箱的膨胀情况，发现温差有超限趋势时，应及时采取措施。另外，加热过程中严禁通风。

对于控制循环汽包锅炉，上水前应用锅水循环泵进行注水排气，并进行一次冷却水系统冲洗。由于水冷壁的最高点在汽包标准水位线以上很多，因此进水的高度要接近水位的顶部，否则在启动锅水循环泵时，水位可能下降到水位表可见范围以下。上水至最高可见水位后，启动锅水循环泵，由于下降管侧和水冷壁尚有较大空间，因此水位会迅速下降，然后继续上水至点火水位。

（3）锅炉点火。锅炉点火是锅炉启动过程重要的步骤之一。点火前先启动回转式空气预热器，以防点火后由于受热不均而产生严重变形。然后顺序启动引风机、送风机各一台，维持炉膛负压-100~-50 Pa，以其额定负荷30%~40%的风量对炉膛、烟道、风道等进行5~10 min通风吹扫，目的是防止炉膛和烟道内残存可燃物在点火时发生爆燃。待吹扫工作结束后，关小引、送风机调节挡板，并调整有关燃烧器的一、二次风门开度，使其保持在点火所需要的位置，准备进行点火。在锅炉点火过程中，启动引、送风机时，必须先关闭其入口挡板，在空负荷下启动，并注意启动电流的大小及其返回时间。转动正常后，再逐渐开启入口挡板，并根据风量需要适当进行调整。

锅炉点火按自下而上的原则，先投入下层点火油枪，最初投入时不少于两只，以防熄火。对于四角布置的燃烧器，先点燃对角两支油枪，并定期轮换，使炉内热负荷均匀，减小烟道两侧烟气温差。由于点火油枪出力较小，因此在点燃点火油枪后，要及时投入启动油枪，待燃烧稳定后退出对应点火油枪。

点火后，注意风量的调节和油枪的雾化情况，逐渐投入更多油枪，提高炉膛温度。当条件满足时，可启动制粉系统。由于煤粉燃烧器的送粉量较大，为了防止炉膛温度升高过快，在油枪投运后，应根据燃烧工况、各部温度情况和燃煤性质等条件，经过一定时间后再投入煤粉燃烧器。在投入煤粉燃烧器之前应启动一次风机，对煤粉一次风管进行吹扫。每根风管吹扫时间为2~3 min。投粉时应先投入油枪上面或靠近油枪的煤粉燃烧器，然后逐次自下而上投入。投粉以后，由于炉膛温度低，也可能会灭火。如一旦发生灭火，或投粉5 s后燃料在炉膛内还未引燃，应立即停止送粉，并按点火前的要求重新进行炉膛吹扫，吹扫完成后方可再次点火。

锅炉点火时，燃烧器出口的一、二次风都应较小，否则不利于煤粉的点燃。煤粉着火后，应适当开大一次风，以免煤粉管内由于风速过低，使气流中的煤粉分离出来而发生堵塞现象。同时调整二次风，以适应燃烧的需要。当炉膛温度较低，投用煤粉燃烧器时，对于直吹式制粉系统，可先关小热风门，让磨煤机内积聚一些煤粉后再适当开大热风门，以增大点燃时的煤粉浓度，有利于煤粉着火。初投燃料量（汽轮机冲转前应投燃料量）一般为10%~25% MCR。

（4）锅炉升温升压。锅炉点火后，随着燃烧的加强，蒸汽逐渐升至工作压力和工作温度。锅炉在升温升压阶段的主要工作是稳定汽压、汽温，以满足汽轮机冲转后的要求。由于水和蒸汽在饱和状态下，温度和压力之间存在一定的对应关系，故蒸发设备的升压过程即升温过程。因此，常以控制升压速度来控制升温速度的快慢。

锅炉升温升压的主要控制手段除燃烧外，还可以利用汽轮机高、低压旁路系统作为汽轮机冲转前的汽温、汽压辅助调节，必要时可投入减温装置和进行过热器疏水阀放汽。

锅炉的升温、升压过程，应根据规程规定的升压速度，按锅炉受热面的受热情况和汽轮机启动的各阶段对蒸汽参数的要求，通过启动试验确定最佳的升温、升压曲线进行，切不可赶火升压，以防炉内温度急剧升高而使受热面温度升高过快，使金属部件产生较大的热应力而损坏。为满足炉膛温度均匀升高，控制升压速度，需要及时地控制进入炉内的燃料量。

对于自然循环锅炉的升压初期，由于只有少量点火器投入运行，燃烧较弱，炉膛火焰的充满程度差，因此，对蒸发受热面的加热不均程度较大。另外，由于受热面和炉墙的温度较低，因此，燃料燃烧放出的热量中用于使锅水汽化的热量并不多，且压力越低，汽化热越大，故循环不稳定，不能从内部来促使受热面均匀受热。这样，就容易使蒸发受热面产生较大的热应力。所以，升压过程初始阶段的速度较缓慢。压力升高之后，虽然汽包上下壁和内外壁温差已大为减小，升压速度可以比低压阶段快些，但由于工作压力的升高产生的机械应力较大，因此，升压速度也不应超过规定值。

图 7-2 所示为 600 MW 亚临界压力汽包锅炉冷态启动曲线。在升压的初始阶段，升压的速度很慢，在 1.5 h 内过热蒸汽压力升高到 6.0 MPa，温度升到 340 ℃时，开始冲转汽轮机。之后锅炉的升压、升温则根据汽轮机的需要进行。过热蒸汽压力稳定不变，汽轮机完成升速，暖机，并网，带初负荷、低负荷暖机。随后升压速度大幅提高，在 1.5 h 内汽压从 6 MPa 升高至 17.6 MPa。当压力升到额定值时，汽轮机负荷已带到 600 MW，该锅炉从点火开始，直至锅炉带到额定负荷，总共需要 6 h。

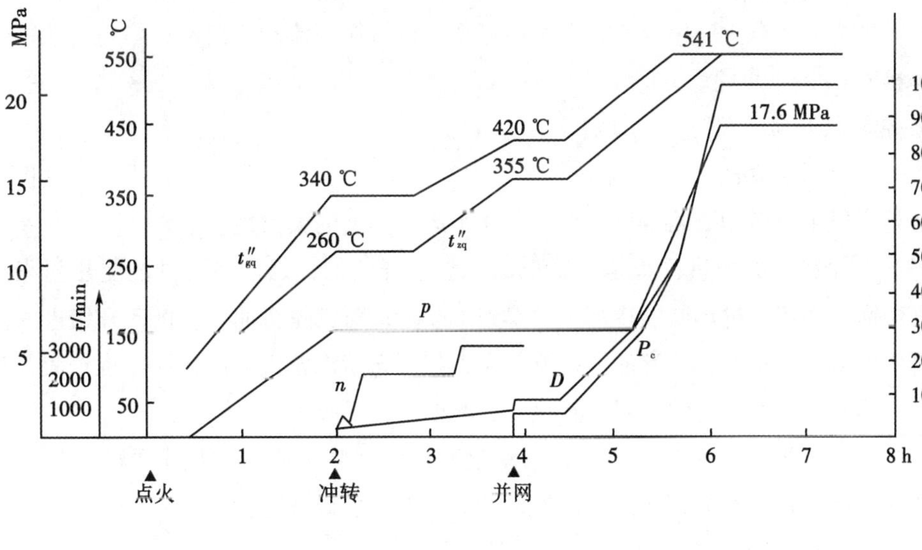

图 7-2　600 MW 亚临界压力汽包锅炉冷态启动曲线

t''_{gq}—过热蒸汽温度；t''_{zq}—再热蒸汽温度；p—过热蒸汽压力；D—锅炉蒸汽流量；P_e—汽轮发电机功率

锅炉点火以后，随着压力的逐渐升高，锅炉运行人员应按一定的要求，在不同的压力下进行有关定期操作。

当汽压升至 0.15~0.2 MPa 时，汽水系统中的空气已排完，为减少蒸汽损失，需关闭空气门。

当汽压升至0.2~0.3 MPa时，应冲洗汽包水位计一次。冲洗前后应仔细核对水位，以保证指示正确。为保证汽包水位计指示正确，在整个升压过程中，要多次进行冲洗。每次冲洗完水位计，应对照汽包两端水位计的指示，如有误差，应找出原因并消除，然后方可继续升压（以上水位计是指普通玻璃水位计，其他类型的水位计应按制造说明操作）。冲洗热工表管，并进行炉水检查和连续排污。

当汽压升至0.5 MPa时，应冲洗水位计一次，并可进行定期排污，依次开启水冷壁下联箱各放水门，以排出汽包内杂质。在整个升压过程中，应进行多次排污、放水操作，使锅炉在低压阶段水冷壁各处受热均匀，尽快建立正常水循环。同时保证锅炉产生的蒸汽达到合格的汽水品质要求。检修后的锅炉启动，应通知检修人员热紧螺丝。因为检修工作是在冷态下进行的，当锅炉点火启动后，各部件逐渐受热膨胀，会使汽包人孔门、各联箱手孔门、汽水管路连接法兰处的螺丝松动，如不紧螺丝，可能会使结合处泄漏。

当汽压升至0.8~1.0 MPa时，关闭过热器各部分疏水门，冲洗水位计一次，并可进行减温器反冲洗。

在汽压接近额定值之前，还应对锅炉机组进行一次全面检查，确保其正常运行时的安全。

（5）投入自动控制装置。控制循环汽包锅炉点火前应投入炉水循环泵，借助炉水循环泵的动力，在点火开始前水就在水冷壁系统进行循环流动，启动程序与自然循环锅炉基本相同。

3. 滑参数启动的优点

（1）滑参数启动时，蒸汽管道的暖管和汽轮机的启动过程与锅炉的升压过程同时进行，整个机组的启动时间得以缩短，增加了运行调度的灵活性。

（2）整个机组的加热过程是从较低的参数下开始的，因而各部件的受热膨胀比较均匀，对锅炉而言，过热器的冷却条件得到了改善；对汽轮机而言，由于开始进入汽轮机的是低温低压的蒸汽，蒸汽的体积流量大，容易充满汽轮机，而且流速也较大，汽轮机各部件得到均匀而迅速的升温，其热力工况亦得到了改善。

（3）对于设置旁路系统的机组，启动过程可以回收工质并利用工质的热量，从而减少燃料消耗量和工质损失，并使机组早发电，提高了经济性。

4. 启动过程中应注意的问题

（1）锅炉承压部件的寿命。在锅炉的启停和变负荷时，汽包壁温不断变化；在锅炉启动过程中，各受热面中工质的流动还不正常，在某些受热面内工质的流量很少，甚至在某段时间内工质不流动或受热面内没有工质，从而使受热面得不到正常的冷却。这些都可能造成汽包损伤和受热面管壁超温，故此时要采取措施避免出现问题。

（2）燃料着火的稳定性。锅炉点火时，炉膛内的温度很低。在锅炉点火后较长一段时间内，为了控制锅炉各部件的加热速度，防止厚壁部件产生过大的温度差和某些受热面金属超温，燃料投入量的增加很缓慢，所以炉膛温度不高，此时一、二次风温度也很低。在这种情况下，如果控制不当，容易灭火，因此要注意燃料着火的稳定性。

(3) 工质及热量的损失。锅炉启动过程中所消耗的燃料除了用于加热工质和锅炉各部件的金属之外，还有相当一部分用于加热排掉的蒸汽和水，造成工质和热量损失。另外，在低负荷燃烧时，由于过量空气系数较大，导致排烟热损失、化学未完全燃烧热损失和机械未完全燃烧热损失也较大，会使锅炉效率降低。

三、锅炉启动过程中主要设备的保护与监视

(一) 汽包的保护和监督

汽包为单向受热的厚壁部件，在启动过程中将产生很大的应力，考虑到汽包的安全，在锅炉启停过程中要严格控制压力的变化，并进行有效监控。

1. 汽包启动应力

锅炉在启动、停运与变负荷过程中将出现下述几种应力：汽包机械应力、热应力、附加应力、峰值应力。

2. 低周疲劳破坏

汽包金属在远低于其抗拉强度的循环应力作用下，经过一定的循环次数后会产生疲劳裂纹甚至破裂，这种现象称为低周疲劳破坏。达到低周疲劳破坏的应力循环总次数称为为寿命，运行中应力循环次数占寿命的百分数称为寿命损耗，一般通过控制壁温差和峰值应力幅值来减小启停过程中汽包低周疲劳寿命损耗。

3. 启动过程中汽包壁温的监视

为保护汽包，整个启停过程必须不断监视汽包上、下壁温差以及内、外壁温差。在大型锅炉的汽包壁上安装有若干组温度测点。由于汽包内壁金属温度不能直接测量，故常以饱和蒸汽引出管外壁温度代替汽包上部的内壁温度，以集中下降管外壁温度代替汽包下部的内壁温度。

(1) 汽包上、下壁温差。在升温、升压过程中，汽包上、下壁温差表现在汽包壁上部温度比下部温度高，造成这种现象的原因如下所述。

① 汽包上部为蒸汽，下部为水，在锅炉启动升压过程中，工质温度也随着上升，汽包壁金属温度低于工质温度，形成工质对汽包的加热。汽包下部为水对汽包壁对流放热，汽包上部为蒸汽对汽包壁凝结放热。后者的放热系数比前者大，所以汽包上半部壁温升比下半部壁温升快。

② 上部饱和蒸汽温度与压力在升压过程中是单一的关系，温度与压力同时上升。汽包蒸汽空间的蒸汽只会在压力下降时过热而不会欠热。下部水温的上升要靠工质的流动与混合，且上升迟缓。升压速度越快，汽包上下部介质温差就越大。

③ 在启动开始阶段，蒸发区内的水自然循环尚不正常，汽包内的水流动缓慢或局部停滞。存在局部停滞区的水温明显偏低。

汽包上部壁温高，金属膨胀量大；下部壁温低，金属膨胀量相对较小。结果是上部金属的膨胀受到下部的限制，上部产生压缩应力，下部产生拉伸应力，如图 7-3 所示。上下壁温差越大，则热应力越大。为了防止汽包壁产生过大的热应力，一般规定汽包上下壁金属的温差不允许超过 50 ℃。

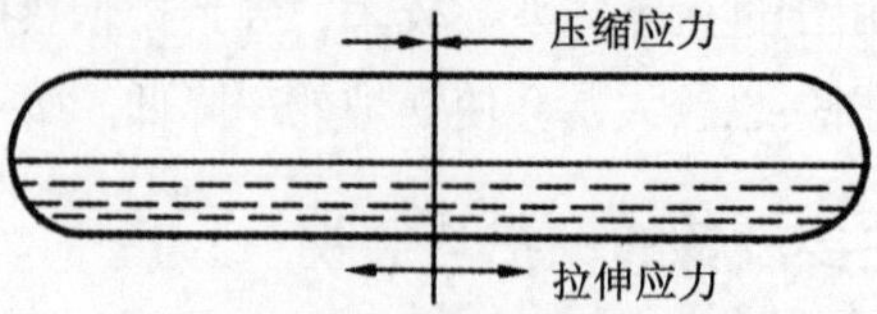

图 7-3　汽包上下壁应力示意图

（2）汽包内外壁温差。在锅炉启动过程中，汽包金属从工质吸收热量，其温度逐渐升高，并不断通过保温层向外界散热。因此，汽包壁的内表面温度较高，外表面温度较低，从而产生热应力，其应力在内外表面处较大。内表面金属承受压应力，外表面金属承受拉应力。随着锅炉内部工质压力的升高，汽包壁将承受越来越大的机械应力。

4. 汽包启动应力控制

汽包启动应力控制的重要标志是汽包的上下壁温差和内外壁温差，实际操作中以控制压力的变化率作为控制壁温差的基本手段。锅炉启停中防止汽包壁温差过大的措施有：① 启动中严格控制升压速度，尤其在低压阶段，升压速度要尽量缓慢。一般规定，汽包内工质的平均温升速度不应超过 1.5~2.0 ℃/min。对充分掌握锅炉性能和具有丰富操作经验的运行人员来说，温升速度才允许适当加快。必须严格按照锅炉升温、升压曲线进行升温、升压。② 设法尽快建立正常的水循环，加强汽包内水流动，以减小汽包的上下壁温差。③ 初投燃料量不能太少，炉内燃烧、传热应均匀。④ 控制降压速度。⑤ 严格控制锅炉进水参数。

（二）水冷壁的保护

自然循环锅炉在启动初始阶段，水冷壁受热缓慢，管内含汽量少，水循环不正常，这时投入的燃烧器数目少，水冷壁受热和水循环有较大的不均匀性。如果同一联箱上并列管子的金属温度有差别，其膨胀量不同，就会产生一定的热应力，严重时会使下联箱变形或管子损伤。对于膜式水冷壁，尤其应注意此类受热不均的问题。

水冷壁的热膨胀情况，可通过膨胀指示器来监视。所以在锅炉启动过程中，要多次记录膨胀指示值。如发现有异常情况，应暂缓升压，查明原因并处理后，方可继续升压。

在锅炉启动过程中，水循环不良可能造成水冷壁过热胀粗甚至可能发生爆管事故。所以在升压过程中，必须尽可能采取以下一些措施来促使水冷壁受热均匀。

（1）加强下联箱放水，使受热较弱的水冷壁受热加快。根据下联箱的位移指示，可了解水冷壁膨胀和受热情况。对于膨胀较小的水冷壁管，可从其下联箱适当放水，目的是要把汽包中温度较高的水引来加热管子，并促进水循环。

（2）燃烧力求均匀，沿燃烧室四周均匀或对称地点燃油喷嘴或燃烧器，各燃烧器要定期切换运行，使水冷壁受热较均匀。

（3）安装蒸汽加热装置。将邻炉蒸汽引入下联箱，在启动过程中能促进水冷壁管中的水循环。实践结果证明，设置蒸汽加热装置，水冷壁和联箱的热膨胀较为均匀，汽包上下壁温差也得到了改善。

对于控制循环锅炉，由于点火前已启动锅水循环泵建立了正常水循环，水冷壁安全性较高。

（三）过热器与再热器的保护

在正常运行中，过热器和再热器管内有蒸汽不断流过，依靠蒸汽的冷却，管壁金属不致超温。在单元机组滑参数启动过程中，锅炉送至汽轮机的过热蒸汽与再热蒸汽的压力、温度及其流量要符合汽轮机的各工况要求，同时要保证过热器、再热器及管道系统的自身安全工作。过热器、再热器受热面的金属温度是锅炉受热面中最高的，与材料的许用温度很接近，而在锅炉启动过程中，工质对过热器与再热器的冷却条件又较差。因此，如何保护过热器与再热器，使其管壁金属不超温，是锅炉启动中的一个重要问题。

1. 过热器与再热器启动初期的保护

锅炉点火后，未产生蒸汽以前，过热器处于无蒸汽冷却的状态，而这时烟气在对过热器进行加热，管壁温度很快升高至接近流过的烟气温度。为了防止管壁金属超温，应当限制进入过热器的烟气温度，使之不高于过热器管壁金属最大允许温度。因此，点火时投入的燃料量的增长速度不能太快。

在锅炉点火一段时间后，锅水受热温度升高，并逐渐有蒸汽产生。但在点火升压的初期，由于燃料燃烧放出的热量很大一部分要消耗于加热水和受热面金属，而用于锅水蒸发的热量比例还不大，因而产生的蒸汽量很少。当过热器的蒸汽流量很小时，容易发生各管子中蒸汽流量不均的现象。同时，点火升压初期，由于炉温低，燃烧不够稳定，火焰不能充满炉膛，流经过热器的烟气分布不均。这样，对于蒸汽流量小而受烟气加热强的管子，就可能发生超温。所以，在启动初期，除了限制过热器进口烟温外，还应尽可能保持稳定的燃烧工况，使火焰不偏斜，充满程度好一些，以避免因烟气分布不均而使过热器管子受到局部强烈的加热。

锅炉在冷态启动时，直立的过热器管内，特别是屏式过热器管内常有积水现象。而立式蛇形管内的积水不能靠自身重力排放，在锅炉启动初期的低压阶段，积水可能会在管内形成“水塞”，阻碍蒸汽流动，管内没有蒸汽流过，管壁金属温度接近烟气温度。另外，平行并列蛇形管中的积水往往是不均匀的，这将引起各并列蛇形管内蒸汽流量的不均匀，造成汽温的偏差和管内蒸汽流量少的管壁温度接近管外烟气温度。因此，启动初期必须及时把蛇形管内的积水疏尽。

对于压力法滑参数启动的机组，在汽轮机冲转前主汽阀门关闭阶段，要求对过热器、再热器通汽、疏水，保证蒸汽对受热面管壁的冷却。同时要求对联箱、蒸汽管道进行暖管。

在锅炉启动初期，过热器与再热器采取的保护措施如下。

① 启动初期开启各级疏水阀，放掉过热器、再热器中的积水。

② 汽轮机冲转前，开向空排气阀，开疏水阀，开汽轮机旁路，要保证过热器、再热器内蒸汽的流动。

③ 调节燃烧率或炉内的火焰中心位置，限制受热面的进口烟气温度，防止管壁金属温度超过材料的允许温度。

2. 过热器与再热器启动后期的保护

启动后期是指机组并网后的升负荷阶段。在该阶段中，随着汽包内工质压力的升高，蒸汽流量增大，受热面管壁得到较好的冷却，这时可逐渐提高烟气温度。但燃烧未调整至最佳状态、燃烧中心偏高、热偏差较大、燃料投入量与蒸汽流量不匹配等都是常见的情况，这些都会造成受热面壁温偏高，甚至超过材料的许用温度。因此，这个阶段仍应采取有效的措施防止管壁超温。

在启动后期防止过热器、再热器管壁金属超温的方法大致有以下几种。

① 降低燃烧火焰中心的位置，使炉膛出口烟温下降，从而使受热面壁温下降。

② 投运的燃烧器均匀对称，或定期投切燃烧器，减少炉内烟气的温度偏差和传热偏差，防止局部烟温过高。

③ 合理使用喷水减温器。使用喷水减温器的目的是降低受热面壁温和调节蒸汽温度。

（四）省煤器的保护

锅炉启动和停运过程中的一段时间内，由于产汽量很少，不需要给水或只需间断给水。在停止给水时，省煤器内的水处于不流动状态，有可能发生汽化，局部管壁金属可能超温。间断给水时，省煤器内的水温间断变化，管壁金属将产生交变热应力，影响管子尤其是焊缝的强度。因此，在启动和停运过程中要求省煤器内有连续流动的水流。

保持省煤器内水连续流动的方法有省煤器再循环法和连续进放水法。

自然循环锅炉省煤器再循环系统是在汽包和省煤器进口联箱之间接一根再循环管，并装有再循环阀。

控制循环汽包锅炉省煤器再循环系统是在水冷壁下联箱与省煤器进口联箱之间连接一根再循环管，主要靠循环泵使省煤器内工质循环流动。这种系统再循环动力大，工作安全可靠。

连续进放水法是指小流量给水经省煤器进入汽包，同时通过连续排污或定期排污系统放水维持一定的汽包水位。常应用于经常启动与停运的锅炉，但是放水将造成工质和热量的损失。为了在整个启动过程中使省煤器得到较好的冷却，且回收工质和热量，有些锅炉采用在省煤器出口至除氧器或疏水箱之间加装一根带阀门的回水管的方法来保护省煤器。

（五）燃烧器的保护

锅炉点火后，未投入的燃烧器要注意冷却。一般只要送额定风量的5%就可以保证燃烧器喷口不被损坏。对于已投入运行的燃烧器，通过对一次风和二次风的调整，使煤粉气流的着火点在喷口的适宜距离，防止将燃烧器烧坏。

任务二　汽包锅炉的停运

【知识点描述】

（1）汽包锅炉停运概述；

（2）正常停炉；

（3）事故停炉；

（4）锅炉的停运保护。

【能力目标】

（1）能掌握汽包锅炉的停运流程；

（2）能掌握汽包锅炉停运后的保护方法。

一、汽包锅炉停运概述

锅炉由运行状态转变为停止状态的过程称为锅炉停运。包括减少燃料及蒸发量、投油助燃、炉膛熄火和降压冷却等过程。

锅炉停运的实质就是停投燃料对锅炉进行冷却，蒸汽的流量不断下降，蒸汽参数也相应地变化。在停运过程中，锅炉受热面金属的温度是不断下降的。停运过程中同样存在着设备部件的安全问题。如果冷却速度过快，也可能产生危险的热应力而损坏设备。

对于单元制机组，锅炉的停运方式与整个单元机组的停运方式有关，锅炉停运方式如下。

1. 正常停炉

正常停炉是指按检修计划或调度安排，将锅炉从运行状态转为停运状态，即将锅炉从运行状态逐渐停止燃烧、降温、降压和冷却。按备用时间的长短不同，可分为热备用停运和非热备用停运。热备用停运是指停止向汽轮机供热和锅炉熄火后，关闭锅炉主蒸汽阀和烟气侧的各个门孔，进入热备用状态。非热备用停运包括冷备用停运和检修停运。冷备用停运的最终状态是彻底冷却后放尽炉水，进行保养；检修停运则是冷却后放尽炉水，进行检修。

2. 事故停炉

事故停炉是指由于锅炉或单元机组的其他部分发生故障，需停止锅炉运行的非计划停炉。事故停炉包括紧急停炉和申请停炉两种形式。

二、正常停炉

单元机组在正常停运中，根据降负荷时汽轮机前的蒸汽参数，可分为滑参数停运和额定参数停运。

滑参数停运即机炉联合停运，是指在汽轮机主汽门、调节汽门保持全开的情况下，通过调节锅炉燃烧，改变主蒸汽和再热蒸汽参数来逐渐降低机组的负荷，直至汽轮机停运，发电机解列，锅炉降压、冷却。采用滑参数停运时，由于在机组的减负荷和降温、降压过程中，蒸汽容积流量大，可使汽轮机各金属部件均匀冷却，缩短停机时间，且能充分利用机组的余热发电，减少停机热损失。对以检修为目的，需较长时间备用且希望金属快速冷却的机组，可采用该方式。

额定参数停运又称高参数停运，是指在机组停运过程中维持汽轮机前蒸汽参数不变，逐步关小汽轮机调节汽门，减小进汽量，逐渐减负荷停机。锅炉也相应地减负荷，逐渐降压冷却。采用额定参数停运，由于只是节流降温，进入汽轮机的蒸汽温度较高，因而在停运后能维持较高的金属温度，并且采用调节汽门控制负荷，能实现快速减负荷。对只需要短时停运，且希望机组停运后能维持较高金属温度的情况，即锅炉停运后转为短期热备用时，可采用该方式。

（一）滑参数停运

单元机组滑参数的联合停运根据机组停运时的参数又可分为低参数停运和中参数停运两种。主蒸汽压力滑降至 1.5~2.0 MPa，汽温 250 ℃，在对应汽轮机负荷下的停运称为低参数停运，用于检修停运。主蒸汽压力降至 4.9 MPa，在对应汽轮机负荷下的停运称为中参数停运，用于热备用停运。

锅炉滑参数停运的基本程序如下。

锅炉滑参数停运的过程一般分为停运前的准备，锅炉负荷和蒸汽参数的滑降，锅炉熄火，锅炉降压、冷却等几个阶段。锅炉滑参数停运时，锅炉负荷和蒸汽参数的滑降是根据汽轮发电机组的要求分阶段进行的，应严格根据滑参数停运曲线的要求进行。图 7-4 为某 200 MW 机组滑参数停运曲线。

1. 停运前的准备

低参数停运在停运前要做好“六清”工作，即清原煤仓、清煤粉仓、清受热面（吹灰）、清锅内（水冷壁下联箱排污）、清炉底（冷灰斗清槽放渣一次）、清灰斗。对燃油系统进行全面检查，确保油温、油压正常，油泵正常。同时按规定进行必要的试

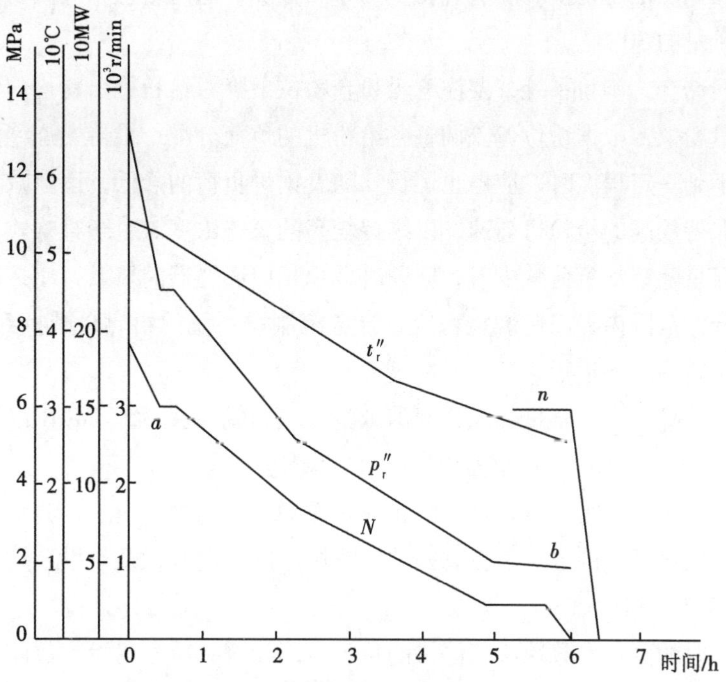

图 7-4　某 200 MW 机组滑参数停运曲线

a—调速汽门全开，开始滑压；*b*—停机、熄火；*n*—转速

验，如投点火油枪的试验，以便在停炉减负荷中用来稳燃。此外，对锅炉本体进行全面检查，记录运行中的设备缺陷，以便在停炉后消除。汽轮机、发电机做好停机准备。中参数停机在停运前不一定全面进行“六清”工作，一般只清受热面、清锅内、清炉底。

2. 滑压降负荷

在额定工况下运行的机组，锅炉先降压、降温，使机组负荷降低至 80%~85% MCR，逐渐开大汽轮机的调速汽门至全开，将蒸汽温度、压力降至允许值的下限，在此条件下稳定一段时间。待金属各部件的温差减小后，开始负荷、参数的滑降。

在汽轮机调速汽门全开的条件下，锅炉降低燃烧率，降压、降温，机组按照一定的速率（如 1.5% MCR/min）降负荷，同时用汽轮机旁路平衡锅炉与汽轮机之间的蒸汽流量。在稳定负荷的情况下，调节锅炉燃烧，采用喷水减温，先降低主蒸汽温度，使其低于汽轮机第一级金属温度 30~50 ℃。为防止金属热应力过大，一般来说，汽温的下降速度不宜超过 1.5 ℃/min，金属的温降速度不宜超过 1 ℃/min。待金属温降速度减慢、主蒸汽的过热度接近 50 ℃时，再降低主蒸汽压力，避免汽轮机低压缸后部的蒸汽湿度过大。机组的负荷随蒸汽压力的降低成比例降低。稳定一段时间后，再以同样的方法进行负荷和参数的滑降。

煤粉锅炉的煤粉燃烧器和相应的磨煤机按照拟定的投停编组方式（燃烧器一般应自上而下切除）减弱燃烧，在低负荷时及时投入相应层的油枪助燃，防止灭火和爆燃，最后完成从燃煤到燃油的切换。随着燃料量的不断减少，送风量也相应减少，但最低风量不应少于总风量的30%。

对于中间储仓式制粉系统，要注意煤粉仓粉位下降对给粉机出粉均匀性的影响，此时应及时测量粉位，根据粉位偏差调整各给粉机的负荷分配，维持燃烧稳定。当运行给粉机转速减小到一定程度时，应停止运行。随着锅炉负荷的降低，逐渐减少运行给粉机的台数，并保持较高的给粉机转速，以维持较高的煤粉浓度。对于直吹式制粉系统，在各给煤机给煤量随锅炉负荷减少时，应同时减少相应燃烧器的风量，使一次风煤粉浓度保持在不太低的范围内，以使燃烧稳定。当各组制粉系统的给煤量减少到一定程度时，则停止一套制粉系统的运行。

随着负荷的降低，燃料量和风量逐渐减少，当负荷降到30% MCR以下时，风量维持在35%左右的吹扫风量，直至停炉该风量应保持不变。

另外，低负荷下，为稳定燃烧和防止受热面的低温腐蚀，应通过调整暖风机的出口风量或投入热风再循环的方法，提高入炉的热风温度，同时，及时投入点火油枪。

3. 机组解列、锅炉熄火

机炉解列时的蒸汽参数取决于停机的目的。因检修和冷备用滑参数停运时，则应尽可能降低解列时的参数，以便充分利用机组的余热，并使机组得到最大限度的冷却。

锅炉可维持最低负荷燃烧后熄火，此时汽轮机调速汽门全开，利用余热发电，待负荷降至接近0时，发电机解列，汽轮机利用余热继续空转，以使通流部分充分冷却。

熄火后，送、引风机保持运行5 min，对炉膛和烟道进行通风吹扫。对于回转式空气预热器，为防止转子冷却不均而变形，在锅炉熄火，送、引风机停运后，还应运转一段时间，当排烟温度降至80 ℃时可以停止回转式空气预热器运行。

4. 锅炉降压、冷却

锅炉熄火后即进入降压、冷却阶段。这一阶段总的要求是保证锅炉设备的安全，控制降压和冷却速度，防止停炉过程产生过大的热应力，特别是注意汽包壁的温差。最初4~6 h，关闭锅炉各处风门挡板，以免金属部件温度迅速下降。之后，开启引风机入口挡板及锅炉各人孔、检查孔，进行自然通风冷却。停炉18 h后可启动引风机进行冷却。当锅炉降压至0时可放掉锅水。若锅炉有缺陷时，放水温度不高于80 ℃。需要快速冷却时，可加快进、放水，必要时，可通风冷却。

中参数热备用停运应保持锅炉热量不散失，各处风门应关闭严密，但要防止管壁金属超温。

滑参数停运中应注意的问题有：在考虑节约燃油量的同时，应使锅炉熄火时机组的负荷尽量低些。否则，熄火后较大的送汽量和补充水量将导致汽包压力及其相应的饱和温度下降速度加快，这可能引起汽包壁温差过大。此外，负荷较低可延长滑停时间，可以更充分地利用余热。机组释放余热是相当缓慢的，如果滑停时间过短，在汽轮机主汽阀关闭后，锅炉汽压将回升较多，回升值越大，锅炉余热利用越不充分。

（二）额定参数停运

锅炉额定参数停运的基本过程与滑参数停运相似，一般也分为停运前的准备，减负荷，锅炉熄火，降压、冷却等阶段。

额定参数停运减负荷过程中，尽量维持较高的过热蒸汽压力和温度，最大限度地保持锅炉蓄热，以缩短再次启动所需的时间。开始停运后，锅炉逐渐降低燃烧强度，汽轮机逐渐关小调节汽阀减负荷。机炉解列时的蒸汽参数主要以机组冷却到何种程度对下次启动最为有利为原则。

手动脱扣汽轮机，同时锅炉熄火，发电机解列。

三、事故停炉

（一）紧急停炉

锅炉的紧急停炉是指在机组发生重大事故、威胁设备和人身安全时，立即停止锅炉机组的运行。锅炉遇到下列情况之一时，应紧急停止锅炉运行。

（1）锅炉达到 MFT 动作条件，自动 MFT 保护拒动。

（2）承压部件爆破，导致管壁严重超温，使工质温度急剧升高，无法维持锅炉正常运行或威胁设备及人身安全。

（3）所有汽包水位计损坏，无法监视汽包水位。

（4）锅炉蒸汽压力升高至安全阀动作压力而所有安全阀拒动。

（5）汽包，主、再热蒸汽安全阀动作后不回座。

（6）尾部烟道发生二次燃烧。

（7）所有 DCS 画面黑屏或 DCS 控制系统失灵，不能监视运行参数。

（8）再热蒸汽中断。

（9）锅炉油管道爆破或油系统着火，威胁设备及人身安全。

（10）主要辅机故障无法恢复正常运行。

（11）炉墙发生裂缝或钢架、钢梁烧红。

紧急停炉后，检查锅炉全部燃料已切除，燃油速断阀关闭，两台一次风机跳闸，所有磨煤机、给煤机停止运行，给煤量到零。所有着火信号消失，所有减温水门关闭。停用其他 MFT 后应联动而未动作的设备。停止定期排污，尽量维持锅炉汽包水位，若不能维持，则立即停止上水。关闭各级减温水，防止汽温骤降。维持 30%额定风量，保持适当的炉膛负压，进行通风吹扫，通风时间一般不少于 5 min。炉膛吹扫完毕复位跳闸设备。锅炉主汽压力超限应降低锅炉压力。打开省煤器再循环门，保护省煤器。

当锅炉发生尾部烟道二次燃烧时，应先灭火后再通风吹扫。

（二）申请停炉

锅炉在下列情况时，应申请停炉。

(1) 水冷壁管、省煤器管、过热器管、再热器管等受热面发生泄漏尚能维持运行。

(2) 锅炉管壁温度超限，经降低负荷后仍无法降至正常。

(3) 锅炉汽水品质不合格，经处理后仍不能恢复正常。

(4) 锅炉严重结焦、堵灰、堵渣，经处理后不能维持正常运行。

(5) 安全阀动作后不回座。

(6) 一台（两台）空气预热器跳闸，短时间无法恢复。

(7) 控制汽源失去，短时间无法恢复。

(8) 控制室锅炉汽包水位所有远方指示器损坏，短时间无法修复。

(9) 两台除尘器停电且短时间无法恢复。

(10) FSSS 直流电源丧失，短时间无法恢复。

(11) 锅炉厂房内发生火警，消防系统无法扑灭，严重威胁到设备安全。

(12) 电除尘、脱硫装置故障，不能正常投运。

(13) 除灰（捞渣机、气力输灰）系统故障，短时无法恢复。

申请停炉的操作过程与滑参数停炉相似。

四、锅炉的停运保护

当锅炉停止运行后，进入冷备用或检修状态，如保护不当会发生金属腐蚀（水中溶解氧或漏入空气造成的氧化腐蚀），称为锅炉停用腐蚀。锅炉停用期间，为防止锅内金属腐蚀而采取的措施称为停运保护。

保护方法应当简便、有效和经济，并能适应运行的需要，使锅炉在较短时间内就可投入运行。停运保护方法有湿式防腐（加热充压法、氨及联氨浸泡法）、干式防腐（热炉放水烘干法、抽真空干燥法）和气体防腐（充氮法）等。大容量锅炉一般采用湿式防腐法和充氮法。湿式防腐法比较简单、监视方便，但在冬季必须要有防冻措施，而充氮法使用较为方便，但需要有操作经验和技术。

1. 加热充压法

1~10 天短期备用锅炉可采用加热充压法进行保护。其方法是在锅炉停炉后降压至 0.3 MPa，关闭排气门和疏水门，锅炉压力在 0.3 MPa 以上，压力不足时应点火升压或炉底蒸汽辅助加热。在加热充压备用期间，每天取样炉水和蒸汽进行化验，要求含氧量不大于 15 μg/kg；每周化验炉水含铁量一次，要求炉水含铁量不大于 30 μg/kg。水质不合格时可用加热放水法除氧，或通过炉底放水除铁。

2. 热炉放水烘干法

冷备用停炉时间较长或检修停炉可采用热炉放水烘干法，该方法分以下三步进行。

(1) 锅炉压力降至 1.5 MPa，汽包水位维持在 0~50 mm，炉膛灭火，灭火后各风门、挡板关闭严密，保持热量。

(2) 灭火后 1 h，开大下降管放水门，把汽包内的水基本放尽。

（3）灭火后 4 h，汽包压力小于 0.8 MPa，汽包内壁温度不高于 200 ℃，屏式过热器后烟温不高于 400 ℃，对水冷壁、省煤器进行放水。放水过程不控制压力下降速度，压力由 0.8 MPa 降至 0.3 MPa 需 2~2.5 h，压力由 0.3 MPa 降至 0 需 3 h。汽包压力降到 0 时开所有空气门。

在热炉放水过程中应注意汽包上下壁温差 $\Delta t_1 \geqslant 50$ ℃，当 Δt_1 达到 45 ℃时应暂停放水。当水冷壁上敷设卫燃带时，应适当减慢放水速度，防止水冷壁超温。

采用热炉放水烘干法，长期备用时，应在汽包、联箱内放置吸水硅胶布袋，吸取锅内潮气，每月检查一次。

3. 抽真空干燥法

抽真空干燥法是与热炉放水烘干法配合进行的一种方法。它在锅炉停炉后先按热炉放水烘干法的要求进行操作，紧接着在汽水系统辅以抽真空操作，以降低锅炉存在的汽化温度，使潮气被迅速抽至系统外，进一步提高烘干效果。抽真空干燥法的负压由抽气器抽空气形成，负压一般大于 50 kPa。

4. 氨及联氨浸泡法

联氨（N_2H_4）是较强的还原剂，联氨与水中的氧或氧化物作用后，生成无腐蚀性的化合物，从而达到防腐的目的。加氨的作用是调节水的 pH 值，使水保持一定的碱性，同时应在未充水的部位充进氮气，并保持一定的气压，以防止空气漏入。

$$N_2H_4+O_2 \rightarrow N_2+2H_2O$$

$$N_2H_4+2FeO \rightarrow N_2+2Fe+2H_2O$$

$$N_2H_4+2CuO \rightarrow N_2+2Cu+2H_2O$$

氨及联氨浸泡法是先将锅炉内存水放尽，开启空气门，其余阀门全关；用给水系统将氨及联氨标准溶液灌满锅炉内，标准溶液由加药泵把氨及联氨注入给水系统，其联氨浓度为 100~150 mg/kg，并用氨调整给水的 pH 值为 10.2；每隔三天取样化验炉水溶液，当浓度低于标准值时应补充加药。使用氨及联氨浸泡法时应注意与仪表等铜质元件隔离。

5. 充氮法

当锅炉内部充满氮气并保持适当压力时，空气便不能漏入，可以防止氧气与金属接触，从而避免腐蚀，该方法在冬季也比较适用。

一般在汽轮机停止后，锅炉继续运行 1 h 以烘干再热器，就可以使用该方法。在再热器干燥后，应立即关闭再热器的疏水门及空气门，防止空气漏入。

首先，在锅炉压力降到 0.196 MPa 时开启汽包充氮门向汽包充氮，同时进行锅炉放水，并保持锅炉压力不低于 0.196 MPa。

然后，当主蒸汽管温度降到 100 ℃时，开主蒸汽管充氮门，进行充氮。

最后，当再热器温度降到 100 ℃时，开再热器管充氮门，进行充氮。

保养期间，各系统均维持氮气压力为 0.196 MPa，并定期检测氮气纯度，当氮气纯度下降时，应进行排气，并开大充氮门，直至氮气化验合格为止。

任务三　汽包锅炉的运行调节

【知识点描述】

（1）锅炉运行调节的意义和主要任务；
（2）蒸汽压力的调节；
（3）蒸汽温度的调节；
（4）汽包水位的调节；
（5）锅炉燃烧的调节。

【能力目标】

（1）了解汽包锅炉运行调节的意义和任务；
（2）熟练掌握汽包锅炉运行参数变化的原因、影响因素和调节方法。

一、锅炉运行调节概述

单元制机组是锅炉机电串联构成不可分割的整体，其中任何环节运行状态的变化都将引起其他环节运行状态的改变，因此锅炉机电的运行与调整是相互联系的。在正常运行中各环节的工作有其不同的特点，锅炉侧重于调整，汽轮机侧重于监视，电气侧重于与单元机组的其他环节以及外界电网的联系。电厂锅炉的产品是过热蒸汽，因此，锅炉运行的任务就是要根据用户的要求，提供用户所需的一定压力和温度的过热蒸汽，同时锅炉机组本身还必须能够安全、经济地运行。

锅炉机组的运行参数主要是过热蒸汽压力、过热蒸汽和再热蒸汽温度、汽包水位、锅炉蒸发量和烟气含氧量等，其运行过程则表现为一个复杂的参数变动过程。在稳定负荷下运行时，锅炉的燃料量、给水量、蒸发量必须同锅炉负荷相适应，即必须维持物质平衡和热量平衡。而实际上，锅炉运行工况经常是不稳定的。当外界负荷发生变化或锅炉机组内部某一工况或因素改变（如煤质、煤粉细度、给水温度、受热面结焦和积灰等）时，同样会引起运行参数的变动，因而也需要对锅炉机组进行必要的调节，以保证锅炉的安全、经济运行。

在锅炉工况变动之初进行及时和适当的调节，运行参数不会有大的变动。锅炉的自动调节设备就是根据运行参数和负荷的变动进行自动调节的。自动调节设备没有投入时，所有这些调节工作都要由运行人员来操作。

对运行锅炉进行监视和调节的主要任务如下。

（1）保证蒸发量（负荷）满足机组或外界负荷的需要。

（2）均衡进水，保持汽包的正常水位。

（3）在较大的负荷范围内维持正常的汽温、汽压，并保证过热蒸汽品质。

（4）调整燃烧并保证燃烧的稳定和经济，尽量减少厂用电消耗。

（5）及时处理和消除各种故障、异常和事故，提高锅炉运行的安全性和可靠性。

为此，锅炉运行人员必须熟悉锅炉的设备特性，充分了解各种因素对锅炉工作的影响，掌握锅炉运行变化规律和实际操作技能，根据设备的特性及各项安全、经济指标，严格按照运行规程进行监视和调节工作。

二、蒸汽压力的调节

蒸汽压力是锅炉运行的重要监控参数之一。运行中如汽压波动过大，将直接影响锅炉和汽轮机的安全与经济运行。汽压降低，会减少蒸汽在汽轮机中膨胀做功的焓降，汽耗增大，机组的循环热效率下降，甚至限制汽轮机的出力。一般来说，蒸汽压力每降低额定值的5%，汽轮机的汽耗量将增加1%。汽压过高，机械应力过大，将危及机炉和蒸汽管道的安全运行。当汽压高到安全阀动作时，会造成大量的排汽损失，同时会引起汽包水位发生较大的波动，并影响送往汽轮机的蒸汽品质。压力调节不当或操作失误时，也容易引起锅炉满水或缺水事故。因此，运行中应严格监视锅炉汽压并维持其稳定。锅炉在额定负荷下定压运行时，一般应维持蒸汽压力在规定值±(0.05~0.10)MPa。

（一）影响蒸汽压力（汽压）变化的因素

从物质平衡角度来看，汽压变化反映了锅炉的蒸发量与外界负荷所需蒸汽量之间的平衡关系。当锅炉的蒸发量正好满足汽轮机所需要的蒸汽量时，汽压就能保持正常和稳定；而当锅炉的蒸发量大于或小于汽轮机所需要的蒸汽量时，汽压就升高或降低。

影响汽压变化的因素可归纳为两方面：一是锅炉外部的因素，称为外扰；二是锅炉内部的因素，称为内扰。

1. 外扰

外扰主要是指机组外界负荷的正常增减及事故情况下的甩负荷，它反映在进入汽轮机的蒸汽量的变化上。此外，运行中的高压加热器运行工况的变化也会影响汽压的变化。图7-5所示为负荷变化对汽压的影响。

图7-5（a）为汽轮机用汽量变化时汽压的响应曲线。当汽轮机用汽量突然增加时，由于燃料量没有发生变化，即用汽量始终大于蒸发量，物质平衡被破坏。扰动一开始，主汽压立即下降，然后一直等速下降。

图7-5（b）为汽轮机调节阀开度变化时汽压的响应曲线。当汽轮机进汽阀开度突然增大时，汽轮机进汽量增加，主汽压下降。由于燃料量不变，用汽量的增加使主汽压缓慢下降，汽包压力也缓慢下降，并导致用汽量逐渐减少，最终回到扰动前的数值。在响应过程中，用汽量的暂时上升是靠消耗储存在汽包、水冷壁、过热器受热面和管道中

的热量获得的。由于蓄热量被消耗一部分，稳定后的压力较以前低。

运行中若高压加热器因故障退出运行，将引起给水温度大幅下降，使锅炉蒸发量减少。当锅炉蒸发量的降低与汽轮机抽汽量的减少不平衡时，也会引起汽压变化。

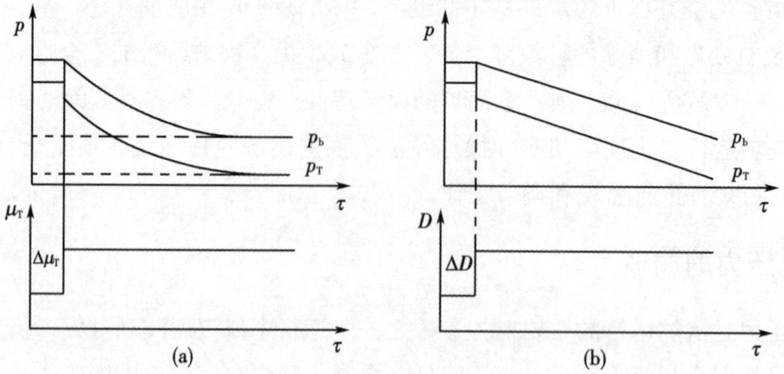

图 7-5　负荷变化对汽压的影响

p_b—锅炉汽包压力；p_T—汽轮机主汽阀前蒸汽压力

2. 内扰

内扰主要是指在外界负荷不变的情况下，炉内燃烧工况的变动。当燃烧工况稳定时，汽压的变化不大。当燃烧工况不稳定或失常时，引起炉内换热量和蒸发受热面吸热量变化，从而引起汽压的变化。燃烧加强时，汽压升高；反之，汽压下降。对于煤粉锅炉，煤质、燃料量和煤粉细度的变化、风煤配合不当、炉内受热面积灰和结渣、漏风等都会引起汽压的变化。对于燃油锅炉，燃油的油压、油温和油质发生变化，或风量的变化，也会导致汽压的变化。

在燃料量变化时，调节汽轮机的调节阀，保持进汽量不变，汽压变化响应曲线如图 7-6（a）所示。当燃料量突然增加时，炉膛热负荷增加，汽水循环加强直至汽压上升，这要有一个过程，所以汽压变化一开始有迟延，之后直线上升。这是由于燃料量增加后燃烧放出的热量始终大于蒸汽带走的热量，其差值不变，这部分热量以压力能的方式储存。

在燃料量突然增加，保持汽轮机进汽阀开度不变时，所得的汽压曲线如图 7-6（b）所示。与保持用汽量不变所得的汽压响应曲线相比，前面的延迟过程一样。但由于汽轮机调节汽阀开度不变，汽压升高使得蒸汽流量也相应增加，蒸汽带走的热量也相应增多，反过来自发地限制了汽压的升高，汽压上升的速度变慢。当蒸汽带走的热量与燃料增加后燃烧产生的热量平衡时，汽压稳定不变，动态过程结束。

3. 内扰和外扰的判断

不论是内扰还是外扰，汽压的变化总是与蒸汽流量的变化密切相关的。因此，在锅炉运行过程中，可根据汽压和蒸汽流量的变化关系来判断引起汽压变化的原因。若发现运行中汽压与蒸汽流量的变化方向相反，即蒸汽流量增大时汽压降低，或蒸汽流量减少

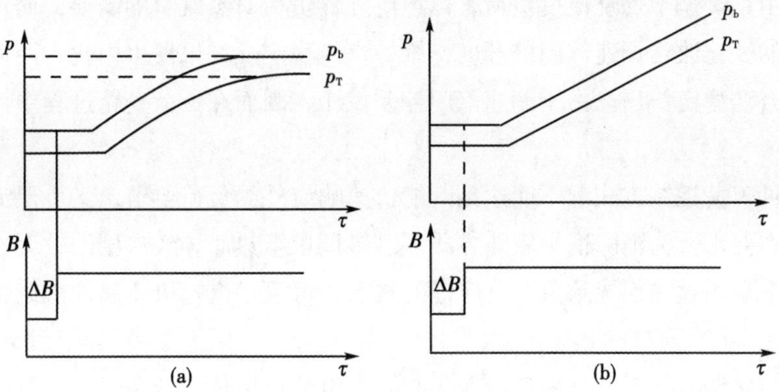

图 7-6　燃料量变化对汽压的影响

p_b—锅炉汽包压力；p_T—汽轮机主汽阀前蒸汽压力

时汽压升高，则汽压的变化是由外扰引起的；若发现运行中汽压与蒸汽流量的变化方向相同，则一般是由内扰的影响所致。对于单元机组，判断内扰的方法仅适于工况变化的初期，即汽轮机调节汽门未动作以前。当调节汽门动作以后，汽压与流量的变化方向是相反的。

（二）影响汽压变化速度的因素

汽压的变化速度主要取决于机组负荷的变化速度、锅炉的蓄热能力、燃烧设备的惯性以及运行人员的控制调节水平等。下面只介绍前三种。

1. 机组负荷的变化速度

机组负荷的变化速度越快，汽压的变化速度越快。对单元机组来说，汽轮机负荷的变化幅度会直接影响汽压的变化幅度。外界负荷变化对汽压的影响与机组负荷的调节方式有关。

在锅炉运行中，负荷与汽压的调节通常是由单元机组负荷控制系统［又称协调控制系统（CCS）］来实现的。负荷控制系统的作用是根据机组设备的运行状况对外界要求机组承担的负荷进行处理后，指挥机炉进行合理调节，共同来适应负荷的需要，并保证机组安全、经济地运行。

单元机组的汽压调节有锅炉跟随汽轮机、汽轮机跟随锅炉及汽轮机、锅炉协调负荷调节三种方式。

锅炉跟随汽轮机的方式是把汽轮发电机负荷放在首位，要求负荷响应快。外界负荷变化时，首先改变汽轮机调速汽门，改变进汽量，以满足外界负荷的需要。随着汽轮机进汽量的变化，汽压变化，而锅炉则根据汽压的变化调整其燃料量、给水和配风。如果发生内扰，用调节燃料量稳定汽压。但由于锅炉和燃烧设备具有惯性，因而在负荷变化过程中，汽压的变动较大。

汽轮机跟随锅炉的方式是把稳定锅炉运行放在第一位，负荷响应较慢。外界负荷变化时，首先由锅炉调节燃烧改变负荷，以适应外界负荷对蒸发量的需要，而汽轮机则根据机前压力的变化改变调速汽门的开度，维持汽压稳定。如果发生内扰，用调节汽轮机调速汽门的方法稳定汽压。由于调速汽门控制汽压，因而在负荷变化过程中汽压的变化较小。

上述两种负荷控制方式都不能达到既能快速响应外界负荷要求，又可保证主汽压波动较小的基本要求。为消除锅炉跟随方式下过多调用蓄热而导致汽压的较大波动和汽轮机跟随方式下不用蓄热而导致负荷响应慢的缺点，可采用汽轮机、锅炉协调负荷调节方式。

在机、炉协调方式下，外界负荷变化时，机组的目标负荷指令同时送至锅炉和汽轮机的主控系统，同时调节锅炉的燃料、给水、配风及汽轮机的进汽量。另外，还根据汽压偏离给定值的情况适当限制汽轮机调速汽门的开度和加强锅炉的调节作用。这种调节方式，综合了锅炉跟随和汽轮机跟随的优点，既能充分利用锅炉蓄热，以较好地适应负荷变化，又能在负荷变化时维持汽压的稳定。

汽包锅炉热惯性较大，汽压变化速度较小，适用锅炉跟随汽轮机的方式，但是这种方式必须有配置调节响应较快的燃烧系统。

2. 锅炉的蓄热能力

锅炉的蓄热能力是指当外界负荷变化而燃烧工况不变时，锅炉能够吸收或放出热量的大小。锅炉的蓄热能力越大，汽压的变化速度越慢；锅炉的蓄热能力越小，汽压的变化速度越快。大容量高参数锅炉的相对蓄热能力低于小容量低参数的锅炉，所以汽压变化的速度较大。

3. 燃烧设备的惯性

燃烧设备的惯性是指从燃料开始变化到炉内建立起新的热负荷所需要的时间。燃烧设备的惯性越大，当负荷变化时，恢复汽压的速度越慢；反之，恢复汽压的速度越快。

燃烧设备的惯性与调节系统灵敏性、燃料种类和制粉系统形式有关。燃油比燃煤迅速，调节惯性小。直吹式制粉系统从改变给煤量到进入炉内的煤粉量发生变化的时间较长，因而惯性较大；而中间储仓式制粉系统，因只改变给粉机转速即可改变进入炉内的煤粉量，故惯性较小。

（三）汽压的调节

锅炉蒸发量与外界负荷相适应，汽压就可以稳定在某一数值，而蒸发量的大小取决于燃料燃烧的放热状况，因此，在一般情况下，无论是外扰还是内扰引起汽压的变化，均可用调节燃烧的办法进行调节。当汽压降低时，应增加燃料量和风量，强化燃烧；反之，则减弱燃烧。在异常的情况下，当汽压急剧升高，只靠调节燃烧来不及时，则可开启过热器疏水门或向空排汽门排汽，以尽快降压。

只有当锅炉蒸发量超限或锅炉出力受限时，才采用改变机组负荷的方法来调节压力。

三、蒸汽温度的调节

锅炉过热器出口蒸汽温度称为主蒸汽温度，主蒸汽温度和再热蒸汽温度统称为蒸汽温度。蒸汽温度是锅炉安全、经济运行的另一个重要指标。蒸汽温度过高，会加快金属材料的蠕变，还会导致过热器、再热器、蒸汽管道、汽轮机等产生额外的热应力，缩短设备的使用寿命。当发生严重超温时，甚至会造成过热器或再热器爆管。因而，汽温过高对设备的安全有很大的威胁。蒸汽温度过低，会造成汽轮机低压缸末级的蒸汽湿度增加，对叶片的侵蚀作用加剧。当汽温严重偏低时，还会发生水冲击，威胁汽轮机的安全，而且，当压力固定时，汽温降低，蒸汽的焓值减小，蒸汽在汽轮机中的做功能力减小，汽轮机的汽耗量就必然要增加。如在蒸汽初压为 11.76~24.5 MPa 时，过热汽温每降低 10 ℃，大约会导致循环热效率降低 0.50%。所以，汽温过低除影响汽轮机安全外，还会造成发电厂的经济性降低。

因此，锅炉运行时蒸汽温度必须严格控制。正常运行时，蒸汽温度应维持在额定值，允许波动范围一般为-10~5 ℃。电站锅炉出口蒸汽温度的允许偏差值见表 7-2。

表 7-2　电站锅炉出口蒸汽温度的允许偏差值

出口蒸汽额定压力/MPa	锅炉负荷变化范围	出口蒸汽（或过热蒸汽/再热蒸汽）额定温度/℃	温度允许偏差值/℃	
			+	-
2.5	75%~100%	400	10	20
3.9	70%~100%	450	10	25
9.8	70%~100%	540	5	10
13.7	70%~100%	540/540	5	10
16.7~18.3	70%~100%	540/540	5	10
25.3	70%~100%	541/541	5	10

在规定允许偏差值的同时，还应规定偏差值下运行的持续时间和汽温变化时允许的变化速度。目前我国对此尚无统一规定，而大多数锅炉沿用如下规程：每次允许偏差值下的运行持续时间不得超过 2 min，在 24 h 内允许偏差值下运行的累计时间不得超过 10 min，蒸汽温度允许变化速度应不大于 3 ℃/min。

（一）影响蒸汽温度变化的因素

蒸汽温度是否发生变化取决于流经过热器、再热器的蒸汽流量（包括减温水量）的多少和同一时间内烟气传给蒸汽热量的多少。若在任一时间内，蒸汽温度过热（或再热）到预定温度所需要的热量与同一时间烟气传给蒸汽的热量保持平衡关系，则蒸汽温度将保持不变。而当平衡遭到破坏时，就会引起蒸汽温度的变化。不平衡的程度越大，则蒸汽温度的变化幅度也越大。

由上述分析可知，引起蒸汽温度变化的基本原因有两个，一是烟气侧传热工况的改变，二是蒸汽侧吸热工况的改变。

1. 烟气侧的影响因素

（1）炉内燃烧工况的变化。运行中炉内燃烧工况的变化，如燃料性质、空气量、配风、燃烧器运行方式等变化，均会影响炉内的传热工况，从而导致蒸汽温度发生变化。

燃料量增加，炉膛出口烟温和烟气量都增加，过热器、再热器的传热温差和传热系数也增大，所以传热量增加，结果蒸汽温度升高。

燃料挥发分含量降低、灰分含量增加、煤粉过粗、炉膛结渣、炉膛负压增大等均会使炉膛出口烟温升高，蒸汽温度升高；相反时，将致使炉膛出口烟温降低，蒸汽温度降低。

燃料水分含量增加时，煤的发热量减少，为了保证锅炉蒸发量不变，必须增加燃煤量。由于炉内水分蒸发和燃煤量的增加，生成的烟气量增加而导致传热系数增大。另外，燃煤量的增加已补足了水分对发热量减少的影响，而由于烟气量增加，烟气在炉膛内的上升速度增加并导致炉膛出口烟温升高。传热系数的增大和炉膛出口烟温的升高又导致了蒸汽温度升高。当燃煤水分减少时，蒸汽温度将降低。

送风量或漏风量增加，炉内过量空气系数增大，低温的空气会导致炉膛温度下降，炉内辐射传热强度减弱，从而炉膛出口烟温升高。另外，空气量增加，烟气量增加，传热系数增大。总之，在一般情况下，风量增加时，辐射式过热器、再热器汽温将有所降低，而对流式过热器、再热器汽温升高。

当燃烧器从上排运行切换至下排运行时，炉膛火焰中心位置下移，蒸汽温度降低；反之，蒸汽温度将升高。对于直流煤粉燃烧器，在保持入炉总风量不变的情况下，适当改变各排二次风量的配比，也会使火焰中心的位置发生变化，从而对蒸汽温度产生影响。摆动式燃烧器的角度发生变化，对流式过热器、再热器的汽温也随之变化，受热面距离炉膛出口越近，影响越明显。

（2）受热面的清洁程度。运行中受热面积灰、结渣和管内结垢，将会使受热面换热量变化，从而引起蒸汽温度发生变化。当过热器、再热器前的受热面结渣、积灰或管内结垢时，过热器、再热器的传热温差增大，蒸汽温度升高。当过热器、再热器本身被灰污时，过热器、再热器的传热系数减小而蒸汽温度降低。

2. 蒸汽侧的影响因素

（1）锅炉负荷的变化。锅炉负荷变化时，蒸汽温度的变化特性与过热器、再热器的型式有关。辐射式过热器、再热器的汽温变化特性是负荷增加时蒸汽温度降低，负荷下降时蒸汽温度升高；而对流式过热器、再热器的汽温变化特性是负荷增加时蒸汽温度升高，负荷降低时蒸汽温度降低。

大容量、高参数的电厂锅炉过热器和再热器的布置大多采用联合式过热器、再热器，若布置合理，则可在较大负荷变化范围内得到较平稳的汽温特性，而在其他负荷区，联合式过热器、再热器的汽温特性一般趋向对流特性。

（2）给水温度的变化。锅炉负荷不变，给水温度发生变化时，由于工质在锅炉中的焓增发生变化，因而必须相应地调整燃料量，以适应加热给水所需热量的变化。当给水温度降低时，从给水加热到饱和蒸汽需要的热量增加，如不增加燃料量，蒸发量将减少。如要维持蒸发量不变，必须增加燃料量，这必将使过热器、再热器烟气侧的传热量增加，使过热器、再热器汽温升高。

（3）饱和蒸汽湿度的变化。从汽包出来的饱和蒸汽总是带有少量的水分。锅炉正常运行时，从汽包引出的饱和蒸汽湿度一般变化很小。当锅炉运行工况不稳定，尤其是水位过高或负荷突增，而汽包内汽水分离设备的分离效果又不佳时，饱和蒸汽的湿度大大增加。这样，饱和蒸汽增加的水分在过热器内要吸收汽化热，从而使蒸汽温度降低。蒸汽若大量带水，将引起蒸汽温度急剧降低。

（4）减温水量或水温的变化。当减温水量或水温发生变化时，将引起蒸汽在过热器、再热器吸热量的变化，蒸汽温度就会相应地发生变化。

（二）影响蒸汽温度变化速度的因素

由以上分析可知，影响蒸汽温度变化的因素较多，这些因素的变动都会使蒸汽温度发生变动。但在发生变动时，锅炉出口汽温并不是立即变化的，而是有一段时滞 τ_z，如图7-7 所示，汽温的变化不是阶跃而是由慢到快，再由快到慢。这种扰动过程中的参数从初值到终值的变化曲线称为飞升曲线。从曲线拐点所作的切线与初值线和终值线的两相交点之间的时间，称为时间常数 τ_z。

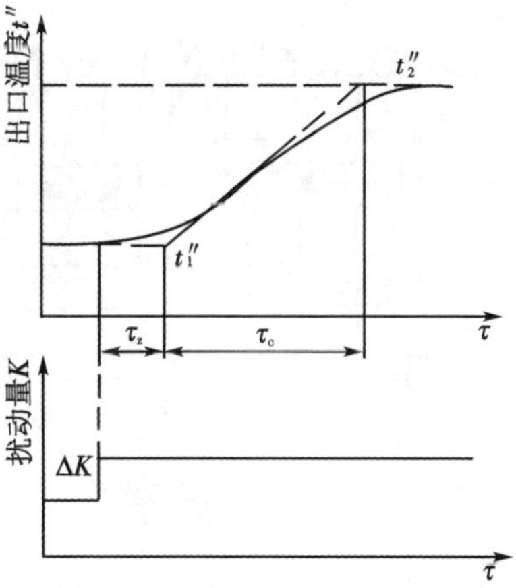

图 7-7　扰动过程中蒸汽温度变化曲线

蒸汽温度变化的快慢与过热器、再热器系统的储热量有关。如果由于扰动导致蒸汽温度降低时，过热器、再热器的金属温度也将降低，并放出一部分储热，使出口汽温降低延缓。蒸汽压力越高，过热器、再热器管子和联箱的壁厚越大，金属的储热就越多，相应地，出口汽温变化速度也就更为缓慢。

蒸汽温度的变化时滞还同扰动方式有关。烟气侧和蒸汽侧流量的扰动通常在几秒内，甚至在更短的时间内，能使整个过热器、再热器受到影响，这时蒸汽温度变化的时滞较小。进口蒸汽焓或喷水量的变动对出口汽温的影响就较缓慢，这时出口汽温变化的时滞与扰动点至过热器、再热器出口之间的蒸汽容积成正比，而与蒸汽流速成反比。

(三) 蒸汽温度的调节

由于蒸汽温度的变化是由蒸汽侧和烟气侧工况变动所引起的，因而蒸汽温度的调节也从这两方面进行。过热汽温的调节一般以蒸汽侧调节为主，常采用喷水减温，同时配合烟气侧的调节。再热汽温的调节以烟气侧调节为主，常采用烟气旁路挡板调节或燃烧器摆动角度调节，必要时使用喷水。有关内容已在前面的任务中详细叙述过，在此不再重复。喷水调节汽温有较大的滞迟时间和时间常数，一般情况下滞迟时间为 30~60 s，时间常数为 40~100 s，它会引起喷水过调，蒸汽温度偏差大，甚至发生汽温振荡。为了改善调节品质，将主蒸汽温度作为主信号，减温器后的蒸汽温度或蒸汽温度变化率作为反馈信号。有的单元机组还采用燃料指令、汽轮机调节级后的汽压信号等作为蒸气温度调节的前馈信号。

电厂所采用的过热汽温自动调节系统有串级汽温控制系统、采用导前微分信号的汽温控制系统和分段汽温控制系统。图 7-8 所示为分段汽温控制系统，该系统是将整个过热器分段，各段之间设置减温器，分别控制各段的蒸汽温度，而保证主蒸汽温度等于给定值。

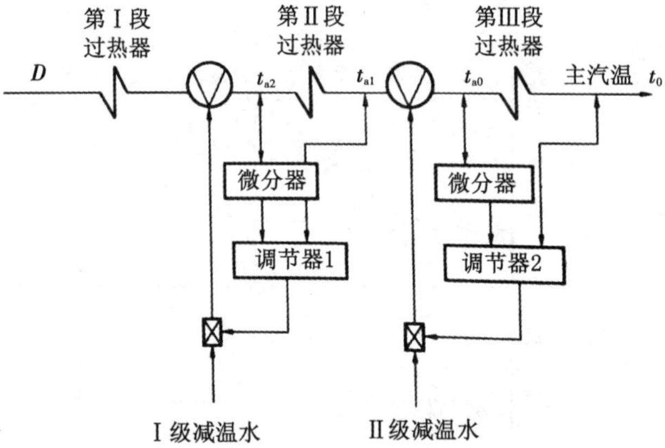

图 7-8　分段汽温控制系统示意图

(四) 蒸汽温度调节中应注意的问题

运行中要控制好蒸汽温度，首先应监视好蒸汽温度，根据锅炉运行工况的变化分析蒸汽温度的变化趋势和导致蒸汽温度变化的主要原因，尽量做到超前调节，以免造成蒸汽温度的大幅波动。应特别注意过热器、再热器中间点蒸汽温度的监视和调节。

调节蒸汽温度时，操作要平稳均匀，要兼顾过热汽温、再热汽温和锅炉燃烧，并注意汽温偏差。

现代大型电厂锅炉均设有蒸汽温度自动调节，运行人员除应熟悉蒸汽温度的变化特性外，还应熟悉自动控制系统的性能和调节特性。

四、汽包水位的调节

保持汽包正常水位是保证锅炉和汽轮机安全运行的重要条件之一。汽包水位过高、过低都将危及锅炉和汽轮机的安全运行。当水位过高时，蒸汽空间缩小，会使蒸汽中水分增加，蒸汽品质恶化，易造成过热器管内积盐、超温和汽轮机通流部分结垢。汽包严重满水时，还会造成蒸汽大量带水，引起主蒸汽温度急剧下降，甚至造成管道和汽轮机水冲击。水位太低，下降管可能进汽，破坏水循环，造成水冷壁超温爆管。严重缺水时，还会引起大面积爆管事故发生。此外，汽包水位过低还会使强制循环锅炉的锅水循环泵进口汽化而引起泵组剧烈振动。

现代大型电厂锅炉随着容量的增大，汽包的容积相对越来越小，因而允许存水的变动量也就越小。如给水中断或给水量与蒸发量不相适应，几分钟内就可能发生缺水或满水事故。因此，运行中必须严格监视汽包水位并核对各水位计的指示，防止水位计的堵塞、泄漏等故障的发生，使水位在正常值附近波动。自然循环锅炉汽包的正常水位一般在汽包中心线下 100～200 mm，运行中通常将其水位波动限制在±50 mm。控制循环锅炉运行时，汽包的正常水位比自然循环锅炉的水位低。

（一）影响汽包水位变化的因素

锅炉运行中，汽包水位是经常变化的。引起汽包水位变化的根本原因在于给水量与蒸发量之间的物质平衡遭到破坏或者工质状态发生改变。给水量与蒸发量不一致，必然引起水位的变化。即使能保持物质平衡，水位也可能发生变化。如当炉内放热量改变时，将引起蒸汽压力和饱和温度变化，从而水和蒸汽的比体积以及水容积中汽泡的数量发生变化，由此将引起水位变化。

1. 负荷变化对水位的影响

机组负荷正常变化时，锅炉燃烧和给水若能及时调整，锅炉汽包水位一般不会发生很大变化。但当负荷骤变时（特别是锅炉跟随方式），若汽压有较大幅度的变化，则会引起汽包水位迅速波动。下面以机组负荷骤增为例来说明对水位的影响。

当机组负荷骤增时，如果燃料量和给水量不变，蒸发量大于给水量，汽包内物质平衡被破坏，水位下降，如图 7-9 中的曲线 1 所示。蒸汽压力将迅速下降，一方面使汽包内汽水混合物的比体积增大，另一方面使汽包内工质的饱和温度降低。蒸发设备中的水和金属放出蓄热量，产生附加蒸发量，使汽包水容积中的含汽量增加，锅水体积膨胀，促使水位上升，如图 7-9 中的曲线 2 所示，形成虚假水位。实际的水位变化是曲线 1 与 2 的叠加，如图 7-9 中的实线 3 所示。虚假水位是暂时的，随机组负荷的增大，锅水消耗量增加，锅水中汽泡逸出水面后，汽水混合物的体积收缩，且随着燃烧的加强，汽压逐渐恢复，若此时给水量未及时调整，则汽包水位将迅速下降。机组负荷骤降时，水位的变化情况与此相反。

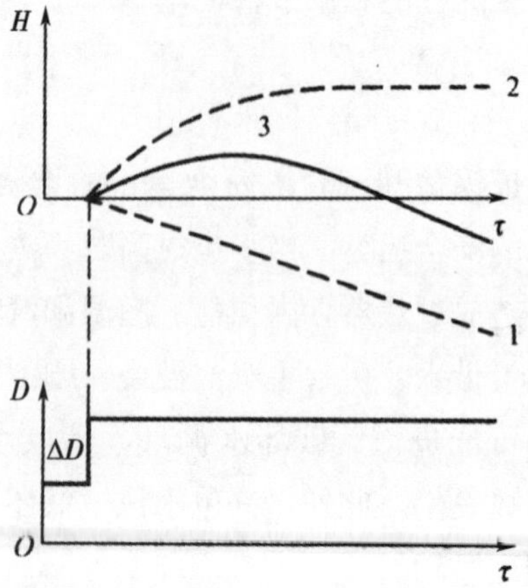

图 7-9　负荷变化对汽包水位的影响

运行中应注意虚假水位，当机组负荷大幅变化时，应首先调节燃料和风量，恢复汽压，以满足机组对蒸发量的需求。若虚假水位严重，不加限制会造成锅炉满水或缺水时，则应先适当减小或增加给水量，同时调节燃烧，恢复汽压，当水位停止变化时再适当加大或减小给水量，维持汽包正常水位。

2. 燃烧工况对水位的影响

对于单元制机组，在外界负荷和给水量不变的情况下，燃烧工况的变动也会导致汽包内物质平衡的破坏和工质状态的变化，从而对水位产生显著影响。燃烧工况的变动多是由煤质变化、燃料量变化、炉内结焦等因素造成的。当燃料量增加时，炉内放热量增加，蒸发设备中含汽量增多，锅水体积膨胀，水位上升，但蒸发量的增加又使汽压上升，提高了蒸发设备中工质的饱和温度，水位就会逐渐下降，如图 7-10 所示。当汽压

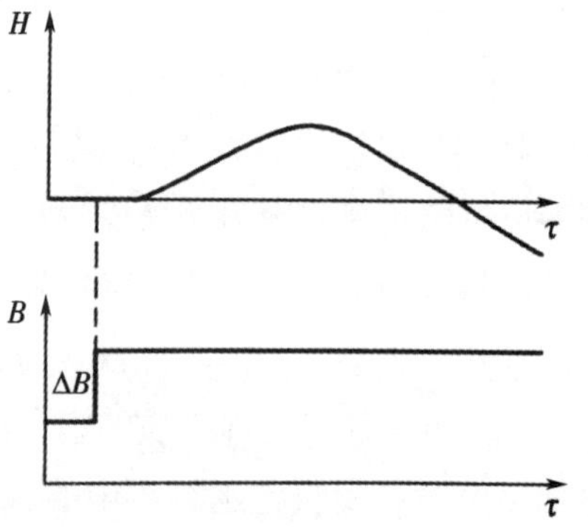

图 7-10　燃料量变化对汽包水位的影响

升高时，若保持外界负荷不变，则必须关小调速汽门，此时若不及时调节燃烧，则汽压会进一步升高，水位继续下降。燃料量减少时，对水位的影响与上述情况相反。

燃烧工况变动对水位影响的大小，取决于燃烧工况变化的程度和运行调节是否及时。

3. 给水压力变化对水位的影响

其他条件不变，给水系统压力变化时，将引起给水量变化，破坏物质平衡，引起水位变化。如给水压力增加时，给水量增加，蒸发量不变，水位上升，如图 7-11 中虚线 1 所示。但给水压力高，汽包压力升高，锅水中含汽量减少，水位下降，如图 7-11 中虚线 2 所示。最终变化结果是两种作用的叠加，使得水位上升，如图 7-11 中实线 3 所示。

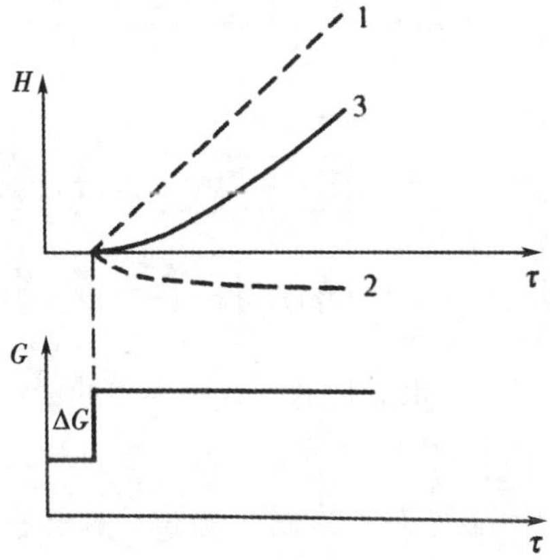

图 7-11 给水量变化对汽包水位的影响

此外，运行中若发生高压加热器、水冷壁、省煤器等设备泄漏，也会破坏物质平衡，使汽包水位下降。运行中应及时注意给水压力的变化，并及时调整，以维持汽包水位。

（二）汽包水位的监视和调节

为准确监视汽包水位，现代电厂锅炉除在汽包上装有一次水位计外，还在中央集控室装有二次水位计或水位电视。运行中对锅炉水位的监视，原则上应以一次水位计为准。对于大中型锅炉，由于采用给水自动调节系统，二次水位计的准确和可靠性已能满足运行的要求。运行中应定期校对一、二次水位计的指示情况。当一次水位计的汽、水连通管结垢，汽侧门、水侧门、放水门泄漏时，会引起水位计指示不准确，因此，应定期对水位计进行检修和冲洗。运行中还需注意观察蒸汽流量、给水流量和减温水量，看它们的数值之差是否在正常范围内，否则应进行分析和检查。

大型锅炉的给水控制系统一般配置两台调速汽动给水泵和一台调速电动给水泵。两台汽动给水泵容量各为 50% MCR，电动给水泵容量为 30%～50% MCR，机组启动先投用电动给水泵，并在最低转速运行，给水流量由给水调节阀调节。当达到一定给水流量后，给水调节阀全开，转用给水泵转速调节。机组负荷约为25% MCR时，第一台汽动给水泵投用，处于电动、汽动给水泵并联运行状态；机组负荷为50% MCR时，第二台汽动给水泵投用。两台汽动给水泵都投运后，电动给水泵手动减速停运。

大型锅炉给水调节常用单冲量和三冲量两种调节方式。启动过程给水流量用单冲量调节，给水流量大于30% MCR转换到三冲量调节，这种调节方式称为全程给水调节，如图7-12所示。

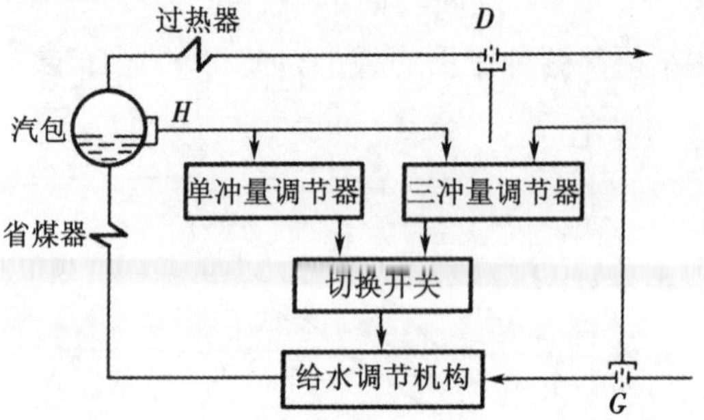

图7-12　全程锅炉给水自动调节系统示意图

根据汽包水位一个信号调节给水流量的方式称为单冲量调节。单冲量调节不能克服“虚假水位”引起的给水流量调节偏差。三冲量调节就是将汽包水位作为主信号、蒸汽流量作为前馈信号，以制止“虚假水位”调节偏差；给水流量作为反馈信号，以克服给水流量变化到水位响应的时滞，并且给水流量自身发生扰动；给水流量又作为前馈信号迅速消除内扰。但锅炉启动过程中，蒸汽流量测量误差大，蒸汽流量与给水流量之间的差值也大，故不能采用三冲量调节给水流量。

运行中发现锅炉汽包水位偏差增大时，应观察水位、蒸汽流量及给水流量的变化情况，分析水位的变化趋势和引起水位变化的原因即可。若水位在规定的报警范围内，可不必切至手动控制方式，集中精力分析引起水位变化的原因即可；若发现水位变化是由于机组负荷突变所致，应尽力恢复机组的负荷，否则，应控制燃料量、风量以维持水位。若发现水位偏差过大，则应在手动控制方式下恢复水位，严重时，应立即停炉。

五、锅炉燃烧的调节

（一）燃烧调节的任务

锅炉燃烧调节的好坏，直接影响锅炉和整个机组运行的安全性、经济性。锅炉的燃烧工况是否正常，可以通过氧量表、风压表等指示来判断，同时应配合对火焰的监视。正常稳定的燃烧应具有光亮的金黄色火焰，火色均匀且充满整个燃烧室，但不触及四周水冷壁；火焰中心在炉膛的中部，下部不低于冷灰斗的一半；火焰中不应有煤粉离析，也不应有明亮的星点。

运行中若燃烧不稳，不仅会引起蒸汽参数波动，影响负荷的稳定，而且会给锅炉、蒸汽管道、汽轮机金属带来冲击。若发生炉膛灭火，则后果更为严重。此外，若燃烧调整不当使炉内温度过高或火焰偏斜，还会引起水冷壁、炉膛出口等部位结渣，过热器区热偏差增大以至于造成过热器管局部超温，严重时还会引起爆管。在燃烧过程中，如果风粉配合不当，一、二、三次风配合不好，煤粉细度、炉膛出口过量空气系数调整不当等，都会引起燃烧效率下降，使锅炉效率下降。因此，正确地调节和组织良好的燃烧是保证锅炉安全运行的重要条件。

锅炉燃烧调节的任务可以归纳如下：① 保证燃烧供热量适应外界负荷的需要，以维持蒸汽压力、蒸汽温度在正常范围内；② 保证着火和燃烧的稳定，火焰中心适当、分布均匀、不烧损燃烧器，炉内不结渣，煤粉燃烧完全；③ 对平衡通风的锅炉，应当维持一定的炉膛负压。

为保证良好的燃烧，必须调节好制粉系统的运行、保持合理的风煤配合及送引风配合等。

（二）燃烧自动控制系统简介

在锅炉运行中，燃烧调节通常由燃烧自动控制系统来完成。燃烧自动控制系统由燃料量控制系统、风量控制系统和炉膛风压控制系统三大部分组成。燃烧自动控制系统的主要任务是根据机炉主控制器来调节燃料量、送风量和炉膛风压，使锅炉在安全、经济条件下调节至符合指令的要求。

增减燃料量信号同时调节燃料量与送风量，以使风煤流量匹配。送风量作为炉膛风压调节的前馈信号，以使引风量跟随送风量增减，燃料量、烟气氧量、炉膛风压作反馈信号改善调节品质，燃料量反馈信号用以平衡燃料量增减指令，防止过调。烟气氧量反馈信号用以纠正送风量，使风煤流量配合最佳。炉膛风压反馈信号用以纠正引风量，使炉膛风压处于最佳状态。

（三）燃料量与风量调节

锅炉运行中，为了适应外界负荷变化的需要，必须经常调节送入炉内的燃料量和风量。

1. 燃料量的调节

在现代锅炉中，蒸汽主要是从炉内辐射受热面水冷壁中产生的。因此，可近似认为锅炉的蒸发量与送入炉内的燃料量成正比。燃料量的调节方式与锅炉负荷的变化幅度、制粉系统和给煤机或给粉机的型式有关。

（1）中间储仓式制粉系统。当锅炉负荷变化不大时，一般只改变运行给粉机的转速，从而改变进入一次风管的煤粉量；当锅炉负荷变化较大，已超出给粉机的转速调节范围时，可以通过改变投停燃烧器的数目和运行给粉机的台数来较大幅度地改变煤粉量。由此可知，投、停燃烧器个数属于粗调节，而改变给粉机转速则为细调节。

在调节给粉机的转速时，给粉量的增减要缓慢，且调节范围不要太大。若转速过高，则有可能因煤粉浓度过大而堵塞一次风管和燃烧不完全；若转速过低，则在低负荷时会因煤粉浓度太低而影响着火。调节给粉机转速时，应力求使各给粉机转速均匀；降低给粉机转速时，应先降低高转速给粉机的转速。

（2）直吹式制粉系统。制粉系统的出力将直接影响锅炉蒸发量的大小。当锅炉负荷变化不大时，一般只改变运行给煤机的转速，改变制粉系统的出力，即改变给煤量。当锅炉负荷变化较大，超出给煤机的转速调节范围时，需通过改变运行制粉系统的套数来较大幅度地改变燃煤量。

在调节给煤机转速时，应注意均匀调节且调节范围不要太大。在调节燃煤量的同时，还要注意调节风量。如锅炉负荷增加时，可先开大排粉机的进风挡板，增加磨煤机的通风量，以利用磨煤机的少量存粉作为增负荷时的缓冲调节，然后再增加给煤量，同时开大相应的二次风门。锅炉负荷减少时，操作则相反。

2. 风量的调节

锅炉负荷改变时，送入炉内的风量必须与送入的燃料量相适应，同时必须对引风量进行相应的调节。

（1）送风量的调节。进入炉膛的空气量主要是一次风、二次风和三次风，其次是少量的漏风。运行中应尽可能保持炉内最佳过量空气系数，以获得较高的锅炉效率。锅炉仪表盘上装有氧量表，运行人员可直接根据其指示来调节风量。除用表计指示来判断燃烧情况外，还要注意分析飞灰、灰渣中可燃物的含量，观察炉内火焰颜色等，依此来综合分析炉内燃烧工况。若火焰亮白刺眼，同时氧量表指示偏高，则表示送风量偏大；若火焰暗红不稳，氧量表指示偏低，则说明送风量偏小。

送风量的调节因送风机的形式不同而不同。对离心式风机，通常采用改变其进口导向挡板来调节风量；现代大型电厂锅炉普遍采用轴流式风机，其风量的调节是通过电动（或液动）执行机构改变其动叶安装角度的大小来调节的。一般应同时改变两台送风机出力，以使烟道两侧的空气流通工况均匀。对于二次风，还需要通过二次风挡板来合理配风。

锅炉负荷增加时，一般先增加送风量，再增加燃料量。当炉内有一定过量空气而负荷增加较快时，为维持汽压，可先增加燃料，再增加送风量。锅炉负荷降低时，一般先减燃料，后减风量。

（2）炉膛负压及引风量的调节。燃煤锅炉都采用平衡通风方式，炉膛负压是锅炉燃烧是否正常的重要运行参数。锅炉燃烧出现故障或异常时，炉膛负压立即变化。如锅炉灭火，负压指示剧烈摆动至最大负值。燃烧不稳定时，炉膛负压大幅波动，往往是灭火的前兆。

炉膛烟气压力恰好稍稍低于环境大气压力，炉膛负压表的测点装在炉膛靠近炉顶的出口处。在单位时间内，若从炉膛排出的烟气量等于燃料燃烧产生的烟气量，则炉膛负压保持不变，否则炉膛负压就要发生变化。炉膛负压过大，则会增加炉膛漏风，特别是在低负荷时，炉膛漏风过大易造成灭火。反之，若炉膛负压变正，则炉内火焰、炉灰会冒出炉外，不仅恶化工作条件，而且可能危及人身和设备的安全。

引风量可根据送风量与燃料量来进行调节，通常的方法是改变引风机进口导向挡板的开度。对于轴流式风机，则通过改变其动叶安装角来调节风量。负荷变动时，根据规定的炉膛负压值变化范围来调节引风量。正常运行时，炉膛负压值保持为 50～100 Pa。受热面吹灰前，炉膛负压值应保持高些。

(四) 燃烧器的调节和运行方式

1. 燃烧器一次风、二次风、三次风的配比

不同的燃料和不同结构的燃烧器，对一次风、二次风、三次风的风速与风率的要求各不相同。合理的风速与风率应考虑到燃烧过程的稳定性和整个机组运行的安全可靠性与经济性。各种燃烧器一般采用的风速与风率范围可参见本书前面的内容。

2. 燃烧器出口风速及风率的调节

对于不同型式的燃烧器，其出口风速和风率的调节方法有所不同，下面分别予以说明。

(1) 轴向叶轮式旋流燃烧器的调节。这种燃烧器的一次风速只能借助改变一次风量来进行调节；其二次风出口的切向速度或旋流强度的改变可根据煤种和工况变化，通过调节二次风叶轮的位置来实现。叶轮位置向炉外方向移动时，旋流强度减弱；叶轮向炉内方向移动时，则与此相反。

(2) 直流燃烧器的调节。四角布置的直流燃烧器，由于其燃烧方式是靠四股气流组织的，所以一次风、二次风风量及风速的选择是决定炉膛良好空气动力工况的基本条件。因此，不恰当的一次风、二次风分配，都会破坏气流的正常混合与扰动，从而造成燃烧的恶化。一次风、二次风出口速度调节方法有：改变一次风、二次风风量；改变各层燃烧器的风量分配，或投、停部分燃烧器；具有可调的二次风出口风速挡板的直流燃烧器，改变风速挡板的位置即可调节其出口风速，而保持风量基本不变。

3. 燃烧器的运行方式

炉内燃烧工况的好坏，不仅受一次风、二次风配风工况的影响，而且与炉内的热负荷及燃料在炉内的分布情况有关，即与燃烧器的负荷分配及投停方式有关。锅炉运行中，为保证火焰中心位置，防止火焰偏斜，应使各运行燃烧器承担均匀的负荷，即各燃烧器的给粉量和风量应保持一致。有时为适应锅炉负荷和改变煤种的情况，减少过热器、再热器的热偏差，需要有意识地改变各运行燃烧器间的负荷分配。对四角布置的直流燃烧器，为防止火焰偏斜和结焦，当四角气流不对称时，可适当将一侧或相对两侧的风粉降低，也可以通过改变上下排燃烧器的给粉量或二次风量来调节火焰中心的位置，

以满足燃烧和蒸汽温度调节的需要。

低负荷时，一般是少投燃烧器，采用较高的煤粉浓度，以保持燃烧稳定并防止灭火，同时避免风速过大的变动，加强对燃烧工况的监视。高负荷时，一般是多投燃烧器，采用较低的煤粉浓度，以保持炉内均匀的热负荷和稳定燃烧，还应设法降低火焰中心位置，或缩短火焰长度，同时力求避免或消除结渣。正常运行时，应尽可能将最大数量的燃烧器投入运行。

为了保持燃烧器一次风、二次风出口速度，有时要停用部分燃烧器，尤其在低负荷时。燃烧器的投运一般可参考下述原则。

① 只有在为了稳定燃烧以适应锅炉负荷需要和保证锅炉参数的情况下才停用燃烧器。

② 停上投下，可降低火焰中心位置，以利于完全燃烧。

③ 四角布置的燃烧方式，宜分层停用；必要时可对角停用，定时切换，以利于水冷壁的均匀受热。此外，不允许缺角运行。

④ 燃烧器需要切换时，应先投入备用的，以防止中断或减弱燃烧。

⑤ 在投停或切换燃烧器时，必须全面考虑其对燃烧、汽温等方面的影响，不可随意进行切换。

在投、停燃烧器或改变燃烧器负荷的过程中，应同时注意风量与粉量的配合。对于停用的燃烧器，要通以少量空气进行清扫和冷却，以保证喷口的安全。运行中，当需投入备用燃烧器时，应先开启一次风门至所需开度，对一次风管进行吹扫，待风压正常后再送粉。当需停用燃烧器时，应先停用其相应的给粉机及二次风，一次风吹扫数分钟后再关闭。燃烧器停用后，有时需保持其一、二次风有适当的开度，以冷却其喷口。

任务四　直流锅炉的启停和运行

【知识点描述】

（1）直流锅炉的启动；

（2）直流锅炉的停炉；

（3）直流锅炉的热应力控制；

（4）直流锅炉的运行特点。

【能力目标】

（1）掌握锅炉的启动特点和启动流程；

（2）掌握直流锅炉的停运流程；

（3）掌握直流锅炉的运行调节方法和应注意的问题。

一、直流锅炉的启动

（一）直流锅炉的启动特点

1. 直流锅炉的启动流量和启动压力

直流锅炉启动时，由于没有循环回路，所以直流锅炉受热面唯一的冷却方式是，从锅炉开始点火就必须不间断地向锅炉进水，并保持一定的流量和工作压力，以保证对受热面的冷却及水动力的稳定性，防止汽水分层。启动过程中的工质流量和压力的选择，直接关系到启动过程的安全性和经济性。

在一定的启动压力下，启动流量越大，则工质流过受热面的质量流速越大，这对受热面的冷却、水动力的稳定性和防止汽水分层等都有利。但启动流量过大，则启动时间延长，启动中工质和热量的损失增大，同时，启动旁路系统设计容量也要增大。因此，在保证受热面可靠冷却和工质流动稳定的前提下，启动流量应尽可能选得小一些。通常，纯直流锅炉的启动流量一般为25%~30% MCR。具有辅助循环泵的螺旋管圈型直流锅炉，启动过程中靠辅助循环泵保持水冷壁内最低安全质量流速，给水流量等于蒸发量，但不小于5% MCR。超临界直流锅炉的启动流量通常为30%~35% MCR。

在一定的启动流量下，启动压力高，则汽水密度差小，因而对改善水动力特性，防止脉动、停滞和减少启动时的膨胀量等都有利。但启动压力高，会导致给水泵的电耗增加，加速给水阀的磨蚀，并引起振动和噪声。

直流锅炉启动压力如何建立，何时建立，压力应多大，这些问题与直流锅炉的种类、结构特点、系统及阀门、启动给水泵特性等有关。UP 型直流锅炉靠给水泵压头与系统压力平衡建立水冷壁一定的压力，根据启动工况的进展阶梯形升压。例如，国产1000 t/h 一次上升型直流锅炉启动压力为点火前建立6.86 MPa的压力，以后升压中再建立11.76，16.68 MPa两级压力。对于螺旋管圈内置分离器的直流锅炉，启动压力对水动力的稳定性影响不大，锅炉基本都选用了零压力启动，在锅内零压状态下点火，随着燃烧加热，产汽压力逐渐上升。启动分离器采用了足够容量的排放阀，可满足汽水膨胀时水的排量。由于采用内置式分离器和滑参数启动，对排放阀门的磨蚀甚微。例如，Sulzer-CE 公司生产的1900 t/h 超临界压力直流锅炉，在锅炉点火后，压力从零开始逐渐上升，蒸汽压力也随着上升。

2. 直流锅炉启动速度

限制锅炉升温速度的主要因素是受压厚壁容器的热应力。直流锅炉没有汽包，工质在水冷壁并联管中的流量分配合理，工质流速较快，故允许升温速度比自然循环汽包锅炉快得多。但是现代高参数直流锅炉的联箱、混合器、汽水分离器等部件的壁也比较厚，升温速度也受到一定的限制。

控制循环锅炉虽然有汽包，可是启动开始就投运炉水循环泵，如350 MW控制循环锅炉单泵运行时冷态炉水循环泵流量为 3. 54 MCR，两泵运行为 6. 15 MCR，热态时还要大，比直流锅炉 20%~30% MCR 的启动流量大很多，并且在结构上采取了一系列措施，其启动速度比直流锅炉还快。不同类型锅炉的允许升温速度见表 7-3。

表 7-3 不同类型锅炉的允许升温速度　　单位：℃/min

名称	允许升温速度
自然循环锅炉汽包内工质	1.0~1.5
UP 型直流锅炉下辐射出口工质	约 2.5
控制循环锅炉汽包内工质	约 3.7

3. *直流锅炉启动水工况*

直流锅炉给水在受热面中的一次蒸发完毕，给水中的杂质大部分将沉积在锅炉受热面管子内壁或随同蒸汽进入汽轮机，沉积在汽轮机叶片上。水中的杂质除了来自给水本身之外，还来自管道系统及锅炉本体内部，因此，新投运的机组在正式启动前要对管道系统及锅炉本体进行有效的化学清洗和蒸汽吹扫，在每次启动中还要进行冷热态循环清洗。

在启动过程中，给水品质必须达到要求。冷态循环清洗时，先进行给水泵之前的低压系统清洗，再进行包括锅炉本体在内的高压系统清洗。清洗用 104 ℃的除氧水进行，流量为额定流量的 1/3，后期可增加到 100%的额定流量，循环清洗水质合格后才允许点火。

点火后，随着水温升高，受热面中的氧化铁等杂质会进一步溶解于水中，同时进行着铁在受热面上的沉积过程，相应的温度范围为 260~290 ℃。例如，300 MW 的 UP 型直流锅炉水温达到 288 ℃后，水中铁在受热面上沉积过程迅速增加，416 ℃时达到最大值。因此，蒸发受热面出口水中含铁超过 100 μg/L 时水温应控制在 288 ℃以下，只有当水中含铁量低于此值时才允许继续升温超过 288 ℃，这个过程称为热态清洗。

4. *受热面各区段变化及工质膨胀*

直流锅炉各段受热面相互串联，虽然在结构上有固定的省煤器、水冷壁及过热器等，但是从受热面中工质状态看就没有固定的分界面，它随着运行工况的变动而变化。

在启动过程中，受热面内工质加热、蒸发、过热三个区段是逐步形成的，整个过程要经历以下三个阶段。

① 第一阶段。启动初期，全部受热面用于加热水，称为第一阶段。在这一阶段中，工质温度逐步升高，而工质相态没有变化，从锅炉流出的是热水，其质量流量等于给水质量流量。

② 第二阶段。最高热负荷处的水冷壁的工质温升最快，该处工质首先达到饱和温度并产生蒸汽，但是其后受热面的工质仍为水。由于蒸汽密度比水小很多，由水变成汽使局部压力升高，将饱和温度点后部的水挤压出去，使锅炉出口工质流量大大超过给水流量，这种现象称为直流锅炉工质膨胀。当饱和温度点后部的受热面中的水全部被汽水

混合物替换后，锅炉出口工质流量才恢复到与给水流量一致，此时就形成了水的加热和汽化两个区段，进入了第二阶段。

③ 第三阶段。当锅炉出口工质变成过热蒸汽时，锅炉受热面形成了水的加热、汽化与过热三个区段，即进入了第三阶段。

工质膨胀是直流锅炉启动过程中的重要过渡阶段。汽包锅炉也有类似工质膨胀的现象，如水冷壁内工质温度升到饱和温度时就有部分水变成蒸汽，体积膨胀，水位升高。但是由于汽包具有大容器的吸收作用和汽水分离作用，因此汽包排气量和压力仅发生轻微的变化。直流锅炉无汽包，无有效的吸收容器，其膨胀过程的自然变化规律为，水冷壁内局部压力迅猛上升，锅炉排出工质量大幅度增加，大大超过锅炉给水量。如果没有系统方面和运行方面的措施，将会造成严重事故。

直流锅炉受热面中汽水膨胀的开始点即工质达到饱和温度发生汽化的起始点，其位置与锅炉受热面的结构和吸热工况有关。膨胀开始点一般出现在炉膛的下辐射区，也可能出现在中辐射区，甚至上辐射区。汽化一旦开始，很快会有大量工质从锅炉的出口排出，最初排出过冷水；随出口水温逐渐升高并达到饱和温度，最后排出含汽率逐渐增大的汽水混合物。

影响直流锅炉工质膨胀的因素主要有启动压力和启动流量、锅炉受热面储水量大小、给水温度、燃料量和燃料投入速度。

① 启动压力和启动流量。汽水比体积不同是引起工质膨胀的物理原因。启动压力高，汽水比体积差小，膨胀量也小。相反，启动压力低，则膨胀量大。另外，启动压力低时，饱和温度也低，汽化开始点前移，因而膨胀开始得较早，膨胀量加大。在启动压力、锅炉受热面储水量、给水温度和燃料量一定时，启动流量越大，则膨胀量越大。

② 锅炉受热面储水量大小。膨胀发生时，汽水混合物的排出量以及膨胀持续的时间都与锅炉受热面的储水量有关。参与膨胀的受热面储水量越少，总的膨胀量就越小，膨胀持续时间就越短。参与膨胀的受热面储水量越大，则膨胀量越大。

③ 给水温度。在启动过程中，给水温度是逐渐升高的，而给水温度的高低影响膨胀开始的时间。因为给水温度越高，越接近饱和温度，所以水冷壁出口的工质越早地达到饱和温度，即膨胀开始得越早。此外，给水温度升高的时间和速度，对膨胀的发生也有一定影响。

④ 燃料量和燃料投入速度。工质膨胀时燃料投入量越多，工质膨胀量越大，并且猛烈。在相同燃料量下，燃料投入速度越快，炉内的热负荷越高，工质温升越快，因而膨胀时间提早，汽化点前移。汽化点前移又标志着其后受热面的存水量多，总的膨胀量就大。同时，燃料投入速度加快时，由于蒸发受热面内产汽量多，局部压力升得快，因而瞬时的最大排出量也大。

5. 工质与热量回收

如前所述，直流锅炉点火前要进行循环清洗，点火后要保持一定的启动流量，故在启动过程中锅炉排放水是很大的，而且排放水中含有热量。为了节约能源，应尽可能地对排放的工质和热量进行回收。水进入除氧器，可回收工质和热量；水进入凝汽器，只回收工质不回收热量；水排入地沟，热量与工质都不回收。对排放工质扩容产生的蒸汽可用来加热除氧器中的水和高压加热器的给水等。

热量回收除了经济收益外，还可提高给水温度，改善除氧效果，有利于启动过程的安全。

6. 机炉配合

工质膨胀前锅炉排出的为欠热的水，工质膨胀后排出的为汽水混合物，而后为过热蒸汽。在启动过程中，如何把锅炉排出的工质转化为汽轮机启动过程中需要的一定参数的蒸汽，这是启动系统和启动运行操作中的重要任务。

（二）直流锅炉的启动程序

单元机组直流锅炉多采用压力法滑参数启动，由于设备形式不同，各种系统的启动程序也有差异。直流锅炉冷态滑参数启动过程通常由启动前的检查与准备、上水和建立启动流量、点火升压和热态清洗、内置分离器的切换、直流运行至额定值等主要操作内容组成。

1. 启动前的检查与准备

直流锅炉启动前的检查与准备与汽包锅炉相似，此处不过多陈述。

2. 上水和建立启动流量

将温度约为104 ℃的除氧水送入锅炉，建立启动流量，进行冷态清洗。清洗过程中不合格的水排至地沟，合格的水进入凝汽器或除氧器。冷态清洗结束后，保持启动流量。

600 MW机组超临界压力螺旋管圈型直流锅炉的启动，为了保证高压加热器在进水时不发生过大热应力，启动给水泵进水时水温为80 ℃、流量为10% MCR。当高压加热器出水温度为70 ℃时停止进水，待除氧器加热到120 ℃后再启动给水泵进水。从除氧器出口到分离器的水容积为300 m^3，只要保证给水水温为120 ℃、流量为10% MCR，进水约300 m^3后，分离器温度可达40~50 ℃，此时就可以点火了。锅炉点火前进行冷态循环清洗，它分低压系统循环清洗和高压系统循环清洗两阶段，低压系统循环清洗水质合格后再进行高压系统循环清洗。低压系统循环清洗流程为：凝汽器→凝结水泵→低压加热器→除氧器→凝汽器（或地沟）；高压系统循环清洗流程为：凝结水泵→低压加热器→除氧器→给水泵→高压加热器→省煤器→水冷壁→启动分离器→疏水扩容器→疏水箱→凝汽器（或地沟）。点火时启动流量控制为35% MCR，启动压力为零，即所谓零压点火。点火前给水量在几分钟内突升至35% MCR，其目的是加速空气排尽并增加清洗效果。

3. 点火升压和热态清洗

点火操作与汽包锅炉相似。点火后，继续维持启动流量。随着吸热量的不断增加，工质发生膨胀，膨胀过程中要注意防止水冷壁及启动分离器超压，避免分离器安全阀起座。此时，必须合理地控制燃料投入速度，不宜过快、过大，在膨胀到来前，适当减小燃料量，可以减小膨胀高峰时的膨胀量。在膨胀过程中应开大分离器进口阀和放水阀，以保持锅炉内压力和分离器水位的基本稳定。

当水中的含铁量超过规定时，应进行热态清洗。通常要求水冷壁出口热态清洗水温为150~260 ℃。在此期间，保持水温稳定，不合格的水排至地沟，少量蒸汽排至凝汽器或除氧器。直至水质合格，结束热态清洗。

对于外置分离器启动系统，当分离器的压力上升到一定值后，开启过热器截止门向过热器通汽，并进行暖管、冲转汽轮机及低速暖机等操作。

4. 内置分离器的切换

对于内置分离器的直流锅炉，随着锅炉逐步增加燃料量及给水量，继续升温、升压，进入分离器的工质干度逐渐增大，直到进入分离器的工质为微过热蒸汽时，分离器中的水位消失。此时可全关分离器排水门，启动分离器转为干态运行，作为蒸汽通道。

湿态运行时，锅炉的控制方式为分离器水位控制及最小给水流量控制，其控制相当于汽包锅炉控制方式。干态运行时，锅炉的控制方式转为温度控制及给水流量控制。要平稳地实现这个转换，必须首先增加燃料量，而给水流量保持不变，这样过热器入口焓值随之上升。当过热器入口焓值上升到定值时，温度控制器参与调节使给水流量增加，从而使蒸汽温度达到与给水流量的平衡（燃水比控制蒸汽温度）。

分离器从湿态向干态的转换过程如图7-13所示。

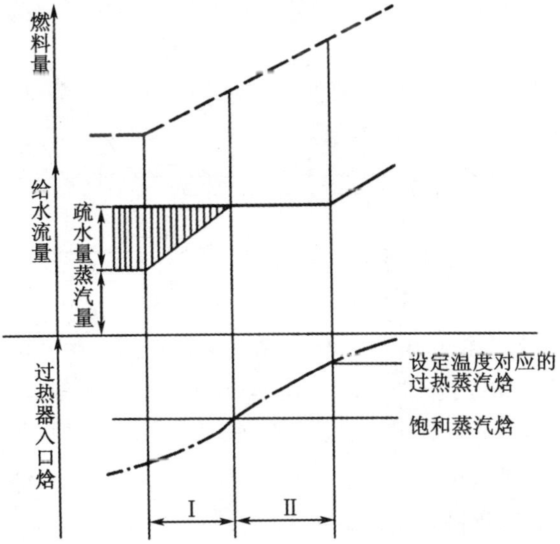

图7-13 分离器的干湿态转换过程

第一阶段，保持最小给水流量，燃料量逐渐增加，使分离器出口饱和蒸汽产量也随之增加，疏水量逐渐减少，过热器入口蒸汽的焓值增加。当水冷壁出口蒸汽焓值升至饱和蒸汽焓，即蒸汽干度为1时，纯饱和蒸汽进入汽水分离器，没有疏水分离器的疏水门关闭，汽水分离器仅起到通道的作用。

第二阶段，给水流量仍保持最小流量，随着燃料量的进一步增加，汽水分离器中的蒸汽逐渐过热，过热器入口蒸汽焓继续上升，但还没达到设定值。此时大部分燃料的增加已不是用以增加产汽量，而是用来使过热器入口蒸汽焓上升至设定值。

之后，增加燃料量，使蒸汽温度超过设定值，温度控制器动作参与调节，使给水量增加，即温度控制器投入运行。

5. 直流运行至额定值

分离器切换之后，锅炉呈直流运行，继续升温、升压、升负荷，直至锅炉额定负荷运行。

图7-14所示为600 MW超临界压力带再循环泵内置分离器的直流锅炉的冷态滑参数启动曲线。锅炉开始上水流量低于180 t/h，直到储水箱水位升至5~6 m，投入炉水循环泵运行。调整省煤器入口流量至200~250 t/h，进行冷态清洗。当省煤器入口水质含铁量小于50 μg/L、分离器出口含铁量小于100 μg/L时，锅炉冷态清洗完成。

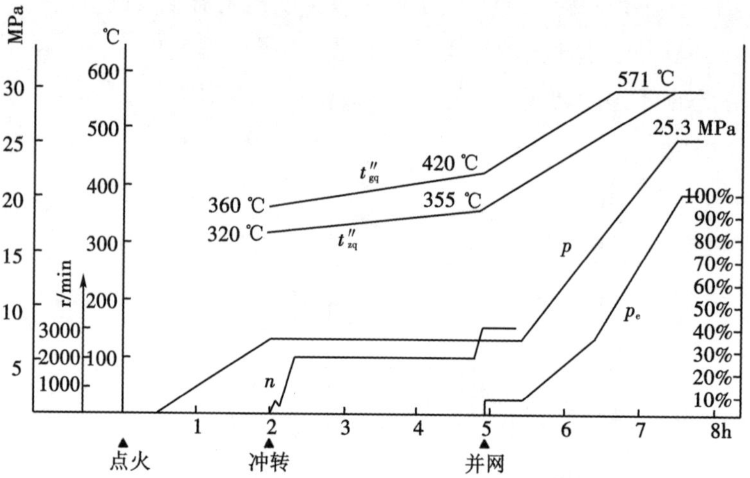

图7-14　600 MW超临界压力带再循环泵内置分离器的直流锅炉的冷态滑参数启动曲线

t''_{gq}—过热蒸汽温度；t''_{zq}—再热蒸汽温度；p—过热蒸汽压力；P_e—汽轮发电机功率

锅炉点火后投入油枪的过程中注意维持储水箱水位，汽水膨胀时应停止继续投入油枪，待汽水膨胀结束，储水箱水位恢复正常后再投入其他油枪。储水箱水位由于汽水膨胀上升，可通过开启溢流阀排水到锅炉疏水扩容器。

当分离器温度达到180~210 ℃时，控制给水流量在100~150 t/h，锅炉进行热态清洗。储水箱排水含铁量小于100 μg/L，热态清洗结束。热态清洗结束后保持过热蒸汽、再热蒸汽同步升温。随着蒸发量增加，相应地增加给水流量，始终保持省煤器入口流量大于或等于 35% BMCR 流量。

主汽压力 7.0 MPa、温度 360 ℃，汽轮机冲转并进行中速暖机，升至额定转速后发电机并网带初负荷。

负荷升至 300 MW（50%额定负荷）时，分离器进行湿态与干态转换运行，停止再循环泵，锅炉转入纯直流运行。严格按升压曲线控制汽压稳定上升，当过热蒸汽压力为 25.3 MPa、温度为 571 ℃时，锅炉升至额定负荷，汽轮发电机组功率为 600 MW。

二、直流锅炉的停炉

直流锅炉的停炉也可以分为正常停炉和事故停炉两种。与启动过程一样，为了缩短汽轮机的冷却时间，并促使汽轮机各部件得到均匀的冷却，对于正常停用的单元机组，采用滑参数方式停运是最合理的。

直流锅炉的正常停炉也要经历停炉前准备、减负荷、停止燃烧和降压、冷却等几个阶段。一般要求按启动曲线的相反方向进行滑参数卸负荷。必须注意的是，在滑参数停炉时，锅炉的降温、降压与汽轮机调节阀逐渐开大同时进行；待调节阀开足后，则单用锅炉降温、降压，使汽轮机负荷降低。当锅炉只是短时间停用时，根据可能力求保持锅炉的压力和温度。与汽包锅炉不同的是，当锅炉燃烧率降低到 30%左右时，由于水冷壁流量仍要维持启动流量而不能再减少，因此在进一步减少燃料、降低负荷过程中，包覆管过热器出口工质由微过热蒸汽变为汽水混合物。为了避免前屏过热器进水，锅炉必须投入启动分离器，保证进入前屏过热器的工质仍为干饱和蒸汽，防止前屏过热器管子损坏。

对于发生意外情况时的事故停炉，首要的是迅速消除事故。在事故情况下，应迅速对直流锅炉进行操作，为此多采用自动控制装置。

三、直流锅炉的热应力控制

由于直流锅炉没有汽包，所以在启停过程中，主要是分离器及末级过热器出口联箱的热应力问题。

分离器是直流锅炉中壁厚最大的承压部件，末级过热器出口联箱处于高温高压的运行条件下，而且属于对温度变化十分敏感的厚壁部件，它们都容易发生热应力损坏的事故，必须加以保护。为此，需要在其金属壁上安装内外壁温度测点，外壁温度直接取自金属表面，内壁温度则要在金属上打一深至壁厚 2/3 处的孔，用此处金属温度代表金属内壁温度。测量出金属内外壁的温差，就可以监视其热应力了。

在锅炉启停过程中，如果上述热应力超过规定值，那么会发出报警，以提示运行人员予以注意。在正常运行，即机组投入负荷协调控制方式时，此热应力决定了锅炉允许加减负荷的裕度，并且对于不同的工作压力，其允许的热应力是不同的。例如，600 MW 超临界压力锅炉在零压力启动时，分离器允许的热应力对应的允许温差为-23 ℃；

而末级过热器出口联箱允许热应力对应的允许温差出现在满负荷状态下开始减负荷时，其值为7 ℃。

四、直流锅炉的运行特点

（一）直流锅炉运行调节的特点

直流锅炉运行调节的要求基本上与汽包锅炉相同。如锅炉蒸发量应随时适应外界负荷的要求，保持汽温、汽压稳定并符合规定值，维持经济燃烧等。但在蒸汽参数调节方面，直流锅炉比汽包锅炉要复杂得多，表现出如下几个特点。

（1）直流锅炉汽温、汽压的调节过程相互影响较大。

（2）直流锅炉蒸发区与过热区之间没有固定的界限，当燃料量和给水量失调时（过热区受热面积就会改变），将会导致汽温的变化很大。

在直流锅炉中，负荷变化时，应同时变更给水量和燃料量，并严格保持其固定比例，否则给水量或燃料量的单独变化或给水量、燃料量不按比例地同时变化都会导致过热汽温的大幅度变化。这是因为直流锅炉的加热、蒸发和过热三区段的分界点有了移动，即三区段受热面长度（或受热面积）发生了变化，因而必然会引起过热汽温的变化。

例如，当给水量不变而燃料量增加时，由于各区段受热面的吸热量增加，开始汽化点和开始过热点都提前，使加热和蒸发区段缩短，而过热区段变长，过热汽温升高；相反，当给水量不变而燃料量减少时，过热汽温降低。再如，燃料量不变而给水量增加时，由于工质总需要的热量增多，以至于开始汽化点和开始过热点都推后，使加热段和蒸发段延长，而过热段缩短，因而过热汽温降低；相反，当燃料量不变而给水量减少时，过热汽温升高。

在稳定工况下，不考虑锅炉排污、自用饱和蒸汽和中间再热等情况，过热蒸汽的焓值可以用下式表示，即

$$h''_{gq}=h_{gs}+\frac{BQ_{ar,\ net,\ p}\eta}{G} \tag{7-1}$$

式中，h''_{gq}——过热器出口蒸汽焓；

h_{gs}——锅炉给水的焓；

η——锅炉效率；

B——锅炉燃料量；

$Q_{ar,\ net,\ p}$——燃料低位发热量；

G——工质流量（给水流量）。

当给水焓、燃料发热量、锅炉效率保持不变时，过热汽温只取决于燃料量B与给水流量G的比值。一般来说，只要B/G有变化，过热汽温就有变化。当B/G增加时，过热汽温升高；当B/G减少时，过热汽温降低。由此可见，直流炉的汽温调节要求燃料

量与给水量之比（煤水比）严格保持一定。

（3）直流锅炉的蓄热能力小，所以任何工况的扰动对汽温、汽压的影响要比汽包锅炉大得多。汽包锅炉的水容积比较大，又有厚壁汽包及下降管等，因而工质与金属的蓄热能力较大。锅炉的蓄热能力就是当运行工况改变时，锅炉在一定的时间内自行保持平衡的能力。例如，压力降低时，锅炉放出蓄热，从而产生附加蒸发量，以暂时平衡蒸发量的不足，减缓压力下降的速度；压力上升时，锅炉增加蓄热而起着减少蒸发量的作用。

直流锅炉采用薄管壁、小管径的管子，没有厚壁的汽包、下降管，因此其水容积小，因而其工质与金属的蓄热能力较小，只有汽包锅炉的1/4~1/2，故直流锅炉自行保持平衡的能力较差。因此，当运行工况发生相同的变化时，直流锅炉运行参数的变化速度比汽包锅炉要快得多，可见，直流锅炉对自动调节设备及系统在可靠性、灵敏度、稳定性等方面的要求比汽包锅炉高。

蓄热能力小有不利的一面，但也有有利的一面。正由于蓄热能力小，当主动调节时，参数变化比较迅速，能很快适应工况的变动。

（4）直流锅炉出口汽温的变化，同汽水通道上所有中间截面工质焓值的变化是相互关联的。当锅炉工况变动时，首先反映出来的是过热器入口汽温变动，然后是过热器各中间截面汽温逐渐向后变动，最后导致出口汽温的变动。所以，为了维持锅炉出口汽温的稳定，可以把在过热器区段某一点的温度作为超前信号，用来提前调节，以准确、稳定地保持给定的参数。

（二）直流锅炉的动态特性

直流锅炉的工况变动主要是由给水量、燃料量的改变引起的。这些量配合不当，蒸汽参数就要偏离规定值。只有了解直流锅炉的动态特性，才能在工况变动时进行正确的调节。

图7-15所示为一台直流锅炉在汽轮机调节阀开度、燃料量和给水量阶跃变化时的动态特性，现分述如下。

1. 调节阀开度变化

当调节阀开度突然增大时，蒸汽流量急剧增加，锅炉压力将迅速降低。如果给水压力和给水阀开度不变，给水流量就会自动增加。汽压降低致使锅炉金属和工质释放蓄热，产生附加蒸汽量。随后，蒸汽流量逐渐减少，最终与给水流量相等，保持平衡。同时，汽压降低速度逐渐缓慢，最终达到一稳定值。

因为燃料量保持不变，而给水量略有增加，故过热器出口汽温稍微降低。如果只从燃料量与工质的热平衡考虑，在最初阶段，蒸汽流量显著增大时，汽温应显著下降，但由于过热器金属释放蓄热所引起的补偿作用，故出口汽温虽然下降但变化较为缓和。

2. 燃料量变化

燃料量突然增大时，蒸发量在短暂延迟后将发生一次向上波动，随后再向下并稳定

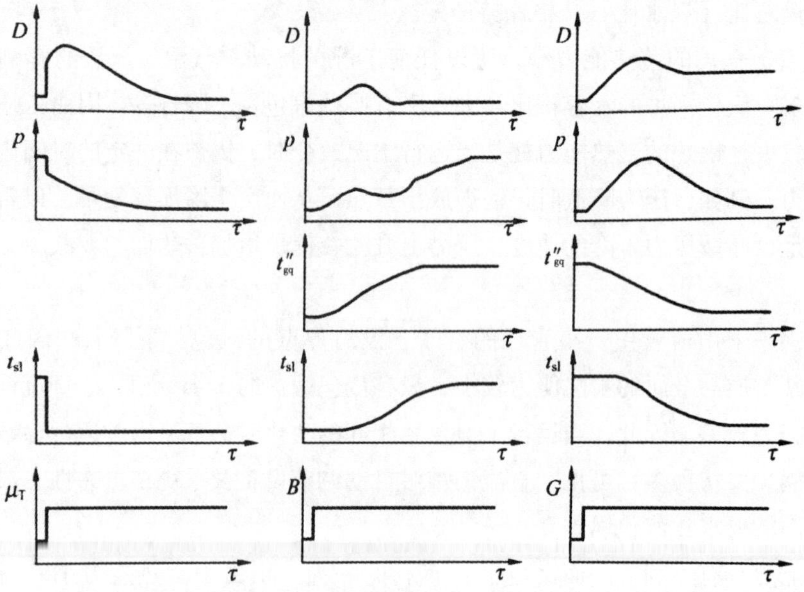

（a）调节阀开度变化（$\Delta\mu_T$）　（b）燃料量变化（ΔB）　（c）给水量变化（ΔG）

图 7-15　直流锅炉的动态特性

D—蒸发量；p—过热蒸汽压力；t''_{gq}—过热蒸汽温度；τ—时间

下来与给水流量保持平衡。蒸发量变化的迟缓主要受到传热和金属蓄热的影响。波动过程中超过给水量的额外蒸发量是由于加热段和蒸发段的缩短。随着蒸汽量的增加，锅炉压力也逐渐升高，故给水量自动减少。

燃料量与给水量的比值，即使只有很小的改变，汽温也会发生明显的改变，但在过渡过程的初始阶段，由于蒸发量与燃料在炉内的放热量近似按比例变化，再加上管壁金属蓄热所引起的延缓作用，因此过热汽温要经过一定的时滞后才逐渐变化。在过热器起始部分，汽温变化的时滞较小，且其变化速度较大；在过热器出口，汽温变化的时滞较大，且其变化速度较小，过渡过程的延续时间较长，如图 7-15 所示。若燃料量增加的速度和幅度都很急剧，则有可能使加热段末端发生突然膨胀的现象，锅炉瞬间排出大量蒸汽。在这种情况下，汽温将首先下降，然后逐渐上升。所以，为了维持锅炉出口汽温的稳定，可以把在过热器区段某一点的温度作为超前信号。

蒸汽压力在短暂延迟后逐渐上升，最后稳定在较高的水平。最初的压力上升是源于蒸发量的增加，随后压力保持在较高水平是由汽温升高、蒸汽容积膨胀引起的。

3. 给水量变化

给水量突然增加时，蒸汽流量也会增大，但由于燃料量不变，加热段和蒸发段都要延长，这时锅炉内部工质的蓄热量将增加，因此在开始阶段，蒸汽量虽然上升，但小于给水量。最终蒸汽量必然等于给水量，达到新的平衡。由于金属蓄热的延缓作用，汽温的变化与燃料量变化时相似，在过热器起始部分和出口端亦有一定的时滞，然后逐渐变化到稳定值。

过热蒸汽压力由于蒸汽容积流量增加而升高，当汽温降低、容积流量减小时，压力又有所降低，最后稳定在稍高水平。

燃料量与给水量共同变化时的动态特性，是燃料量、给水量两个单独作用的动态特性的叠加。当燃料量与给水量按比例变化时，可使蒸发量很快稳定在一个新水平上，而过热器出口汽温也可以维持不变。直流锅炉运行调节的关键是严格控制煤水比。

（三）直流锅炉蒸汽参数的调节

锅炉的运行必须保证汽轮机所需要的蒸汽量，以及过热蒸汽压力和温度的稳定。由动态特性分析可知，要稳定直流锅炉的参数，主要取决于两个平衡：汽轮机的功率与蒸发量的平衡，燃料量与给水量的平衡。第一个平衡能稳定汽压，第二个平衡可稳定汽温。因为直流锅炉的加热、蒸发、过热三个区段无固定界限，所以它的汽压、汽温和蒸发量之间又是互相依赖和紧密相关的，一个调节手段不仅仅只影响一个被调参数。实际上，汽压和汽温这两个被调参数的调节是不能分的，只不过是一个调节过程的两个方面。直流锅炉除了被调参数的相关性外，还具有蓄热能力小，以及运行工况一旦被扰动，蒸汽参数变化很快且很敏感的特点。

1. 过热蒸汽压力的调节

过热蒸汽压力的调节实质上是要经常保持锅炉蒸发量和汽轮机所需蒸汽量的平衡。在汽包锅炉中，蒸发量的改变是依靠调节燃烧来达到的，与给水量无直接关系，给水量是根据汽包水位来调节的。在直流锅炉中，炉内放热量的变化并不直接引起蒸发量的改变，而只有当给水量改变时才会引起锅炉蒸发量的变化，这是因为直流锅炉的蒸汽量等于进入锅炉的给水量。因此，直流锅炉的蒸发量首先应由给水量来保证，然后燃料量作相应的调节以维持其他参数稳定。当手动操作时，因为改变燃料量同时要求调节风量而使调节较为复杂，所以往往首先用给水量作为调节手段稳住汽压，而后调节减温水量来保持汽温。

2. 过热蒸汽温度的调节

直流锅炉在运行过程中，锅炉负荷的变化以及给水量、燃料量、过量空气系数、受热面结渣等情况的变化，都会引起蒸汽温度较大的波动。

直流锅炉的过热蒸汽温度只决定于燃料量 B 与给水量 G 的比值。若 B/G 保持一定，则可维持出口汽温不变。因此，在直流锅炉中，汽温的调节主要是通过给水量和燃料量的调节来实现的。考虑到其他原因对过热汽温的影响，在实际运行中要精确地保持 B/G 也是不容易的。所以除了采用 B/G 作为粗调节手段外，还必须采用汽水通道上装置喷水量减温器作为细调节手段。当汽温偏低时，首先应适当增加燃料量或减少给水量，使汽温升高，然后以喷水量精确保持汽温；当汽温偏高时，首先应适当减少燃料量或增加给水量，使汽温降低，然后再以喷水量来调节汽温。

由于直流炉蒸发管内的不稳定动态过程中（水变汽）的变化以及过热器管壁金属蓄热的影响，过热汽温变化有较大的迟延，而且越接近过热器出口，迟延时间越大。因此，若用过热器出口汽温作为调节煤水比，则调节过迟，不可能保持稳定的汽温，必须用中间点汽温作为超前调节信号，使调节操作提前。调节时只要利用煤水比手段来保持中间点温度在一定值即可，相当于汽包炉过热器入口端固定，而中间点至过热器出口之间的，则采用喷水减温器来适应过热器的工况变化及维持规定的过热器出口汽温。中间点的位置越靠近过热器入口，则汽温调节的灵敏度越高，但应保持中间点工质状态在规定负荷内（保持额定过热汽温的负荷范围）为微过热蒸汽，因而不宜过于提前，应选择合理的位置。

综合上面对汽温、汽压调节的论述，直流锅炉在带稳定负荷时，由于压力波动很小，因而主要调节任务是汽温调节。在变负荷时，汽温与汽压的调节必须同时进行。当汽轮机负荷增加而引起汽压降低时，就必须加大给水量来提高压力，此时若燃料量未相应增加，则会引起汽温的下降。因此，在调压的同时必须调温，即燃料量必须随给水量相应地增加，才能在调压的过程中同时稳定汽温，即“给水调压，燃料配合给水调温，抓住中间点，喷水微调”，以这种调节方法来达到直流锅炉蒸汽参数的稳定。

直流锅炉再热汽温的调节方法与汽包锅炉的调节方法相同。

任务五　锅炉常见事故

【知识点描述】

（1）锅炉事故的处理原则；

（2）锅炉常用事故。

【能力目标】

（1）掌握处理锅炉事故的基本原则；

（2）熟练掌握常见锅炉事故的现象、原因分析和处理方法。

一、概述

锅炉因设备原因或运行操作原因，使蒸发量或参数不能满足电网负荷指令要求或发生人身伤亡都称为事故。火力发电厂事故中有相当一部分（约70%）是由锅炉事故引起的。发电厂事故不仅会使发电厂本身遭受到重大的损失，而且对用户和社会也会造成严重危害。锅炉发生事故的原因大致有设备制造、安装、检修的质量问题，运行人员失职、技术水平低以及管理不善等。

一旦发生事故，运行人员要沉着冷静、判断正确、处理迅速，把事故消灭在萌芽状态。处理事故的基本原则是：

（1）正确判断事故发生的原因，按有关规定迅速消除事故根源，限制事故的发展，解除对人身、电网和设备的威胁，在上述前提下，尽可能保持机组的运行；

（2）威胁人身或设备安全时就应事故停炉；

（3）尽最大努力保持厂用电源的正常供给。

二、锅炉事故

锅炉事故主要有锅炉燃烧事故、制粉系统事故、风烟系统事故、汽水系统事故和其他事故等。

（一）锅炉燃烧事故

1. 锅炉灭火

（1）锅炉灭火的现象。

① 炉膛负压不正常地突然增大。

② 一、二次风风压下降。

③ 火焰监视器显示无火焰，火焰监视报警并且 MFT 动作。

④ 汽压、汽温、蒸汽流量迅速下降。

⑤ 汽包水位先下降后上升。

⑥ 烟温降低。

⑦ 氧量不正常地增大。

（2）锅炉灭火的原因。

① 运行中辅机故障跳闸或灭火保护动作。

② 运行中煤质变差、挥发分过低、煤粉太粗、水分过高，煤粉仓粉位太低，直吹式制粉系统堵煤、断煤且处理不当。

③ 低负荷运行时，调整不当或炉内大面积落渣。

④ 水冷壁管爆破，制粉系统爆炸。

⑤ 全燃油时，油中带水或燃油系统故障。

⑥ 厂用电中断。

（3）锅炉灭火的处理。

① 锅炉灭火按紧急停炉处理。炉膛灭火后，立即切断向炉内供应的一切燃料，停止送、引风机，关闭锅炉各门、孔。注意并保持汽包水位，关闭各级减温水。查明灭火原因并消除后，开启送、引风机，调节风量大于 30%额定风量，通风 5～10 min，抽出炉膛和烟道中的存粉，重新点火启动。现代大型锅炉，靠运行人员瞬间切断燃料是比较困难的，通常采用炉膛安全监控系统 FSSS 来保证炉膛的安全运行。

② 灭火后，严禁解除灭火保护，用爆燃法点火。若爆炸造成设备损坏，如水冷壁

弯曲、漏水、横梁弯曲、炉墙破裂、汽包移位等，则应停炉检修。

2. 尾部烟道二次燃烧

（1）尾部烟道二次燃烧的现象。

① 炉膛燃烧不稳，烟道和炉膛负压波动大或出现正压，从烟道或引风机不严密处向外冒烟或火星。

② 排烟温度急剧上升。

③ 烟囱冒黑烟，氧量表指示不正常，烟气中氧量下降，二氧化碳值增大。

④ 引风机的轴承温度升高。

⑤ 过热汽温、再热汽温、省煤器出口水温、热风温度等全部或部分上升，蒸汽流量和蒸汽压力均下降。

（2）尾部烟道二次燃烧的原因。

① 燃烧调整不当，油燃烧器雾化不良，煤粉过粗，使未燃尽的可燃物在尾部烟道受热面沉积。

② 启停炉过程中或低负荷运行时炉膛温度过低，风、煤、油配比不当，风速过低，使可燃物积存在烟道内。

③ 点火初期投粉过早，部分煤粉未燃尽，沉积在尾部烟道内。

④ 尾部烟道吹灰器故障或吹灰不及时，可燃物未及时清除。

（3）尾部烟道二次燃烧的处理。

① 当发现尾部烟温不正常地升高时，应先查明原因，加强燃烧调整，对受热面进行蒸汽吹灰。

② 当确认烟道二次燃烧时，应紧急停炉，停止引风机、送风机，严密关闭各风烟挡板，严禁通风。

③ 投入烟道蒸汽灭火，必要时进行喷水灭火。待尾部烟道各段烟温正常后打开检查孔，检查设备损坏情况。同时对着火侧和未着火侧回转式空气预热器进行彻底检查、清理，符合启动条件后，方可重新点火启动。

（二）制粉系统事故

1. 制粉系统停运

在下列情况下应紧急停止制粉系统的运行。

① 锅炉发生事故紧急停炉时。

② 制粉系统发生自燃或爆炸，危及人身和设备安全时。

③ 润滑系统发生故障，如润滑油中断，油压低、油管破裂或轴承温度上升很快，轴承回油温度超过规定，使轴承有损坏的危险时。

④ 转动机械发生严重振动、摩擦或撞击，危及设备安全时。

⑤ 电气设备发生故障，需要停止制粉时。

2. 制粉系统自燃及爆炸

（1）制粉系统自燃及爆炸的原因。

① 制粉系统内积煤与积粉。

② 磨煤机断煤或出口温度过高。

③ 煤粉过细，水分过低。

④ 煤粉仓严重漏风，高挥发分的煤粉在粉仓内积存过久。

⑤ 煤中含有易燃易爆物。

⑥ 有外来火源。

⑦ 烟气干燥系统含氧量过高。

（2）制粉系统自燃和爆炸的处理。

① 中间储仓式制粉系统。

• 若磨煤机入口自燃着火，应加大给煤量，同时压住回粉管锁气器，切断风源，停止磨煤机，必要时投入灭火装置。

• 一次风管自燃时，应立即停止对应的给粉机运行并切断风源，从吹扫孔通入蒸汽或二氧化碳灭火。

• 制粉系统爆炸时，视情况停止该制粉系统，并注意防止锅炉灭火，维持一次风压正常，消除火源。确认其内部无火源时修复防爆门。

• 煤粉仓粉温异常升高时，向煤粉仓送粉，关闭煤粉仓吸潮门，注入二氧化碳并进行降粉。降粉后迅速提高粉位，进行压粉；经降粉后，若煤粉温度继续上升，应停止向煤粉仓送粉，并使用灭火装置。

② 直吹式制粉系统。

• 当磨煤机内发生自燃和爆炸时，应紧急停止磨煤机，严密关闭磨煤机的进出口风门，进行蒸汽灭火，及时采取措施稳定燃烧。

• 故障设备恢复运行前，应对设备内部进行清理检查，确认火源已清除、各部件完整无损，方可投入运行。

3. 中储式制粉系统故障

（1）制粉系统堵塞及处理。

① 磨煤机堵塞及处理。

• 现象。磨煤机出入口的压差增大，入口负压减小或变正压，向外冒粉，出口负压增大；磨煤机出口温度急剧降低，磨煤机电流增大并摆动，严重满煤时电流反而减小；磨煤机撞击声减弱并低哑；排粉机电流减小，排粉机出口风压降低。由于调整不当，风量过小，给煤量过多，煤质太湿等，均有可能造成磨煤机堵塞。

• 处理。减少或停止给煤，适当增加磨煤机通风量，并开大磨煤机出口风门，进行抽粉，加强对大瓦温度的监视。若处理无效时，应采用间停间开磨煤机的方法加强抽粉。仍无效时，可停止制粉系统运行，打开人孔门掏粉。当入口管堵塞时，应停止磨煤机运行，进行敲打或打开检修孔疏通。

② 粗粉分离器堵塞及处理。

• 现象。磨煤机入口负压减小，排粉机入口负压增大，粗粉分离器进出口压差增大；回粉管锁气器不动作；严重时排粉机电流下降。

• 处理。减少给煤量，增加通风量，注意维持磨煤机出口温度，必要时可开大粗粉分离器折向挡板；通过振打等方法疏通回粉管锁气器；若堵塞严重，经处理无效，应停止磨煤机，打开人孔门，清理杂物。

③ 旋风分离器堵塞及处理。

• 现象。旋风分离器入口负压减小，排粉机入口负压增大；排粉机电流增加；锅炉汽温、汽压上升；锁气器不动作；煤粉仓粉位下降。

• 处理。注意维持锅炉汽温、汽压；立即停止给煤机、磨煤机，关小磨煤机入口热风门，开启冷风门维持较小风量和负压通风。检查煤粉筛子，清除筛子上的杂物和积粉。活动锁气器，疏通落粉管。检查旋风分离器下粉挡板位置是否正确。处理无效时，应停止排粉机运行，切断制粉系统风源，打开手孔门，进行疏通。

④ 一次风管的堵塞及处理。

• 现象。被堵塞的一次风管风压降低，燃烧器堵塞时，一次风压增大或跳动，炉膛负压增大，一次风管堵塞严重时，给粉机电流增大或电动机熔丝熔断；堵塞的一次风管燃烧器不来粉，锅炉汽压和出力下降；几根一次风管同时堵塞时，可能引起锅炉灭火。

• 处理。停止堵塞的一次风管的给粉机，启动备用给粉机，对堵塞的一次风管进行敲打，应开大一次风门，提高一次风压或用间开间关一次风门的方法进行吹管。若提高一次风压吹不通时，可用压缩空气分段地进行吹通。在处理过程应注意汽压和汽温的调整，防止锅炉灭火。

（2）磨煤机断煤及处理。

① 现象。

• 磨煤机出口温度升高，磨煤机进出口压差减小，进口负压增大。

• 磨煤机电流下降；排粉机电流瞬时增大，延时减小。

• 钢球的撞击声增大。

• 发出断煤信号。

② 原因。

• 给煤机故障断链或跳闸。

• 原煤水分过高，煤块过大或有杂物，造成落煤管堵塞。

• 原煤斗无煤或堵塞。

③ 预防。

• 注意原煤水分变化情况，若水分过高，应改变配煤比例或采取其他改善措施。

• 经常检查原煤斗存煤情况、给煤机的运行情况及落煤管、锁气器的动作情况。

• 储存一定数量的干煤，运行人员应随时注意断煤信号。

• 不得停止碎煤机运行，保证煤块不大于规定值。

④ 处理。

• 适当关小磨煤机入口热风门，开大磨煤机入口冷风门，以控制磨煤机出口温度。

• 消除给煤机故障，疏通落煤管，如煤斗无煤，应迅速上煤。

• 如果短时间不能恢复供煤时，应停止磨煤机的运行。

(3) 排粉机故障跳闸。

① 现象。

• 发出事故信号、声光报警。

• 联锁跳闸磨煤机、给煤机。

• 磨煤机入口负压减小，甚至反正，磨煤机出口温度升高。

• 锅炉负荷、汽压、汽温下降，炉内燃烧波动。

② 原因。

• 电源故障、事故按钮动作或保护动作。

• 所有引风机或送风机跳闸联跳排粉机。

③ 处理。

• 调整好炉膛负压，将跳闸开关复位。

• 跳闸制粉系统倒风，即关闭磨煤机入口热风门、排粉机入口风门，开启冷风门。

• 查明原因并处理后方可重新启动，重新启动时必须进行制粉系统通风抽粉。

• 若在短期内不能恢复运行，则应关闭磨煤机入口总风门及排粉机出口风门，开启三吹风冷却风。在停止期间，应密切注意制粉系统各处温度，必要时投入惰性气体保护，如有自燃，应投入消防灭火。

• 事故跳闸后的制粉系统启动时，在通风暖磨时要缓慢进行，抽尽系统内积粉。

• 对于乏气送粉燃烧系统，排粉机跳闸后应自动联跳相应的给粉机，如未跳，应手动停止给粉机的运行，降低锅炉负荷，稳定燃烧。在恢复后投一次风时，应进行一次风管路的通风吹扫，防止堵管。

(4) 磨煤机故障跳闸。

① 现象。

• 发出事故信号、声光报警。

• 联锁跳闸给煤机。

• 磨煤机入口负压增大，出口温度升高，炉膛负压瞬时反正。

② 原因。

• 电源故障、事故按钮动作或保护动作。

• 排粉机联跳磨煤机。

③ 处理。

- 调整好炉膛负压，将跳闸开关复位。
- 关小磨煤机入口热风门，调整排粉机入口挡板及再循环风门，维持系统负压。
- 查明原因并处理后方可重新启动，重新启动时必须进行制粉系统通风抽粉。
- 对于乏气送粉机组，在倒风时应注意开启排粉机入口风门，维持一次风压。

4. 直吹式制粉系统故障

（1）一次风机故障跳闸。

① 现象。跳闸风机电流指示到零，事故喇叭、光字牌声光报警；一次风压和一次风量迅速下降，一次风压低报警；炉膛负压摆动，汽温、汽压下降。

② 处理。一台一次风机跳闸，应立即投油助燃，稳定燃烧；切掉部分制粉系统，机组降负荷至50%以下运行，注意控制汽温、汽压；关跳闸风机侧预热器一次风出口门及入口联络门，隔离跳闸风机；若已造成锅炉灭火或锅炉有灭火可能但不能准确判断时，应立即按照手动紧急停炉进行处理；如两台一次风机同时跳闸且无油枪在运行时，按照紧急停炉灭火处理。

（2）密封风机故障跳闸。

① 现象。跳闸风机电流指示到零，事故喇叭发出声光报警；磨煤机密封空气压力低报警，磨煤机漏粉。

② 处理。一台密封风机跳闸时，备用风机应自启，否则应立即手动启动备用风机；如果备用风机不能立即启动，密封风压与一次风压差降低时，应视具体情况停止部分磨煤机运行，关闭其密封风门；密封风机跳闸期间，密封风压与一次风压差小于限制值（1000 Pa）且时间超过规定值（30 s）后，应停止全部磨煤机运行；失去全部密封风机时，应立即投入油枪，停止全部磨煤机运行；密封风机跳闸后，应自动关闭密封风机出入口挡板，否则应手动关闭。

（3）磨煤机故障跳闸。

① 现象。跳闸磨煤机电机电流指示到零，事故喇叭发出报警，炉膛负压增大，联跳相应给煤机；跳闸磨煤机对应火焰检测不到，主蒸汽压力、温度下降。

② 处理。应立即投油助燃，稳定燃烧；磨煤机跳闸后，加大运行磨煤机出力，并尽快投入备用磨煤机，尽量维持机组负荷和汽温、汽压稳定。

（4）给煤机故障跳闸。

① 现象。跳闸给煤机电流指示到零，给煤率显示零，事故喇叭发出报警；磨煤机出口温度上升，达到规定值后热风门自动关闭，冷风门手动开大；主蒸汽压力、温度下降，烟气含氧量上升，燃烧不稳。

② 处理。应立即投油助燃，稳定燃烧；加大运行磨煤机出力，启动备用磨煤机，尽量维持机组负荷，控制汽温、汽压稳定；查明原因，消除故障，尽快恢复系统正常运行；关小热风门，开大冷风门，控制磨煤机出口温度正常。

（三）风烟系统事故

1. 单台空气预热器跳闸

（1）事故现象。

① DCS 显示空气预热器跳闸（设备颜色由红变绿），主电机电流降至零。

② 光字牌报警显示该空气预热器跳闸，报警器铃声响。

③ 停运侧排烟温度升高，一、二次风温降低。

④ 停运空气预热器的辅助电机应联动，空气预热器进出口风烟挡板应联锁关闭，风烟道联络门应开启。

（2）事故原因。

① 机械传动部分故障，转子与外壳之间有杂物造成转子卡死或卡涩，引起电机过负荷跳闸。

② 电气部分故障跳闸。

③ 人为或控制部分误动。

④ 轴承损坏或轴承温度超过限额，保护动作。

⑤ 受热面严重堵灰。

（3）事故处理。

① 若空气预热器辅助电机联动正常，则可根据具体情况少量减负荷，同时密切监视排烟温度变化趋势，立即查明跳闸原因，消除故障后迅速恢复其正常运行。若短时间无法恢复，应请示停炉。

② 若空气预热器辅助电机未能正常联动，在跳闸前无电流过大现象或机械部分故障，可强合主电机一次，成功则正常运行，否则应人工盘车，降负荷至 50% MCR 运行，控制排烟温度不超过规定值。若短时间无法恢复，应请示停炉。

③ 若因空气预热器卡死，轴承烧坏，则应申请停炉。

④ 经处理排烟温度仍上升超过规定值（250 ℃）时，应立即紧急停炉。

2. 单台引（送）风机跳闸

（1）事故现象。

① DCS 画面显示引（送）风机跳闸（设备颜色由红变绿），该风机电流指示零。

② 光字牌报警显示引（送）风机跳闸，报警铃声响。

③ 炉膛压力波动或上升（下降）。

④ 控制系统 RunBack 动作，FSSS 自动切除上二层（或三层）粉，并自动投入下层油枪，汽轮机快速减负荷至 50% MCR。

⑤ 不同机组由于控制系统联锁保护设计上的不同，引（送）风机跳闸后，有的会联锁跳闸同侧送（引）风机，或联锁关闭引风机入口（送风机出口）挡板，有的则不然。

（2）事故原因。

① 电气原因跳闸。

② 引（送）风机事故按钮闭合。

③ 引（送）风机喘振延时超过规定值。

④ 引（送）风机轴承温度高。

⑤ 引（送）风机润滑油压低。

（3）事故处理。

① 注意调整汽温、汽压、炉膛压力和汽包水位，尤其要注意虚假水位的影响。

② 复位跳闸引（送）风机或同侧的送（引）风机。

③ 检查下层油枪投入是否正常，防止低负荷锅炉燃烧不稳，造成全炉膛灭火。

④ 查明引（送）风机跳闸原因，待故障消除后重新启动引（送）风机或同侧的送（引）风机。

3. 引（送）风机喘振

（1）事故现象。

① 引（送）风机电流、入口负压大幅度波动。

② 炉膛负压大幅度波动或变正。

③ 喘振时，该引（送）风机调节失控。

④“引（送）风机喘振”光字牌报警。

（2）事故原因。

① 两台风机调整不平衡，致使该风机运行进入喘振区。

② 系统中有风门误关，烟道阻力急剧增大，致使该风机运行进入喘振区。

（3）事故处理。

① 关小未喘振引（送）风机动叶，减小引（送）风机入口处负压，待引（送）风机喘振消失后再开大引（送）风机动叶，加负荷至正常工况。

② 降低机组负荷，减少燃料量和送风量，维持炉膛负压，必要时投油助燃。

4. 引（送）风机出力不足

（1）事故现象。

① 引风机入口负压下降（送风机出口压力下降）。

② 炉膛压力难以维持或变正（负压增大）。

③ 炉内燃烧不完全，汽压下降。

（2）事故原因。

① 风机叶片磨损。

② 风机断叶片。

③ 风机选型不当。

（3）事故处理。

① 减少送（引）风量和燃料量，机组降负荷运行。

② 查明故障原因，必要时机组维持一半负荷运行，将该风机与系统隔离检修。

5. 风机轴承温度高

（1）事故现象。

① 轴承温度不正常升高。

② 轴承温度高报警。

（2）事故原因。

① 风机轴承润滑油系统泄漏，造成轴承润滑油量不足。

② 润滑油质不良或油箱油位过低。

③ 冷油器冷却水量不足或中断，或冷油器内黏附污物。

④ 对引风机而言，冷却风机故障。

⑤ 轴承出现振动或轴承内有异物。

（3）事故处理。

① 发现油压低时，检查是否油管路泄漏或油箱油位过低或滤网堵塞，根据具体情况采取相应措施。若是滤网堵塞，应切换工作滤网，使油压恢复正常。

② 若是油质不良，则应更换润滑油。

③ 若是冷油器冷却水量不足或中断，应查明是否管路泄漏或阀门误关，尽快恢复冷却水的正常供应。

④ 若轴承温度已过限，则应停止该风机运行。

（四）汽水系统事故

1. 锅炉汽包水位事故

汽包水位事故是锅炉的恶性事故之一，若处理不当，轻则停炉、停机，重则造成炉管爆破或汽轮机进水，甚至导致锅炉爆炸和人员伤亡，故应引起高度重视。锅炉水位事故有缺水、满水等。

（1）缺水事故。

汽包水位低于规定的最低水位时称为缺水。缺水分为轻微缺水和严重缺水两种情况。水位低于规定的最低水位，但水位计仍能读数时称为轻微缺水。水位低到水位计无读数时称为严重缺水。

① 缺水事故的现象。

- 低水位报警，水位计的指示低于规定水位。
- 给水流量不正常地小于蒸汽流量，过热汽温上升。
- 低于最低允许水位时，主燃料跳闸（MFT）动作。

② 锅炉缺水的原因及预防。

- 水位测量故障或水位指示不正确，无法判断真实水位，造成给水自动调节系统和运行人员的调节错误。如水位计的汽侧连通管堵塞或泄漏时，水位计的指示偏高；水位计的水侧连通管堵塞或泄漏时，水位计的指示偏低。连通管堵塞主要是由结垢造成的。所以，必须加强对水位计的监视、校对和维护工作，及时消除缺陷，保持各水位计动作灵敏，指示正确。

• 给水自动调节失灵。给水自动调节装置失灵或给水阀卡死及阀头脱落都可能造成缺水事故。

• 给水压力下降。给水泵故障（如汽动给水泵跳闸，电动给水泵联动后，锅炉负荷太高时）、给水管路破裂等，均可导致给水压力下降，则锅炉进水减少，会造成锅炉缺水。运行中应密切注意给水压力的变化并及时调整。

• 受热面泄漏。水冷壁和省煤器等受热面泄漏，导致大量的水、汽流失，易造成锅炉缺水。如果受热面损坏泄漏严重，水位无法维持时，应立即停炉，以免事故严重。

• 锅炉排污不当。运行过程中若定期排污量过大、排污阀泄漏等也会造成锅炉缺水。因此，锅炉定期排污时应保持高水位，低水位时不允许排污，每次开启一组排污阀，排污时间不宜过长，一般全开时间不超过 30 s，且应及时检查排污阀的严密性。

• 运行人员误操作。在锅炉负荷突变时，运行人员不注意虚假水位现象，操作不当，造成锅炉缺水等。因此，运行人员必须熟悉设备性能和汽水系统，掌握水位变化规律，提高判断和处理事故能力。

③ 缺水的处理。

• 发现汽包低水位异常，应对照汽、水流量，校对汽包水位计指示是否正确。

• 证实汽包水位低时，将给水自动切至手动，开大给水调节阀或提高给水泵转速，增加锅炉进水量，若正在排污，应立即停止。

• 若给水压力低时，应提高给水压力或启动备用给水泵。

• 若汽包水位降至低限时，应紧急停炉。停炉后严禁向锅炉进水。因为严重缺水时，水位低到什么程度无法判断，部分水冷壁内可能已缺水，蒸汽过热，水冷壁、汽包壁温升高，如果进水会产生巨大的热应力，同时有大量水汽化，压力突然上升，会造成汽包、水冷壁的严重损坏。

（2）满水事故。

汽包水位高于规定的最高水位称为锅炉满水。满水分轻微满水和严重满水两种情况。水位高于最高水位，但水位计仍有读数时称为轻微满水；水位高到水位计已无读数时称为严重满水。

① 满水事故的现象。

• 高水位报警，水位计的指示高于规定水位。

• 给水流量不正常地大于蒸汽流量，过热汽温下降。

• 严重满水时过热汽温急剧下降，主蒸汽管道有水冲击声并发生振动，阀门、流量孔板及汽轮机法兰和轴封等处向外冒白汽；主燃料跳闸（MFT）动作。

② 锅炉满水事故的原因。

锅炉满水事故与锅炉缺水事故的原因相似。对于控制循环锅炉，锅水循环泵全部跳闸也会造成汽包满水。

③ 满水的处理。

• 发现汽包高水位异常，应对照汽、水流量，校对汽包水位计指示是否正确。

• 证实汽包水位高时，将给水自动切至手动，关小给水调节阀或降低给水泵转速，减少给水流量，开启事故放水阀，水位正常后关闭。必要时开启定期排污阀。汽温下降速度过快时，应立即关闭减温水门，并开启过热器部分疏水门。

• 若汽包水位升至高限，应紧急停炉，全开事故放水阀并关闭给水、减温水阀，必要时开启过热器集汽联箱蒸汽管道的疏水阀。

• 查明原因，消除故障后保持正常汽包水位，重新点火恢复运行。

2. 锅炉受热面爆管事故

在锅炉事故中，受热面（水冷壁管、过热器管、再热器管和省煤器管）损坏事故最为常见。当受热管子爆破时，高温高压汽水喷出，不但需要停炉限电，而且容易造成人员伤亡。

（1）水冷壁管爆破事故。

① 水冷壁管爆破的现象。

• 炉膛内有泄漏声，炉膛压力增高且不稳定。

• 炉膛不严密处向外冒烟，严重时燃烧不稳或造成灭火。

• 锅炉两侧烟温差增大且烟温降低，汽温、汽压、蒸汽流量下降；汽包水位下降，给水流量不正常地大于蒸汽流量。

• 如果风量自动调节，那么引风机入口导叶不正常地开大，电流上升。

② 水冷壁管爆破的原因及预防。

• 管内结垢、腐蚀。给水品质不良，锅水质量差，引起水冷壁管内结垢，致使传热热阻增大，管壁温度升高，强度减弱，以致爆管；同时，结垢处易产生垢下腐蚀，锅炉停炉备用时也容易发生氧化腐蚀。

为避免管内结垢，必须加强对锅水、给水的化学监督，保证锅水质量。对水冷壁管特别是热负荷较高的水冷壁管，应进行定期割管检查，以了解管内结垢、腐蚀情况，如有异常，应及时换管。此外，还必须做好锅炉停用期的保养工作。

• 管外磨损腐蚀。当煤粉气流喷射角不适当时，燃烧器附近的水冷壁管易被煤粉磨损。吹灰管、打焦孔附近管子的防磨装置脱落，在煤粉气流、蒸汽流的冲刷下，使管壁变薄，致其强度不够而发生爆管。另外，水冷壁管外壁结积有硫化物或硫酸盐而发生管外腐蚀，也会引起爆管。为此，要经常检查燃烧器的工作情况，防止煤粉气流偏斜以及吹灰气流长时间直接冲刷水冷壁管。

• 制造、安装或检修质量不良。钢材选用错误、焊接质量不佳、弯管不符合要求导致管壁过薄、管子受热后不能自由膨胀都会引起爆管。因此，应加强制造、安装和检修的质量监督和保证工作。

• 锅炉启动、停运不符合要求。冷炉进水时，水温和进水速度不符合规定；启动时升压、升温或升负荷速度过快；停运时，冷却过快、放水过快等。所有这些都会导致管壁受热和冷却不均，从而产生过大的热应力，以致水冷壁爆管。

• 运行调节不当。运行中燃烧调节不当，引起火焰偏斜、冲墙，造成炉膛结渣及水冷壁管烧坏；汽包水位控制调节不当，造成锅炉缺水事故而导致水冷壁爆管。

根据工况变动情况，及时合理地调节燃烧，防止火焰偏斜；监视和调节好水位；经常注意打渣、吹灰，保持受热面清洁。

• 水循环不正常。锅炉长时间低负荷运行，不正确的燃烧方式造成火焰偏斜，受热不均；定期排污量过大等，都会引起水循环失常，发生循环停滞和倒流，导致管子不能充分冷却，都有可能使炉管过热而发生爆破。对于控制循环锅炉，水冷壁入口节流圈被异物堵塞，造成水循环不良。如果一循环回路长时间在水循环不正常状态下工作，必将造成该循环回路的水冷壁管超温烧坏。

• 其他原因。如锅炉大焦脱落砸坏水冷壁管，或在清除焦渣时，将管子损伤等，也会造成水冷壁管爆破。

③ 水冷壁管爆破的处理。

• 若泄漏不严重，可以维持锅炉运行时，给水自动切至手动操作，汽包锅炉维持汽包水位，降低锅炉蒸汽压力及负荷，请示停炉。

• 若损坏严重，达到事故停炉条件时，应紧急停炉，停炉后保留一台引风机运行，维持炉膛压力，待炉内蒸汽基本消失后停止引风机。

• 停炉后汽包锅炉应继续上水，维持汽包水位，不能维持汽包水位时，应停止上水，禁止开启省煤器再循环阀。

• 停炉后停止电气除尘器运行。

（2）过热器、再热器爆管事故。

① 过热器、再热器爆管的现象。

第一，过热器爆管的现象。

• 在过热器区有蒸汽喷出的声音。

• 炉膛负压下降或变成正压且不稳定；炉墙、人孔等不严密处向外冒烟气或蒸汽。

• 爆破点后烟道两侧有不正常的烟温差，过热器泄漏一侧烟温降低，爆破点前过热汽温降低，爆破点后过热汽温偏高。

• 过热蒸汽压力下降。

• 蒸汽流量不正常地小于给水流量。

• 如果风量自动调节，那么引风机入口导叶不正常地开大，电流上升。

第二，再热器爆管的现象。

再热器爆管的现象与过热器相似。再热蒸汽压力下降，在负荷不变的情况下，主蒸汽流量增加。

② 过热器、再热器爆管的原因。

• 管外磨损与腐蚀。管外高温磨损与腐蚀，停炉后保养不当致使蒸汽侧腐蚀等，都会使受热面管壁变薄，强度下降，严重时管壁爆破。吹灰器安装或操作不当，也会吹坏过热器管。

• 管壁超温。汽包内汽水分离不正常或锅水品质不合格时，造成管内壁结垢，传热恶化，管壁超温。启动前酸洗不合理，酸洗后的杂质积存在屏式过热器等低流速区管内，引起管子通道堵塞，个别管段干烧或蒸汽质量流速过低，管壁超温。启动停运时对过热器、再热器保护不良，如高低压旁路使用不当，再热器管壁超温。燃烧调节不好，火焰中心位置上移或炉膛受热面结渣，炉膛出口烟温过高，炉膛上部和出口处的受热面壁温升高。过热器系统设计布置不合理，前一级过热器的热偏差带入后一级过热器，偏差管可能超温爆管。

• 制造、安装与检修质量不合格，管材质量不合格。

③ 过热器、再热器爆管的处理。

• 过热器、再热器损坏不严重时，应降压、降负荷，并维持各参数稳定，加强监视，请示停炉。

• 严重泄漏或爆破时，应紧急停炉，保留一台引风机运行，维持炉膛压力，待炉内蒸汽消失时停止引风机。

（3）省煤器爆管事故。

① 省煤器爆管的现象。

• 省煤器泄漏时，省煤器烟道内有泄漏响声。

• 排烟温度降低，两侧烟温差值增大。

• 飞灰潮湿，打开人孔门时可看到湿灰堆积。

• 给水流量不正常地大于蒸汽流量，严重时汽包水位低。

• 炉膛负压减小，引风机投自动时电流增大。

• 从省煤器烟道不严密处向外冒汽，严重时自烟道下部漏水。

② 省煤器爆管的原因。

• 给水品质不合格，管内壁发生氧腐蚀，以致损坏省煤器管。

• 飞灰对受热面的磨损，特别是在燃用高灰分煤时，省煤器管的磨损更为严重。

• 烟气侧的低温腐蚀，省煤器管壁变薄，强度减弱。

• 经常启停的机组给水温度多变，致使管子产生过大热应力而损坏，特别是应力较集中的联箱易产生疲劳裂纹。

• 吹灰器安装不当或吹灰器未及时退出，吹坏省煤器。

• 尾部烟道二次燃烧，造成省煤器管过热破坏。

• 启停过程中，未及时开启省煤器再循环阀而导致过热。

• 制造、安装及检修质量不合格，也会引起省煤器爆管。

③ 省煤器爆管的处理。

• 省煤器损坏不严重，能维持汽包正常水位时，锅炉可降低负荷维持运行，申请停炉，同时加强监视。

• 省煤器泄漏严重，无法维持汽包正常水位时，应紧急停炉，以免事故扩大。停炉后保留一台引风机运行，将炉内蒸汽抽净后，通知电除尘值班人员切除电除尘器高压电源。对有省煤器再循环的锅炉，停炉后不能开启再循环阀，防止汽包内的水经省煤器再循环管通向泄漏处漏掉。

（4）蒸汽温度过高。

① 蒸汽温度过高的原因。

• 减温水系统或蒸汽温度自动调节装置故障，造成减温水量减少；烟气调温挡板开度不当。

• 燃烧调整不当，上组煤粉燃烧器负荷过大或锅炉增负荷过快。

• 送风量过大或炉膛漏风严重。

• 煤质过差或煤粉过粗。

• 炉膛结渣严重。

• 配风工况不当或煤粉燃烧器摆角偏高，造成火焰中心上移。

• 汽包锅炉给水温度降低。

• 制粉系统故障，造成燃烧量不正常增加。

• 烟道内有可燃物二次燃烧。

• 再热器进口安全阀启座。

② 蒸汽温度过高的处理。

• 将蒸汽温度调节自动切至手动，增大减温水量；再热汽温过高时，可投用事故喷水。

• 调整燃烧，设法降低火焰中心，减少炉膛漏风。

• 上述方法无效时，降低锅炉负荷。

• 蒸汽温度超限造成汽轮机事故停机时，汽包锅炉压力过高，可根据情况开启旁路系统或开启向空排汽阀；迅速降低锅炉热负荷，投油维持运行。消除故障后，重新启动汽轮机。

（5）蒸汽温度过低。

① 蒸汽温度过低的原因。

• 减温水系统或蒸汽温度自动调节装置故障，使减温水量增加。

• 燃烧调整不当造成锅炉热负荷降低，火焰中心下移。

• 制粉系统故障使燃料量不正常地减少，煤粉燃烧器摆角过低。

• 汽包锅炉给水温度升高。

• 蒸汽压力大幅度下降，过热器、再热器严重结渣或积灰。

② 蒸汽温度过低的处理。

• 将蒸汽温度自动切至手动，关小或关闭减温水阀，调整烟气挡板。

• 调整燃烧，设法提高火焰中心，必要时开启过（再）热器有关疏水阀，加强过（再）热器吹灰。

• 蒸汽温度低至限额，造成汽轮机事故停机时，汽包锅炉压力过高，可根据情况开启旁路系统或开启向空排汽阀；迅速降低锅炉热负荷，投油维持运行。消除故障后，重新启动汽轮机。

（6）给水流量骤降或中断。

① 给水流量骤降或中断的原因。

• 给水泵故障，备用给水泵未能正常投用。

• 给水自动调节装置失灵，造成给水调节阀自动关小或关闭。

• 给水管道泄漏或爆破。

• 高压加热器故障时，系统阀门误动作。

• 汽动给水泵在机组负荷骤降时出力下降。

② 给水流量骤降或中断的处理。

• 若因给水自动调节装置失灵，应立即将给水自动切至手动，开大给水调节阀，维持正常给水流量。

• 汽包锅炉当给水流量骤降或中断，造成汽包水位下降时，应立即减少燃料量，降低过热蒸汽压力及机组负荷，维持炉内燃烧稳定，迅速提高并恢复正常给水压力。

• 给水流量骤降或中断，汽包锅炉水位达到最低限时，应紧急停炉。

（7）锅水循环泵电动机温度升高。

① 锅水循环泵电动机温度升高的原因。

• 电动机腔室内空气未完全排出。

• 二次冷却水量不足、温度高或管路有泄漏。

• 一次冷却水系统有泄漏或水温过高，过滤器堵塞。

② 锅水循环泵电动机温度升高的处理。

• 增加二次冷却水量。

• 一次冷却水系统中有泄漏时，采用一次冷却水连续注水，阻止高温锅水倒回至电动机腔室。

• 过滤器堵塞时，应开启过滤器旁路。

• 电动机温度继续升高至规定值时，应紧急停止锅水循环泵运行。

（五）其他事故

1. 燃油管道爆破

（1）燃油管道爆破时，立即将爆管处与系统隔离，必要时关停供油泵。清除积油，修复管道，恢复正常供油。

（2）若发生火灾，立即用消防器材灭火，并报火警。若威胁锅炉安全运行，应立即停炉。

2. 锅炉热控仪表电源中断

（1）锅炉热控仪表电源中断的原因。

① 电气系统及母线故障。

② 开关或刀闸故障，备用电源未投入。

（2）锅炉热控仪表电源中断的处理。

① 将自动切换至手动，若锅炉灭火，应按锅炉灭火处理；若锅炉未灭火，应尽量维持机组负荷稳定，同时监视汽包就地水位计、压力表。参照汽轮机有关参数值综合分析，不可盲目操作。

② 尽快恢复电源，不能恢复时应请示停炉。

3. 自动减负荷（RB）

（1）自动减负荷的现象。

① RB 动作报警。

② 主蒸汽流量下降。

③ 主、再热蒸汽温度下降。

④ 引起 RB 动作跳闸设备报警，跳闸设备所控制的参数发生波动。

⑤ 机组负荷自动快速下降至某一稳定负荷。

（2）自动减负荷的原因。

① 两台送风机运行时，其中一台跳闸。

② 两台引风机运行时，其中一台跳闸。

③ 两台空气预热器运行时，其中一台跳闸。

④ 两台汽动给水泵运行时，其中一台跳闸，电动给水泵未启动。

⑤ 运行中的磨煤机跳闸，仅剩两台运行。

（3）自动减负荷的处理。

① 通过 FSSS 自动进行燃料选择切换，否则应人工干预。

② 检查煤粉燃烧器自动由高层向低层停止，直至保留带对应负荷运行。

③ 停燃烧器对应的直吹式制粉系统。

④ 检查自动给水是否正常，维持汽包水位。

⑤ 尽量维持汽温、汽压缓慢下降。

⑥ 尽快查明原因，待消除后重新恢复负荷。

4. 锅炉自动 MFT 动作

（1）自动 MFT 动作的现象。

① 锅炉 MFT 声光报警，火焰电视无火焰显示。

② 锅炉各参数急剧下降。

③ 所有运行制粉系统跳闸，一次风机跳闸。

④ 锅炉 MFT 动作，燃油速断阀关闭。

⑤ 减温水电动总门关闭。

⑥ 电除尘器跳闸。

⑦ 吹灰程序中断。

（2）自动 MFT 动作的处理。

① 应立即手动停止未自动跳闸的一次风机、磨煤机、给煤机。

② 确认燃油速断阀关闭、减温水电动总门关闭，否则应立即手动关闭。

③ 确认切断进入锅炉的一切燃料供应。

④ 启动电动给水泵，维持汽包水位；关闭各排放门。

⑤ 烟风系统无故障，应进行炉膛吹扫；烟风系统故障跳炉，故障消除后应延长炉膛吹扫时间，若两台引风机停运，应自然通风 15 min 后，允许启动风机。

⑥ 对跳闸的磨煤机进行检查处理。

⑦ 电除尘未自动停止时通知手动停止运行。

⑧ 确认吹灰程序停止，将未退出炉膛的吹灰器退出。

⑨ 从 CRT 首显跳闸画面查明 MFT 首出原因；及时消除故障，做好恢复机组原状态运行准备。如故障难以在短时消除，按常规停炉处理。

【能力训练】

自行查找锅炉启、停和事故处理相关操作票，简述其流程。

【综合练习】

（1）锅炉启动过程中，汽包的上、下壁温差是如何产生的？

（2）汽包锅炉启动初期，如何保护过热器、再热器及省煤器？

（3）锅炉上水对给水品质、水温、上水时间、汽包水位有什么要求？

（4）影响汽包水位变化的因素有哪些？

（5）什么情况下容易出现虚假水位？调节时应注意什么？

（6）锅炉停运保护的方法都有哪些？各自的优缺点是什么？

（7）什么是额定参数停运？什么是滑参数停运？现代大型机组采用哪种停运方式？

（8）高压加热器故障被清除后，锅炉过热汽温如何变化？

（9）锅炉低负荷运行时，应注意哪些问题？

（10）汽压变化对过热汽温和汽包水位有什么影响？

（11）大型锅炉给水调节常用哪些方式？

（12）锅炉负荷变化时，燃料量、送风量、引风量应如何调节？

（13）燃用低挥发分的煤如何防止灭火？

（14）超临界压力直流锅炉在启动时，为什么要进行锅水冲洗？

（15）超临界压力直流锅炉主汽温度、压力调节有什么特点？

（16）什么是直流锅炉的启动压力？启动压力高低对锅炉有何影响？

（17）什么是启动流量？启动流量的大小对启动过程有何影响？

（18）处理锅炉事故的基本原则是什么？

（19）遇有什么情况时，应请示停止锅炉运行？

（20）锅炉灭火的原因有哪些？应该怎么处理？

（21）尾部烟道二次燃烧的原因有哪些？如果发现尾部烟道二次燃烧，应该怎么处理？

参考文献

[1] 容銮恩,袁镇福,刘志敏,等.电站锅炉原理[M].2 版.北京:中国电力出版社,2007.
[2] 黄新元.电站锅炉运行与燃烧调整[M].3 版.北京:中国电力出版社,2016.
[3] 赵晴川,钱壬章,陈维汉.开缝钝体燃烧技术及其应用[J].山东电力技术,2000(5):1-5.
[4] 周强泰.锅炉原理[M].3 版.北京:中国电力出版社,2013.
[5] 于鹏峰.W 火焰锅炉燃烧技术[M].北京:中国电力出版社,2017.
[6] 孙青,张泰,黄晓宏,等.富氧燃烧方式下神华煤熔融特性试验研究[J].燃烧科学与技术,2016,22(2):179-185.
[7] 张大兴.国内典型煤种在富氧条件下的燃烧性能[J].洁净煤技术,2018,24(2):90-95.
[8] 吴海波,白明,柳朝晖,等.大型富氧燃烧锅炉结渣趋势数值模拟分析[J].电站系统工程,2016,32(4):6-8.
[9] 刘建华.国内燃煤锅炉富氧燃烧技术进展[J].热力发电,2020,49(7):48-54.
[10] 郑楚光,赵永椿,郭欣.中国富氧燃烧技术研发进展[J].中国电机工程学报,2014,34(23):3856-3863.
[11] 曾洁,潘绍成,冉燊铭,等.35 MW 富氧燃烧煤粉锅炉开发与研究[J].东方电气评论,2016,30(4):24-28.
[12] 毛宇,柳朝晖,陈灿,等.富氧燃烧工程示范系统集成研发及运行性能[J].东方电气评论,2017,31(2):17-23.
[13] 徐齐胜,余岳溪,殷立宝,等.锅炉设备及系统[M].北京:中国电力出版社,2011.
[14] 樊泉桂,阎维平,闫顺林,等.锅炉原理[M].2 版.北京:中国电力出版社,2014.
[15] 周菊华,操高城,赫杰.电厂锅炉[M].2 版.北京:中国电力出版社,2009.
[16] 国家能源局.NB/T 10127—2018 大型煤粉锅炉炉膛及燃烧器性能设计规范[S].2018.
[17] 吴丽梅,安欣,肖红光,等.电站锅炉工作原理与技术分类[J].黑龙江科技信息,2012(34):66.
[18] 张家维,潘继真,魏海涛.切向燃烧锅炉再热汽温偏差调整及分析[J].东北电力技

术,2012,33(6):31-33,41.

[19] 国家能源局.DL/T 831—2015 大容量煤粉燃烧锅炉炉膛选型导则[S].2015.

[20] 冯俊凯,沈幼庭,杨瑞昌.锅炉原理及计算[M].3 版.北京:科学出版社,2003.

[21] 方涛,徐淑姣.塔式锅炉机组的结构与布置分析[J].节能技术,2016,34(1):13-15,20.

[22] 于泽忠,宋宝军.1000 MW 等级超超临界双切圆塔式锅炉研制开发[C]//超超临界机组技术交流 2012 年会论文集.中国动力工程学会,2012:108-114.

[23] 李建伟,王林,王红雨.某超临界锅炉结渣原因分析与对策[J].热力发电,2019,48(12):122-128.

[24] 姜志新.煤粉锅炉结焦及应对措施研究[D].北京:北京化工大学,2017.

[25] 郭新根.电站锅炉结渣问题分析及其解决途径[D].济南:山东大学,2005.

[26] 张杰,冯玉朝,张志辉.锅炉结渣原因分析及预防措施[J].锅炉技术,2008(5):57-59,63.

[27] 中华人民共和国国家能源局.DL/T 1106—2009 煤粉燃烧结渣特性和燃尽率一维火焰炉测试方法[S].2009.

[28] 中华人民共和国国家质量监督检验检疫总局,中国国家标准化管理委员会.GB/T 1572—2018 煤的结渣性测定方法[S].2018.

[29] 江锋浩,张守玉,黄小河,等.高碱煤燃烧过程中结渣机理研究进展[J].煤炭转化,2018,41(2):1-8.

[30] 韩红伟.大型锅炉结焦特性分析及防止炉内结焦的措施[J].山西电力,2008(1):36-38.

[31] 陈孝安.1000 MW 机组锅炉结焦原因分析及预防措施[J].华电技术,2009,31(11):26-29,82.

[32] 陈涛,邱光富,谭光伟.锅炉结焦原因分析及对策[J].华电技术,2008(7):42-45.

[33] 刘伏洋,王瑞.电厂锅炉过热器结焦原因分析及防治[J].陕西电力,2009,37(2):82-83.

[34] 艾百仁,王春礼,赵辉.锅炉结焦的原因及应对措施[J].电站系统工程,2010,26(4):64.

[35] 许尧.1000 MW 超超临界锅炉低氮燃烧改造后水冷壁腐蚀及其防治的研究[D].南京:东南大学,2017.

[36] LI L C,DUAN Y F,CAO Y,et al.Field corrosion tests for a low chromium steel carried out at superheater area of a utility boiler with three coals containing different chlorine contents[J]. Fuel processing technology,2007,88(4):387-392.

[37] 王健.电站燃煤锅炉水冷壁高温腐蚀特性研究[D].南京:东南大学,2018.

[38] 邓山,吕海涛,张建忠,等.当前形势下高温腐蚀治理浅析[C]//江西省电机工程学会.2020 年江西省电机工程学会年会论文集,2021:118-121.

[39] 许伟刚,谭厚章,刘原一,等.水冷壁高温腐蚀倾向判断及 H_2S 近壁面许用浓度研究

[J].中国电力,2018,51(7):113-119.

[40] 郭鲁阳,孙旭光,刘志超,等.锅炉水冷壁高温腐蚀原因分析及预防对策[J].中国电力,2000(11):17-20.

[41] 熊国强,汤海霞.超临界锅炉水冷壁高温腐蚀原因分析及改造措施[J].山东工业技术,2016(1):43.

[42] 李广伟,孙俊威,黄启龙.600 MW 对冲燃烧锅炉水冷壁高温腐蚀原因分析及对策[J].华电技术,2016,38(6):43-46,78.

[43] 孙海元.超临界锅炉水冷壁高温腐蚀原因分析及改造措施[J].华电技术,2015(7):29-31,77.

[44] 朱教群,陈维,周卫兵,等.三元硫酸熔盐的制备及其热稳定性能[J].储能科学与技术,2016,5(4):498-502.

[45] SRIVASTAVA S C,GODIWALLA K M,BANERJEE M K. Fuel ash corrosion of boiler and superheater tubes[J].Journal materials science,1997,32(4):835-849.

[46] 敖翔.超(超)临界锅炉螺旋式上升水冷壁的高温腐蚀研究[D].杭州:浙江大学,2017.

[47] 吴新建,殷飞.对生物质锅炉水冷壁管高温腐蚀的分析[J].山东工业技术,2016(14):3.

[48] 张金奎.水冷壁高温腐蚀原因及对策[J].河南电力,2014(1):52-54,60.

[49] METSÄJOKI J,HUTTUNEN S E,LEPISTO T.Elevated-temperature corrosion of uncoated and aluminized 9%~12% Cr boiler steels beneath KCl deposit[J].Fuel,2014,133:173-181.

[50] 高浩浩,温海峰.燃煤火电厂锅炉"四管"的高温腐蚀[J].黑龙江科技信息,2015(24):26.

[51] LIU S,LIU Z D,WANG Y D,et al.A comparative study on the high temperature corrosion of TP347H stainless steel,C22 alloy and laser-cladding C22 coating in molten chloride salts[J].Corrosion science,2014,83:396-408.

[52] ABELS J M,STREHBLOW H H.A surface analytical approach to the high temperature chlorination behaviour of inconel 600 at 700 ℃[J].Corrosion science,1997,39(1):115-132.

[53] 陈敏生,廖晓春.600 MW 超临界锅炉防止高温腐蚀技术改造和运行调整[J].中国电力,2014,47(4):56-59,117.

[54] 陈可露,饶红建.660 MW 机组锅炉水冷壁高温腐蚀原因分析及对策[J].华电技术,2012,34(5):8-9,12,77.

[55] 肖明,王金枝,孙磊.燃煤锅炉炉膛高温腐蚀原因及对策[J].电力环境保护,2006(4):56-57.

[56] 刘昕昶,鄢晓忠,敬佩,等.660 MW 超临界对冲火焰锅炉水冷壁高温腐蚀原因探究[J].中国电力,2017,50(5):7-12,45.

[57] 邹磊,岳峻峰,管诗骈,等.超临界四角切圆燃烧锅炉运行方式对水冷壁高温腐蚀影响的试验研究[J].动力工程学报,2017,37(11):861-869.

[58] 姜孝国,江来.关于准东煤循环流化床设计问题的探讨[J].电站系统工程,2017,33(1):45-46.

[59] 许明磊,严建华,马增益,等.垃圾焚烧炉受热面的积灰腐蚀机理分析[J].中国电机工程学报,2007(23):32-37.

[60] 马世宁,刘谦,李长青,等.热电厂锅炉水冷壁热腐蚀治理技术及其应用[J].中国机械工程,2002(17):1468-1471.

[61] 程海松,刘岗,雷刚,等.燃煤锅炉受热面高温腐蚀防护涂层技术研究进展[J].材料导报,2020,34(S1):433-435,447.

[62] 赵海鹏.火电厂锅炉水冷壁高温腐蚀及防护[J].科技风,2020(16):190,193.

[63] 梁国栋.火电厂锅炉水冷壁管高温腐蚀和磨损处理方法及分析[J].化工设计通讯,2017,43(10):168.

[64] 李长久.热喷涂技术应用及研究进展与挑战[J].热喷涂技术,2018,10(4):1-22.

[65] 杜中平,杨森,杨治国,等.空气预热器柔性接触式密封改造[J].华电技术,2009,25(3):80-82.

[66] 陈少杰.刷式密封技术在回转式空气预热器中的应用[J].科技创新与应用,2012(42):2-3.

[67] 李剑,余斌,陈小波,等.空气预热器及其四分仓通风方法:CN201710977519. 9[P].2017-10-17.

[68] 曾旭华,郝杰.电厂锅炉设备[M].北京:中国电力出版社,2015.

[69] 于临秸.锅炉运行[M].北京:中国电力出版社,2006.

[70] 崔艳华.锅炉设备及运行[M].北京:化学工业出版社,2018.

[71] 姜锡伦,屈为东.锅炉设备及运行[M].北京:中国电力出版社,2005.

[72] 张永涛.锅炉设备及系统[M].北京:中国电力出版社,1998.

[73] 孙风平.生物质锅炉燃烧技术及案例[M].北京:中国电力出版社,2014.

[74] 李永华,刘长良,陶哲.火电厂锅炉系统及优化运行[M].北京:中国电力出版社,2011.